Elementar-Mathematik

ELEMENTAR-MATHEMATIK

ein Vorkurs zur Höheren Mathematik

Von

Dr. Dr. h. c. Fr. A. Willers

ord. Professor an der Technischen Hochschule
Dresden

6., durchgesehene Auflage

Mit 172 Abbildungen

Springer-Verlag Berlin Heidelberg GmbH
1955

ISBN 978-3-642-52024-2 ISBN 978-3-642-52042-6 (eBook)
DOI 10.1007/978-3-642-52042-6

Alle Rechte vorbehalten
einschließlich der Reproduktion durch Photokopie, Mikrofilme und dgl.
Copyright 1948, 1955 by Springer-Verlag Berlin Heidelberg
Ursprünglich erschienen bei Theodor Steinkopff, Dresden und Leipzing 1955
Softcover reprint of the hardcover 1st edition 1955

Veröffentlicht unter der Lizenz-Nr. 283 • 360/58/54
Buchdruckerei Richard Hahn (H. Otto) Leipzig O 5, Oststraße 24/26 (III/18/12)

Vorwort zur ersten Auflage

Das vorliegende Buch ist aus einer Vorlesung für Anfänger entstanden, die ich zum Beginn des Wintersemesters 1946/47 vor Arbeiterstudenten und Abiturienten zwecks Einführung in das Hochschulstudium gehalten habe.

Es ist also nicht zur Einführung in die Mathematik bestimmt, sondern setzt bestimmte Kenntnisse insbesondere aus der Geometrie voraus, wie etwa den Satz des Pythagoras, die Strahlen- und die Ähnlichkeitssätze. Es gibt, mit ganz elementaren Dingen beginnend, in geschlossenem Aufbau das aus der Elementarmathematik, was man für das Verständnis der in die höhere Mathematik einführenden Vorlesungen voraussetzen möchte. Dabei geht es vielfach über das, was heute in den Schulen behandelt wird, hinaus; so wird etwas über Determinanten gebracht, werden die Additionstheoreme der trigonometrischen Funktionen, der Moivresche Satz, ferner in der analytischen Geometrie die allgemeine Gleichung zweiten Grades mit zwei Variablen behandelt. Ein letzter Abschnitt bringt die Vektoralgebra und mit dieser einiges aus der analytischen Geometrie des Raumes und der sphärischen Trigonometrie. Gerade dieser Abschnitt scheint mir für die Studierenden der Technischen Hochschule wichtig zu sein, da heute Physik und Mechanik, deren Vorlesungen ja schon im ersten Semester beginnen, ohne die Vektoralgebra kaum auskommen können.

Die Herausgabe erfolgt auf die Bitten unserer Studierenden, denen ich aber nun auch ein Buch in die Hand geben möchte, nach dem sie selbständig arbeiten können. Um dieses selbständige Einarbeiten zu ermöglichen, ist besonders in den ersten Kapiteln die Darstellung sehr breit gehalten. Gegen Ende des Buches wird sie knapper, um so den Leser allmählich von der schulmäßigen zur hochschulmäßigen Darbietung hinüberzuführen. Ferner sind deswegen eine große Zahl von Beispielen und Aufgaben eingefügt. Die Lösungen der Aufgaben sind mehr oder weniger ausführlich am Schluß gegeben. Jedem Leser empfehle ich, wenn auch nicht alle, so doch einen größeren Teil dieser Aufgaben durchzurechnen und sich dadurch mit dem Stoff wirklich vertraut zu machen.

Die Ausarbeitung der drei ersten Abschnitte des Buches hat Herr Dr. Wilson übernommen, der viel aus Eigenem beigesteuert hat, insbesondere auch zahlreiche Aufgaben. Den letzten Abschnitt hat mein Assistent, Herr Dipl.-Ing. Opitz, nach meinen Vorlesungsaufzeichnungen ausgearbeitet. Wenn das vorliegende Buch seinen Zweck erfüllt, so haben beide Herren ein gut Teil dazu beigetragen, und ich danke ihnen herzlich für ihre Hilfe, ebenso wie ich beiden Herren für die Unterstützung bei der Korrektur zu danken habe. Nicht zuletzt aber gilt mein Dank dem Verlag Theodor Steinkopff dafür, daß er allen meinen Wünschen bereitwilligst entgegengekommen ist, und vor allem dafür, daß er in dieser Zeit der Papierknappheit überhaupt das Erscheinen des Buches ermöglicht hat.

Zum Schluß möchte ich den Wunsch aussprechen, daß dieses Buch manchem eine Hilfe sein möge, daß aber sämtliche Studierenden bald mit einer solchen mathematischen Vorbildung auf die Technische Hochschule kommen, daß eine Neuauflage dieses Buches mit etwas größeren Voraussetzungen an den Benutzer beginnen kann.

Ostern 1948

Fr. A. Willers

Vorwort zur fünften und sechsten Auflage

In der schon ein Jahr nach dem Erscheinen der 4. Auflage nötig werdenden 5., sind einige Wünsche berücksichtigt, die in Besprechungen des Buches geäußert oder mündlich an uns herangetragen wurden. In der Hauptsache handelt es sich um zwei Anregungen, nämlich um die, die Benutzung des Summenzeichens zu erörtern — das ist in § 54 geschehen — und um die, kurz auf unendliche Folgen und Reihen einzugehen. Letzteres ist zusammen mit der unendlichen geometrischen Reihe in einen Anhang verwiesen.

Schon bei Kritiken früherer Auflagen war beanstandet worden, daß keine exakte Definition der Irrationalzahlen, keine strenge Durchführung der Abbildung der reellen Zahlen auf eine Gerade und des Rechnens mit komplexen Zahlen gegeben und nur eine propädeutische Einführung der Exponentialfunktion und des Logarithmus vorgenommen ist. Deshalb sei auch hier nochmals besonders darauf hingewiesen, daß diese Dinge absichtlich nur propädeutisch behandelt sind, da bei dem Benutzerkreis, für den das Buch bestimmt ist, noch kein Verständnis für eine strenge Behandlung erwartet werden kann. Im übrigen haben Zuschriften gezeigt, daß das Buch in der jetzigen Form seinen Zweck erfüllt. Für den angehenden Mathematiker ist es freilich nicht gedacht, denn für ihn muß selbstverständlich eine wirklich strenge Begründung der erwähnten Gebiete erfolgen.

Für die sechste Auflage ist das Buch noch einmal gründlich durchgesehen, vor allem sind sämtliche Aufgaben nochmals durchgerechnet worden, um so Druckfehler und kleine Versehen zu beseitigen.

Meinem Oberassistenten, Herrn Dr.-Ing. Opitz, der mich auch bei dieser Neuauflage wesentlich unterstützte, spreche ich meinen herzlichen Dank für seine Hilfe aus.

Dresden, im Juli 1955

Fr. A. Willers

Inhaltsverzeichnis

Griechisches Alphabet

Große Buchstaben	Kleine Buchstaben	Bezeichnung
A	α	Alpha
B	β	Beta
Γ	γ	Gamma
Δ	δ	Delta
E	ε	Epsilon
Z	ζ	Zeta
H	η	Eta
Θ	ϑ	Theta
I	ι	Iota
K	$\varkappa$	Kappa
Λ	λ	Lambda
M	μ	Mü
N	ν	Nü
Ξ	ξ	Xi
O	o	Omikron
Π	π	Pi
P	ϱ	Rho
Σ	σ, ς	Sigma
T	τ	Tau
Υ	υ	Ypsilon
Φ	φ	Phi
X	χ	Chi
Ψ	ψ	Psi
Ω	ω	Omega

Arithmetik und Algebra

I. Die vier Grundrechnungsarten

§ 1. Addition und Subtraktion

Die Null und die natürlichen Zahlen 1, 2, 3 usw. werden durch gleichabständige Punkte der von links nach rechts laufenden Zahlengeraden dargestellt. Verbindet man den Punkt 0 mit einem Punkt a durch einen Pfeil, so stellt dieser Pfeil ebenfalls die Zahl a dar (Bezeichnung Vektor). Der zu einer Zahl a gehörige Vektor kann auf der Zahlengeraden verschoben werden und dient zur Veranschaulichung der Rechenarten 1. Stufe.

Der Addition zweier Zahlen a und b (Summanden) entspricht das Aneinanderlegen der zugehörigen Vektoren. Es wird der Anfang des zweiten an das Ende des ersten Vektors gelegt, und das Ergebnis c (die Summe) ist der Vektor vom Anfang des ersten zum Ende des zweiten Vektors, in Formeln:

$$a + b = c.$$

Es gilt das kommutative Gesetz:

$$a + b = b + a$$

und das assoziative Gesetz:

$$a + (b + c) = (a + b) + c = a + b + c.$$

Bei der Addition ist also die Reihenfolge der Summanden und ihre Zusammenfassung beliebig.

Subtraktion: Ist in der Summe $a + b = c$ der eine Summand b und die Summe c gegeben, der andere Summand a gesucht, so schreibt man:

$$a = c - b \text{ (Differenz = Minuend minus Subtrahend).}$$

In der vektoriellen Deutung wird der Endpunkt von b an den Endpunkt von c gelegt. Der Pfeil vom Anfang von c zum Anfang von b entspricht der Differenz a.

Ungleichungen (Näheres § 40): $a < b$ (a ist kleiner als b) bedeutet, daß der Punkt a auf der Zahlengeraden links von Punkt b liegt; ist $a > b$ (a ist größer als b), so liegt a rechts von b. Tritt zum Ungleichheitszeichen auch noch das Gleichheitszeichen ($\leqq$, $\geqq$), so heißt das, daß die beiden Größen unter Umständen auch gleich sein können.

§ 2. Relative Zahlen

Ist der Vektor des Subtrahenden länger als der des Minuenden, so zeigt der Differenzpfeil nach links. Um auch diesem Ergebnis eine Zahl zuordnen zu können, führt man die negativen Zahlen (Richtungszeichen —) ein, die auf der Zahlengeraden links vom Nullpunkt liegen. a und $-a$ liegen gleichweit vom Nullpunkt entfernt. Die natürlichen Zahlen erhalten nun das positive Richtungszeichen (+) und werden so auch zu relativen Zahlen.

Es ergeben sich so die Gesetze:

$(+a) + (+b) = a + b$ $\qquad$ $(+a) + (-b) = a - b$

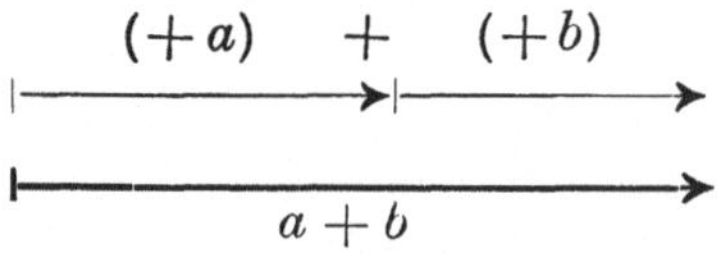

$(+a) \quad + \quad (+b)$ $\qquad$ $(+a) \quad + \quad (-b)$

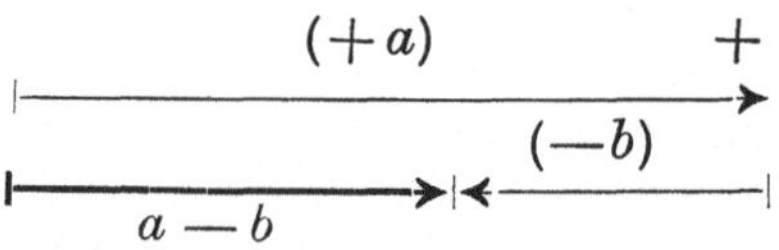

$a + b$ $\qquad$ $a - b$

$(+a) - (+b) = a - b$ $\qquad$ $(+a) - (-b) = a + b$

$(+a) \quad - \quad (+b)$ $\qquad$ $(+a) \quad - \quad (-b)$

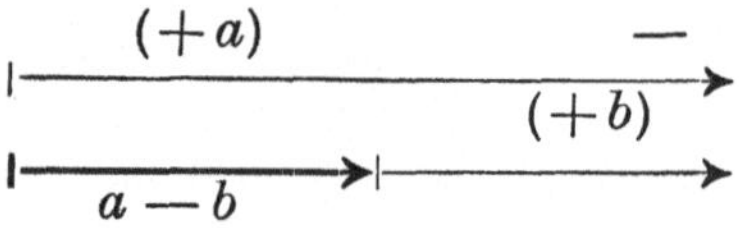

$a - b$ $\qquad$ $a + b$

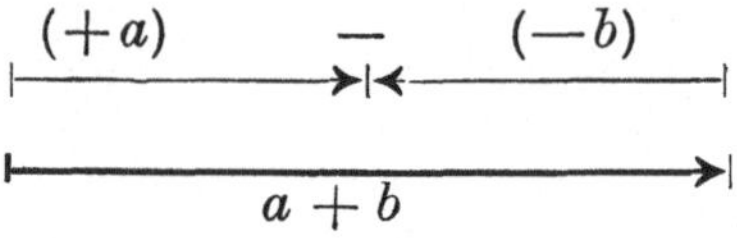

Unter dem absoluten Betrag einer Zahl versteht man die Länge des Vektors, geschrieben $|a|$. Es ist also $|-a| = |a|$, z. B. $|-4| = |+4| = 4$. Man mache sich auf der Zahlengeraden klar, daß stets gilt:

$$|a| - |b| \leqq |a \pm b| \leqq |a| + |b|.$$

§ 3. Multiplikation

Hat man a b-mal als Summanden zu setzen, so schreibt man kürzer

$$a \cdot b = c$$

Multiplikand mal Multiplikator = Produkt,

Multiplikand und Multiplikator sind vertauschbar. Man bezeichnet beide als Faktoren. (Kommutatives Gesetz der Multiplikation.)

Treten in einem Produkt mehrere Faktoren auf, so ist die Reihenfolge der Multiplikationen beliebig (assoziatives Gesetz der Multiplikation).

Man beachte besonders, daß

$$a \cdot 0 = 0 \cdot a = 0.$$

Satz: Ein Produkt ist Null, wenn einer seiner Faktoren Null ist. Daraus zieht man die praktisch wichtige Folgerung:

Satz: Soll ein Produkt Null sein, so muß mindestens ein Faktor Null sein.

Multiplikation relativer Zahlen:

$$(+a) \cdot (+b) = +(a \cdot b), \qquad (+a) \cdot (-b) = -(a \cdot b),$$
$$(-a) \cdot (-b) = +(a \cdot b), \qquad (-a) \cdot (+b) = -(a \cdot b).$$

Regel: Klammerausdrücke werden miteinander multipliziert, indem man jedes Glied der einen Klammer mit jedem Glied der anderen multipliziert (distributives Gesetz der Multiplikation) z. B.:

$$(a-b)\cdot(c-d)=a\cdot c-b\cdot c-a\cdot d+b\cdot d.$$

Formeln:

$$(a+b)^2=a^2+2ab+b^2$$
$$(a-b)^2=a^2-2ab+b^2$$
$$(a+b)(a-b)=a^2-b^2$$
$$(a+b)^3=a^3+3a^2b+3ab^2+b^3$$
$$(a-b)^3=a^3-3a^2b+3ab^2-b^3$$
$$(a+b+c)^2=a^2+b^2+c^2+2ab+2ac+2bc.$$

Durch Ausmultiplizieren nachprüfen!

Beispiel:

$$\begin{aligned}(2a-5b)^3-a(3a-2b)^2 &= 8a^3-3\cdot 4a^2\cdot 5b+3\cdot 2a\cdot 25b^2-125b^3\\ &\quad -a(9a^2-2\cdot 3a\cdot 2b+4b^2)\\ &= 8a^3-60a^2b+150ab^2-125b^3\\ &\quad -9a^3+12a^2b-4ab^2\\ &= -a^3-48a^2b+146ab^2-125b^3.\end{aligned}$$

Aufgaben

1. a) $104x-[(64y+20z)+(52x-65z)]+(17z+36y)$.
   b) $[112x-(45y-53z)]-[(81x+14y)-21z]$.
2. a) $(1{,}2a-3)\cdot(2{,}1a-5)-(0{,}4a+1)\cdot(0{,}7a+4)$.
   b) $(0{,}2a-0{,}9b)(0{,}7a-0{,}4b)-(0{,}3a-0{,}5b)(0{,}4a-0{,}8b)$.
3. a) $(3a+5)^2+(4a-3)^2+(12a-15)^2-(13a-17)^2$.
   b) $(a+2b)^3-(a-2b)^3$.
   c) $(6a-4)^3-(5a^2-2a)^2-(7a+2)^3$.
   d) $(4x^2-3)(4x^2+3)-(3x-4)^3+(5x+6)^3$.

§ 4. Division

Die Division ist die Umkehrung der Multiplikation

Bei der Multiplikation sind die Faktoren gegeben und das Produkt gesucht; bei der Division sind das Produkt und ein Faktor gegeben, der andere Faktor wird gesucht. Die Multiplikation hat nur eine Umkehrung.

Statt $b\cdot c=a$ schreibt man

$$a:b=c.$$

Dividend durch Divisor = Quotient.

Umgekehrt folgt aus $a:b=c$ auch $a=b\cdot c$ (Benutzung als Probe!)

Weiter folgt daraus:

$$(a:b)\cdot b = a \quad \text{und} \quad (a\cdot b):b = a.$$

Ergebnis: **Multiplikation und Division sind entgegengesetzte Rechenarten.**

Somit ergeben sich auch die Regeln für das Vorzeichen des Quotienten relativer Zahlen sinngemäß aus den Produktregeln § 3:

$$(+a):(+b) = +(a:b), \qquad (+a):(-b) = -(a:b),$$
$$(-a):(-b) = +(a:b), \qquad (-a):(+b) = -(a:b).$$

Sonderfälle: $0:a = 0$ denn $0\cdot a = 0$.

$a:0$ ist nicht ausführbar, da es keine Zahl gibt, die mit 0 multipliziert a ergibt.

$0:0$ ist sinnlos; denn jede Zahl gibt mit Null multipliziert den Wert Null.

Regel: **Es ist verboten, durch Null zu dividieren!!**

Division einer algebraischen Summe durch eine Zahl.

Regel: Jedes Glied der Summe wird durch die Zahl dividiert.

$$(16xy - 20xz + 12ux - 32vx):4x = 4y - 5z + 3u - 8v.$$

Division zweier algebraischer Summen

Diese Division wird ausgeführt wie die Division zweier mehrstelliger Zahlen.

1. Beispiel:

$$\begin{array}{l} 17784:76 = 234 \\ \underline{152} \\ \;\;258 \\ \;\;\underline{228} \\ \;\;\;\;304 \\ \;\;\;\;\underline{304} \\ \;\;\;\;\;\;- \end{array}$$

$$(9a^3 + 4b^3 - 2ab^2 - 6a^2b):(3a+2b) =$$

$$\begin{array}{l} (9a^3 - 6a^2b - 2ab^2 + 4b^3):(3a+2b) \\ \qquad\qquad\qquad\qquad = 3a^2 - 4ab + 2b^2 \\ \underline{9a^3 + 6a^2b} \\ \qquad -12a^2b - 2ab^2 + 4b^3 \\ \qquad \underline{-12a^2b - 8ab^2} \\ \qquad\qquad\qquad + 6ab^2 + 4b^3 \\ \qquad\qquad\qquad \underline{+ 6ab^2 + 4b^3} \\ \qquad\qquad\qquad\qquad - \end{array}$$

Rechenvorschrift: Zunächst ordne Dividend und Divisor so, daß die Buchstaben nach dem gleichen Grundsatz aufeinander folgen, z. B. hier nach fallenden Potenzen von a und steigenden von b. (Wie auch die natürlichen Zahlen nach fallenden Potenzen von 10 geordnet sind, im obigen Beispiel: $1\cdot 10^4 + 7\cdot 10^3 + 7\cdot 10^2 + 8\cdot 10 + 4$). Dann dividiere das erste Glied des Dividenden durch das erste Glied des Divisors:

$$9a^3 : 3a = 3a^2.$$

Multipliziere den erhaltenen Quotienten mit dem Divisor und ziehe das Produkt:

$$9a^3 + 6a^2b \quad \text{vom Dividenden ab.}$$

Der Rest wird wieder in gleicher Weise durch das erste Glied des Divisors dividiert usw., bis die Division aufgeht oder ein Rest bleibt.

2. Beispiel:

$$(9a^3-6a^2b-2ab^2+2b^3):(3a+2b)=3a^2-4ab+2b^2 \text{ Rest } -2b^3$$

$$\begin{array}{l} 9a^3+6a^2b \\ \hline -12a^2b-2ab^2+2b^3 \\ -12a^2b-8ab^2 \\ \hline +6ab^2+2b^3 \\ +6ab^2+4b^3 \\ \hline -2b^3 \end{array} \qquad \begin{array}{l} =3a^2-4ab+2b^2+\dfrac{-2b^3}{3a+2b} \\[2em] =3a^2-4ab+2b^2-\dfrac{2b^3}{3a+2b}. \end{array}$$

3. Beispiel: $(x^3-2xy^2+y^3):(x-y)$.

Hier fehlt beim Dividenden das Glied mit x^2y. Bei Zahlen entspricht dem der Fall, daß an einer Stelle eine Null auftritt. Im Divisionsschema läßt man dann genügend Platz für das betreffende Glied, da es im Laufe der Rechnung auftritt und die Reihenfolge der Glieder sorgfältig beachtet werden muß.

$$\begin{array}{l} (x^3 \qquad -2xy^2+y^3):(x-y)=x^2+xy-y^2 \\ \underline{x^3-x^2y} \\ \quad +x^2y-2xy^2 \\ \quad \underline{+x^2y-\;\;xy^2} \\ \qquad\quad -\;xy^2+y^3 \\ \qquad\quad \underline{-\;xy^2+y^3} \\ \qquad\qquad - \end{array}$$

Aufgaben

1. a) $(25x^4+a^2x^2+25a^4):(5x^2+7ax+5a^2)$,
   b) $(24b^4-26b^3-76b^2-32b):(4b^2-7b-8)$,
   c) $(21a^3-34a^2b+25b^3):(7a+5b)$,
   d) $(9x^3+2y^3-7xy^2):(3x-2y)$.

§ 5. Faktorenzerlegung

Während sich eine algebraische Summe natürlicher Zahlen weiter vereinfachen läßt $(17-15+12=14)$, ist das bei allgemeinen Zahlen gewöhnlich nicht der Fall, z. B.: $ax+bx$. Gewissermaßen als Ersatz dafür wendet man, was häufig möglich ist, aus praktischen Gründen die sog. Faktorenzerlegung an. Dies kann geschehen durch Aussondern des gemeinsamen Faktors, durch Anwendung von Formeln und durch Kombination beider Methoden.

Beispiele: 1. $8a^3+4a^2=4a^2(2a+1)$.

2. $(3x+4y)(a-b)-(2x+y)(a-b)$
$=(a-b)[(3x+4y)-(2x+y)]$
$=(a-b)(x+3y)$.

3. $3ax-6ay-15bx+30by$
$=3a(x-2y)-15b(x-2y)$
$=(x-2y)(3a-15b)=3(x-2y)(a-5b)$.

4. $16a^2-1=(4a+1)(4a-1)$.
5. $49x^2\pm 70xy+25y^2=(7x\pm 5y)^2$.

} Formeln s. S. 3!

Aufgaben

1. Zerlege in Faktoren:
   a) $(4r - 5s)(11u - 8v) - (7u - 13v)(4r - 5s)$;
   b) $8ax + 12bx - 10ay - 15by$;
   c) $2ax + 3bx - 2ay - 3by + 4az + 6bz$;
   d) $0{,}15a^2 - 0{,}21bc - 0{,}35ab + 0{,}09ac$. Erst anders ordnen!
   e) $18r^2 - 45rs^2 + 14rs - 35s^3$;
   f) $9a^2 - 24ab + 16b^2 - 36c^2$. Wiederholte Anwendung von Formeln;
   g) $36x^2 + 60x + 25 - 49y^2$. Desgl.

II. Bruchrechnung

§ 6. Allgemeines

Um die Division stets ausführen zu können, auch wenn der Divisor nicht als Faktor in dem Dividenden enthalten ist, erweitert man den Zahlenbereich zum zweiten Male durch Einführen der Brüche.

Auch wenn es keine ganze Zahl c gibt, die die Gleichung $b \cdot c = a$ befriedigt, schreibt man in Bruchform

$$c = \frac{a}{b}.$$

$\frac{a}{b}$ ist ein **echter Bruch**, wenn der absolute Wert von a (dem **Zähler**) kleiner als der absolute Betrag von b (dem **Nenner**) ist, d. h. wenn $|a| < |b|$, oder anders ausgedrückt, wenn $\left|\frac{a}{b}\right| < 1$ ist.

In allen anderen Fällen ist der Bruch **unecht**.

Über die Regeln für das Vorzeichen des Quotienten gilt das gleiche wie bei der Division (s. § 4).

Formänderung der Brüche:

Erweitern: $\frac{a}{b} = \frac{n \cdot a}{n \cdot b}$; Kürzen: $\frac{a}{b} = \frac{a : n}{b : n}$.

In beiden Fällen bleibt **der Wert des Bruches ungeändert.**

„Einrichten" eines Bruches heißt: eine gemischte Zahl (ganze Zahl + echten Bruch) in einen unechten Bruch verwandeln, z. B.: $7\frac{1}{4} = \frac{29}{4}$.

Den **Kehrwert** oder **reziproken Wert** eines Bruches erhält man durch Vertauschung von Zähler und Nenner; das Produkt beider Brüche ist 1.

$$\frac{a}{b} \cdot \frac{b}{a} = 1.$$

Ganze Zahlen faßt man dabei als Brüche mit dem Nenner 1 auf.

§ 7. Addition und Subtraktion

1. **Regel:** Gleichnamige Brüche, d. h. Brüche mit gleichem Nenner, werden addiert oder subtrahiert, indem man ihre Zähler addiert oder subtrahiert und den Nenner unverändert beibehält.

Beispiel: $\frac{a}{n} + \frac{b}{n} - \frac{c}{n} = \frac{a + b - c}{n}$.

2. Regel: Ungleichnamige Brüche sind erst mit Hilfe des Hauptnenners gleichnamig zu machen.

a) Bildung des Hauptnenners bei natürlichen Zahlen

Man zerlegt die einzelnen Nenner in Potenzen von Primfaktoren. Das Produkt aus den höchsten Potenzen liefert den Hauptnenner.

Beispiel: $4\frac{7}{72} - 7\frac{11}{135} + 8\frac{3}{80}$

$= 5\,\frac{7 \cdot 30 - 11 \cdot 16 + 3 \cdot 27}{2160}$

$= 5\frac{115}{2160} = 5\frac{23}{432}$

Nebenrechnung:

$72 = 2^3 \cdot 3^2$	$2 \cdot 3 \cdot 5$
$135 = 3^3 \cdot 5$	2^4
$80 = 2^4 \cdot 5$	3^3
$2160 = 2^4 \cdot 3^3 \cdot 5$	

In der zweiten Spalte der Nebenrechnung stehen die Faktoren, mit denen man den jeweiligen Nenner multiplizieren muß, um den Hauptnenner zu erhalten. Beachte: Die gemischten Zahlen sind nicht einzurichten!

b) Hauptnenner bei allgemeinen Zahlen

Hierbei sind die Nenner nach den im § 5 besprochenen Regeln in Faktoren zu zerlegen und dann aus den höchsten Potenzen der verschiedenen Faktoren, wie unter a), der Hauptnenner zu bilden.

Beispiel:

$$\frac{2c - 5b}{6ab - 10b^2} - \frac{5(2c - 3a)}{18a^2 - 30ab}$$

$$= \frac{3a(2c - 5b) - 5b(2c - 3a)}{6ab(3a - 5b)}$$

Nebenrechnung:

$6ab - 10b^2 = 2b(3a - 5b)$	$3a$
$18a^2 - 30ab = 6a(3a - 5b)$	b
$6ab(3a - 5b)$	

$$= \frac{6ac - 15ab - 10bc + 15ab}{6ab(3a - 5b)} = \frac{6ac - 10bc}{6ab(3a - 5b)} = \frac{2c(3a - 5b)}{6ab(3a - 5b)} = \frac{c}{3ab}.$$

Wie man im Beispiel sieht, kann man unter Umständen durch Faktorzerlegung des Zählers und Kürzen das Ergebnis noch weiter vereinfachen.

§ 8. Multiplikation und Division

Rechengesetze: $\frac{a}{b} \cdot \frac{c}{d} = \frac{ac}{bd}, \quad \frac{a}{b} : \frac{c}{d} = \frac{a}{b} \cdot \frac{d}{c} = \frac{ad}{bc}.$

Beispiel: $3\frac{1}{5} \cdot 7\frac{1}{2} = \frac{16}{5} \cdot \frac{15}{2} = 8 \cdot 3 = 24.$

Beachte: Bei Multiplikation und Division gemischter Zahlen ist erst einzurichten und vor dem Ausmultiplizieren zu kürzen!

Ausnahme: Bei Multiplikation einer gemischten mit einer ganzen Zahl ist es im allgemeinen vorteilhafter nicht einzurichten.

Beispiel: $23\frac{3}{17} \cdot 12 = 276\frac{36}{17} = 278\frac{2}{17}.$

Beispiele mit allgemeinen und natürlichen Zahlen:

$$\frac{48ax}{49by}\cdot\frac{63ay}{32bx}=\frac{3a\cdot 9a}{7b\cdot 2b}=\frac{27a^2}{14b^2},$$

$$3\tfrac{4}{15}xy\cdot\frac{25x}{28y}=\frac{49xy}{15}\cdot\frac{25x}{28y}=\frac{7x\cdot 5x}{3\cdot 4}=\frac{35x^2}{12},$$

$$\frac{45ac}{56bd}:\frac{81ad}{49bc}=\frac{45ac\cdot 49bc}{56bd\cdot 81ad}=\frac{5c\cdot 7c}{8d\cdot 9d}=\frac{35c^2}{72d^2},$$

$$\frac{99ac}{35b}:5\tfrac{11}{14}ab=\frac{99ac\cdot 14}{35b\cdot 81ab}=\frac{11c\cdot 2}{5b\cdot 9b}=\frac{22c}{45b^2}.$$

Doppelbrüche

$$\frac{\frac{3}{4}+\frac{5}{8}}{\frac{1}{2}+\frac{4}{3}}=\left(\frac{3}{4}+\frac{5}{8}\right):\left(\frac{1}{2}+\frac{4}{3}\right)=\frac{11}{8}:\frac{11}{6}=\frac{6}{8}=\frac{3}{4},$$

$$\frac{\frac{3}{x}-\frac{5}{y}}{\frac{5}{x}-\frac{3}{y}}=\left(\frac{3y-5x}{xy}\right):\left(\frac{5y-3x}{xy}\right)=\frac{3y-5x}{5y-3x}=\frac{5x-3y}{3x-5y}.$$

§ 9. Aufgaben

1. a) $(\frac{1}{3}+\frac{1}{4}+\frac{1}{6})\cdot(\frac{1}{3}-\frac{1}{5})$. b) $(\frac{1}{9}-\frac{1}{18}+\frac{1}{4})\cdot(\frac{1}{3}-\frac{1}{11})$.
   c) $(\frac{1}{15}-\frac{2}{25}+\frac{1}{9}):(\frac{1}{5}+\frac{1}{6})$. d) $(\frac{1}{4}-\frac{1}{6}+\frac{1}{5}):(\frac{1}{5}+\frac{1}{12})$.
   e) $2\frac{4}{13}\cdot 1\frac{11}{15}+2\frac{11}{14}\cdot 2\frac{2}{13}$. f) $(1\frac{10}{11}\cdot 3\frac{13}{14}-2\frac{5}{8}\cdot 1\frac{5}{7})\cdot(5\frac{5}{6}\cdot\frac{9}{10}-4)$.
   g) $12\frac{4}{35}+8\frac{13}{42}-11\frac{7}{36}$.

2. a) $\frac{a+6b}{a^2-3ab}-\frac{9b-a}{2ab-6b^2}-\frac{1}{2b}$. b) $\frac{a}{a^2-2ab+b^2}-\frac{a}{a^2-b^2}+\frac{1}{a+b}$.
   c) $\frac{1}{a^2+2ab+b^2}+\frac{1}{a^2-b^2}-\frac{1}{a^2}-\frac{b^2}{a^4-a^2b^2}$.
   d) $\frac{a+1}{a^2-a}-\frac{a-1}{a^2+a}+\frac{1}{a}-\frac{4}{a^2-1}$.
   e) $\frac{x^2+y^2}{xy}-\frac{x^2}{xy+y^2}-\frac{y^2}{x^2+xy}$. f) $\frac{3a+2b}{a^2+2ab}+\frac{a-5b}{2ab+4b^2}-\frac{a^2+4b^2}{2a^2b+4ab^2}$.

3. Beseitige die Doppelbrüche:
   a) $\dfrac{\frac{1}{a-b}+\frac{1}{a+b}}{\frac{1}{a-b}-\frac{1}{a+b}}$. b) $\dfrac{\frac{a+1}{a-1}-1}{\frac{a+1}{a-1}+1}$. c) $\dfrac{1}{\frac{1}{x}-\frac{1}{x-1}-\frac{1}{x-2}}$.
   d) $\dfrac{\frac{1}{y^2}+\frac{2}{xy}+\frac{1}{x^2}}{\frac{1}{y^2}-\frac{1}{x^2}}$.

III. Gleichungen 1. Grades mit einer Unbekannten

§ 10. Allgemeines

Mit Gleichungen hat man es schon von Beginn des Rechnens an zu tun:

$$5 + 8 = 13; \quad 2 \cdot 3 = 6$$

und später bei Verwendung allgemeiner Zahlen:

$$4a + 5a = 9a$$

$$(a + b)^2 = a^2 + 2ab + b^2.$$

Die zuletzt genannten Gleichungen gelten für alle besonderen Werte von a und b, sie drücken allgemeingültige Wahrheiten aus. Man nennt alle derartigen Gleichungen

identische Gleichungen.

Das Gleichheitszeichen bedeutet hier „identisch gleich", häufig drückt man es auch durch das besondere Zeichen $\equiv$ aus, also:

$$(a + b)^2 \equiv a^2 + 2ab + b^2.$$

Anders verhält es sich mit folgender Gleichung:

$$8x + 7 = 23.$$

Diese ist nur richtig, wenn „die Unbekannte x" richtig „bestimmt" wird; eine derartige Gleichung heißt deshalb

Bestimmungsgleichung.

Ihr Gleichheitszeichen drückt eine Bedingung aus und hat die Bedeutung „soll gleich werden".

Enthält eine Gleichung nur die Unbekannte x und auch bloß in 1. Potenz, so heißt sie „Gleichung 1. Grades oder lineare Gleichung mit einer Unbekannten".

Jede derartige Gleichung läßt sich nach Vereinfachung auf die allgemeine Form

$$ax + b = 0$$

bringen, die man als „Normalform" bezeichnet.

Den bei der Unbekannten x stehenden Faktor wird „Koeffizient (Vorzahl)" genannt, das Glied ohne x „Absolutglied".

Die Bestimmung von x bezeichnet man als „Lösen", den gefundenen Wert von x als Lösung oder „Wurzel der Gleichung".

Als allgemein gültig für alle Gleichungen kann man den Grundsatz aufstellen:

„Eine Gleichung bleibt richtig, wenn auf beiden Seiten gleiche Rechenarten mit gleichen Zahlen ausgeführt werden."

Mehrfache Anwendung dieses Satzes führt zur allgemeinen Lösung für die Normalform:

$$ax + b = 0.$$

Subtrahiere b auf beiden Seiten:

$$ax + b - b = 0 - b; \qquad ax = -b.$$

Dividiere durch a:

$$\frac{ax}{a} = -\frac{b}{a}; \qquad x = -\frac{b}{a}.$$

Die Gleichung 1. Grades liefert also nur eine Lösung oder Wurzel. Regel: Man isoliert x oder „löst nach x auf“, indem man durch die entgegengesetzten Rechenarten Absolutglieder und Koeffizienten von der linken auf die rechte Seite bringt, bis x links allein steht.

§ 11. Beispiele

1. Beispiel:

$$17x - 19 + 23x - 11x = 19x + 17 - 14x.$$

Bringe alle Glieder mit x auf die linke, alle Absolutglieder auf die rechte Seite.

$$17x + 23x - 11x - 19x + 14x = 17 + 19.$$

Fasse zusammen: $24x = 36$.

Dividiere durch 24: $x = \frac{36}{24}$, $x = \frac{3}{2}$.

Probe: Setze den gefundenen Wert für x in die gegebene Gleichung ein. Bei richtiger Lösung muß sich am Schluß eine identische Gleichung ergeben. Jede Seite ist aber zunächst für sich zu behandeln.

$$17 \cdot \tfrac{3}{2} - 19 + 23 \cdot \tfrac{3}{2} - 11 \cdot \tfrac{3}{2} \quad \Big\| \quad 19 \cdot \tfrac{3}{2} + 17 - 14 \cdot \tfrac{3}{2}$$

$$25\tfrac{1}{2} - 19 + 34\tfrac{1}{2} - 16\tfrac{1}{2} \quad \Big\| \quad 28\tfrac{1}{2} + 17 - 21$$

$$24\tfrac{1}{2} = 24\tfrac{1}{2}.$$

2. Beispiel: $3ax + 5b^3c = cx + 5ab^3 + 2ax \qquad (a \neq c)$

$$3ax - cx - 2ax = 5ab^3 - 5b^3c$$

$$ax - cx = 5ab^3 - 5b^3c.$$

Sondere auf beiden Seiten gemeinsame Faktoren aus:

$$x(a - c) = 5b^3(a - c).$$

Dividiere durch $a - c$: $x = 5b^3$.

Die Probe liefert die identische Gleichung:

$$15ab^3 + 5b^3c = 5b^3c + 15ab^3.$$

3. Beispiel:

$$\frac{3x+5}{12} - \frac{2x-3}{6} = 1 + \frac{2x-5}{18} \quad \text{(Hauptnenner 36).}$$

Man bringt beide Seiten auf den Hauptnenner:

$$\frac{9x + 15 - 12x + 18}{36} = \frac{36 + 4x - 10}{36}.$$

Multipliziert man nun links und rechts mit dem Hauptnenner, so fällt dieser weg. Man hätte also in der letzten Gleichung den Nenner sofort weglassen, d. h. gleich mit dem Hauptnenner multiplizieren können.

$$-3x + 33 = 26 + 4x; \qquad -7x = -7; \qquad x = 1.$$

Probe: Endergebnis $\frac{5}{6} = \frac{5}{6}$.

4. Beispiel: $$\frac{4}{x-5}+\frac{1}{x-3}-\frac{1}{x-7}=\frac{4}{x-4}.$$

Um unnötige Rechnungen beim Gleichnamigmachen zu vermeiden, bringt man den einen Bruch noch auf die rechte Seite und macht jede Seite für sich gleichnamig:

$$\frac{4(x-3)+(x-5)}{(x-5)(x-3)}=\frac{4(x-7)+(x-4)}{(x-7)(x-4)},\quad \frac{5x-17}{x^2-8x+15}=\frac{5x-32}{x^2-11x+28},$$

$$(5x-17)(x^2-11x+28)=(5x-32)(x^2-8x+15);\quad x=1.$$

§ 12. Aufgaben

1. Man bestimme die Wurzeln folgender Gleichungen und mache die Probe:

a) $7a^2x-4bx-ac+ab=3a^2x-cx+4a^3-3ab$,

b) $a(2x-c)-ab=c(2x-a)+ab$,

c) $(a-2b)(b+x)=6b^2+a(2a-7b)$,

d) $2a(c-x)=(b-x)(a-x)+(c-x)(a+x)$,

e) $(a+mx)(b+mx)+(a+nx)(b-nx)=x^2(m-n)(m+n)$,

f) $(x-a)^2+(x-b)^2-(x-a)(x-b)=x^2+a^2+b^2$.

2. In den Aufgaben a) bis e) ist es zweckmäßig, nach Musterbeispiel 4 des § 11 jede Seite für sich gleichnamig zu machen.

a) $\frac{1}{x-4}+\frac{1}{x-5}=\frac{2}{x-6}$, b) $\frac{5}{x-6}+\frac{6}{x-5}=\frac{11}{x-7}$,

c) $\frac{6}{x-3}-\frac{9}{x-2}+\frac{4}{x-1}=\frac{1}{x-4}$, d) $\frac{2}{x-1}-\frac{3}{x+2}=\frac{4}{7(x-3)}-\frac{11}{7(x+4)}$,

e) $\frac{x+7}{x+1}+\frac{x+9}{x+2}=\frac{4(x+8)}{2x+3}$.

3. In den folgenden Aufgaben ist für beide Seiten ein gemeinsamer Hauptnenner durch Zerlegung der einzelnen Nenner in Faktoren zu bilden.

a) $\frac{4x+7}{9x^2-16}=\frac{8}{15x-20}$, b) $\frac{4x-7}{36x^2-49}=\frac{5}{18x+21}-\frac{1}{6x}$,

c) $\frac{x-4}{3x-18}+\frac{x-2}{4x-24}=\frac{x-8}{6-x}+\frac{3}{2}$, d) $\frac{19-5x}{4-2x}-\frac{20-14x}{6-3x}=5$,

e) $\frac{1}{3x+18}+\frac{1}{3x-18}-\frac{x+5}{4x^2-144}=0$, f) $\frac{ax+b}{mx-m}-\frac{ax-b}{nx-n}=\frac{a}{m}-\frac{b}{n}$,

g) $\frac{2a-x}{3a^2x}-\frac{5a-x}{6abx}=1-\frac{1+4ab}{4ab}$, h) $\frac{ax+b}{ab-b^2}-\frac{a-bx}{ab+b^2}=\frac{2(ax+b)}{a^2-b^2}$.

IV. Systeme linearer Gleichungen

§ 13. Zwei lineare Gleichungen mit zwei Unbekannten

Eine lineare Gleichung mit zwei Unbekannten läßt sich stets auf die allgemeine Form bringen: $$ax+by=k.$$

Dazu gibt es unendlich viele Wertpaare $x \mid y$, die die Gleichung erfüllen; denn man kann jedem beliebigen Wert der einen Unbekannten stets einen bestimmten Wert der andern Unbekannten zuordnen, z. B. sei gegeben:

$$3x + 5y = 20.$$

Ist $x = 5$, so muß $y = 1$ sein; oder zu $x = 7$ gehört $y = -\frac{1}{5}$

Daher muß noch eine zweite Gleichung bestehen, wenn die Unbekannten bestimmt sein sollen. Man spricht dann von einem „Gleichungssystem mit zwei Unbekannten". Seine allgemeine Form lautet:

$$a_1x + b_1y = k_1$$
$$a_2x + b_2y = k_2.$$

Das Lösen eines solchen Systems kommt darauf hinaus, eine Unbekannte zunächst zu beseitigen (eliminieren), so daß nur noch eine Gleichung mit einer Unbekannten übrig bleibt.

1. Beispiel:

$$7x + 5y = 13$$
$$3x + 8y = 15.$$

Um die Unbekannte y zu eliminieren, müssen die Koeffizienten von y entgegengesetzt gleich gemacht werden, indem man die erste Gleichung mit 8, die zweite mit -5 multipliziert:

$$56x + 40y = 104$$
$$-15x - 40y = -75.$$

Durch Addition beider Gleichungen erhält man:

$$41x = 29, \quad \text{folglich} \quad x = \tfrac{29}{41}.$$

Entsprechend multipliziert man die erste Gleichung mit -3, die zweite mit $+7$, um x zu eliminieren:

$$-21x - 15y = -39$$
$$+21x + 56y = +105.$$

Daraus folgt: $+41y = +66 \quad y = \frac{66}{41}.$

Durch Einsetzen des gefundenen Wertepaares $\frac{29}{41}$, $\frac{66}{41}$ in das gegebene Gleichungssystem wird die Richtigkeit nachgeprüft.

Das verwendete Verfahren wird als „Additionsmethode" bezeichnet. In vielen Fällen kommt man mit Berechnung der einen Unbekannten schneller zum Ziel, wenn man den gefundenen Wert in eine der beiden gegebenen Gleichungen einsetzt und die zweite Unbekannte daraus berechnet.

Im gegebenen Beispiel würde man $x = \frac{29}{41}$ etwa in die zweite Gleichung einsetzen:

$$3 \cdot \tfrac{29}{41} + 8y = 15.$$

Die Auflösung nach y ergibt dann $y = \frac{66}{41}$.

Probe durch Einsetzen beider Unbekannten in die erste Gleichung!

2. Beispiel:

$$\begin{array}{rl|c|c} 6x + 8y = & 15 & 3 & -5 \\ 5x - 3y = & 9 & 8 & +6. \end{array}$$

Durch Multiplikation mit den hinter dem ersten senkrechten Strich stehenden Zahlen erhält man:

$$18x + 24y = 45$$
$$40x - 24y = 72$$

und daraus durch Addieren und Auflösen $x = \frac{117}{58}$.

Ebenso verfährt man für y durch Multiplikation mit -5 und $+6$ und erhält $y = \frac{21}{58}$.

3. Beispiel:
$$\begin{array}{rcl|r} 18x - 31y &=& 5 & -4 \\ 24x - 53y &=& -5 & 3 \end{array}$$

$$-72x + 124y = -20 \qquad -35y = -35,$$
$$+72x - 159y = -15, \qquad y = 1.$$

Einsetzen von $y = 1$ in die erste Gleichung:

$$18x - 31 = 5 \qquad x = 2. \quad \text{Probe!}$$

Man beachte, daß man zur Elimination von x nur mit -4 und 3 zu multiplizieren hat.

Die Bestimmung der Faktoren geschieht so, daß man das kleinste gemeinsame Vielfache von 18 und 24 sucht.

(Vgl. Bildung des Hauptnenners!)

4. Beispiel:
$$ax + ay + bx - by = 2a$$
$$a(x - y) - b(x + y) = -2b.$$

Ordnen und ausklammern:

$$\begin{array}{rcl|c} x(a+b) + y(a-b) &=& 2a & a+b \\ x(a-b) - y(a+b) &=& -2b & a-b \end{array}$$

$$x(a+b)^2 + x(a-b)^2 = 2a(a+b) - 2b(a-b)$$
$$x(2a^2 + 2b^2) = 2a^2 + 2b^2$$
$$x = 1; \quad y = 1.$$

§ 14. Aufgaben

1. a) $39x - 38y = 1$, $91x - 57y = 4$, b) $69x - 51y = 0$, $115x + 34y = 7$, c) $3{,}5x - 3{,}8y = -4{,}7$, $2{,}1x - 1{,}9y = -1{,}3$.

2. Die folgenden Gleichungen müssen erst auf die Normalform $ax + by = k$ gebracht werden.

a) $\frac{1}{2}(x + \frac{5}{3}) - \frac{1}{3}(y - \frac{4}{5}) = \frac{4}{5}$, $\frac{2}{5}(x - \frac{4}{3}) + \frac{1}{4}(y + \frac{3}{5}) = \frac{1}{10}$,

b) $\frac{3}{5}(x - \frac{1}{3}) + \frac{1}{2}(y - \frac{5}{6}) = \frac{1}{30}$, $\frac{4}{9}(x + \frac{1}{3}) + \frac{5}{8}(y - \frac{2}{5}) = \frac{1}{6}$,

c) $(x-5)(y-3) - (x+3)(y-9) = 62$, $(x-2)(y-8) - (x+5)(y-9) = 53$,

d) $\dfrac{5x+2}{54} - \dfrac{4x+7y+6}{27} = \dfrac{2y-x}{6}$, $\dfrac{x+6y}{18} - \dfrac{3x-16}{14} = \dfrac{30y-x}{63}$

e) $\dfrac{y-x-2}{14} - \dfrac{2(y-2)}{35} = \dfrac{3y-7x}{70}$, $\dfrac{2x+1}{24} + \dfrac{x+3y}{40} = \dfrac{5y-9}{15}$,

f) $ax + by = 2a$, $\dfrac{x}{b} - \dfrac{y}{a} = \dfrac{2}{a}$,

g) $(a+b)x-(a-b)y=4ab$
$(a-b)x-(a+b)y=0,$

h) $(a+b)x+(a-b)y=\frac{1}{a+b}$
$a(x+y)-b(x-y)=\frac{1}{a-b},$

i) $\frac{x}{a+b}+\frac{y}{a-b}=a+b$
$\frac{x}{a}-\frac{y}{b}=2b.$

§ 15. Allgemeine Lösung von zwei linearen Gleichungen

a) Allgemeiner Fall:

$$\begin{array}{l|c|c} a_1x+b_1y=k_1 & b_2 & -a_2 \\ a_2x+b_2y=k_2 & -b_1 & a_1. \end{array}$$

Die Koeffizienten von x sind mit a, die von y mit b, die Konstanten mit k bezeichnet. Der Index (Zeiger) gibt an, in welcher Gleichung der Koeffizient oder die Konstante vorkommt. Multipliziert man die Gleichungen mit dem hinter dem ersten Vertikalstrich stehenden Faktor und addiert, fallen die Glieder mit y heraus. Multipliziert man mit den Faktoren hinter dem zweiten Vertikalstrich und addiert, fallen die Glieder mit x fort. Man erhält:

$$(a_1b_2-a_2b_1)\,x=k_1b_2-k_2b_1$$
$$(a_1b_2-a_2b_1)\,y=k_2a_1-k_1a_2,$$

oder:
$$x=\frac{k_1b_2-k_2b_1}{a_1b_2-a_2b_1};\quad y=\frac{k_2a_1-k_1a_2}{a_1b_2-a_2b_1}.$$

Dafür hat man auch die Schreibweise eingeführt:

$$x=\begin{vmatrix}k_1b_1\\k_2b_2\end{vmatrix}:\begin{vmatrix}a_1b_1\\a_2b_2\end{vmatrix};\quad y=\begin{vmatrix}a_1k_1\\a_2k_2\end{vmatrix}:\begin{vmatrix}a_1b_1\\a_2b_2\end{vmatrix}.$$

Die dabei auftretenden Ausdrücke bezeichnet man als „Determinanten".

Ihren Wert bekommt man z. B. bei der Koeffizientendeterminante $\begin{vmatrix}a_1b_1\\a_2b_2\end{vmatrix}$, indem man von dem Produkt der Glieder der Hauptdiagonale a_1b_2 das Produkt der Glieder der Nebendiagonale a_2b_1 abzieht.

b) Sonderfälle der Lösung

Ist die Koeffizientendeterminante Null, so kann man die Unbekannten nicht berechnen, denn durch Null darf man nicht dividieren. Nun ist zweierlei möglich:

1. Die Zählerdeterminanten sind nicht Null, dann sind die Gleichungen nicht miteinander verträglich.

Beispiel: $5x+3y=6$
$15x+9y=12.$ (Determinanten nachprüfen!)

Die Gleichungen widersprechen einander; denn nach der ersten soll $5x+3y=6$, nach der zweiten (durch 3 dividiert) $5x+3y=4$ sein. Das ist nicht möglich.

2. Sind auch die Zählerdeterminanten Null, so sind die Gleichungen voneinander abhängig; eine folgt aus der anderen.

Beispiel: $$\begin{aligned} 5x + 3y &= 6 \\ 15x + 9y &= 18. \end{aligned}$$ (Determinanten nachprüfen!)

Die zweite Gleichung ist das Dreifache der ersten. Man kann dann für x oder y einen beliebigen Wert vorschreiben und bekommt damit aus beiden Gleichungen einen Wert für y oder x, z. B. für $x = 3$ $y = -3$.

c) Einige Determinantengesetze

1. Vertauscht man die Zeilen untereinander oder die Spalten miteinander, so bekommt der Wert der Determinante das entgegengesetzte Vorzeichen. (Prüfen!)

$$\begin{vmatrix} a_1 & b_1 \\ a_2 & b_2 \end{vmatrix} = - \begin{vmatrix} a_2 & b_2 \\ a_1 & b_1 \end{vmatrix} = - \begin{vmatrix} b_1 & a_1 \\ b_2 & a_2 \end{vmatrix}.$$

2. Enthalten eine Zeile oder eine Spalte einen gemeinsamen Faktor, so kann man diesen vor die ganze Determinante schreiben und ihn bei den Zeilen oder Spalten entsprechend fortlassen.

Es sei $$a_1 = \lambda a_1' \qquad a_2 = \lambda a_2'.$$

Dann gilt: $$\begin{vmatrix} a_1 & b_1 \\ a_2 & b_2 \end{vmatrix} = \begin{vmatrix} \lambda a_1' & b_1 \\ \lambda a_2' & b_2 \end{vmatrix} = \lambda \begin{vmatrix} a_1' & b_1 \\ a_2' & b_2 \end{vmatrix},$$

es ist nämlich:

$$\lambda a_1' \cdot b_2 - \lambda a_2' \cdot b_1 = \lambda (a_1' b_2 - a_2' b_1).$$

3. Sind die Glieder der beiden Zeilen einander proportional, ist also $$a_2 = \lambda a_1, \quad b_2 = \lambda b_1,$$

so hat die Determinante den Wert Null, dasselbe gilt für die Glieder der Spalten.

$$\begin{vmatrix} a_1 & b_1 \\ \lambda a_1 & \lambda b_1 \end{vmatrix} = 0 \quad \begin{vmatrix} a_1 & \lambda a_1 \\ a_2 & \lambda a_2 \end{vmatrix} = 0.$$ Nachrechnen!

d) Beispiele

1. $$\begin{aligned} 2x + 3y &= 20 \\ 3x + 4y &= 27 \end{aligned} \quad x = \begin{vmatrix} 20 & 3 \\ 27 & 4 \end{vmatrix} : \begin{vmatrix} 2 & 3 \\ 3 & 4 \end{vmatrix} = (20 \cdot 4 - 3 \cdot 27) : (2 \cdot 4 - 3 \cdot 3) = (-1) : (-1) = 1$$

$$y = \begin{vmatrix} 2 & 20 \\ 3 & 27 \end{vmatrix} : \begin{vmatrix} 2 & 3 \\ 3 & 4 \end{vmatrix} = (54 - 60) : (-1) = 6.$$

$$x = 1; \qquad y = 6.$$

2. $$\begin{aligned} 21x - 15y &= 72 \\ 28x + 25y &= 6 \end{aligned}$$ Zählerdeterminante für x ist $\begin{vmatrix} 72 & -15 \\ 6 & 25 \end{vmatrix}$.

Wendet man darauf wiederholt das zweite Gesetz über Determinanten an, so erhält man:

$$6 \cdot 5 \begin{vmatrix} 12 & -3 \\ 1 & 5 \end{vmatrix} = 6 \cdot 5 \cdot 3 \begin{vmatrix} 4 & -1 \\ 1 & 5 \end{vmatrix}$$
$$= 6 \cdot 5 \cdot 3\,(20 + 1) = 3 \cdot 5 \cdot 6 \cdot 21.$$

Nennerdeterminante:

$$\begin{vmatrix} 21 & -15 \\ 28 & +25 \end{vmatrix} = 7 \cdot 5 \begin{vmatrix} 3 & -3 \\ 4 & +5 \end{vmatrix} = 7 \cdot 5 \cdot 3 \begin{vmatrix} 1 & -1 \\ 4 & 5 \end{vmatrix}$$

$$= 3 \cdot 5 \cdot 7\,(5 + 4) = 3 \cdot 5 \cdot 7 \cdot 9,$$

$$x = \frac{3 \cdot 5 \cdot 6 \cdot 21}{3 \cdot 5 \cdot 7 \cdot 9} = 2.$$

Ebenso kann man für y verfahren und erhält $y = -2$.

Zur Übung rechne man Aufgabe 1 des § 14 auch mit Determinanten aus.

§ 16. Mehr als zwei lineare Gleichungen mit einer entsprechenden Zahl von Unbekannten

Die Betrachtungen des § 13 lassen sich zunächst dahin verallgemeinern, daß zur Bestimmung von 3, 4, ..., n Unbekannten ein System von 3, 4, ..., n voneinander unabhängigen, einander nicht widersprechenden Gleichungen gehört.

Also bei drei Unbekannten:

$$\begin{aligned} a_1 x + b_1 y + c_1 z &= k_1 \\ a_2 x + b_2 y + c_2 z &= k_2 \\ a_3 x + b_3 y + c_3 z &= k_3 . \end{aligned}$$

Das Lösungsverfahren entspricht dem von zwei Gleichungen. Man beseitigt zweimal aus je zwei Gleichungen die gleiche Unbekannte, z. B. z; dann bleibt ein System von zwei Gleichungen mit den Unbekannten x und y.

Beispiel:

$$\begin{array}{rl|r|r} 3x - 9y - z = 5 & & 9 & 2 \\ 4x + 10y - 9z = 43 & & -1 & \\ 5x - y - 2z = 36 & & & -1. \end{array}$$

Die erste Gleichung wird mit 9, die zweite mit -1 multipliziert und dann addiert; ferner die erste Gleichung mit 2, die dritte mit -1 und gleichfalls addiert.

$$\begin{aligned} 23x - 91y &= 2 \\ x - 17y &= -26. \end{aligned}$$

Daraus folgt dann $x = 8$, $y = 2$. Diese beiden Werte setzt man in eine der gegebenen Gleichungen ein, hier am zweckmäßigsten in die erste, und erhält:

$$24 - 18 - z = 5, \qquad \text{also} \qquad z = 1.$$

Ergebnis: $x = 8; \quad y = 2; \quad z = 1.$

Zur Probe hat man diese Werte noch in die beiden anderen Gleichungen einzusetzen, die identisch erfüllt sein müssen.

§ 17. Aufgaben

1. a) $3x - 5y + 2z = 24$, $7x + 4y - 8z = 12$, $5x + 9y + 3z = 5$,
   b) $6x + 4y + 2z = 5$, $7x - 2y + 6z = 2$, $3x + 6y - 12z = 3$,
   c) $1\frac{1}{3}x + 1\frac{1}{2}y - 2\frac{1}{4}z = 20$, $2\frac{1}{5}x - 2\frac{1}{3}y + 1\frac{1}{2}z = 17$, $1\frac{2}{3}x + 1\frac{3}{4}y - 4\frac{1}{2}z = 10$,

d) $$\begin{aligned} 18x - 15y - 2z &= 17 \\ 12x + 25y - 14z &= 53 \\ 16x - 10y + 7z &= 69, \end{aligned}$$

e) $$\begin{aligned} (x - \tfrac{1}{2}) + 3(y - \tfrac{2}{3}) + 8(z - \tfrac{1}{8}) &= -\tfrac{2}{3} \\ 3(x - \tfrac{1}{3}) + (y - \tfrac{1}{3}) + 3(z - \tfrac{1}{4}) &= \tfrac{1}{4} \\ 3(x - \tfrac{1}{4}) - 3(y - \tfrac{1}{6}) + 3(z - \tfrac{1}{4}) &= 0, \end{aligned}$$

f) $$\begin{aligned} \frac{3y - 2x}{4} + \frac{4z - 3x}{3} + \frac{2y - 7z}{6} &= 0 \\ \frac{5x - 3y}{15} - \frac{4y - 3x}{5} + \frac{7y + 2z}{9} &= 2\tfrac{2}{15} \\ \frac{7z}{8} - \frac{6x - 5y}{12} + \frac{3z - 8x}{3} &= -5\tfrac{23}{24}. \end{aligned}$$

§ 18. Allgemeines über drei Gleichungen mit drei Unbekannten

a) Die Bezeichnungen seien entsprechend denen in § 15 gewählt:

$$\begin{aligned} a_1x + b_1y + c_1z &= k_1 \qquad & (b_2c_3 - b_3c_2) \\ a_2x + b_2y + c_2z &= k_2 \qquad & (b_3c_1 - b_1c_3) \\ a_3x + b_3y + c_3z &= k_3 \qquad & (b_1c_2 - b_2c_1). \end{aligned}$$

Man kann in einem Rechengang gleich zwei Unbekannte eliminieren; multipliziert man z. B. mit den hinter dem Vertikalstrich stehenden Faktoren und addiert, so wird der Faktor von

$$x\colon\ a_1(b_2c_3 - b_3c_2) + a_2(b_3c_1 - b_1c_3) + a_3(b_1c_2 - b_2c_1),$$

$$\begin{aligned} y\colon\ & b_1(b_2c_3 - b_3c_2) + b_2(b_3c_1 - b_1c_3) + b_3(b_1c_2 - b_2c_1) \\ & = b_1b_2c_3 - b_1b_3c_2 + \ldots = 0, \end{aligned}$$

$$z\colon\ c_1(b_2c_3 - b_3c_2) + c_2(b_3c_1 - b_1c_3) + c_3(b_1c_2 - b_2c_1) = 0,$$

die rechte Seite:

$$k_1(b_2c_3 - b_3c_2) + k_2(b_3c_1 - b_1c_3) + k_3(b_1c_2 - b_2c_1).$$

Daher wird:

$$x = \frac{k_1(b_2c_3 - b_3c_2) + k_2(b_3c_1 - b_1c_3) + k_3(b_1c_2 - b_2c_1)}{a_1(b_2c_3 - b_3c_2) + a_2(b_3c_1 - b_1c_3) + a_3(b_1c_2 - b_2c_1)}.$$

Genau so erhält man y und z dadurch, daß man die drei Gleichungen der Reihe nach mit

$$a_3c_2 - a_2c_3,\quad a_1c_3 - a_3c_1,\quad a_2c_1 - a_1c_2$$

und

$$a_2b_3 - a_3b_2,\quad a_3b_1 - a_1b_3,\quad a_1b_2 - a_2b_1$$

multipliziert und addiert:

$$y = \frac{k_1(a_3c_2 - a_2c_3) + k_2(a_1c_3 - a_3c_1) + k_3(a_2c_1 - a_1c_2)}{b_1(a_3c_2 - a_2c_3) + b_2(a_1c_3 - a_3c_1) + b_3(a_2c_1 - a_1c_2)},$$

$$z = \frac{k_1(a_2b_3 - a_3b_2) + k_2(a_3b_1 - a_1b_3) + k_3(a_1b_2 - a_2b_1)}{c_1(a_2b_3 - a_3b_2) + c_2(a_3b_1 - a_1b_3) + c_3(a_1b_2 - a_2b_1)}.$$

Multipliziert man die Klammern der drei Nenner aus, so zeigt sich, daß die drei Nenner gleich sind. (Nachrechnen!)

Um diese komplizierten Ausdrücke übersichtlicher zu gestalten und sich leichter merken zu können, schreibt man dafür den Quotienten zweier dreireihiger Determinanten.

$$x = \begin{vmatrix} k_1 b_1 c_1 \\ k_2 b_2 c_2 \\ k_3 b_3 c_3 \end{vmatrix} : \begin{vmatrix} a_1 b_1 c_1 \\ a_2 b_2 c_2 \\ a_3 b_3 c_3 \end{vmatrix}, \qquad y = \begin{vmatrix} a_1 k_1 c_1 \\ a_2 k_2 c_2 \\ a_3 k_3 c_3 \end{vmatrix} : \begin{vmatrix} a_1 b_1 c_1 \\ a_2 b_2 c_2 \\ a_3 b_3 c_3 \end{vmatrix},$$

$$z = \begin{vmatrix} a_1 b_1 k_1 \\ a_2 b_2 k_2 \\ a_3 b_3 k_3 \end{vmatrix} : \begin{vmatrix} a_1 b_1 c_1 \\ a_2 b_2 c_2 \\ a_3 b_3 c_3 \end{vmatrix}.$$

b) Die Ausrechnung einer solchen Determinante erfolgt nach der Regel von Sarrus: Man schreibt hinter das Schema der Glieder der Determinante nochmals die erste und zweite Spalte, nimmt die Summe der Produkte der Glieder der drei nach rechts fallenden Diagonalen (ausgezogen) und zieht davon die Summe der Produkte der Glieder der drei nach rechts ansteigenden Diagonalen (punktiert) ab[1]).

Für die Koeffizientendeterminante z. B. sieht das so aus:

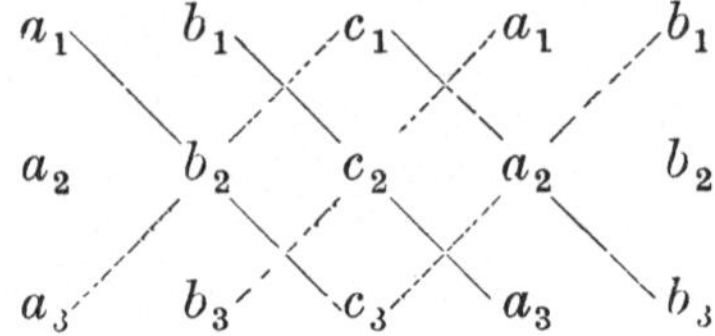

ausgerechnet: $a_1 b_2 c_3 + b_1 c_2 a_3 + \ldots - a_3 b_2 c_1 - \ldots$

Man rechne das vollständig aus, ebenso die Zählerdeterminanten und prüfe die Richtigkeit durch Vergleich mit den unter a) ermittelten Werten für x, y, z nach.

Ergebnis: Im Nenner steht das Schema der Koeffizienten der drei Gleichungen. Im Zähler ist die Spalte der Koeffizienten der zu berechnenden Unbekannten durch die Spalte der Konstanten ersetzt. (Regel von Cramer.)

Man überzeuge sich, daß diese Regel auch für zwei Gleichungen mit zwei Unbekannten gilt.

Beispiel:

$$\begin{aligned} 2x + 3y - 5z &= 16 \\ 3x - 2y + 4z &= 36 \\ 5x + 7y - 11z &= 44. \end{aligned} \qquad \text{Nennerdeterminante: } \begin{vmatrix} 2 & 3 & -5 \\ 3 & -2 & 4 \\ 5 & 7 & -11 \end{vmatrix}.$$

Berechnung der Nennerdeterminante:

$$\begin{matrix} 2 & 3 & -5 & 2 & 3 \\ 3 & -2 & 4 & 3 & -2 \\ 5 & 7 & -11 & 5 & 7. \end{matrix}$$

Das ergibt:

$$44 + 60 - 105 - 50 - 56 + 99 = -8.$$

Zählerdeterminante für x:

$$\begin{vmatrix} 16 & 3 & -5 \\ 36 & -2 & 4 \\ 44 & 7 & -11 \end{vmatrix} = 4 \begin{vmatrix} 4 & 3 & -5 \\ 9 & -2 & 4 \\ 11 & 7 & -11 \end{vmatrix}.$$

[1]) Für die Berechnung von vier- und mehrzeiligen Determinanten gelten andere Vorschriften!

Berechnung dieser Determinante:

$$\begin{matrix} 4 & 3 & -5 & 4 & 3 \\ 9 & -2 & 4 & 9 & -2 \\ 11 & 7 & -11 & 11 & 7, \end{matrix}$$

also: $88 + 132 - 315 - 110 - 112 + 297 = -20.$

$$x = \frac{4 \cdot (-20)}{-8}, \text{ also } x = 10.$$

Ebenso ergibt sich: $y = 7, \quad z = 5.$

Man beachte, daß zwischen Determinante und Berechnungsschema kein Gleichheitszeichen gesetzt werden darf!

c) Sonderfälle der Lösung (vgl. § 15 b)

1. Ist die Koeffizientendeterminante Null, nicht aber samtliche Zählerdeterminanten, so sind die Gleichungen nicht miteinander verträglich.

Beispiel:

$$\begin{array}{ll|r|r} \text{I} & 2x + 3y + 4z = 5 & 2 & \\ \text{II} & 3x + 4y + 5z = 6 & & 4 \\ \text{III} & 4x + 5y + 6z = 4 & -1 & -3\,. \end{array}$$

Man stelle zuerst fest, daß die Koeffizientendeterminante wirklich Null wird. Dann beseitige man nach der Additionsmethode aus den Gleichungen I und III, sowie II und III die Unbekannte x. Man erhält die sich widersprechenden Gleichungen:

$$\begin{aligned} y + 2z &= 6 \\ y + 2z &= 12. \end{aligned}$$

2. Ist jede Zähler- und zugleich die Nennerdeterminante Null, so sind die Gleichungen nicht voneinander unabhängig.

Beispiel:

$$\begin{array}{ll} \text{I} & 2x + 3y + 4z = 5 \\ \text{II} & 3x + 4y + 5z = 6 \\ \text{III} & 4x + 5y + 6z = 7. \end{array}$$

Man berechne die Determinanten.

Bildet man die Summe von I und III, so erhält man das Doppelte von II, damit ist die gegenseitige Abhängigkeit bewiesen. Praktisch kommt es darauf hinaus, daß für die drei Unbekannten nur zwei Gleichungen gegeben sind. Somit könnte man die eine Unbekannte, z. B. x, willkürlich vorschreiben und dazu die beiden anderen bestimmen.

d) Rechengesetze für die dreireihige Determinante

Es gelten die gleichen Regeln wie für die zweireihige Determinante (vgl. § 15c). Ihre Gültigkeit läßt sich durch Nachrechnen leicht prüfen.

1. Vertauscht man zwei Zeilen oder Spalten, so ändert der Determinantenwert sein Vorzeichen. Z. B.:

$$\begin{vmatrix} a_1 b_1 c_1 \\ a_2 b_2 c_2 \\ a_3 b_3 c_3 \end{vmatrix} = - \begin{vmatrix} b_1 a_1 c_1 \\ b_2 a_2 c_2 \\ b_3 a_3 c_3 \end{vmatrix}$$

2. Haben die Glieder einer Zeile oder Spalte einen gemeinsamen Faktor, so kann man diesen vor die Determinante setzen.

Beispiel:

$$\begin{aligned} 25x + 15y - 8z &= 8 \\ 15x - 6y - 20z &= -4 \\ 20x - 15y + 12z &= 2 \end{aligned}$$

$$x = \begin{vmatrix} 8 & 15 & -8 \\ -4 & -6 & -20 \\ 2 & -15 & 12 \end{vmatrix} : \begin{vmatrix} 25 & 15 & -8 \\ 15 & -6 & -20 \\ 20 & -15 & 12 \end{vmatrix}$$

$$= 2 \cdot 3 \cdot 4 \begin{vmatrix} 4 & 5 & -2 \\ -2 & -2 & -5 \\ 1 & -5 & 3 \end{vmatrix} : 5 \cdot 3 \cdot 4 \begin{vmatrix} 5 & 5 & -2 \\ 3 & -2 & -5 \\ 4 & -5 & 3 \end{vmatrix}$$

$$= 2 \cdot 143 : 5 \cdot 286 = \tfrac{1}{5}.$$

Hier ließ sich aus jeder Spalte ein Faktor absondern, so daß sich eine wesentliche Vereinfachung für die weitere Rechnung ergab.

Man berechne entsprechend die Werte für y und z: $y = \frac{1}{3}$, $z = \frac{1}{4}$.

3. Sind zwei Zeilen oder Spalten einander gleich bzw. proportional, so ist der Wert der Determinante Null.

Beispiel: Der Faktor von y, der bei der Elimination der Unbekannten in § 18 a), Zeile 9 und 10 auftrat, läßt sich als dreireihige Determinante schreiben, in der zwei Spalten einander gleich sind, nämlich:

$$\begin{vmatrix} b_1 & b_2 & b_3 \\ b_1 & b_2 & b_3 \\ c_1 & c_2 & c_3 \end{vmatrix} = 0.$$

Man weise das gleiche für den Faktor von z nach!

Einige weitere Rechengesetze für dreireihige Determinanten sollen kurz abgeleitet werden:

4. Vertauscht man die Zeilen mit den entsprechenden Spalten, so ändert die Determinante ihren Wert nicht; Spregelung an der Hauptdiagonalen (von rechts oben nach links unten).

Beweis durch Anwendung der Regel von Sarrus auf beide Determinanten.

5. Jede dreireihige Determinante läßt sich als Aggregat von drei zweireihigen Determinanten schreiben (Entwicklung einer Determinate):

$$D = \begin{vmatrix} a_1 & b_1 & c_1 \\ a_2 & b_2 & c_2 \\ a_3 & b_3 & c_3 \end{vmatrix} = a_1 \begin{vmatrix} b_2 & c_2 \\ b_3 & c_3 \end{vmatrix} - a_2 \begin{vmatrix} b_1 & c_1 \\ b_3 & c_3 \end{vmatrix} + a_3 \begin{vmatrix} b_1 & c_1 \\ b_2 & c_2 \end{vmatrix}$$

Beweis durch Ausrechnen der zweireihigen Determinanten:

$$D = a_1(b_2c_3 - b_3c_2) - a_2(b_1c_3 - b_3c_1) + a_3(b_1c_2 - b_2c_1),$$
$$D = a_1b_2c_3 - a_1b_3c_2 - a_2b_1c_3 + a_2b_3c_1 + a_3b_1c_2 - a_3b_2c_1.$$

Das ist aber genau der Ausdruck, den man nach der Regel von Sarrus (s. oben) erhält.

6. Die Summe (Differenz) zweier Determinanten, die sich nur in einer Zeile (Spalte) unterscheiden, ist die Determinante, bei der die Elemente der betreffenden Zeile (Spalte) jeweils die Summen (Differenzen) der entsprechenden Elemente der beiden Summanden sind und die übrigen Elemente unverändert bleiben.

Beispiel:
$$\begin{vmatrix} a_1 & b_1 & c_1 \\ a_2 & b_2 & c_2 \\ a_3 & b_3 & c_3 \end{vmatrix} \pm \begin{vmatrix} d_1 & b_1 & c_1 \\ d_2 & b_2 & c_2 \\ d_3 & b_3 & c_3 \end{vmatrix} = \begin{vmatrix} a_1 \pm d_1 & b_1 & c_1 \\ a_2 \pm d_2 & b_2 & c_2 \\ a_3 \pm d_3 & b_3 & c_3 \end{vmatrix}$$

Man führe den Beweis unter Zuhilfenahme von Ziffer 5 selbst durch und zeige, daß das Gesetz auch für zweireihige Determinanten gilt!

7. Addiert man zu den Elementen einer Zeile (Spalte) ein beliebiges Vielfaches (m-faches) der entsprechenden Elemente einer anderen Zeile (Spalte), so ändert die Determinante ihren Wert nicht.

$$\begin{vmatrix} a_1 & b_1 & c_1 \\ a_2 & b_2 & c_2 \\ a_3 & b_3 & c_3 \end{vmatrix} = \begin{vmatrix} a_1 + mb_1 & b_1 & c_1 \\ a_2 + mb_2 & b_2 & c_2 \\ a_3 + mb_3 & b_3 & c_3 \end{vmatrix}$$

Beweis: Man kann die rechte Determinante nach Ziffer 6 in zwei Summanden zerlegen.

$$\begin{vmatrix} a_1 + mb_1 & b_1 & c_1 \\ a_2 + mb_2 & b_2 & c_2 \\ a_3 + mb_3 & b_3 & c_3 \end{vmatrix} = \begin{vmatrix} a_1 & b_1 & c_1 \\ a_2 & b_2 & c_2 \\ a_3 & b_3 & c_3 \end{vmatrix} + \begin{vmatrix} mb_1 & b_1 & c_1 \\ mb_2 & b_2 & c_2 \\ mb_3 & b_3 & c_3 \end{vmatrix}$$

Nach Ziffer 3 hat der zweite Summand den Wert Null, weil die erste und die zweite Spalte einander proportional sind. Dann steht aber schon die Behauptung da, die bewiesen werden sollte.

Beispiel: Anwendung der Rechengesetze bei der Berechnung von Determinanten.

Man berechne den Wert der Determinante:

$$D = \begin{vmatrix} 2 & 1 & 5 \\ 7 & 3 & 8 \\ -3 & -2 & 6 \end{vmatrix}$$

Nach Ziffer 7 subtrahiert man das Dreifache der ersten Zeile von der zweiten und addiert das Doppelte der ersten Zeile zur dritten:

$$D = \begin{vmatrix} 2 & 1 & 5 \\ 1 & 0 & -7 \\ 1 & 0 & 16 \end{vmatrix}$$ Vertauschung der ersten und zweiten Spalte führt nach Ziffer 1 zum Vorzeichenwechsel: $$D = -\begin{vmatrix} 1 & 2 & 5 \\ 0 & 1 & -7 \\ 0 & 1 & 16 \end{vmatrix}$$

Nun wird die Determinante nach Ziffer 5 als Aggregat zweireihiger Determinanten geschrieben:

$$D = -\left\{1 \cdot \begin{vmatrix} 1 & -7 \\ 1 & 16 \end{vmatrix} - 0 \cdot \begin{vmatrix} 2 & 5 \\ 1 & 16 \end{vmatrix} + 0 \cdot \begin{vmatrix} 2 & 5 \\ 1 & -7 \end{vmatrix}\right\}, \quad D = -(16 + 7) = -23.$$

Als weiteres Beispiel sei eine Vandermondesche Determinante umgeformt

$$\begin{vmatrix} 1 & 1 & 1 \\ a & b & c \\ a^2 & b^2 & c^2 \end{vmatrix} = \begin{vmatrix} 1 & 1 & 1 \\ 0 & b-a & c-a \\ 0 & b^2-a^2 & c^2-a^2 \end{vmatrix} = 1 \begin{vmatrix} b-a & c-a \\ b^2-a^2 & c^2-a^2 \end{vmatrix} = (b-a)(c-a) \begin{vmatrix} 1 & 1 \\ b+a & c+a \end{vmatrix}$$
$$= (b-a) \cdot (c-a) \cdot (c-b) = (a-b) \cdot (b-c) \cdot (c-a).$$

Man überlege die einzelnen Umformungen.

V. Potenzrechnung

§ 19. Potenzen mit ganzen positiven Exponenten

Erklärung: Für das Produkt mehrerer gleicher Faktoren schreibt man zur Abkürzung eine Potenz.

$$a \cdot a \cdot a \ldots (n\text{-mal}) = a^n = b.$$

a = Grundzahl oder Basis,
n = Hochzahl oder Exponent,
b = Potenzwert.

n muß zunächst, der Definition nach, eine natürliche Zahl sein. Basis und Exponent sind nicht vertauschbar.

Besondere Fälle[1]):

$$0^n = 0; \qquad 1^n = 1;$$
$$(-a)^{2n} = +a^{2n}; \qquad (-a)^{2n+1} = -a^{2n+1};$$
$$(-a)^{2n} = (+a)^{2n}; \qquad (-a)^{2n+1} = -(+a)^{2n+1};$$
$$(a-b)^{2n} = (b-a)^{2n}; \quad (a-b)^{2n+1} = -(b-a)^{2n+1}.$$

Potenzgesetze:

a) Potenzen mit gleichen Hochzahlen

$$a^m \cdot b^m = a \cdot a \cdot a \ldots (m\text{-mal}) \cdot b \cdot b \cdot b \ldots (m\text{-mal})$$
$$= (a \cdot b) \cdot (a \cdot b) \ldots (m\text{-mal}) = (a \cdot b)^m.$$

Allgemein: I. $a^m \cdot b^m = (a \cdot b)^m$

Entsprechend: II. $\dfrac{a^m}{b^m} = \left(\dfrac{a}{b}\right)^m$

b) Potenzen mit gleichen Grundzahlen

$$a^5 \cdot a^3 = a \cdot a \cdot a \cdot a \cdot a \cdot a \cdot a \cdot a = a^{5+3} = a^8,$$

$$\frac{a^7}{a^3} = \frac{a \cdot a \cdot a \cdot a \cdot a \cdot a \cdot a}{a \cdot a \cdot a} = a^{7-3} = a^4; \quad \frac{a^3}{a^7} = \frac{1}{a^{7-3}} = \frac{1}{a^4}.$$

Allgemein: III. $a^m \cdot a^n = a^{m+n}$

IV. $$\frac{a^m}{a^n} = \begin{cases} a^{m-n} & \text{wenn } m > n \\ 1 & \text{,, } m = n \\ \dfrac{1}{a^{n-m}} & \text{,, } m < n \end{cases}$$

c) Potenzierung einer Potenz

$$(a^5)^3 = a^5 \cdot a^5 \cdot a^5 = a^{15} = a^{5 \cdot 3}.$$

Allgemein: V. $(a^m)^n = (a^n)^m = a^{m \cdot n}$

[1]) Man beachte dabei, daß für jedes ganzzahlige n die Zahl $2n$ gerade, die Zahl $2n+1$ ungerade ist.

Man beachte:

Summen und Differenzen von Potenzen können nur dann vereinfacht werden, wenn sie gleiche Grundzahlen und gleiche Hochzahlen haben; z. B.: $a^3 + b^3$ läßt sich nicht vereinfachen; dagegen

$$a^3 + a^3 = 2a^3.$$

Ebenso ist eine Multiplikation oder Division nicht weiter ausführbar, wenn die beiden Grundzahlen und die beiden Hochzahlen verschieden sind: $a^3 \cdot b^4$.

Beispiele:

1. $\dfrac{(4^4 \cdot 10^2 \cdot 27)^5}{(10 \cdot 9 \cdot 4^3)^7}$.

Man zerlege alle Grundzahlen erst in Primfaktoren:

$$\frac{[(2^2)^4 \cdot (2 \cdot 5)^2 \cdot 3^3]^5}{[2 \cdot 5 \cdot 3^2 \cdot (2^2)^3]^7} = \frac{(2^8 \cdot 2^2 \cdot 5^2 \cdot 3^3)^5}{(2 \cdot 5 \cdot 3^2 \cdot 2^6)^7} = \frac{(2^{10} \cdot 3^3 \cdot 5^2)^5}{(2^7 \cdot 3^2 \cdot 5)^7}$$

$$= \frac{2^{50} \cdot 3^{15} \cdot 5^{10}}{2^{49} \cdot 3^{14} \cdot 5^7} = 2 \cdot 3 \cdot 5^3 = 750.$$

2. $$\frac{(6^3)^3 \cdot (8^4)^2}{(12)^{12}} = \frac{6^9 \cdot 8^8}{12^{12}} = \frac{2^9 \cdot 3^9 \cdot 2^{24}}{2^{24} \cdot 3^{12}} = \frac{512}{27}.$$

3. $$\frac{(12a^3x)^4}{(8ax^2)^5} \cdot \frac{(10a^2x^3)^5}{(15a^4x)^3} = \frac{2^8 \cdot 3^4 \cdot a^{12} \cdot x^4 \cdot 2^5 \cdot 5^5 \cdot a^{10} \cdot x^{15}}{2^{15} \cdot a^5 \cdot x^{10} \cdot 3^3 \cdot 5^3 \cdot a^{12} \cdot x^3}$$

$$= \frac{2^{13} \cdot 3^4 \cdot 5^5 \cdot a^{22} \cdot x^{19}}{2^{15} \cdot 3^3 \cdot 5^3 \cdot a^{17} \cdot x^{13}} = \frac{3 \cdot 5^2 \cdot a^5 \cdot x^6}{2^2} = \frac{75a^5 \cdot x^6}{4}.$$

4. $$\frac{a^{2n-5} \cdot c^{n-1}}{b^{n-4}} \cdot \frac{b^{n-5} \cdot c^{n+1}}{a^{2n-6}} = \frac{a^{2n-5-(2n-6)} \cdot c^{n-1+n+1}}{b^{n-4-(n-5)}} = \frac{a \cdot c^{2n}}{b}.$$

5. $$\frac{2b^2}{a^4} - \frac{4b^3}{a^5} + \frac{2b^4}{a^6} = \frac{2b^2a^2 - 4b^3a + 2b^4}{a^6} = \frac{2b^2(a^2 - 2ab + b^2)}{a^6}$$

$$= \frac{2b^2(a-b)^2}{a^6}.$$

6. $$\frac{3}{x^n} + \frac{4}{x^{n-1}} + \frac{5}{x^{n-2}} = \frac{3 + 4x + 5x^2}{x^n}.$$

7. $$\left(\frac{a^2 - b^2}{x^2 - y^2}\right)^n \cdot \left(\frac{x+y}{a-b}\right)^n = \left(\frac{(a^2 - b^2)(x+y)}{(x^2 - y^2)(a-b)}\right)^n = \left(\frac{a+b}{x-y}\right)^n.$$

§ 20. Aufgaben

1. a) $(+9)^{12} + (-12)^9 - (-9)^{12} + (+12)^9$,
   b) $7(a-b)^3 + 5(b-a)^3 - 10(b-a)^3 - 11(a-b)^3$.

2. a) $5^3 \cdot 10^2 \cdot 4^2 \cdot 20^5$, b) $\dfrac{2^2 \cdot 6^3 \cdot 10^2 \cdot 20^4}{5^3 \cdot 15^2 \cdot 6^2 \cdot 16^3}$, c) $(-\frac{6}{25})^6 \cdot (-\frac{20}{27})^5 \cdot (8\frac{7}{16})^3$,
   d) $(2\frac{2}{9})^4 \cdot (-\frac{2}{25})^6 \cdot (-2\frac{13}{16})^3 \cdot (-29\frac{1}{6})^2$, e) $\dfrac{(9xy^3)^3}{(12x^2y)^4} \cdot \dfrac{(8x^4y)^5}{(6x^5y^3)^3}$,

f) $\left(\frac{a^3b^5}{m^4n^6}\right)^7 \cdot \left(\frac{a^2b^3}{m^3n^5}\right)^7 \cdot \left(\frac{m^6n^{10}}{a^4b^7}\right)^7$, g) $\frac{125\,a^7b^{11}}{138\,x^{10}y^8} : \frac{175\,a^4b^{13}}{92\,x^9y^8}$.

3. a) $\frac{a^{n-m}(ab)^{2n}}{b^{n+m}(a^n)^3}$, b) $\frac{b^x(ab)^{x+y}c^z}{(ac)^{x+z}[(ab)^x]^2}$,

c) $\frac{(a+b)^{3n-4}}{a^{n-1}b} \cdot \frac{a^{4n-3}(a+b)^{3-2n}}{b^{2n-5}} \cdot \frac{a^{4-3n}b^{3n-6}}{(a+b)^{n-2}}$.

4. a) $\frac{4}{a^{12}} - \frac{12}{a^6b^4} + \frac{9}{b^8}$, b) $\frac{a^3}{b^6} + \frac{2}{a^3b^3} + \frac{b^3}{a^3}$, c) $\frac{1}{x^{n-3}} - \frac{x^2-1}{x^{n+1}} - \frac{x^2-1}{x^{n-1}}$.

5. a) $\left(\frac{4x^2-9y^2}{2a^2-3ab}\right)^3 \cdot \left(\frac{4a^2-9b^2}{2xy+3y^2}\right)^3$, b) $(a+b)^3(a^2+b^2)^3(a-b)^3$.

6. a) $(a^4+b^6+c^2-2a^2b^3+2a^2c-2b^3c):(a^2-b^3+c)$,

b) $(9a^4-a^2b^4+16b^8):(3a^2-5ab^2+4b^4)$, c) $(a^{n+3}+a^n):(a^3+a^2)$.

§ 21. Erste Erweiterung des Potenzbegriffes

Potenzen mit negativen Exponenten

Nach der Definition für die Potenz kann der Exponent nur eine positive ganze Zahl sein. Deshalb hat man bei der Division $a^m : a^n$ die drei Fälle $m \gtreqless n$ zu unterscheiden. Trifft man nun zur Vereinfachung der Divisionsregel die Vereinbarung, daß man stets den Exponenten des Nenners von dem des Zählers subtrahieren will, daß also immer gelten soll:

$$a^m : a^n = a^{m-n},$$

so führt das zur Bildung von negativen Hochzahlen und somit zu einer Erweiterung des Potenzbegriffes, z. B.:

$$a^3 : a^8 = a^{3-8} = a^{-5}.$$

Rechnet man nach der ursprünglichen Regel, so ist:

$$\frac{a^3}{a^8} = \frac{1}{a^5}.$$

Daher definiert man:

$$a^{-5} = \frac{1}{a^5},$$

und allgemein:

$$\boxed{a^{-n} = \frac{1}{a^n}}$$

Dehnt man die Verallgemeinerung der Divisionsregel auch auf den Fall gleicher Exponenten aus:

$$\frac{a^n}{a^n} = a^{n-n} = a^0,$$

so muß man auch für diesen durch die ursprüngliche Definition nicht erfaßten Ausdruck eine Vereinbarung treffen. Da selbstverständlich

$$\frac{a^n}{a^n} = 1$$

ist, setzt man fest, es soll

$$\boxed{a^0 = 1}$$

sein. Das gilt für alle Zahlen a, außer für $a = 0$.

Für $a = 0$ wäre nämlich $\frac{0^n}{0^n} = \frac{0}{0}$, das ist aber nach unseren früheren Ausführungen ein sinnloser Ausdruck (s. Division).

Die getroffenen Festsetzungen können natürlich nur dann zweckmäßig sein, wenn sich auch auf sie die früheren Potenzgesetze anwenden lassen, ohne zu Widersprüchen zu führen (Permanenz prinzip). Das ist aber tatsächlich der Fall, z. B.:

$$a^9 \cdot a^{-4} = a^{9-4} = a^5 \quad \text{oder} \quad a^9 \cdot \frac{1}{a^4} = a^5,$$

$$(a^3)^{-4} = a^{-12} = \frac{1}{a^{12}} \quad \text{oder} \quad \frac{1}{(a^3)^4} = \frac{1}{a^{12}}.$$

Man prüfe noch andere Potenzgesetze daraufhin durch.

Zusammenfassung: $a^0 = 1$, wenn $a \neq 0$

$$a^{-n} = \frac{1}{a^n}.$$

Beachte: $$\left(\frac{a}{b}\right)^{-n} = \left(\frac{b}{a}\right)^n.$$

Ein Bruch wird mit einer negativen Zahl potenziert, indem man den reziproken Wert mit der absolut genommen gleichen positiven Zahl potenziert.

§ 22. Aufgaben

1. Man forme so um, daß das Ergebnis nur positive oder gar keine Exponenten enthält.

   a) 2000^0; $5 \cdot (-0{,}006)^0$; $\left(\frac{a}{b}\right)^0 c$,

   b) $27 \cdot 3^{-4}$; $0{,}1^{-1}$; $(-a)^{-2n}$; $(-a)^{-(2n+1)}$,

   c) $-(x-y)^{-1}$; $-11x^{-2n}$; $(-11x)^{-2n}$; $(-10x)^{-3}$,

   d) $\frac{1}{a^{-1}}$; $\frac{a}{b^{-3}}$; $\frac{a}{9b^{-n}}$; $\frac{a-b}{(a+b)^{-1}}$,

   e) $\left(\frac{3x}{4y}\right)^{-3}$; $\left(\frac{3}{8}\right)^{-2} \cdot 2^{-4}$; $0{,}63 \cdot (-0{,}14)^{-2}$; $\frac{a^3}{b^4} \cdot \left(\frac{a}{b}\right)^{-6}$,

   f) $\frac{7a^{-3} \cdot b^{-4}}{c\,(x-y)^{-5}}$; $\frac{x^{-n-1}}{y^{-m+2}}$; $\frac{a^{+m-4}}{b^{-n-6}}$.

2. Man forme um.

   a) $0{,}7a^{-9} \cdot b^0 \cdot 0{,}11a^0 \cdot b^{-5}$; $(3a)^{-5} \cdot (3a)^5$; $(-ax)^{-m-n} \cdot (-ax)^{m-n}$

   b) $(a-b)^{-8} \cdot 3\,(b-a)^6$; $4\frac{1}{2}\,(x-y)^{-2} \cdot \frac{4}{9}\,(y-x)^{-3}$,

   c) $(3a^{-4} + 5a^{-5}) \cdot (4a^6 - 6a^5)$; $(x^n + x^{-n}) \cdot (x^n - x^{-n})$,

   d) $(a^4 - b^4)\,(a+b)^{-2}\,(a-b)^{-1}$; $(a+b)^3\,(a-b)^3 \cdot (a^2 - b^2)^{-2}$.

3. Man berechne folgende Quotienten und Produkte und forme dann um.

a) $\frac{a^{-m+1}}{a^{-n+1}}$; $\frac{a^{-2m-5n}}{a^{-m-4n}}$, b) $\left(3\frac{1}{8}\right)^{-1} : \left(\frac{25}{16}\right)^{-2}$; $\left(-\frac{5a}{6b}\right)^{-3} : \left(-\frac{10ac}{9bd}\right)^{-3}$,

c) $\frac{a^{-4}b}{c^{-1}x^3} \cdot \frac{cx^{-4}}{a^{-5}b^{-2}}$.

4. Man berechne folgende Potenzen und forme um.

a) $(a^{-x})^{-2y}$; $(a^{-x}b^x)^{-3}$; $(-y^0)^0$, b) $(-a^{-3})^{2n}$; $(-a^{-7})^{-2n-1}$,

c) $\left(\frac{a^{-6}b^{-3}c}{x^{-2}y^{-3}}\right)^{-2}$, d) $\left(\frac{b^{-5}x^2}{a^{-6}y^{-4}}\right)^4 \cdot \left(\frac{a^4b^{-3}}{x^{-1}y^{-2}}\right)^{-6}$,

e) $\left(\frac{a^{-4}b^{-5}}{x^{-1}y^3}\right)^2 \cdot \left(\frac{a^{-2}x}{b^3y^2}\right)^{-3}$.

§ 23. Die Potenzfunktion $y = x^n$

A. Der Exponent n sei eine positive ganze Zahl

Setzt man in der Potenzgleichung $b = a^2$ für a beliebige Zahlenwerte ein und errechnet das zugehörige b, so werden a und b zu veränderlichen Größen, für die man gewöhnlich x und y schreibt. Die Potenzgleichung lautet dann:

$$y = x^2.$$

Eine derartige Zuordnung zweier Veränderlichen bezeichnet man als funktionalen Zusammenhang oder als Funktionsgleichung; man sagt kurz: y ist eine Funktion von x.

Man beachte, daß x und y dabei keine „Unbekannten", sondern „Veränderliche" (Variable) sind.

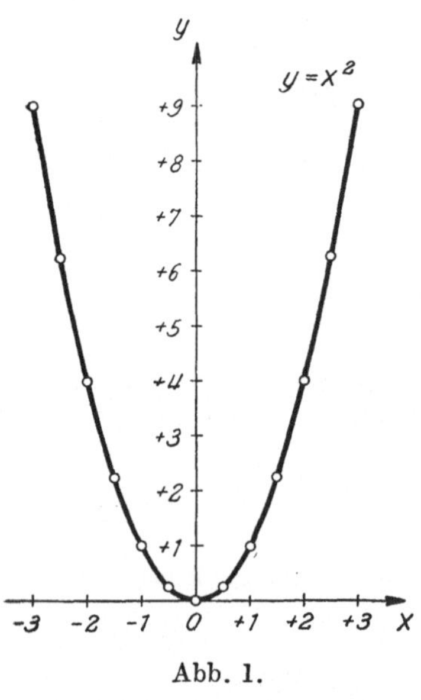

Abb. 1.

In der obigen Gleichung ist die Veränderliche x, deren Wahl freisteht, die „unabhängige Veränderliche", y die „abhängige Veränderliche".

Die Gleichung $y = x^2$ heißt Potenzfunktion zweiten Grades oder quadratische Potenzfunktion.

Stellt man eine Wertetabelle für x und y auf und trägt die Wertepaare

x	-3	$-2\frac{1}{2}$	-2	$-1\frac{1}{2}$	-1	$-\frac{1}{2}$	0	$\frac{1}{2}$	1	$1\frac{1}{2}$	2	$2\frac{1}{2}$	3
y	9	$6\frac{1}{4}$	4	$2\frac{1}{4}$	1	$\frac{1}{4}$	0	$\frac{1}{4}$	1	$2\frac{1}{4}$	4	$6\frac{1}{4}$	9

x, y in ein rechtwinkliges Koordinatensystem mit den Achsen x (Abszissenachse) und y (Ordinatenachse) ein (und zwar y als Ordinate zur Abszisse x), so erhält man eine Kurve, die quadratische Parabel, als Bild der Potenzfunktion 2. Grades (Abb. 1).

Die praktische Bedeutung dieser graphischen Darstellung beruht darin, daß durch die Kurve die Quadrate von gebrochenen x oder umgekehrt aus gebrochenen Zahlen die Quadratwurzeln näherungsweise leicht zu ermitteln sind.

Man bilde selbst Beispiele!

Die Potenzfunktion 3. Grades $y = x^3$ ergibt eine Kurve im 1. und 3. Quadranten (Definition s. S. 80). Sie heißt **kubische Parabel** (Abb. 2).

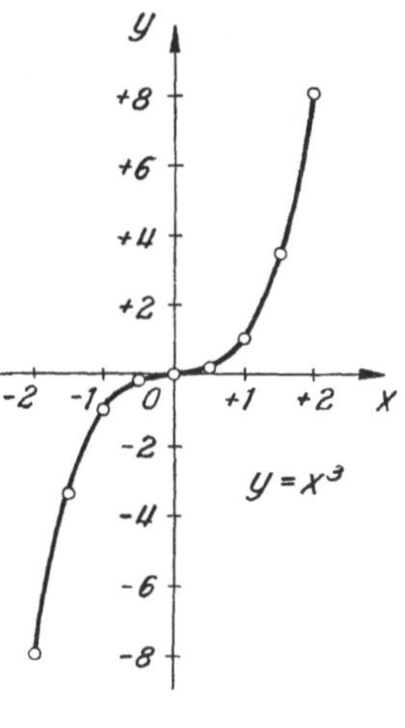

Abb. 2.

Verallgemeinert man das Verfahren für

$$y = x^n$$

(n positive ganze Zahl), so zeigt sich, daß die Kurven mit geraden Exponenten im 1. und 2. Quadranten (wie $y = x^2$), mit ungeraden Exponenten im 1. und 3. Quadranten (wie $y = x^3$) verlaufen. Man zeichne diese allgemeinen Parabeln für $y = x^4$ und $y = x^5$.

Für $n = 1$ erhält man $y = x$, eine Gerade, die durch den Nullpunkt des Achsenkreuzes geht und unter 45° gegen die x-Achse geneigt ist.

B. n sei eine negative ganze Zahl

Ist $n = -1$ so gilt die Gleichung:

$$y = x^{-1} = \frac{1}{x}.$$

Das Bild dieser Funktion ist eine **gleichseitige Hyperbel**; sie besteht aus zwei getrennten Kurvenästen (Abb. 3).

Mit zunehmendem $|x|$ wird $|y|$ immer kleiner; die Kurve nähert sich unbegrenzt der x-Achse, ohne sie aber zu erreichen. Eine solche Gerade heißt „Asymptote“ (griechisch: die Nichtzusammenfallende).

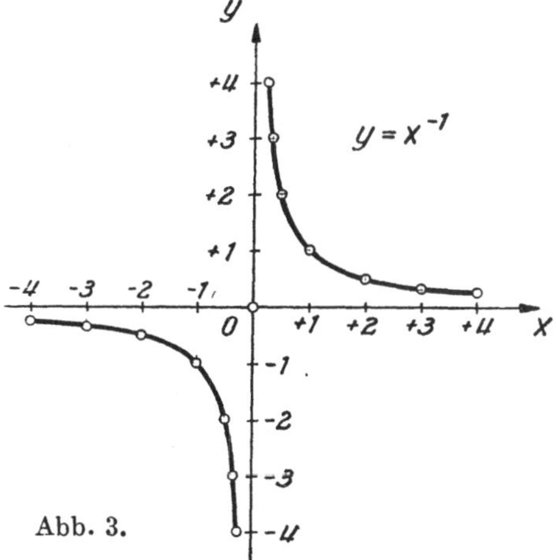

Abb. 3.

Läßt man x von beiden Seiten sich der Null nähern (z. B.: $x = \pm \frac{1}{100}; \frac{1}{1000}$), so werden die Werte für $|y|$ immer größer. Die Kurve nähert sich unbegrenzt der y-Achse. Auch diese ist eine Asymptote.

Ergebnis: Die Koordinatenachsen sind Asymptoten der Kurvenäste.

Denkt man sich von links her auf der Kurve wandernd, so verläuft diese zunächst „stetig“; dann wird der Zusammenhang unterbrochen, die Kurve springt von beliebig großen negativen y-Werten zu beliebig großen positiven y-Werten.

Man sagt:

Die Kurve ist unstetig im Punkte $x = 0$.

Die Kurven $y = x^{-3}$, x^{-5} verlaufen gleichfalls im 1. und 3. Quadranten und zeigen ein ähnliches Verhalten.

Zieht man Geraden durch den Nullpunkt, so schneidet jede dieser Geraden jede der Kurven in zwei Punkten, die gleichweit vom Nullpunkt entfernt sind. Die Kurven haben also einen Symmetriepunkt, nämlich den Nullpunkt. Sie verlaufen antimetrisch. (Zu entgegengesetzt gleichen Abszissen gehören entgegengesetzt gleiche Ordinaten.)

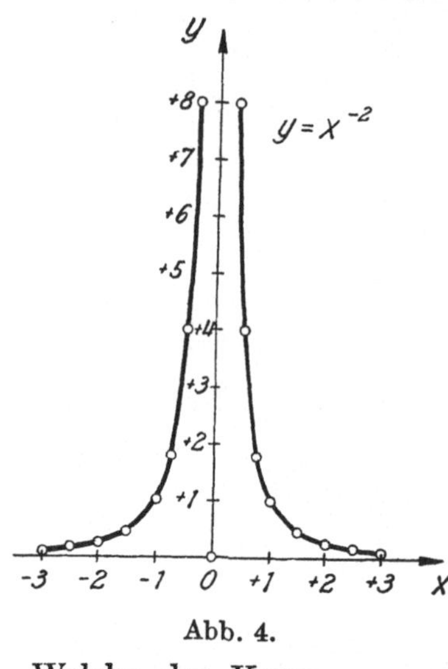

Abb. 4.

Dagegen liegen die Bilder der Funktionen $y = x^{-2}$, x^{-4} ... (Abb. 4) im 1. und 2. Quadranten, haben aber gleichfalls die Koordinatenachsen als Asymptoten und besitzen überdies die y-Achse als Symmetrieachse. Jede Senkrechte zu dieser Achse schneidet die Kurven in zwei von ihr gleichweit entfernten Punkten. Derartige Kurven bezeichnet man als symmetrisch.

Welche der Kurven $y = x^n$ (n ganze positive Zahl) sind antimetrisch, welche symmetrisch?

Wertetabelle für $y = x^{-2}$:

x	$\pm\frac{1}{3}$	$\pm\frac{1}{2}$	$\pm\frac{3}{4}$	± 1	$\pm\frac{3}{2}$	± 2	$\pm\frac{5}{2}$	± 3
y	$+9$	$+4$	$+1{,}78$	1	$+0{,}44$	$+0{,}25$	$+0{,}16$	$+0{,}11$

VI. Wurzelrechnung

§ 24. Das Radizieren

Sind a und n in der Potenzgleichung $b^n = a$ bekannt, sonach b zu bestimmen, so nennt man diese Rechnungsart „Wurzelziehen" oder „Radizieren" und schreibt die Aufgabe:

$$\sqrt[n]{a} = b,$$

gelesen: „n-te Wurzel aus a ist gleich b." b ist also die Zahl, die, in die n-te Potenz erhoben, a ergibt.

Da beim Potenzieren Exponent und Grundzahl nicht vertauschbar sind, hat das Potenzieren zwei Umkehrungen. Das Wurzelziehen ist seine erste Umkehrung.

n ist der Wurzelexponent,
a „ „ Radikand,
b „ „ Wert der Wurzel.

Bei der zweiten Wurzel läßt man gewöhnlich den Exponenten weg, also:

$$\sqrt[2]{a} = \sqrt{a};$$

sie wird **Quadratwurzel** genannt, da sie aus dem Flächeninhalt des Quadrates die Seitenlänge liefert. Entsprechend heißt die

$$\sqrt[3]{a}$$

Kubikwurzel; sie ergibt aus dem Rauminhalt des Würfels (cubus) die Kantenlänge.

Definition der Wurzel:

Die n-te Wurzel aus a ist die Zahl, deren n-te Potenz a ergibt:

$$\boxed{\left(\sqrt[n]{a}\right)^n = a}\,.$$

Folgerung: Radizieren und Potenzieren mit den gleichen Exponenten heben sich gegenseitig auf, d. h. Radizieren und Potenzieren sind **entgegengesetzte Rechenarten.**

Beispiel: $\sqrt[3]{125} = 5$, denn $\left(\sqrt[3]{125}\right)^3 = 5^3 \qquad 125 \equiv 125.$

Aus der Erklärung für die Wurzel folgt auch:

$$\sqrt[n]{a^n} = a.$$

Demnach ist: $\left(\sqrt[n]{a}\right)^n \equiv \sqrt[n]{a^n} \equiv a.$

Beispiel: $\sqrt[3]{125} = \sqrt[3]{5^3} = 5; \quad \sqrt[4]{16} = \sqrt[4]{2^4} = 2.$

Sonderfälle (vgl. S. 22):

1. $\sqrt[n]{0} = 0$, denn $0^n = 0$; alle Wurzeln aus Null haben den Wert Null (n positive ganze Zahl).

2. $\sqrt[n]{1} = 1$, denn $1^n = 1$. 3. $\sqrt[1]{a} = a$, denn $a^1 = a$.

Wie auf S. 22 weiter festgestellt wurde, ist eine geradzahlige Potenz (Exponent $2n$) einer positiven oder negativen Zahl stets positiv. Deshalb kann man auch eine Wurzel mit geradem Wurzelexponenten nur aus einer positiven Zahl ziehen, erhält aber dann zwei Ergebnisse; z. B. ist

$$\sqrt[4]{81} = \pm 3, \text{ da } (+3)^4 = 81 \text{ und } (-3)^4 = 81 \text{ ist; allgemein}$$

$$\sqrt[2n]{a} = \pm\left|\sqrt[2n]{a}\right| \qquad (a > 0).$$

Um diese Zweideutigkeit bei den gestellten Aufgaben zu vermeiden, wird **festgesetzt**, daß bei derartigen Wurzeln stets das Vorzeichen benutzt werden soll, das unmittelbar vor der Wurzel steht, z. B. bedeutet $3 + \sqrt{4} = 3 + 2$ oder $7 - \sqrt{16} = 7 - 4$. Tritt eine solche Wurzel jedoch erst im Lauf der Rechnung auf, so müssen beide Werte der Wurzel berücksichtigt werden, wie etwa bei der quadratischen Gleichung (s. S. 41ff.).

Bei den Wurzeln mit ungeradzahligem Wurzelexponenten $(2n + 1)$ gibt es diese Schwierigkeit nicht. Hier haben Radikand und Wurzel immer das gleiche Vorzeichen, wie man durch Zurückgehen auf die Potenzschreibweise feststellt.

$$\sqrt[2n+1]{a} = + \left|\sqrt[2n+1]{a}\right|, \qquad \sqrt[2n+1]{-a} = - \left|\sqrt[2n+1]{a}\right| \quad a > 0.$$

In § 84 wird gezeigt, daß nach nochmaliger Erweiterung des Zahlbegriffs jede n-te Wurzel aus einer von Null verschiedenen Zahl n verschiedene Werte hat.

§ 25. Rationale und irrationale Zahlen

Die positiven und negativen ganzen Zahlen einschließlich der Null sowie die positiven und negativen Brüche bilden die Menge der rationalen Zahlen. Durch die vier Grundrechenarten entstehen stets wieder rationale Zahlen; auszuschließen ist nur die Division durch Null. Eine rationale Zahl ist also der Quotient zweier ganzer Zahlen, Divisor Null ausgenommen. Zu den rationalen Zahlen gehören demnach auch die endlichen und die periodischen Dezimalbrüche; denn diese lassen sich stets auf gemeine Brüche zurückführen[1].

Die Wurzelrechnung führt auf die dritte Erweiterung des Zahlenbereiches, auf die irrationalen Zahlen. Für diese gelten sämtliche abgeleiteten Rechengesetze, sie sind aber nicht als Quotient zweier ganzer Zahlen, sondern z. B. als unendliche nichtperiodische Dezimalbrüche darstellbar. Eine irrationale Zahl kann man stets zwischen zwei rationale Zahlen mit beliebiger Genauigkeit einschließen, z. B.:

$$2{,}23 < \sqrt{5} < 2{,}24; \quad 2{,}236 < \sqrt{5} < 2{,}237; \quad 2{,}2360 < \sqrt{5} < 2{,}2361 \quad \text{usw.}$$

$$3{,}14 < \pi < 3{,}15; \quad 3{,}141 < \pi < 3{,}142; \quad 3{,}1415 < \pi < 3{,}1416 \quad \text{usw.}$$

Beweis, daß z. B. $\sqrt{2}$ keine rationale Zahl sein kann (indirekt)[2]:

---

[1]) Will man einen reinperiodischen Dezimalbruch, z. B. $0{,}6666\ldots = 0{,}\overline{6}$ (die Periode beginnt unmittelbar hinter dem Komma), in einen gemeinen Bruch verwandeln, kann man von folgenden Beziehungen ausgehen:

$$\tfrac{1}{9} = 0{,}\overline{1}; \quad \tfrac{1}{99} = 0{,}\overline{01}; \quad \tfrac{1}{999} = 0{,}\overline{001}; \quad \tfrac{1}{9999} = 0{,}\overline{0001} \quad \text{usw.}$$

Daraus folgt dann beispielsweise:

$$0{,}\overline{6} = 0{,}\overline{1} \cdot 6 = \tfrac{1}{9} \cdot 6 = \tfrac{2}{3}; \qquad 0{,}\overline{63} = 0{,}\overline{01} \cdot 63 = \tfrac{63}{99} = \tfrac{7}{11};$$

$$0{,}\overline{036} = 0{,}\overline{001} \cdot 36 = \tfrac{36}{999} = \tfrac{4}{111}.$$

Gemischtperiodischer Dezimalbruch:

$$0{,}0\overline{5} = 0{,}\overline{5} : 10 = \tfrac{5}{9} : 10 = \tfrac{5}{90} = \tfrac{1}{18}; \qquad 0{,}08\overline{3} = 8{,}\overline{3} : 100 = \tfrac{25}{3} : 100 = \tfrac{1}{12}.$$

Ergebnis: Man verwandelt einen reinperiodischen Dezimalbruch in einen gemeinen Bruch, indem man in den Zähler die Periode und in den Nenner soviel Neunen schreibt, wie die Periode Stellen hat.

Der gemischtperiodische Dezimalbruch wird durch Erweitern erst in einen reinperiodischen verwandelt.

[2]) Bei einem indirekten Beweis nimmt man an, die Behauptung sei falsch, und zeigt, daß diese Annahme auf einen Widerspruch führt.

Angenommen es sei $\sqrt{2}$ eine rationale Zahl, etwa

$$\sqrt{2} = \frac{a}{b},$$

wobei a und b teilerfremd und b nicht gleich 1 sein soll. Dann ist

$$a = b\sqrt{2} \qquad \text{und folglich} \qquad a^2 = 2b^2,$$

d. h., da die rechte Seite durch 2 teilbar ist, muß a^2 eine gerade Zahl sein. Dann muß aber auch a selbst eine gerade Zahl sein und kann in der Form

$$a = 2a_1$$

geschrieben werden, wobei a_1 eine ganze Zahl ist (vgl. S. 22, Fußnote). Denn wäre a eine ungerade Zahl, so wäre a^2 ebenfalls ungerade. a kann daher nur eine gerade Zahl sein.

Daraus würde wieder folgen:

$$a^2 = 4a_1^2 = 2b^2$$

oder

$$b^2 = 2a_1^2,$$

folglich muß auch b durch 2 teilbar sein. Also nicht nur a sondern auch b enthält den Faktor 2. Das widerspricht aber der Annahme, daß a und b teilerfremd sind. Daher kann $\sqrt{2}$ nicht durch einen Bruch dargestellt werden, ist somit eine irrationale Zahl.

Ähnlich wird die Irrationalität der anderen nicht aufgehenden Wurzeln wie $\sqrt{3}$, $\sqrt{5}$, $\sqrt{6}$ usw. bewiesen.

Die rationalen Zahlen liegen auf der Zahlengeraden „in sich dicht", d. h. zwischen zwei rationalen Zahlen, sie mögen noch so dicht beieinander liegen, gibt es noch immer mindestens eine weitere rationale Zahl.

Zum Beispiel liegt zwischen a und b die Zahl $\frac{1}{2}(a + b)$.

(Man gebe weitere rationale Zahlen an, die zwischen a und b liegen!)

Trotzdem erfüllen diese Zahlen die Zahlengerade noch nicht lückenlos. Es gibt immer noch Punkte auf dieser Geraden, denen keine rationale Zahl zugeordnet ist. Diese Lücken füllen die irrationalen Zahlen aus. Erst wenn man diese hinzunimmt, ist jedem Punkt der Zahlengeraden eine Zahl zugeordnet.

Rationale und irrationale Zahlen bilden zusammen die Menge der reellen Zahlen.

§ 26. Rechengesetze

A. Addition und Subtraktion

Regel: Nur gleiche Wurzeln, d. h. Wurzeln mit gleichen Radikanden und Exponenten lassen sich bei Addition und Subtraktion zusammenfassen.

Beispiel: $5\sqrt[4]{3} + 2\sqrt[4]{3} = 7\sqrt[4]{3}$.

Dagegen läßt sich $\sqrt[3]{3} + \sqrt[2]{3}$ nicht weiter zusammenfassen, ohne die Wurzeln wirklich zu ziehen.

Auch Ausdrücke von der Form $\sqrt{a^2 + b^2}$ oder $\sqrt{a^2 - b^2}$ können allgemein nicht weiter vereinfacht werden.

B. Multiplikation

I. $$\sqrt[n]{a} \cdot \sqrt[n]{b} = \sqrt[n]{a \cdot b}.$$

Beweis: Es ist $a \cdot b \equiv a \cdot b$.

Da nun $a = \left(\sqrt[n]{a}\right)^n$ usw. ist, folgt daraus:

$$\left(\sqrt[n]{a}\right)^n \cdot \left(\sqrt[n]{b}\right)^n = \left(\sqrt[n]{a \cdot b}\right)^n,$$

also: $$\left(\sqrt[n]{a} \cdot \sqrt[n]{b}\right)^n = \left(\sqrt[n]{a \cdot b}\right)^n.$$

Da wir uns auf den Absolutwert der Wurzel beschränken, folgt daraus I.

Beispiele:

$$\sqrt[3]{4} \cdot \sqrt[3]{16} = \sqrt[3]{64} = \sqrt[3]{4^3} = 4; \quad \sqrt[4]{3} \cdot \sqrt[4]{5} = \sqrt[4]{15}.$$

Umkehrung zu I.: $\sqrt[n]{a \cdot b} = \sqrt[n]{a} \cdot \sqrt[n]{b}$.

Beispiele:

$$\sqrt{80} = \sqrt{16 \cdot 5} = \sqrt{16} \cdot \sqrt{5} = 4\sqrt{5};$$

$$\sqrt[3]{81} = \sqrt[3]{27 \cdot 3} = \sqrt[3]{27} \cdot \sqrt[3]{3} = 3\sqrt[3]{3}.$$

Allgemein: $$\sqrt[n]{a^n \cdot b} = a\sqrt[n]{b}.$$

Regel: Ist die n-te Wurzel zu ziehen, so sucht man den Radikanden in ein Produkt zu zerlegen, dessen einer Faktor eine n-te Potenz darstellt.

Beispiele: 1.
$$\begin{aligned} & 6\sqrt{27} - \sqrt{54} + \tfrac{5}{2}\sqrt{48} - 3\sqrt{75} \\ = \; & 6\sqrt{9 \cdot 3} - \sqrt{9 \cdot 6} + \tfrac{5}{2}\sqrt{16 \cdot 3} - 3\sqrt{25 \cdot 3} \\ = \; & 18\sqrt{3} - 3\sqrt{6} + 10\sqrt{3} - 15\sqrt{3} \\ = \; & 13\sqrt{3} - 3\sqrt{6}. \end{aligned}$$

2.
$$\begin{aligned} & \sqrt[3]{8} - \sqrt[3]{16} + 3\sqrt[3]{-2} + \sqrt[3]{54} - \sqrt[3]{-27} \\ = \; & 2 - 2\sqrt[3]{2} - 3\sqrt[3]{2} + 3\sqrt[3]{2} + 3 \\ = \; & 5 - 2\sqrt[3]{2}. \end{aligned}$$

3.
$$\begin{aligned} & (\sqrt{3} - \sqrt{2} + \sqrt{12} - \sqrt{27}) \cdot \sqrt{3} \\ = \; & \sqrt{9} - \sqrt{6} + \sqrt{36} - \sqrt{81} \\ = \; & 3 - \sqrt{6} + 6 - 9 \\ = \; & -\sqrt{6}. \end{aligned}$$

Umkehrung: $a\sqrt[n]{b} = \sqrt[n]{a^n \cdot b}$.

Beispiele: $\frac{1}{2}\sqrt{8} = \sqrt{\frac{1}{4} \cdot 8} = \sqrt{2}$; $5\sqrt{\frac{14}{5}} = \sqrt{25 \cdot \frac{14}{5}} = \sqrt{70}$;

$3\sqrt[3]{\frac{11}{9}} = \sqrt[3]{27 \cdot \frac{11}{9}} = \sqrt[3]{33}$.

Allgemein gilt: $a\sqrt{1 \pm \frac{b^2}{a^2}} = \sqrt{a^2\left(1 \pm \frac{b^2}{a^2}\right)} = \sqrt{a^2 \pm b^2}$.

C. Division

II. $\frac{\sqrt[n]{a}}{\sqrt[n]{b}} = \sqrt[n]{\frac{a}{b}}$. Beweis wie bei Formel I.

Beispiele: $\frac{\sqrt[4]{243}}{\sqrt[4]{9}} = \sqrt[4]{27}$; $\frac{\sqrt{a^7}}{\sqrt{a^3}} = \sqrt{a^4} = a^2$; $\frac{\sqrt[3]{250}}{\sqrt[3]{2}} = \sqrt[3]{125} = 5$.

Umkehrung: $\sqrt[n]{\frac{a}{b}} = \frac{\sqrt[n]{a}}{\sqrt[n]{b}}$.

Beispiele: $\sqrt[3]{\frac{6}{125}} = \frac{\sqrt[3]{6}}{5}$; $\sqrt{2\frac{19}{25}} = \sqrt{\frac{69}{25}} = \frac{1}{5}\sqrt{69}$;

$\sqrt[3]{-4\frac{1}{8}} = -\sqrt[3]{\frac{33}{8}} = -\frac{1}{2}\sqrt[3]{33}$;

$$\sqrt{\frac{25a^2 + 10ab + b^2}{4c^2 + 4c + 1}} = \sqrt{\frac{(5a + b)^2}{(2c + 1)^2}} = \left|\frac{5a + b}{2c + 1}\right|.$$

Für a, b und c kann man auch negative Zahlen setzen. Dadurch kann $\frac{5a + b}{2c + 1}$ negativ werden. Da wir aber für die Wurzel hier den positiven Wert nehmen müssen (s. Seite 29), müssen die Absolutstriche gesetzt werden.

D. Potenzieren

III. $\left(\sqrt[n]{a}\right)^m = \sqrt[n]{a^m}$ und umgekehrt: $\sqrt[n]{a^m} = \left(\sqrt[n]{a}\right)^m$.

Beweis: $a^m \equiv a^m$; $\left(\sqrt[n]{a^m}\right)^n = \left(\sqrt[n]{a}^{\,n}\right)^m = \left(\sqrt[n]{a}^{\,m}\right)^n$.

Beispiele: $\left(\sqrt[3]{2}\right)^5 = \sqrt[3]{2^5} = \sqrt[3]{2^3 \cdot 2^2} = 2\sqrt[3]{4}$

oder $\left(\sqrt[3]{2}\right)^5 = \left(\sqrt[3]{2}\right)^3 \cdot \left(\sqrt[3]{2}\right)^2 = 2\sqrt[3]{4}$;

$\sqrt{(a^2 - 2ab + b^2)^3} = \left(\sqrt{(a - b)^2}\right)^3 = |a - b|^3$.

IV. $\sqrt[n]{a^m} = \sqrt[np]{a^{mp}}$.

Beweis: Es ist $a^{mp} \equiv a^{mp}$,

$$(a^m)^p = \left(\sqrt[np]{a^{mp}}\right)^{np} = \left[\left(\sqrt[np]{a^{mp}}\right)^n\right]^p,$$

$$a^m = \left(\sqrt[np]{a^{mp}}\right)^n,$$

$$\sqrt[n]{a^m} = \sqrt[np]{a^{mp}}.$$

Man überlege, weshalb die einzelnen Schritte erlaubt sind.

Umkehrung: $\sqrt[np]{a^{mp}} = \sqrt[n]{a^m}$.

Ergebnis: Wurzel- und Radikandexponent dürfen mit der gleichen Zahl multipliziert werden; sie dürfen durch die gleiche Zahl dividiert werden, falls beide Exponenten durch diese Zahl teilbar sind.

Beispiele:
1. $\sqrt[4]{5^2} = \sqrt[2]{5}$; $\sqrt[9]{4a^3} = \sqrt[3]{a} \cdot \sqrt[9]{4}$.
2. $\sqrt[12]{a^4 b^8} = \sqrt[3]{a\,b^2}$.
3. $\sqrt[3]{(a+b)^6} = (a+b)^2$.
4. $\sqrt[4]{3} \cdot \sqrt[5]{3} = \sqrt[20]{3^5} \cdot \sqrt[20]{3^4} = \sqrt[20]{3^9}$.
5. $\sqrt[5]{3^4} \cdot \sqrt[7]{3^3} = \sqrt[35]{3^{28}} \cdot \sqrt[35]{3^{15}} = \sqrt[35]{3^{43}} = 3\sqrt[35]{3^8}$.

Allgemein:

V. $$\sqrt[p]{a^m} \cdot \sqrt[q]{a^n} = \sqrt[pq]{a^{mq+np}};$$

ebenso:

VI. $$\sqrt[p]{a^m} : \sqrt[q]{a^n} = \sqrt[pq]{a^{mq-np}}.$$

E. Mehrfache Wurzeln

VIIa. $$\sqrt[m]{\sqrt[n]{a}} = \sqrt[mn]{a}.$$

Beweis: Es ist $a \equiv a$. Man formt die linke Seite um:

$$a = \left(\sqrt[n]{a}\right)^n = \left[\sqrt[m]{\left(\sqrt[n]{a}\right)^n}\right]^m = \left(\sqrt[m]{\sqrt[n]{a}}\right)^{mn},$$

und die rechte Seite:

$$a = \left(\sqrt[mn]{a}\right)^{mn}$$

eingesetzt und auf beiden Seiten die mn-te Wurzel gezogen gibt VIIa. Daraus folgt auch, daß die Reihenfolge des Radizierens beliebig ist:

VIIb. $$\sqrt[m]{\sqrt[n]{a}} = \sqrt[n]{\sqrt[m]{a}} = \sqrt[mn]{a}.$$

Beispiele: $\sqrt[3]{\sqrt{a}} = \sqrt[6]{a}$; $\sqrt[4]{\sqrt{a^5}} = \sqrt[8]{a^5}$; $\sqrt{\sqrt{16}} = \sqrt[4]{16} = 2$;

$$\sqrt[3]{\sqrt{125}} = \sqrt{\sqrt[3]{125}} = \sqrt{5}\,;$$

$$\sqrt{\sqrt[3]{a^2 - 2ab + b^2}} = \sqrt[3]{\sqrt{(a-b)^2}} = \sqrt[3]{a-b}\,.$$

VIIc. $$\sqrt[m]{a\sqrt[n]{b}} = \sqrt[m]{\sqrt[n]{a^n b}} = \sqrt[m\cdot n]{a^n b}\,.$$

Beispiele: $$\sqrt{3\sqrt{2}} = \sqrt[4]{18}\,; \quad \frac{\sqrt[4]{2\sqrt{2}}}{\sqrt[8]{2}} = \frac{\sqrt[8]{8}}{\sqrt[8]{2}} = \sqrt[8]{4} = \sqrt[4]{2}\,.$$

Zusammenfassung

Definitionsgleichung: $$\left(\sqrt[n]{a}\right)^n = \sqrt[n]{a^n} = a.$$

Rechengesetze:

I.	$\sqrt[n]{a}\cdot\sqrt[n]{b} = \sqrt[n]{a\,b}.$
II.	$\sqrt[n]{a} : \sqrt[n]{b} = \sqrt[n]{a:b}.$
III.	$\left(\sqrt[n]{a}\right)^m = \sqrt[n]{a^m}.$
IV.	$\sqrt[n]{a^m} = \sqrt[n\,p]{a^{m\,p}}.$
V.	$\sqrt[p]{a^m}\cdot\sqrt[q]{a^n} = \sqrt[pq]{a^{m\,q+n\,p}}.$
VI.	$\sqrt[p]{a^m} : \sqrt[q]{a^n} = \sqrt[pq]{a^{m\,q-n\,p}}.$
VII.	$\sqrt[m]{\sqrt[n]{a}} = \sqrt[n]{\sqrt[m]{a}} = \sqrt[m\cdot n]{a}\cdot$

§ 27. Aufgaben

1. a) $\left(\sqrt[n]{a}\right)^{2n-4}\cdot\left(\sqrt[n]{a}\right)^{3n+2}\cdot\left(\sqrt[n]{a}\right)^{2-4n}$, b) $\sqrt[3]{-15\frac{5}{8}}$,

c) $\sqrt[3]{0{,}216}$, d) $\sqrt{9x^2-30xy+25y^2}$, e) $\sqrt{4a^2-9b^2}$,

f) $(8\sqrt{15})^2 + (9\sqrt{6})^2 - (7\sqrt{21})^2$, g) $5\sqrt{36} - 8\sqrt[3]{64} + 7\sqrt{121} - 9\sqrt{64}$,

h) $5\sqrt[4]{16} - 8\sqrt[5]{-243} + 9\sqrt[3]{-64} - 10\sqrt[4]{81}$,

i) $(2\sqrt{3x-5})^2 - (3\sqrt{4x+7})^2 + (4\sqrt{2x-9})^2 - (6\sqrt{\frac{2}{9}x-7})^2$.

2. a) $\sqrt{7}\cdot\sqrt{14}\cdot\sqrt{22}\cdot\sqrt{11}$, b) $\sqrt{370}\cdot\sqrt{30}\cdot\sqrt{111}$, c) $\sqrt[3]{12}\cdot\sqrt[3]{30}\cdot\sqrt[3]{75}$.

3. $\sqrt{112} = \sqrt{16\cdot 7} = 4\sqrt{7}$, $\sqrt[3]{135} = \sqrt[3]{27\cdot 5} = 3\sqrt[3]{5}$

Man verfahre entsprechend bei den folgenden Aufgaben:

a) $5\sqrt{28} + 2\sqrt{175} - 4\sqrt{63} - 3\sqrt{700} + 8\sqrt{567}$,

b) $\sqrt{48} - \sqrt{50} + \sqrt{98} - \sqrt{324} + \sqrt{108}$,

c) $2\sqrt[3]{24} - 3\sqrt[3]{54} + 5\sqrt[3]{128} + 4\sqrt[3]{192} - 3\sqrt[3]{375}$,

d) $(5\sqrt{12} - 7\sqrt{27} + 8\sqrt{32} - 3\sqrt{42})\cdot 3\sqrt{6}$,

e) $(\sqrt{3}+2\sqrt{2})(2\sqrt{3}+\sqrt{2})$, f) $(\sqrt{5}-2\sqrt{6})(\sqrt{2}+\sqrt{15})$,

g) $(6\sqrt{5}+5\sqrt{3})(3\sqrt{5}-2\sqrt{3})$, h) $(3\sqrt{15}-2\sqrt{6})^2$,

i) $\left(\sqrt[3]{3}-\sqrt[3]{9}\right)\left(\sqrt[3]{3}-3\sqrt[3]{9}\right)$, k) $\left(\sqrt[5]{16}-2\sqrt[5]{8}\right)\left(2\sqrt[5]{2}-3\sqrt[5]{4}\right)$,

l) $\sqrt{7-2\sqrt{10}}\cdot\sqrt{7+2\sqrt{10}}$, m) $\sqrt{x+\sqrt{x^2-y^2}}\cdot\sqrt{x-\sqrt{x^2-y^2}}$

4. In den folgenden Aufgaben bringe man den Faktor vor der Wurzel unter das Wurzelzeichen und vereinfache dann:

a) $3\cdot\sqrt{\frac{17}{3}}$, b) $6\cdot\sqrt{\frac{49}{30}}$, c) $1\frac{1}{2}\cdot\sqrt{5\frac{1}{3}}$, d) $\frac{1}{x^2}\sqrt{x^6-x^5}$, e) $(a-b)\sqrt{\frac{a+b}{a-b}}$

5. a) $\frac{\sqrt{a^3x}\cdot\sqrt{a^2x^3}}{\sqrt{ax}\cdot\sqrt{a^4x^3}}$, b) $\frac{\sqrt[n]{a^{n-3}}\cdot\sqrt[n]{a^{n+7}}}{\sqrt[n]{a^4}}$, c) $\sqrt{\frac{x-y}{x+y}}\cdot\sqrt{x^2-y^2}$,

d) $\frac{\sqrt{a+x}}{\sqrt{a^4-x^4}}\cdot\sqrt{a^2+x^2}$, e) $\sqrt{5\frac{5}{9}}$, f) $\sqrt[3]{-7\frac{7}{8}}$, g) $\sqrt{\frac{9a^2+9b^2}{9a^2-18ab+9b^2}}$.

6. a) $6\sqrt{4\frac{1}{2}}-9\sqrt{12\frac{1}{2}}+3\sqrt{2}-5\sqrt{18}+11\sqrt{24\frac{1}{2}}$,

b) $\frac{1}{2}\sqrt[3]{1\frac{1}{7}}+\frac{2}{3}\sqrt[3]{3\frac{6}{7}}-\frac{1}{4}\sqrt[3]{9\frac{1}{7}}+\frac{2}{5}\sqrt[3]{17\frac{6}{7}}$, c) $4\sqrt{\frac{5}{6}}-\sqrt{30}+5\sqrt{\frac{2}{15}}+12\sqrt{\frac{1}{30}}-\sqrt{\frac{10}{3}}$.

7. a) $\sqrt[4]{a^3}\cdot\sqrt[5]{a}$, b) $\sqrt[5]{a^2b}\cdot\sqrt[3]{ab^4}\cdot\sqrt[10]{ab^2}$, c) $\sqrt[3]{a^2}\cdot\sqrt{a^2b^3}\cdot\sqrt[4]{b^9}$.

8. a) $\left(\sqrt[9]{a}\right)^3$, b) $\left(\sqrt[8]{8}\right)^4$, c) $\sqrt[3]{x^6y^9}$, d) $\left(\sqrt[6]{a^2+2ab+b^2}\right)^3$.

9. a) $\sqrt{\sqrt{81}}$, b) $\sqrt{\sqrt[3]{9}}$, c) $\sqrt[3]{\sqrt{125}}$, d) $\sqrt{\sqrt[3]{\frac{49}{64}a^2b^4c^8}}$,

e) $\sqrt[5]{\sqrt[3]{-32}}$.

10. a) $\sqrt{3\sqrt{3}}$, b) $\sqrt[3]{a\sqrt{a}}$, c) $\sqrt[5]{a\sqrt[3]{a^2}}$, d) $\sqrt[3]{a\sqrt{b}}$, e) $\sqrt{2\sqrt{2\sqrt{2}}}$,

f) $\sqrt[3]{3\sqrt[3]{3\sqrt[3]{3}}}$, g) $\sqrt{\frac{2}{\sqrt{2}}}$, h) $\sqrt[3]{\frac{a}{\sqrt{a}}}$, i) $\sqrt[3]{\sqrt{\frac{a^2}{b}}}$.

§ 28. Rationalmachen des Nenners

Geht die Wurzel im Nenner nicht auf, so ist es gewöhnlich zweckmäßig, durch Erweitern des Bruches den Nenner von der Wurzel zu befreien, ihn also rational zu machen. Die folgenden Beispiele sollen das Verfahren erläutern:

$$\frac{b}{\sqrt{a}}=\frac{b\sqrt{a}}{(\sqrt{a})^2}=\frac{b\sqrt{a}}{a},$$

$$\frac{6}{2+\sqrt{2}}=\frac{6(2-\sqrt{2})}{(2+\sqrt{2})(2-\sqrt{2})}=\frac{6(2-\sqrt{2})}{2^2-(\sqrt{2})^2}=\frac{6(2-\sqrt{2})}{4-2}=3(2-\sqrt{2}),$$

$$\frac{9}{\sqrt{5}-\sqrt{8}}=\frac{9(\sqrt{5}+\sqrt{8})}{(\sqrt{5}-\sqrt{8})(\sqrt{5}+\sqrt{8})}=\frac{9(\sqrt{5}+\sqrt{8})}{5-8}=-3(\sqrt{5}+\sqrt{8}),$$

$$\frac{5\sqrt{2}+\sqrt{30}}{5\sqrt{3}+3\sqrt{5}} = \frac{(5\sqrt{2}+\sqrt{30})(5\sqrt{3}-3\sqrt{5})}{25(\sqrt{3})^2-9(\sqrt{5})^2}$$

$$= \frac{25\sqrt{6}+5\sqrt{90}-15\sqrt{10}-3\sqrt{150}}{75-45}$$

$$= \frac{25\sqrt{6}+15\sqrt{10}-15\sqrt{10}-15\sqrt{6}}{30} = \tfrac{1}{3}\sqrt{6}.$$

Im folgenden Beispiel erhält man durch mehrfache Anwendung der Formel $(a+b)\cdot(a-b)$ die Lösung:

$$\frac{13-10\sqrt{2}}{\sqrt{10}-\sqrt{5}+\sqrt{2}} = \frac{(13-10\sqrt{2})[\sqrt{10}+(\sqrt{5}-\sqrt{2})]}{[\sqrt{10}-(\sqrt{5}-\sqrt{2})]\cdot[\sqrt{10}+(\sqrt{5}-\sqrt{2})]}$$

$$= \frac{3\sqrt{10}-7\sqrt{5}-13\sqrt{2}+20}{3+2\sqrt{10}}$$

$$= \frac{(3\sqrt{10}-7\sqrt{5}-13\sqrt{2}+20)(3-2\sqrt{10})}{(3+2\sqrt{10})(3-2\sqrt{10})}$$

$$= \frac{-31\sqrt{10}+31\sqrt{5}+31\sqrt{2}}{-31} = \sqrt{10}-\sqrt{5}-\sqrt{2}.$$

§ 29. Aufgaben

1. a) $\frac{11}{7-3\sqrt{3}}$, b) $\frac{1}{2\sqrt{7}+3\sqrt{5}}$, c) $\frac{12\sqrt{15}}{3\sqrt{5}+4\sqrt{3}}$.

2. a) $\frac{\sqrt{3}+\sqrt{2}}{\sqrt{3}-\sqrt{2}}$, b) $\frac{a-b}{\sqrt{a}+\sqrt{b}}$, c) $\frac{2\sqrt{5}-\sqrt{3}}{3\sqrt{3}-\sqrt{5}}$, d) $\frac{4\sqrt{5}-\sqrt{30}}{\sqrt{12}+5\sqrt{2}}$.

3. a) $\frac{1}{2-\sqrt{2}+\sqrt{3}}$, b) $\frac{1}{\sqrt{2}+\sqrt{3}-\sqrt{6}}$, c) $\frac{4+2\sqrt{10}}{\sqrt{2}+\sqrt{3}+\sqrt{5}}$, d) $\frac{\sqrt{2-\sqrt{3}}}{\sqrt{2+\sqrt{3}}}$.

§ 30. Zweite Erweiterung des Potenzbegriffes: Gebrochene Exponenten

Aus Formel IV folgt: $\sqrt[7]{a^{14}} = a^{\frac{14}{7}} = a^2$ oder $\sqrt[3]{a^{15}} = a^{\frac{15}{3}} = a^5$,

allgemein: $$\sqrt[n]{a^m} = a^{\frac{m}{n}} = a^{\lambda},$$

wenn m ein ganzzahliges Vielfaches von n ist. $(m = \lambda n.)$

Solche Beispiele legen den Gedanken nahe, eine zweite Erweiterung des Potenzbegriffes durch Einführung gebrochener Exponenten vorzunehmen und den Ausdruck

$$\boxed{a^{\frac{m}{n}} = \sqrt[n]{a^m}}$$

auch dann gelten zu lassen, wenn $\frac{m}{n}$ ein wirklicher Bruch ist, z. B.:

$$a^{\frac{3}{5}} = \sqrt[5]{a^3}; \quad a^{\frac{5}{3}} = \sqrt[3]{a^5}; \quad \sqrt{a} = a^{\frac{1}{2}}; \quad \sqrt[3]{a^2} = a^{\frac{2}{3}}; \quad \sqrt[n]{a} = a^{\frac{1}{n}} \text{ usw.}$$

Es läßt sich leicht zeigen, daß die Anwendung der Potenzgesetze auf diese neue Festsetzung nicht zu Widersprüchen führt.

Beispiel: $a^m \equiv a^m; \quad \left(\sqrt[n]{a^m}\right)^n = \left(a^{\frac{m}{n}}\right)^n; \quad \sqrt[n]{a^m} = a^{\frac{m}{n}};$

$$\sqrt[n]{a} \cdot \sqrt[n]{b} = a^{\frac{1}{n}} \cdot b^{\frac{1}{n}}; \quad \sqrt[n]{a \cdot b} = (ab)^{\frac{1}{n}};$$

$$\sqrt[3]{a} \cdot \sqrt[4]{a} = a^{\frac{1}{3}} \cdot a^{\frac{1}{4}}; \quad \sqrt[12]{a^4} \cdot \sqrt[12]{a^3} = a^{\frac{4+3}{12}}; \quad \sqrt[12]{a^7} = a^{\frac{7}{12}} \text{ usw.}$$

In ähnlicher Weise ist die Widerspruchslosigkeit für alle Potenz- und Wurzelgesetze nachweisbar. Man führe das selbst durch!

Ergebnis: Die Wurzelgesetze sind somit in den Potenzgesetzen enthalten. Diese gelten daher allgemein für rationale Exponenten. Da jede irrationale Zahl durch eine rationale (z. B. einen endlichen Dezimalbruch) beliebig genau angenähert werden kann, gelten die Potenzgesetze bei positiver Grundzahl auch für irrationale Exponenten.

Beispiel: $a^{\sqrt{3}} \cdot a^{\pi} = a^{\pi + \sqrt{3}}.$

§ 31. Aufgaben

1. Man schreibe als Potenz:

a) $\sqrt[5]{a^7}$, b) $\sqrt[3]{a^{-4}}$, c) $\sqrt[8]{a^{-6}}$, d) $\frac{1}{\sqrt[4]{a^3}}$.

In den folgenden Aufgaben sind auch negative Radikanden zugelassen. (Man vergleiche die Anmerkung auf S. 29/30.)

2. Man schreibe als Wurzel:

a) $3^{\frac{3}{5}}$, b) $a^{-\frac{3}{5}}$, c) $(-a)^{\frac{3}{7}}$, d) $(-a)^{\frac{3}{4}}$, e) $(-3)^{-\frac{4}{5}}$, f) $-a^{\frac{2}{3}}$,

g) $(-a)^{\frac{2}{3}}$, h) $(-a)^{-\frac{5}{6}}$.

3. Man forme so weit wie möglich in Wurzelausdrücke um:

a) $54^{\frac{2}{3}}$, b) $(-8)^{\frac{5}{3}}$, c) $(-27)^{\frac{2}{3}}$, d) $-27^{\frac{2}{3}}$, e) $(-27)^{-\frac{2}{3}}$,

f) $-27^{-\frac{2}{3}}$, g) $+\left(\frac{4}{3}\right)^{-\frac{1}{2}}$, h) $-\left(\frac{4}{3}\right)^{-\frac{1}{2}}$, i) $\left(\frac{8}{81}\right)^{-\frac{2}{3}}$.

4. a) $a^{\frac{2}{3}} \cdot a^{\frac{1}{3}}$, b) $a^{\frac{3}{4}} \cdot a^{\frac{2}{3}}$, c) $a^{\frac{1}{3}} \cdot a^{\frac{3}{5}}$, d) $a^{\frac{5}{3}} : a^{\frac{2}{5}}$, e) $b^{-\frac{5}{3}} : b^{-\frac{2}{3}}$.

5. a) $\left[a^{\frac{3}{4}}\right]^{-2}$, b) $\left[a^{-\frac{7}{5}}\right]^{-\frac{2}{7}}$ c) $\left[(a-b)^{\frac{3}{2}}\right]^{\frac{4}{9}}$.

§ 32. Die Funktionskurven

a) Spiegelung an der Geraden $y = x$. Vertauscht man beispielsweise bei den Punkten A (2; 3); B (—1; 2); C (—3; —1); D (a; b) die Abszissenwerte mit den Ordinatenwerten, so erhält man

A_1 (3; 2); B_1 (2; —1); C_1 (—1; —3); D_1 (b; a). Diese Punkte liegen paarweise symmetrisch zur Geraden $y = x$ (Abb. 5).

Die Punkte A_1, B_1, C_1, D_1 ergeben sich durch Spiegelung der Punkte A, B, C, D an der Geraden $y = x$.

Ergebnis: Durch Vertauschung der Koordinatenwerte eines Punktes erhält man sein an der Geraden $y = x$ gespiegeltes Bild.

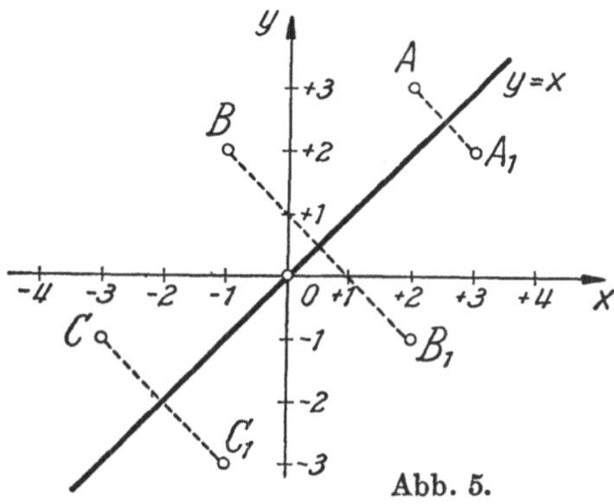

Abb. 5.

b) $y = \sqrt[n]{x}$ als Umkehrfunktion. Die Funktion $y = \sqrt[n]{x} = x^{\frac{1}{n}}$ oder, was dasselbe ist, $x = y^n$ entsteht aus der Funktion $y = x^n$ durch Vertauschung von x und y. Wir können demnach die Funktion $y = \sqrt[n]{x} = x^{\frac{1}{n}}$ (n positive ganze Zahl) als Spiegelbild von $y = x^n$ auffassen. Man nennt in einem solchen Falle $y = \sqrt[n]{x}$ „die Umkehrfunktion“ zur Urfunktion $y = x^n$. Daraus folgt als

Ergebnis: Die Bilder der Funktion $y = \sqrt[n]{x}$ sind allgemeine Parabeln.

c) Die Funktion $y = \sqrt{x}$. Man sagt: y ist eine eindeutige Funktion von x, wenn jedem Wert von x nur ein Wert von y zugeordnet ist.

Da jede Quadratwurzel zweiwertig ist, muß bei der Funktion $y = \sqrt{x}$ zwischen einem positiven Zweig $y = +\sqrt{x}$ und einem negativen $y = -\sqrt{x}$ unterschieden werden (Abb. 6). Beide Zweige sind die Umkehrfunktionen zur Parabel $y = x^2$, deren Symmetrieachse die y-Achse ist. Der rechten Hälfte dieser Parabel entspricht als Umkehrfunktion $y = +\sqrt{x}$, der linken Hälfte $y = -\sqrt{x}$. $y = +\sqrt{x}$ und $y = -\sqrt{x}$ bilden zusammen wieder eine Parabel mit der x-Achse als Symmetrieachse (Abb. 7).

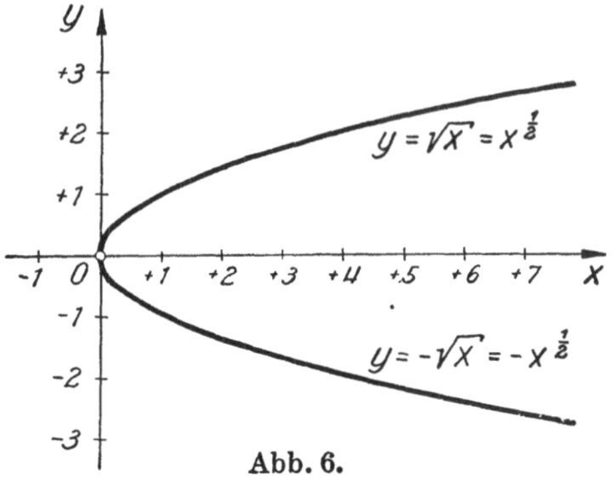

Abb. 6.

Dieselben Überlegungen gelten für alle Wurzelfunktionen mit geraden ganzen Exponenten.

d) Die Funktion $y = \sqrt[3]{x} = x^{\frac{1}{3}}$. Diese Funktion ist die Umkehrfunktion von $y = x^3$ (Abb. 8).

Da die dritte Wurzel in dem bisher behandelten Zahlenbereich eindeutig ist, ergeben sich hier keine Schwierigkeiten für die Umkehrfunktion. Das gleiche gilt für alle Wurzelfunktionen mit ungeraden positiven ganzen Exponenten.

(Das Symbol $\sqrt{}$ ohne Vorzeichen sei in Zukunft immer nur im positiven Sinne zu verstehen.)

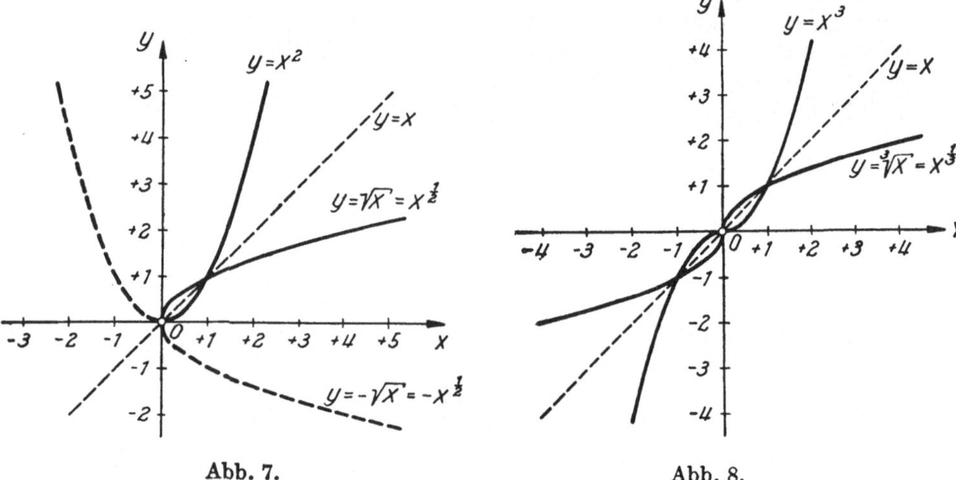

Abb. 7. Abb. 8.

§ 33. Die Exponentialfunktion $y = a^x$

Statt in der Potenzgleichung $b = a^n$ die Basis a als Veränderliche und den Exponenten n als Konstante anzusehen, kann man auch a als konstant und n als veränderlich betrachten und schreibt dann

$$y = a^x,$$

wo a stets positiv ist. Diese Funktion heißt Exponentialfunktion.

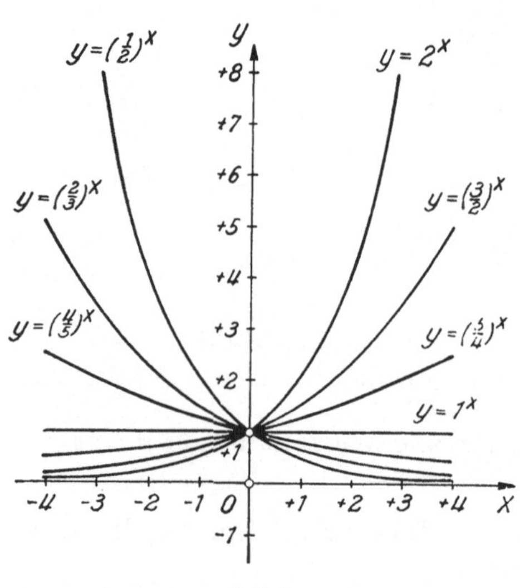

Abb. 9.

Aufgabe: Zeichne die zugehörige Kurve für $y = 2^x$.

Anleitung: Man lege eine Wertetabelle zunächst für ganzzahlige positive und negative x an. Da die Kurvenpunkte nicht dicht genug liegen, wähle man auch gebrochene Werte von x.

Zum Beispiel: $\frac{1}{2}$, $\frac{3}{2}$, $\frac{5}{2}$ oder $\frac{1}{3}$, $\frac{2}{3}$, $\frac{4}{3}$ usw.

$$2^{\frac{1}{2}} = 1{,}4142;\ 2^{\frac{3}{2}} = 2^{1+\frac{1}{2}} = 2 \cdot 2^{\frac{1}{2}} = 2 \cdot 1{,}4142 = 2{,}8284;$$

$$2^{\frac{5}{2}} = 2^2 \cdot 2^{\frac{1}{2}} = 4 \cdot 1{,}4142 = 5{,}6568 \text{ usw.}$$

Aufgabe: Ebenso zeichne man die Kurven für $a = 3, \frac{1}{2}, \frac{1}{3}$.

Als Ergebnis zeigt sich:

1. daß alle Exponentialkurven den Punkt $x = 0$, $y = 1$ gemeinsam haben,
2. daß die x-Achse stets Asymptote ist (Abb. 9).

Will man rechnerisch „die Nullstelle", d. h. den Schnitt der Kurve mit der x-Achse ermitteln, so erhält man die Gleichung $a^x = 0$, für die es keine Lösung gibt.

Zusammenfassung

Für $a > 1$ steigt die Kurve mit wachsendem x,

„ $0 < a < 1$ fällt die Kurve mit wachsendem x,

„ $a = 1$ wird $y = 1$, also die Parallele zur x-Achse im Abstand $+1$.

VII. Die quadratische Gleichung

§ 34. Sonderfälle und vierte Erweiterung des Zahlenbereiches

Die allgemeine Gleichung zweiten Grades lautet:

$$A x^2 + B x + C = 0,$$

wobei stets $A > 0$ sein soll.

Man nennt $A x^2$ das quadratische,
$B x$ das lineare,
C das absolute Glied.

I. Sonderfall. Es sei $B = 0$, also $A x^2 + C = 0$.

Diese Form heißt „reinquadratische Gleichung". Ihre Lösung lautet:

$$x_1 = +\sqrt{-\frac{C}{A}}; \qquad x_2 = -\sqrt{-\frac{C}{A}}.$$

Ist $C < 0$, so ist der Radikand positiv; beide Wurzeln sind reell.
Ist $C > 0$, so ist der Radikand negativ; beide Wurzeln sind nicht reell, man bezeichnet sie als imaginär.

Beispiel:

$$9x^2 + 16 = 0, \qquad x_{1,2} = \pm\sqrt{-\tfrac{16}{9}} = \pm\tfrac{4}{3}\sqrt{-1}.$$

Da es keine reelle Zahl gibt, die in die zweite Potenz erhoben ein negatives Ergebnis liefert, ist diese Aufgabe im Bereich der reellen Zahlen unlösbar. Ganz allgemein gilt das für jede Wurzel mit geradem Wurzelexponenten aus einer negativen Zahl.

Ergebnis: Eine Wurzel geraden Grades aus einer negativen Zahl gibt es in der Reihe der reellen Zahlen nicht.

Um nun Aufgaben der obigen Art lösen zu können, hat man eine vierte Erweiterung des Zahlenbereiches[1]) geschaffen und festgesetzt:

Unter einer imaginären Zahl versteht man die Quadratwurzel aus einem negativen Radikanden.

Nun ist bei positivem a:

$$\sqrt{-a} = \sqrt{a(-1)} = \sqrt{a}\cdot\sqrt{-1},$$

wobei $\sqrt{a}$ eine reelle Zahl ist. Demnach läßt sich eine imaginäre Zahl

[1]) Es sei daran erinnert, daß der Zahlenbereich zuerst durch Einführung der negativen Zahlen, dann durch Einführung der Brüche und drittens durch Einführung der irrationalen Zahlen erweitert wurde. Damit hatte man alle reellen Zahlen.

als ein Produkt aus einer reellen Zahl und dem Faktor $\sqrt{-1}$ darstellen. Die imaginären Zahlen entstehen also aus $\sqrt{-1}$ ebenso, wie die reellen Zahlen aus 1. Deshalb nennt man $\sqrt{-1}$ die imaginäre Einheit, symbolisch mit i bezeichnet:

$$\boxed{\sqrt{-1} = i}$$

In dem oben zum ersten Sonderfall gegebenen Beispiel ist demnach

$$x_{1,2} = \pm \tfrac{4}{3} i.$$

Beispiele:

$$\sqrt{-9} = 3\sqrt{-1} = 3i;$$

$$\sqrt{-3} = \sqrt{3} \cdot \sqrt{-1} = \sqrt{3} \cdot i.$$

Die algebraische Summe aus einer reellen und einer imaginären Zahl, also

$$a + bi,$$

heißt komplexe Zahl.

Zwei komplexe Zahlen, die sich nur im Vorzeichen des imaginären Teiles unterscheiden, wie $a + bi$ und $a - bi$, werden als konjugiert komplex bezeichnet.

Man beachte:

$$\boxed{i^2 = (\sqrt{-1})^2 = -1}$$

$$(a + bi)(a - bi) = a^2 - (bi)^2 = a^2 + b^2 \,{}^{*)}.$$

II. Sonderfall. Es sei $C = 0$, somit $Ax^2 + Bx = 0$.

Lösung: $x(Ax + B) = 0.$

Da ein Produkt nur dann Null wird, wenn einer seiner Faktoren Null ist, so ergeben sich daraus die beiden Möglichkeiten:

$$x = 0 \quad \text{und} \quad Ax + B = 0$$

und als Wurzeln der Gleichung:

$$x_1 = 0; \qquad x_2 = -\frac{B}{A}.$$

Ergebnis: Bei fehlendem Absolutglied ist stets die eine Lösung Null und die andere reell.

Beispiel: $3x^2 + 7x = 0, \quad x_1 = 0, \quad x_2 = -\tfrac{7}{3}.$

§ 35. Der allgemeine Fall $Ax^2 + Bx + C = 0$

a) Die quadratische Ergänzung

Ein dreigliedriger Ausdruck von der allgemeinen Form

$$a^2 \pm 2ab + b^2 = (a \pm b)^2$$

wird ein vollständiges Quadrat genannt. Jede zweigliedrige Summe $a^2 \pm 2ab$ kann durch Hinzufügen eines dritten Gliedes b^2 in

*) Eine ausführliche Behandlung der imaginären und komplexen Zahlen erfolgt in Teil XV Seite 103.

die Form eines vollständigen Quadrates gebracht werden. Das Zusatzglied heißt die **quadratische Ergänzung**.

Beispiele:

a) Gegeben $x^2 + 14x$; quadratische Ergänzung: $(\frac{14}{2})^2 = 7^2$; vollständiges Quadrat: $x^2 + 14x + 7^2 = (x + 7)^2$.

b) Gegeben $x^2 + 5x$; Ergänzung: $(\frac{5}{2})^2$; vollständiges Quadrat: $(x + \frac{5}{2})^2$.

c) $25x^2 + 40x = 25(x^2 + \frac{40}{25}x) = 25(x^2 + \frac{8}{5}x)$; Ergänzung: $25(\frac{4}{5})^2$; vollständiges Quadrat: $25[x^2 + \frac{8}{5}x + (\frac{4}{5})^2] = 25(x + \frac{4}{5})^2$.

b) Lösung der quadratischen Gleichung

$$A x^2 + B x + C = 0.$$

Man bringe das Absolutglied auf die rechte Seite und dividiere durch A:

$$x^2 + \frac{B}{A}x = -\frac{C}{A},$$

füge beiderseits eine solche Größe hinzu, daß auf der linken Seite ein vollständiges Quadrat steht (quadratische Ergänzung)

$$x^2 + \frac{B}{A}x + \left(\frac{B}{2A}\right)^2 = \left(\frac{B}{2A}\right)^2 - \frac{C}{A},$$

$$\left(x + \frac{B}{2A}\right)^2 = \frac{B^2 - 4AC}{(2A)^2}$$

und ziehe die Wurzel:

$$x + \frac{B}{2A} = \pm\frac{1}{2A}\sqrt{B^2 - 4AC},$$

$$\boxed{x_{1,2} = \frac{1}{2A}\left(-B \pm \sqrt{B^2 - 4AC}\right). \quad \text{(Allgemeine Lösung)}}$$

Ergebnis: Jede quadratische Gleichung besitzt zwei Wurzeln.

1. Beispiel:

$$4x^2 + 17x - 15 = 0,$$

$$x^2 + \tfrac{17}{4}x = \tfrac{15}{4},$$

$$x^2 + \tfrac{17}{4}x + (\tfrac{17}{8})^2 = (\tfrac{17}{8})^2 + \tfrac{15}{4},$$

$$(x + \tfrac{17}{8})^2 = \frac{289}{8^2} + \frac{15}{4} = \frac{289 + 240}{8^2} = \frac{529}{8^2},$$

$$x + \tfrac{17}{8} = \pm\tfrac{23}{8},$$

$$x_1 = -\tfrac{17}{8} + \tfrac{23}{8} = \tfrac{3}{4}. \quad x_2 = -\tfrac{17}{8} - \tfrac{23}{8} = -5.$$

2. Beispiel:

$$2x^2 + 9x + 4 = 0.$$

Das Ergebnis der allgemeinen Lösung soll verwendet werden!

$$x_1 = \tfrac{1}{4}(-9 + \sqrt{9^2 - 4 \cdot 2 \cdot 4}) = \tfrac{1}{4}(-9 + \sqrt{49}) = \tfrac{1}{4}(-9 + 7),$$

$$x_1 = -\tfrac{1}{2}$$

$x_2 = \frac{1}{4}(-9-7) = -\frac{16}{4}$,

$x_2 = -4$.

3. Beispiel:

$6x^2 - 17x + 10 = 0$,

$x_{1,2} = \frac{1}{12}(17 \pm \sqrt{289-240}) = \frac{1}{12}(17 \pm 7)$,

$x_1 = 2, \quad x_2 = \frac{5}{6}$.

4. Beispiel:

$12\frac{1}{2} + 15x - 8x^2 = 0$,

$8x^2 - 15x - 12\frac{1}{2} = 0$,

$x_{1,2} = \frac{1}{16}(15 \pm \sqrt{225 + 4 \cdot 8 \cdot \frac{25}{2}}) = \frac{1}{16}(15 \pm \sqrt{625}) = \frac{1}{16}(15 \pm 25)$,

$x_1 = 2\frac{1}{2}, \quad x_2 = -\frac{5}{8}$.

5. Beispiel:

$9x^2 + 30x + 25 = 0$ oder $(3x+5)^2 = 0$; $x_{1,2} = -\frac{5}{3}$.

Es liegt eine sog. Doppelwurzel vor. Auflösung nach der allgemeinen Formel:

$x_{1,2} = \frac{1}{18}(-30 \pm \sqrt{900-900}) = -\frac{30}{18} = -\frac{5}{3}$

6. Beispiel:

$6x^2 - 17x + 15 = 0$,

$x_{1,2} = \frac{1}{12}(17 \pm \sqrt{289-360}) = \frac{1}{12}(17 \pm \sqrt{-71})$,

$x_1 = \frac{1}{12}(17 + \sqrt{71} \cdot i), \quad x_2 = \frac{1}{12}(17 - \sqrt{71} \cdot i)$.

§ 36. Beziehungen zwischen Koeffizienten und Wurzeln

a) Die Diskriminante

Maßgebend für die Art der Wurzeln ist der Radikand $B^2 - 4AC$ der allgemeinen Lösung; er wird deshalb als Diskriminante (Entscheidende) der quadratischen Gleichung bezeichnet. Diese hat, wenn

$B^2 - 4AC > 0$, zwei reelle verschiedene Wurzeln (Beispiele 1—4).

$B^2 - 4AC = 0$, eine reelle Doppelwurzel (Beispiel 5).

$B^2 - 4AC < 0$, zwei konjugiert komplexe Wurzeln (Beispiel 6).

b) Viëtascher Wurzelsatz

Setzt man in der Gleichung:

$$x^2 + \frac{B}{A}x + \frac{C}{A} = 0, \qquad \frac{B}{A} = p, \qquad \frac{C}{A} = q,$$

so erhält man:

$$x^2 + px + q = 0 \text{ (Normalform).}$$

Als Lösungen ergeben sich die Wurzeln:

$$x_1 = -\frac{p}{2} + \sqrt{\frac{p^2}{4} - q}, \qquad x_2 = -\frac{p}{2} - \sqrt{\frac{p^2}{4} - q}.$$

Durch Addition erhält man:

$$x_1 + x_2 = -p,$$

durch Multiplikation:

$$x_1 \cdot x_2 = \left(\sqrt{\frac{p^2}{4} - q} - \frac{p}{2}\right)\left(-\sqrt{\frac{p^2}{4} - q} - \frac{p}{2}\right)$$

$$= -\left(\frac{p^2}{4} - q\right) + \frac{p^2}{4} = q,$$

$$x_1 \cdot x_2 = q.$$

Demnach ist:

$$\boxed{p = -(x_1 + x_2)}$$

gleich der negativen Summe,

$$\boxed{q = x_1 \cdot x_2}$$

gleich dem Produkt der Wurzeln (Viëtascher Wurzelsatz)[1]).

c) Es sei $x^2 + px + q = 0$; setzt man die eben gefundenen Beziehungen ein, so erhält man:

$$x^2 - (x_1 + x_2)\,x + x_1 x_2 = 0,$$
$$x^2 - x_1 x - x_2 x + x_1 x_2 = 0,$$
$$x\,(x - x_1) - x_2\,(x - x_1) = 0,$$
$$(x - x_1)\,(x - x_2) = 0.$$

Allgemein:

$$Ax^2 + Bx + C = A\,(x - x_1)\,(x - x_2).$$

Ergebnis: Hat die quadratische Gleichung die Wurzeln x_1 und x_2, so ist sie bis auf einen konstanten Faktor durch das Produkt der Faktoren $(x - x_1)$ und $(x - x_2)$ darstellbar.

Folgerung: Hat eine quadratische Gleichung die Wurzel x_1, so ist sie durch den Faktor $(x - x_1)$ teilbar, der Quotient ist dann $x - x_2$, wenn man von der Normalform ausgeht.

$$x^2 + px + q = (x - x_1)\,(x - x_2),$$

folglich:

$$(x^2 + px + q) : (x - x_1) = x - x_2.$$

§ 37. Aufgaben

1. Man bestimme auf einfachste Art die Wurzeln der Gleichungen:

a) $3x^2 - 8x = 0$; b) $36x^2 = -108x$; c) $(5x - 2)(2x + 1) = 0$;
d) $(ax + b)(cx - d) = 0$.

[1]) François Viëta, 1540—1603.

2. Man entwickle die Lösung durch Hinzufügen der quadratischen Ergänzung und prüfe nochmals mit einer der Auflösungsformeln.

a) $x^2 + 6x - 16 = 0$; b) $x^2 + 12x + 27 = 0$;

c) $x^2 - \frac{20}{3}x + 4 = 0$; d) $x^2 - \frac{7}{15}x - 2 = 0$.

3. Man verfahre ebenso:

a) $10x^2 - 3x = 1$; b) $2x^2 + \frac{1}{2}x - \frac{3}{25} = 0$; c) $3x^2 + \frac{19}{5}x + \frac{6}{5} = 0$;

d) $x^2 - \frac{17}{2}x + 4 = 0$; e) $x^2 - 3x + 1 = 0$; f) $x^2 + 7x + 11 = 0$;

g) $x^2 - 4x + 5 = 0$; h) $x^2 - 12x + 38 = 0$; i) $3x^2 - 24x + 44 = 0$.

4. a) $1 + \frac{8}{x-4} - \frac{16}{x^2-16} = 0$; b) $\frac{x}{x+1} + \frac{3x}{x-1} = \frac{5x^2-8}{x^2-1}$;

c) $\frac{2x-1}{x+3} - \frac{11}{8x} - \frac{3x-12}{4x+12} = 1$; d) $\frac{5}{6x} + \frac{3-2x}{6x-4} - \frac{3x^2-1}{9x^2-6x} = \frac{1}{6}$;

e) $\frac{x-a}{x} + \frac{3a^2}{x(a+x)} = \frac{x^2}{x^2+ax} - \frac{x-3a}{x+a}$;

f) $\frac{x-8a}{8x-48a} - \frac{2ax+5a^2}{x^2-36a^2} + \frac{72a+13x}{24x+144a} = \frac{5}{12}$;

g) $\frac{2x-1}{x+3} + \frac{x-1}{x} = \frac{3(x-2)}{x-1}$; h) $\frac{x+1}{x+2} - \frac{2x+1}{x+4} + \frac{x-1}{x+10} = 0$;

i) $\frac{x+2}{10x^2-5x} = \frac{3}{x} + \frac{16x}{4x^2-1}$; k) $\frac{3x-2}{6x+9} = \frac{16x^2+10x+5}{24x^2-54} - \frac{x+2}{4x-6}$.

5. a) $x^4 - 34x^2 + 225 = 0$.

Das ist ein Sonderfall einer Gleichung 4. Grades oder einer „biquadratischen Gleichung".

Man kann diese Gleichung dadurch lösen, daß man $x^2 = z$ setzt,

$$z^2 - 34z + 225 = 0,$$

und so zunächst auf eine Gleichung 2. Grades zurückführt.

$$z_{1,2} = 17 \pm \sqrt{289 - 225} = 17 \pm 8, \quad z_1 = 25, \quad z_2 = 9.$$

z wird wieder durch x^2 ersetzt:

$$x^2 = 25, \quad x_1 = +5, \quad x_2 = -5,$$

$$x^2 = 9, \quad x_3 = +3, \quad x_4 = -3.$$

Löse entsprechend:

b) $x^4 + 100x^2 = 20000$; c) $16x^4 - 128x^2 + 31 = 0$;

d) $(x^2 - 9x)^2 + 34(x^2 - 9x) + 280 = 0$.

Welchen Ausdruck setzt man hier praktisch gleich z?

6. Ein Personenkraftwagen erreicht seine Höchstgeschwindigkeit im großen Gang mit 110 km/h, im kleinen mit 35 km/h. Der mittlere Gang ist so errechnet, daß sich seine Höchstgeschwindigkeit zu der des kleinen Ganges wie die des großen zu der des mittleren verhält. (Geometrische Stufung des Getriebes.) Wie groß ist die Höchstgeschwindigkeit des mittleren Ganges?

7 Nach Regnault ändert sich der Rauminhalt von 1 cm³ Quecksilber von 0° bei der Erwärmung um t^0 gemäß der Formel:

$$V = 0{,}00000003\, t^2 + 0{,}0002\, t + 1.$$

Wie hoch muß die Temperatur werden, damit der Rauminhalt 1,001 cm³ wird?

8. Die Brennweite eines Hohlspiegels beträgt 30 cm. Wirkliches Bild und Gegenstand sollen 25 cm auseinanderliegen. Wie weit sind Bild und Gegenstand vom Scheitel entfernt?

$\left(\text{Formel: } \frac{1}{g} + \frac{1}{b} = \frac{1}{f};\ g = \text{Gegenstands-},\ b = \text{Bild-},\ f = \text{Brennweite.}\right)$

9. Wird ein schwerer Gegenstand aus h m Höhe von einem Flugzeug abgeworfen, das mit $c = 100$ m/sec fliegt, so läßt sich unter Berücksichtigung des Luftwiderstandes die Fallzeit in erster Näherung aus der Gleichung:

$$t^4 - 3750\, t^2 + 730\, h = 0$$

berechnen. Man bestimme t für $h = 1200$ m.

10. Man ermittle nur durch die Diskriminante die Beschaffenheit der Wurzeln:

a) $7x^2 + 10x + 3 = 0$; b) $9x^2 - 7x + 5 = 0$; c) $4x^2 - 12x + 9 = 0$.

11. Welche quadratische Gleichung hat die Wurzel:

a) $+5, -3$; b) $-2, -1$; c) $2 + 3i,\ 2 - 3i$;

d) $-19 + 3\sqrt{7},\ -19 - 3\sqrt{7}$; e) $\frac{1}{2} + \frac{1}{2}\sqrt{3},\ \frac{1}{2} - \frac{1}{2}\sqrt{3}$;

f) $-2 + 6i,\ -2 - 6i$?

Anleitung: Man benutze den Viëtaschen Wurzelsatz.

12. Die Wurzeln einer quadratischen Gleichung sind $x_1 = +3$ und $x_2 = -5$. Wie lautet die Gleichung, wenn x^2 den Faktor 3 hat?

13. Was kann man über die Vorzeichen der Wurzeln der Gleichungen:

a) $x^2 - 5x + 6 = 0$; b) $x^2 + 13x + 22 = 0$;

c) $x^2 - 2x - 15 = 0$; d) $x^2 + 3x - 10 = 0$

ohne Rechnung aussagen? (Viëtascher Wurzelsatz!)

14. Man zerlege mit Hilfe des Viëtaschen Wurzelsatzes folgende Gleichungen in das Produkt ihrer Linearfaktoren $x - x_1$ und $x - x_2$.

a) $x^2 - 9x + 14 = 0$, b) $x^2 + 8x + 15 = 0$,

c) $x^2 + 9x - 36 = 0$, d) $x^2 - 5x - 14 = 0$.

15. Von den folgenden Gleichungen ist eine Wurzel bekannt, man bestimme auf möglichst einfache Weise die andere.

a) $x^2 + 4{,}1672x - 2{,}3336 = 0$, $x_1 = 0{,}5$;

b) $105x^2 + 107x + 22 = 0$, $x_1 = -\frac{2}{7}$;

c) $306x^2 - 143x - 15 = 0$, $x_1 = +\frac{5}{9}$.

16. Man zerlege Zähler und Nenner in ein Produkt und kürze dann.

a) $\frac{x^2 - 9x + 14}{x^2 - 5x - 14}$; b) $\frac{x^2 + x - 12}{x^2 + 9x + 20}$; c) $\frac{x^2 - 2x - 15}{x^2 - 7x + 10}$;

d) $\frac{x^2 + 5x - 6}{x^2 + 9x + 18}$.

Anleitung: Man verfahre wie in Aufgabe 14.

§ 38. Die absoluten Werte beider Wurzeln sind sehr verschieden

Es sei etwa die Gleichung:

$$x^2 - 44x + 2 = 0$$

gegeben. Dann wird:

$$x_{1,2} = 22 \pm \sqrt{482} = 22 \pm 21{,}95450,$$

$$x_1 = 43{,}95450, \; x_2 = 0{,}04550.$$

x_2 berechnet sich als Differenz zweier ungefähr gleich großer Zahlen. Will man einen einigermaßen genauen Wert für dieses x_2 haben, muß man die Wurzel auf eine große Zahl von Stellen berechnen. Das macht sehr viel Arbeit. Man kann nun mit weit geringerem Rechenaufwand einen Näherungswert finden, dessen Genauigkeit für die meisten praktischen Bedürfnisse ausreicht.

Hat man die Gleichung in die Normalform gebracht:

$$x^2 + px + q = 0,$$

so ist, wenn x_2 sehr klein gegen x_1 ist, was man daran erkennt, daß $|p|$ groß gegen $|q|$ ist,

$$p = -(x_1 + x_2) \approx -x_1, \quad q = x_1 \cdot x_2.$$

Man erhält also einen Näherungswert:

$$\bar{x}_2 = -\frac{q}{p} \quad \text{und damit} \quad \bar{x}_1 = -p + \frac{q}{p}.$$

In obigem Beispiel wird so:

$$\bar{x}_2 = \tfrac{1}{22} = 0{,}04545\,.\,., \qquad \bar{x}_1 = 43{,}95455\,.\,.$$

Der Vergleich mit den oben berechneten Werten zeigt, daß erst die fünfte Dezimale abweicht.

Um den Fehler dieser Näherungswerte abzuschätzen, schreibt man die Gleichung $x^2 + px + q = 0$, die ja für x_2 erfüllt ist, in der Form:

$$x_2 = -\frac{q}{p} - \frac{x_2^2}{p} = \bar{x}_2 - \frac{x_2^2}{p}.$$

An dem Näherungswert $\bar{x}_2$ ist also eine Korrektur:

$$\Delta_2 = -\frac{x_2^2}{p}$$

anzubringen. Da es sich nur um eine Abschätzung handelt, wird man in Δ_2 für den exakten Wert x_2 den Näherungswert $\bar{x}_2$ einsetzen können. Die Korrektur beträgt also in obigem Beispiel:

$$\Delta_2 = +\frac{1}{44 \cdot 22^2} = +\frac{1}{22} \cdot \frac{1}{968}.$$

Der Näherungswert ist hier somit um etwa ein Promille seines Wertes ungenau. Die Richtigkeit der Abschätzung bestätigt man leicht durch Vergleich. Der größere Wurzelwert ist um

$$\Delta_1 = + \frac{x_2^2}{p} = - \frac{1}{44 \cdot 22^2}$$

zu korrigieren. Sein relativer Fehler[1]) beträgt also 10^{-4} %, ist demnach wesentlich kleiner.

Aufgaben

1. Man berechne in der angegebenen Weise Näherungswerte für die Wurzeln folgender Gleichungen und schätze ihren Fehler ab.

   18. a) $x^2 + 10000x + 2000 = 0$; b) $x^2 + 65x - 13 = 0$.

2. Man behandle Aufgabe 7, § 37 nach der hier angegebenen Methode.

§ 39. Wurzelgleichungen

Sie sind dadurch gekennzeichnet, daß die Unbekannte x im Radikanden einer Wurzel auftritt.

Beispiel a):

$$\sqrt{x+5} - \sqrt{x+3} = 2\sqrt{x+1}.$$

Quadriere beide Seiten der Gleichung:

$$(\sqrt{x+5} - \sqrt{x+3})^2 = 4(\sqrt{x+1})^2,$$

$$x + 5 + x + 3 - 2\sqrt{(x+5)(x+3)} = 4(x+1).$$

Die verbleibende Wurzel wird auf eine Seite allein gebracht:

$$-2x + 4 = 2\sqrt{x^2 + 8x + 15},$$

$$-x + 2 = \sqrt{x^2 + 8x + 15}.$$

Man quadriere nochmals:

$$x^2 - 4x + 4 = x^2 + 8x + 15$$

$$-12x = 11$$

$$x = -\tfrac{11}{12}.$$

Probe:

$$\sqrt{\frac{49}{12}} - \sqrt{\frac{25}{12}} \;\Big|\; 2\sqrt{\frac{1}{12}}$$

$$\frac{7}{\sqrt{12}} - \frac{5}{\sqrt{12}} \;\Big|\; \frac{2}{\sqrt{12}}$$

$$\frac{2}{\sqrt{12}} = \frac{2}{\sqrt{12}}.$$

Beispiel b):

$$\sqrt{x+5} + \sqrt{x+3} = 2\sqrt{x+1}.$$

Man verfährt wie oben und erhält:

$$x - 2 = \sqrt{x^2 + 8x + 15}.$$

---

[1]) Den negativen Wert der Korrektur, also $-\Delta$, bezeichnet man als **absoluten Fehler**. Unter **relativem Fehler** versteht man den Quotienten aus dem absoluten Fehler $-\Delta$ und dem berechneten Näherungswert, und zwar ohne Rücksicht auf das Vorzeichen. Man nimmt also den absoluten Betrag dieses Quotienten. Meist wird der relative Fehler in Prozenten angegeben, ist also in obigem Beispiel $\frac{100 \cdot \Delta}{\bar{x}_2}$ %.

Von hier ab stimmt die Rechnung genau mit dem Beispiel a) überein, und man erhält infolgedessen ebenso:

$$x = -\tfrac{11}{12}.$$

Probe:
$$\sqrt{\frac{49}{12}} + \sqrt{\frac{25}{12}} \;\Big|\; 2\sqrt{\frac{1}{12}}$$
$$\sqrt{12} \;\Big|\; \frac{2}{\sqrt{12}}.$$

Die gefundene Lösung erfüllt die ursprüngliche Gleichung nicht, obwohl alle Zwischenrechnungen korrekt sind.

Begründung: Für $a > 0$ ist $(+a) > (-a)$. Durch Quadrieren erhält man auf beiden Seiten a^2.

Umgekehrt darf man also aus der Gleichheit der Quadrate nicht auf die Gleichheit der ursprünglichen Ausdrücke schließen. Entsprechendes gilt für die obige Gleichung. Die durch zweimaliges Quadrieren erhaltene Gleichung $x^2 - 4x + 4 = x^2 + 8x + 15$ wird natürlich von der gefundenen Lösung erfüllt.

Dagegen braucht das nicht mit der ursprünglichen Gleichung der Fall zu sein.

Es ist daher unerläßlich, bei Wurzelgleichungen stets eine Probe auszuführen, um solche Lösungen auszuscheiden.

Es kann also vorkommen, daß die vorgelegte Gleichung keine Wurzel besitzt.

Aufgaben

Die Aufgaben 1. a—d) führen auf lineare, die Aufgaben 2. a—d) auf quadratische Gleichungen.

1. a) $\sqrt{2x-29} - \sqrt{2x+7} = 2\sqrt{2x+2}$,

   b) $\sqrt{x+5} + \sqrt{x-2} = \sqrt{x+14} + \sqrt{x-7}$,

   c) $\sqrt{3x+12} + 2\sqrt{3x+7} = \dfrac{9x+32}{\sqrt{3}\sqrt{x+4}}$. Man beseitige erst den Nenner

   d) $\sqrt{4x+1} + \sqrt{x+19} = \dfrac{3x+32}{\sqrt{x+19}}$.

2. a) $\sqrt{x-5} - \sqrt{3x-19} = 2\sqrt{7-x}$,

   b) $\sqrt{3x+7} - 2\sqrt{x-5} = 3\sqrt{7-x}$,

   c) $5\sqrt{3x+4} - 3\sqrt{2x-5} = 4\sqrt{3x-5}$,

   d) $\sqrt{4x+9} - \sqrt{3x-5} = \sqrt{4x-15} - \sqrt{3x-21}$.

VIII. Ungleichungen

§ 40. Rechenregeln

Sind a und b zwei reelle Zahlen, so bedeutet $a < b$: a ist kleiner als b. Das heißt, a liegt auf der Zahlengeraden, wenn man diese in der üblichen Lage zeichnet, links von b. Zum Beispiel: $3 < 5$; $-10 < -2$ usw. Beim Rechnen mit Ungleichungen sei man sehr vorsichtig! Man prüfe die im folgenden aufgestellten Ungleichungen mit positiven und negativen Zahlen in allen Kombinationen.

Aus $a < b$ folgt:

1. $b > a$;
2. $a \pm c < b \pm c$;
3. $ap < bp$ und $\frac{a}{p} < \frac{b}{p}$, falls $p > 0$;

   $aq > bq$ und $\frac{a}{q} > \frac{b}{q}$, falls $q < 0$;
4. $\frac{1}{a} > \frac{1}{b}$, falls $a > 0$

z. B.: $2 < 3$, also $\frac{1}{2} > \frac{1}{3}$; dagegen: $-2 < 3$ und $-\frac{1}{2} < \frac{1}{3}$).

Aus $a < b$ und $c < d$ ergibt sich:

5. $a + c < b + d$;
6. $a \cdot c < b \cdot d$,

wo in 6. a oder c negativ sein kann, während die drei anderen Zahlen positiv sein müssen.

Beispiel:
$$3 < 5,\quad 6 < 9, \qquad \text{folglich } 18 < 45;$$
dagegen:
$$-4 < 3, \qquad -5 < 6 \text{ und daraus das Produkt } +20 > 18!$$

Beachte: Rege 5 läßt sich nicht auf die Subtraktion ausdehnen!

Beispiel:
$$3 < 4 \text{ und } 5 < 6, \qquad \text{folglich } 3 - 5 = 4 - 6!$$
Oder:
$$3 < 5 \text{ und } 6 < 9, \qquad \text{folglich } 3 - 6 > 5 - 9!$$

Ebenso gilt nicht: $\frac{a}{c} < \frac{b}{d}$; z. B.: $3 < 4$, $6 < 9$, aber $\frac{3}{6} > \frac{4}{9}$!

$a \leqq b$ bedeutet, a ist entweder kleiner oder gleich b. Man kann also schreiben $3 \leqq 5$, $4 \leqq 4$. Für $\leqq$ gelten ähnliche Regeln, wie die oben für $<$ abgeleiteten. Zum Beispiel folgt aus $a \leqq b$, $c < d$: $a + c < b + d$.

Aus $a \leqq b$, $c = d$ folgt $a + c \leqq b + d$ usw.

Beispiel 1. Welche Werte kann x annehmen, wenn folgende Ungleichung erfüllt sein soll
$$8x + 7 < 5x - 4\,?$$

Lösung: Man subtrahiere auf beiden Seiten $5x + 7$ (Regel 2)
$$3x < -11$$
und dividiere links und rechts durch 3 (Regel 3)
$$x < -\tfrac{11}{3}.$$

Für alle Werte von $x < -\frac{11}{3}$ gilt die gegebene Ungleichung.

Beispiel 2. Unter dem arithmetischen Mittel zweier Zahlen a und b versteht man die Größe $\frac{a + b}{2}$. Als geometrisches Mittel zweier Zahlen a und b bezeichnet man $\sqrt{ab}$. Eine Beziehung zwischen diesen beiden Mitteln erhält man folgendermaßen: a und b seien positive Zahlen. Als Quadrat einer reellen Zahl ist:

$$0 \leqq (a - b)^2 = a^2 - 2ab + b^2,$$

wo das Gleichheitszeichen nur dann gilt, wenn $a = b$ ist. Durch Addition von $4ab$ auf beiden Seiten erhält man:

$$4ab \leqq a^2 + 2ab + b^2 = (a + b)^2.$$

Zieht man nun auf beiden Seiten die Quadratwurzel und nimmt zum mindesten auf der rechten Seite den positiven Wert dieser Wurzel, so ergibt sich:

$$2\sqrt{ab} \leqq a + b$$

oder

$$\sqrt{ab} \leqq \frac{a+b}{2}.$$

Ergebnis: Das arithmetische Mittel zweier positiver Zahlen ist größer oder gleich dem geometrischen Mittel dieser beiden Zahlen. Gleich sind diese beiden Mittel nur, wenn die beiden Zahlen gleich sind.

§ 41. Aufgaben

Man berechne x in ähnlicher Weise wie in Beispiel 1 aus den folgenden Ungleichungen.

1. a) $6 + x\sqrt{6} > 8$, b) $5 - 6x > 9$, c) $\frac{x}{3} + 5 < \frac{x}{7} - 7$,
 d) $\frac{5}{x} - 4 > \frac{4}{x} + 6$, e) $\frac{6x - 1}{11} < \frac{5x + 3}{2}$.

Für die nächste Aufgabengruppe ist zu beachten, daß z. B. gilt:

$$+3 < +7 \quad \text{aber} \quad -3 > -7$$

und allgemein, wenn $+a < +b$ ist, folgt $-a > -b$.

Beispiel: Für welche Werte von x gilt $x^2 < 16$?

Lösung: Für $x_1 < +4$ und $x_2 > -4$, somit muß $-4 < x < +4$ sein.

2. a) $(x + 6)^2 < 25$, b) $(x - 3)^2 < 49$, c) $x^2 + 3x - 4 < 0$,
 d) $x^2 - 9x < \frac{63}{4}$, e) $x^2 - 6 < x$.

IX. Der Logarithmus

§ 42. Begriff des Logarithmus

Sind in der Potenzgleichung:

$$(1) \qquad a = b^n \qquad (b > 0)$$

a und b gegeben, n gesucht, so schreibt man die Auflösung der Gleichung nach n in der symbolischen Form:

$$(2) \qquad \boxed{n = {}^b\log a}$$

gelesen: „n ist der Logarithmus von a zur Grundzahl b" oder kürzer: „n ist der b-Logarithmus von a".

a wird „Numerus“ oder auch „Logarithmandus“ genannt.

Definition: Der Logarithmus ist die Zahl, mit der man die Basis b potenzieren muß, um den Numerus a zu erhalten.

Aus den Gleichungen (1) und (2) folgen die beiden Identitäten:

$$(3)\quad \boxed{b^{{}^b\log a} \equiv a} \qquad (4)\quad \boxed{{}^b\log b^a \equiv a}$$

Ergebnis: Potenzieren und Logarithmieren mit den gleichen Grundzahlen heben einander auf; es sind entgegengesetzte Rechenarten.

Das Logarithmieren ist demnach die zweite Umkehrung des Potenzierens (vgl. § 24). Man beachte:

1. „Logarithmus“ ist nur ein anderes Wort für Exponent.
2. Die Gleichungen $a = b^n$ und $n = {}^b\log a$ bedeuten dasselbe.

Sonderfälle zu Gleichung (2):

$$(5)\quad \boxed{{}^b\log 1 = 0}$$

denn $b^0 = 1$; in Worten: Der Logarithmus von 1 ist bei jeder Basis gleich Null.

$$(6)\quad \boxed{{}^b\log b = 1}$$

denn $b^1 = b$; in Worten: Der Logarithmus der Basis ist stets gleich 1.

$${}^b\log 0 = ?$$

Dieser Logarithmus ist nicht erklärt, denn keine Potenz liefert den Wert Null.

Beispiel: Wie groß ist ${}^5\log 625$?

Lösung: $5^x = 625$, folglich $x = 4$.

Aufgaben

Man berechne mittels Gleichung (1) und (2):

1. a) $x = {}^2\log 32$, b) ${}^4\log 64$, c) ${}^3\log 81$, d) ${}^8\log 2$, e) ${}^9\log 9$, f) ${}^7\log 1$, g) ${}^{81}\log 3$.
2. a) ${}^{\frac{1}{2}}\log 8$, b) ${}^{\frac{1}{5}}\log 625$, c) ${}^{0,5}\log 0{,}125$, d) ${}^{0,7}\log 0{,}343$, e) ${}^6\log \frac{1}{36}$, f) ${}^4\log \frac{1}{256}$, g) ${}^{\frac{1}{p}}\log p + {}^p\log \frac{1}{p}$.
3. a) ${}^2\log x = 3$, b) ${}^7\log x = 2$, c) ${}^8\log x = 4$.
4. a) ${}^x\log 2197 = 3$, b) ${}^x\log 5329 = 2$, c) ${}^x\log 6561 = 4$.

§ 43. Die logarithmische Funktion

Führt man statt der konstanten Werte n und a die Veränderlichen y und x ein, so erhält man die logarithmische Funktion:

$$(8)\qquad y = {}^b\log x \qquad b > 0.$$

Wir setzen auch hier wie bei der Potenzfunktion (§ 33) die Grundzahl als positiv voraus. Dann gehört zu jeder positiven reellen Zahl x ein und nur ein reeller Wert y.

Das graphische Bild erhält man durch Spiegelung der Exponentialkurve $y = b^x$ an der Geraden $y = x$ (vgl. §§ 32, 33). Rechnerisch löst man die Exponentialfunktion nach x auf und vertauscht dann y und x. Die logarithmische Funktion ist demnach die Umkehrfunktion der Exponentialfunktion.

Daraus folgt sofort:

1. Alle logarithmischen Kurven schneiden sich im Punkte (1; 0).
2. Die y-Achse ist stets Asymptote, d. h. wir finden bestätigt, daß ${}^b\log 0$ keinen endlichen Wert besitzt (§ 42).
3. Reelle Werte von y gibt es nur für positive Werte von x.
4. y wird negativ für Werte von x zwischen 0 und 1, wenn $b > 1$ ist, y wird positiv für Werte von x zwischen 0 und 1, wenn $b < 1$ ist.

Aufgaben

1. Man zeichne die logarithmischen Kurven für $b = 1;\ 2;\ 3;\ \frac{1}{2};\ \frac{1}{3}$ als Spiegelbilder der entsprechenden Exponentialkurven.
2. Man gebe Punkte der Kurve $y = {}^{2,5}\log x$ an, für die y ganzzahlig ist!

§ 44. Logarithmengesetze

Die Logarithmen finden bekanntlich Anwendung bei den Rechenarten 2. Stufe (dem Multiplizieren und Dividieren) und 3. Stufe (dem Potenzieren und Wurzelziehen). Es müssen also Rechenregeln entwickelt werden für die Ausdrücke:

$$ {}^b\log (uv); \qquad {}^b\log \frac{u}{v}; \qquad {}^b\log u^n; \qquad {}^b\log \sqrt[n]{u}. $$

Es sei $u = b^p$ und $v = b^q$ oder in logarithmischer Schreibweise:

$$ p = {}^b\log u; \qquad q = {}^b\log v. $$

Dann ist:

$$ u \cdot v = b^p \cdot b^q = b^{p+q} $$

oder wieder in logarithmischer Schreibweise: ${}^b\log (uv) = p + q$ folglich:

$$ \text{I.} \qquad \boxed{{}^b\log (uv) = {}^b\log u + {}^b\log v} $$

Ergebnis: Der Logarithmus eines Produktes ist gleich der Summe der Logarithmen der einzelnen Faktoren.

Beweise ebenso wie I:

$$ \text{II.} \qquad \boxed{{}^b\log \frac{u}{v} = {}^b\log u - {}^b\log v} $$

Ergebnis: Der Logarithmus eines Bruches ist gleich der Differenz der Logarithmen von Zähler und Nenner.

Statt ${}^b\log u^m = x$ kann man schreiben:

$$ u^m = b^x \qquad \text{oder} \qquad u = b^{\frac{x}{m}}. $$

In logarithmischer Schreibweise lautet diese Gleichung:

$$\frac{x}{m} = {}^b\log u\,.$$

Also ist:

$$\boxed{x = m \cdot {}^b\log u = {}^b\log u^m}$$

m kann hier irgendeine reelle Zahl sein. Als Sonderfälle (n ganze Zahl bzw. Stammbruch) sind in dieser Gleichung enthalten:

III. $\boxed{{}^b\log u^n = n \cdot {}^b\log u}$ IV. $\boxed{{}^b\log \sqrt[n]{u} = \frac{1}{n} \cdot {}^b\log u}$

Ergebnis: Der Logarithmus einer Potenz ist gleich dem Produkt aus dem Exponenten und dem Logarithmus der Grundzahl.

Somit werden durch das Logarithmieren die Rechenarten zweiter Stufe auf die der ersten, die der dritten auf die der zweiten Stufe zurückgeführt. Darin liegt die Bedeutung des Rechnens mit Logarithmen.

Aufgaben

Man wende diese Gesetze auf folgende Aufgaben an. Die Basis sei immer b und werde der Einfachheit halber hier weggelassen.

1. a) $\log uvw$, b) $\log 8(p+q)$, c) $\log \frac{u}{vw}$, d) $\log \frac{a(x+y)}{6c}$.

2. a) $\log ac^5$, b) $\log (ac)^5$, c) $\log (p^2+q^2)$, d) $\log \frac{1}{u^2 v^3}$.

3. a) $\log \sqrt[3]{u^2 v^5}$, b) $\log \frac{\sqrt{x-y}}{x+y}$, c) $\log \frac{1}{\sqrt[4]{ac}}$, d) $\log \left(x\sqrt{y+z}\right)$.

4. Man fasse zu je einem Logarithmus zusammen:

a) $\log u - \log v + \log w$, b) $\log u + 2\log v - 5\log w$,

c) $\frac{1}{3}\log u + \frac{1}{4}\log v + \frac{1}{5}\log w$, d) $\frac{1}{2}\log (u-v) - \frac{1}{3}\log (u+v)$,

e) $\frac{1}{3}\log (u^2+v^2) - \frac{1}{2}\log (u-v) - \frac{1}{2}\log (u+v)$.

Auch bei sog. Exponentialgleichungen, d. h. bei Gleichungen, in denen die Unbekannte nur im Exponenten auftritt, wendet man die Logarithmengesetze an.

Beispiel: $a^{4x+7} = a^{3x-12}$.

Lösung: Man logarithmiere beiderseits:

$${}^b\log a^{4x+7} = {}^b\log a^{3x-12}$$

oder $(4x+7)\,{}^b\log a = (3x-12)\,{}^b\log a$,

$4x + 7 = 3x - 12.$ $x = -19.$

5. Man löse in ähnlicher Weise:

a) $\left(\frac{3}{4}\right)^{5x+2} = \left(\frac{3}{4}\right)^{3x+6}$, b) $2^{6x-2} = 4^{2x+3}$, c) $\left(\frac{3}{4}\right)^{5x-7} = \left(\frac{16}{9}\right)^{x-14}$.

§ 45. Zusammenhang zwischen den Logarithmensystemen

Erklärung: Alle Logarithmen mit derselben Grundzahl bilden ein Logarithmensystem. Man kann auch sagen: Drückt man alle positiven reellen Zahlen als Potenzen ein und derselben Grundzahl aus, so bilden die Exponenten ein Logarithmensystem.

Läßt sich nun ein Zusammenhang zwischen den Logarithmen zweier verschiedener Systeme nachweisen?

Es sei: (1) $x = a^u$ bzw. (2) $u = {}^a\log x$.

Man logarithmiere beide Seiten der Gleichung (1) nach der Basis b und verwende dann Gleichung (2):

$${}^b\log x = {}^b\log a^u \quad \text{oder} \quad {}^b\log x = u \cdot {}^b\log a \quad \text{oder} \quad {}^b\log x = {}^a\log x \cdot {}^b\log a.$$

Daraus folgt:

$$(3) \qquad \boxed{{}^a\log x = \frac{{}^b\log x}{{}^b\log a}}$$

Ergebnis: Man kann einen Logarithmus von x zur Basis b in den zur Basis a überführen, indem man den ersten durch den ${}^b\log a$ dividiert oder mit $\dfrac{1}{{}^b\log a}$ multipliziert.

$\dfrac{1}{{}^b\log a}$ nennt man den „Modul“ von a bezogen auf die Basis b.

Natürlich gilt auch umgekehrt:

$$(4) \qquad \boxed{{}^b\log x = \frac{{}^a\log x}{{}^a\log b}}$$

Setzt man $x = b$, so erhält man aus Gleichung (3) eine einfache Beziehung zwischen den beiden Moduln von Gleichung (3) und (4):

$$(5) \qquad \boxed{{}^a\log b = \frac{1}{{}^b\log a}}$$

Theoretisch kann man jede positive Zahl als Basis eines Logarithmensystems verwenden. Im praktischen Gebrauch sind nur zwei:

1. Das Zehner-, Dekadische oder Briggssche[1]) System mit der Basis 10, symbolisch geschrieben $\lg x$,
2. das natürliche oder Nepersche[1]) System mit der Irrationalzahl $e = 2{,}718281828459\ldots$ als Grundzahl. Symbolische Schreibweise: $\ln x$ (Abkürzung für „logarithmus naturalis“).

---

[1]) Die ersten Veröffentlichungen von Logarithmentafeln erfolgten zu Anfang des 17. Jahrhunderts:

1614 die von Napier (1550—1617), mit der Grundzahl $\left(1 - \frac{1}{10^7}\right)^{10^7}$.

1617 die von Briggs (1556—1630), mit der Grundzahl 10.

1620 erschienen die „Progreßtabulen“ von Bürgi in Prag, die aber schon vor 1614 berechnet vorlagen. Basis $\left(1 + \frac{1}{10^4}\right)^{10^4}$.

Das dekadische System ist das allgemein gebräuchliche, mit dem der Begriff der Logarithmentafel verbunden ist. Das natürliche System spielt eine wichtige Rolle in der höheren Mathematik. Die Logarithmentafeln pflegen auch eine kurze Tafel der natürlichen Logarithmen zu enthalten. Die Berechnung der Logarithmen auf elementarem Wege ist möglich, aber sehr zeitraubend; tatsächlich wird sie mit den Hilfsmitteln der höheren Mathematik durchgeführt.

Wendet man die Formeln (3) bis (5) auf diese beiden Systeme an, so ergibt sich:

(6) $\boxed{\lg x = \frac{\ln x}{\ln 10} = \boldsymbol{M} \cdot \ln x.}$ $\quad M = \frac{1}{\ln 10} = 0{,}4342945\ldots$ Modul der dekadischen Logarithmen bezogen auf die natürlichen.

(7) $\boxed{\ln x = \frac{\lg x}{\lg e} = \frac{1}{M} \cdot \lg x}$ $\quad \frac{1}{M} = 2{,}3025851\ldots$ Modul der natürlichen Logarithmen bezogen auf die dekadischen.

Ergebnis: Der Modul M der Zehnerlogarithmen ist der Faktor, mit dem man den natürlichen Logarithmus multiplizieren muß, um den entsprechenden Zehnerlogarithmus zu erhalten.

$$\boxed{\ln 10 = \frac{1}{\lg e}} \tag{8}$$

§ 46. Der Zehner-Logarithmus

A. Allgemeines

Es folgt aus:

$1000 = 10^3$	$\lg 1000 = 3,$	$0{,}1 = 10^{-1}$	$\lg 0{,}1 = -1$
$100 = 10^2$	$\lg 100 = 2,$	$0{,}01 = 10^{-2}$	$\lg 0{,}01 = -2$
$10 = 10^1$	$\lg 10 = 1,$	$0{,}001 = 10^{-3}$	$\lg 0{,}001 = -3$
$1 = 10^0$	$\lg 1 = 0,$	$0{,}0001 = 10^{-4}$	$\lg 0{,}0001 = -4.$

Aus dieser Tabelle lassen sich folgende Schlüsse ziehen:

1. Die Logarithmen der Zehnerpotenzen sind ganze Zahlen.
2. Die Logarithmen aller anderen positiven Numeri liegen zwischen diesen ganzen Zahlen.
3. Die Logarithmen aller Numeri zwischen 1 und 10 liegen zwischen 0 und 1.
4. Die Logarithmen aller Zahlen zwischen 0 und 1 sind negative Zahlen.
5. Die meisten dekadischen Logarithmen sind irrationale Zahlen; man pflegt sie deshalb allgemein abgerundet in Dezimalbruchform zu schreiben.

Mit der Kenntnis der Logarithmen im Intervall 1 bis 10 der Numeri beherrschen wir die Logarithmen aller Zahlen, z. B. ist:

$$\lg 2{,}13 = 0{,}3284\ldots$$

Dann ist aber, unter Berücksichtigung der im § 44 entwickelten Rechenregeln:

$$\lg 21{,}3 = \lg 2{,}13 \cdot 10 = \lg 2{,}13 + \lg 10 = 0{,}3284 + 1 = 1{,}3284$$
$$\lg 213 = \lg 2{,}13 \cdot 100 = \lg 2{,}13 + \lg 100 = 2{,}3284$$
$$\lg 0{,}213 = \lg 2{,}13 \cdot 0{,}1 = \lg 2{,}13 + \lg 0{,}1 = 0{,}3284 - 1$$
$$\lg 0{,}00213 = \lg 2{,}13 \cdot 0{,}001 = \lg 2{,}13 + \lg 0{,}001 = 0{,}3284 - 3 \text{ usw.}$$

In den beiden letzten Beispielen könnte man die Differenz noch ausrechnen und würde negative Werte erhalten. Im Zusammenhang mit den vorhergehenden Beispielen ist aber leicht ersichtlich, daß das nicht zweckmäßig wäre und den Umfang der Tafeln beträchtlich erweitern würde. Wir können also folgendes feststellen:

1. Jeder Logarithmus besteht aus zwei Teilen: einer positiven oder negativen ganzen Zahl, der Kennziffer, und einem echten Dezimalbruch, der Mantisse (= Zusatz, Anhängsel).
2. Numeri mit gleicher Ziffernfolge haben stets dieselbe Mantisse.
3. Die Logarithmen der Zahlen zwischen 0 und 1 sind durch die negative Kennziffer charakterisiert.

Merkregel: Die Kennziffer eines beliebigen Numerus ist stets gleich dem Exponenten des Stellenwertes ihrer ersten geltenden Ziffer.

Zum Beispiel:

lg 67 500	Stellenwert der 6 ist 10^4,	also Kennziffer	4
lg 0,007 58	„ „ 7 „ 10^{-3},	„ „	—3.

B. Einrichtung und Gebrauch der Logarithmentafel

Die sog. Logarithmentafeln sind nur Mantissentafeln, da die Kennziffer in jedem Fall leicht zu bestimmen ist. Für die meisten praktischen Aufgaben sind vierstellige Tafeln ausreichend, d. h. sie enthalten die Mantissen aller dreiziffrigen Numeri auf vier Stellen genau[1]). Sie haben den Vorteil, daß man die Mantissen auf zwei Druckseiten unterbringen kann. Fünfstellige Tafeln, wie sie früher an Schulen in Gebrauch waren, sind schon wesentlich umfangreicher, da sie zu allen vierziffrigen Zahlen fünfstellige Mantissen enthalten.

Aufgaben

1. Man suche mit einer vierstelligen Tafel auf:

   lg 273; lg 0,273; lg 87 300; lg 0,0754; lg 6,48.

2. Zu einem gegebenen Logarithmus soll der Numerus bestimmt werden: $\lg x = 0{,}6042-3$; 5,2201; 1,8976; 0,7050; 0,2945—2.

3. Man berechne: a) ln 100, b) ln 1000. Die Ergebnisse sind auf 4 Dezimalen anzugeben.

4. Es ist $3 > 2$ und $\lg \frac{1}{2} = \lg \frac{1}{2}$. Durch Multiplikation erhält man:

   $3 \lg \frac{1}{2} > 2 \lg \frac{1}{2}$ oder: $\lg (\frac{1}{2})^3 > \lg (\frac{1}{2})^2$, d. h. $\lg \frac{1}{8} > \lg \frac{1}{4}$.

   Folglich wäre $\frac{1}{8} > \frac{1}{4}$. Wo steckt der Fehler? (Nach Lietzmann.)

[1]) Im folgenden werden bei allen Aufgaben nur vierstellige Tafeln vorausgesetzt. Unerwünscht mit Rücksicht auf die notwendigen Übungen im Interpolieren (s. unten) sind Tafeln mit vierziffrigen Numeri und vierstelligen Mantissen.

5. Man zeichne mit Hilfe der Logarithmentafel die Funktion $y = \lg x$:

a) im Bereich $x = 0$ bis $x = 1$ (x-Achse: $\frac{1}{10}$ Einh. entspr. 1 cm; y-Achse: 1 Einh. entspr. 1 cm),

b) im Bereich $x = 0$ bis $x = 100$ (x-Achse: 10 Einh. entspr. 1 cm; y-Achse: 1 Einh. entspr. 5 cm).

§ 47. Interpolation

Um den Logarithmus eines vierziffrigen Numerus zu erhalten, muß man Werte „zwischenschalten" oder „interpolieren".

Beispiel: Gesucht sei lg 3068.

$$\lg 3060 = 3{,}4857; \quad \lg 3070 = 3{,}4871.$$

Die „Tafeldifferenz" (Mantissendifferenz) ist demnach $D = 14$ Einheiten der letzten Stelle.

Auf 10 Numeruseinheiten kommen 14 Mantisseneinheiten,
„ 8 „ „ d „

$$\frac{10}{14} = \frac{8}{d} \qquad d = \frac{14}{10} \cdot 8 = 11{,}2 \approx 11 \text{ Einheiten der letzten Stelle.}$$

Folglich ist:

$$\lg 3068 = 3{,}4857 + 0{,}0011 = 3{,}4868.$$

Allgemein gilt: $d = \frac{D}{10} n$, wenn n die vierte Ziffer des Numerus ist.

Bei dieser Art zu interpolieren ist Proportionalität zwischen d und D angenommen worden, was den tatsächlichen Verhältnissen nicht ganz entspricht. Die schematische Zeichnung stelle einen Ausschnitt aus der logarithmischen Kurve $y = \lg x$ dar. Bei der angenommenen Proportionalität hat man den Kurvenbogen $\widehat{P_1 P_2}$ durch die Sehne $\overline{P_1 P_2}$ ersetzt. Der begangene Fehler fällt aber im allgemeinen nicht ins Gewicht, da ja die logarithmische Kurve, wie aus Aufgabe 5, § 46, hervorgeht, in einem großen Teil ihres Verlaufes nur wenig von einer Geraden abweicht und erst recht nicht in einem kurzen Intervall.

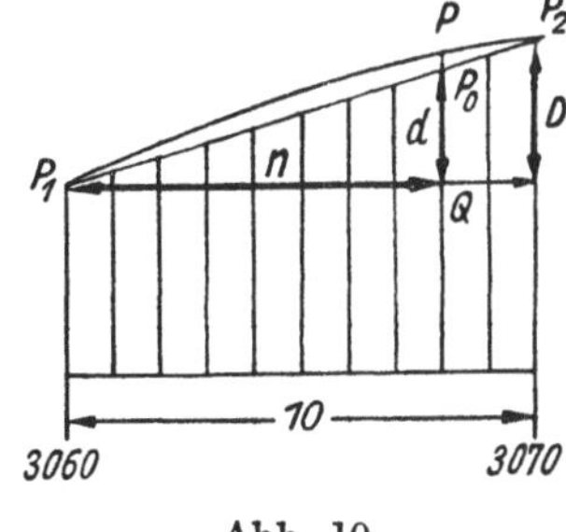

Abb. 10.

Den meisten Tafeln sind noch Täfelchen, vielfach mit P.P. (= partes proportionales) bezeichnet, beigegeben, aus denen die gesuchten Vielfachen sofort ablesbar sind.

Auch die umgekehrte Aufgabe ist zu lösen: Zu einem gegebenen Logarithmus den Numerus auf vier Ziffern genau anzugeben.

Beispiel: $\lg x = 3{,}2734.$

In der Tafel findet man als nächst kleinere Mantisse 2718, dazu als Numerus 1870. Tafeldifferenz $D = 24$, Differenz $d = 16$ zwischen 2718 und der gegebenen Mantisse 2734.

Auf 24 Mantisseneinheiten kommen 10 Numeruseinheiten,
„ 16 „ „ n „

$n = \frac{10 \cdot 16}{24} \approx 7$, also ist $x = 1877$.

Allgemein findet man: $n = \frac{10d}{D}$.

Aufgaben[1])

1. a) $x = \lg 2{,}345$; $\lg 33{,}64$; $\lg 0{,}4592$; $\lg 645{,}1$.
   b) $x = \lg 73950$; $\lg 0{,}09328$; $\lg 0{,}003727$; $\lg 0{,}00007852$.
2. a) $\lg x = 0{,}0086 - 1$; $2{,}5597$; $1{,}0097$; $0{,}3406 - 1$.
   b) $\lg x = 4{,}8835$; $0{,}2934 - 2$; $0{,}8903 - 4$; $0{,}6666 - 3$.

§ 48. Beispiele

Beispiel: $x = 6{,}325 \cdot 403$.

Man rechnet: $\lg x = \lg 6{,}325 + \lg 403$.

N	lg
6,325	0,8011
403	2,6053
x	3,4064

$x = 2549$.

Besonderheiten, auf die zu achten ist

A. Division

a) Der Divisor ist ein echter Dezimalbruch.

$$x = \frac{0{,}00768}{0{,}124} = 0{,}06194$$

N	lg
0,00768	0,8854 — 3
0,124	0,0934 — 1
x	0,7920 — 2

Bei der Subtraktion wird die negative Kennziffer vom Logarithmus des Divisors positiv.

b) Der Divisor ist größer als der Dividend.

$$x = \frac{1{,}24}{76{,}8} = 0{,}01614$$

N	lg
	2 —2
1,24	0,0934
76,8	1,8854
x	0,2080 — 2

Um die Subtraktion zu ermöglichen, erhöht man die Kennziffer des Dividenden um soviel Einheiten, daß die obere Zahl gerade größer ist als die darunterstehende (hier um 2 Einheiten) und zieht diese Einheiten nachträglich wieder ab.

[1]) Steht nur eine fünfstellige Tafel zur Verfügung, ergänze man die gegebenen Werte beliebig zu fünfziffrigen Zahlen.

$$x = \frac{0{,}124}{0{,}000768} = 161{,}4$$

N	lg
	1 -2
0,124	0,0934 (-1)
0,000768	0,8854 -4
x	0,2080 $+2$ = 2,2080

B. Potenzierung

$x = 0{,}0183^4 = 0{,}0000001122$

$x = 1{,}122 \cdot 10^{-7}$

N	lg
0,0183	0,2625—2
x	1,0500—8 = 0,0500—7

Die negative Kennziffer ist auch mit dem Exponenten zu multiplizieren. Im Ergebnis beachte man die zweckmäßigere Schreibweise als Zehnerpotenz.

C. Wurzelziehen

a) $x = \sqrt[3]{0{,}00183} = 0{,}1223$

N	lg
0,00183	0,2625 — 3
x	0,0875 — 1

Die negative Kennziffer muß durch den Wurzelexponenten geteilt werden.

b) Die negative Kennziffer wird bei der Division durch den Exponenten ein Bruch.

$x = \sqrt[5]{0{,}00183} = 0{,}2835$

N	lg
	2 —5
0,00183	0,2625 (—3)
x	0,4525 —1

Da ihrem Wesen nach die Kennziffer nur eine ganze Zahl sein kann, verfahre man wie bei der Division (Beispiel b) und dividiere dann erst durch den Wurzelexponenten.

D. Bei umfangreicheren logarithmischen Rechnungen achte man auch auf zweckmäßige und schreibarbeitsparende Anordnung.

$$x = \frac{7{,}34 \cdot \sqrt{43\,34}}{9{,}6^2 \cdot \sqrt[3]{18{,}2}} = 0{,}1993$$

N	lg		
43,34	1,6369		
9,6	0,9823		
18,2	1,2601		
7,34	0,8657	+	
$\sqrt{43{,}34}$	0,8185	+	
Z	1,6842		+
$9{,}6^2$	1,9646	+	
$\sqrt[3]{18{,}2}$	0,4200	+	
N	2,3846		—
x	0,2996 — 1		

§ 49. Aufgaben

1. a) $628 \cdot 2{,}349$, b) $0{,}9135 \cdot 0{,}0217 \cdot 0{,}1368$.

2. a) $\dfrac{463{,}6}{0{,}7686}$, b) $\dfrac{56{,}34 \cdot 30{,}63}{1824}$, c) $\dfrac{0{,}784 \cdot 50{,}63}{0{,}0287 \cdot 283{,}9}$.

3. a) $\left(\dfrac{0{,}7583}{0{,}04704}\right)^5$, b) $\left(2\,\dfrac{192}{767}\right)^3$

4. a) $\sqrt[3]{\dfrac{39430}{478^2}}$, b) $\dfrac{\sqrt{168{,}4}}{\sqrt[4]{25{,}3}}$, c) $6{,}234 \cdot \sqrt[3]{\dfrac{4{,}291}{233{,}3}}$.

5. a) $\dfrac{\sqrt{5{,}678}}{\sqrt[3]{0{,}4592} \cdot \sqrt[4]{0{,}6493}}$, b) $\dfrac{5642^4 \cdot \sqrt{0{,}09168}}{13460^3}$.

6. a) $\sqrt[3]{16{,}97^2 - 4\sqrt{3}}$, b) $\sqrt{\sqrt{54{,}2} + \sqrt{16{,}39}}$.

7. a) $\dfrac{\sqrt[3]{19{,}34} - \sqrt{16{,}42}}{5{,}639^2}$, b) $\dfrac{17{,}46 \cdot \sqrt{0{,}384} - 18{,}49 \cdot \sqrt[3]{0{,}0324}}{8{,}59 \cdot \sqrt{2{,}345} - 19{,}62\,\sqrt[3]{0{,}4567}}$.

8. Welche von den folgenden mit drei Neunen geschriebenen Zahlen ist die größte?

   99^9; 9^{99}; $9^{(9^9)}$; $(9^9)^9$.

   Man berechne soweit möglich die ersten Stellen jeder Zahl!

   Man löse durch Logarithmieren folgende Exponentialgleichungen:

9. a) $100^x = 0{,}005736$, b) $1{,}08^x = 4{,}92$, c) $32^x = \frac{1}{5}$.

10. a) $\sqrt[x]{120} = 4{,}95$, b) $\dfrac{9^x}{5^x} = 47$, c) $10^x = 1{,}478^{10}$.

11. Man berechne:

    a) ${}^4\log\,(5^{1,41})$, b) ${}^{15}\log\left(3^{\frac{3}{4}}\right)$, c) ${}^2\log 5 \cdot {}^4\log 6$.

    d) ln 17, wenn lg 17 als aus der Tafel bekannt angesehen wird.

X. Die arithmetische und die geometrische Reihe

§ 50. Theorie der arithmetischen Reihe

A. Allgemeines

1. Definition: Unter einer „Folge" versteht man eine gesetzmäßig gebildete Menge aufeinanderfolgender Zahlen. Die einzelnen Größen heißen „Glieder".

   Eine Folge heißt steigend (fallend), wenn jedes Glied größer (kleiner) ist als das vorhergehende.

2. Definition: Eine „Reihe" ist die Summe einer beliebigen Zahl von Gliedern einer Folge.

Erklärung: Bei einer „arithmetischen Folge" ist die Differenz unmittelbar aufeinanderfolgender Glieder konstant.

Die Differenz d wird dadurch gebildet, daß man von einem beliebigen Glied das vorhergehende subtrahiert. Sie ist demnach positiv bei einer steigenden, negativ bei einer fallenden Folge.

Beispiel: 3, 7, 11, 15 ... $d = +4$

9, 5, 1, —3 ... $d = -4$.

B. Formeln

Das Anfangsglied einer arithmetischen Folge sei $a_1 = a$, das Endglied oder n-te Glied a_n, die Differenz d, die Zahl der Glieder n. Dann lauten die Glieder vom ersten bis zum n-ten Glied:

$$a, \quad a + d, \quad a + 2d, \quad a + 3d, \quad \ldots a + (n - 1)\, d.$$

Folglich ist das m-te Glied:

$$\text{(I)} \quad \boxed{a_m = a + (m - 1)\, d}$$

Man bildet die Summe sämtlicher Glieder:

$$s = a + (a + d) + (a + 2d) + \ldots + (a_n - 2d) + (a_n - d) + a_n.$$

Dieselbe Reihe mit umgekehrter Reihenfolge der Glieder geschrieben:

$$s = a_n + (a_n - d) + (a_n - 2d) + \ldots + (a + 2d) + (a + d) + a$$

und zur ersten Reihe addiert, ergibt:

$$2s = (a + a_n) + (a + a_n) + (a + a_n) + \ldots + (a + a_n) + (a + a_n) + (a + a_n).$$

$$2s = n\,(a + a_n).$$

$$\text{(IIa)} \quad \boxed{s = \tfrac{1}{2} n \cdot (a + a_n)}$$

Ersetzt man a_n nach Formel (I), so erhält man:

$$\text{(IIb)} \quad \boxed{s = a \cdot n + \frac{n\,(n - 1)}{2}\, d}$$

§ 51. Aufgaben

In den Gleichungen (I) und (IIa) treten fünf verschiedene Größen auf: a, a_n, d, n, s. Da nur zwei Bedingungsgleichungen vorliegen, müssen drei Größen gegeben sein, um die fehlenden zu ermitteln.

Beispiel: Gegeben $d = -\frac{3}{4}$; $a_n = 2\frac{1}{2}$; $s = 130$. Gesucht: a und n.

Lösung: (1) $a - (n - 1) \cdot \frac{3}{4} = 2\frac{1}{2}$; (2) $130 = \frac{n}{2}\,(a + 2\frac{1}{2})$.

Aus (1) folgt: $a = \frac{1}{4}\,(3n + 7)$.

In (2) eingesetzt: $n\,[\frac{1}{4}\,(3n + 7) + 2\frac{1}{2}] = 260$

$$3n^2 + 17n = 1040 \qquad n = -\tfrac{17}{6} \pm \tfrac{113}{6}$$

$$n = 16 \qquad a = 13\tfrac{3}{4}.$$

Der negative Wert von n hat keinen Sinn.

Aufgaben:

1. Man veranschauliche das Anwachsen der Glieder einer arithmetischen Folge in einem rechtwinkligen Achsenkreuz. Auf welcher Linie liegen die Endpunkte der Strecken?

2. Es soll gebildet werden, die Summe der ersten
a) n ganzen Zahlen, b) n geraden Zahlen, c) n ungeraden Zahlen.

3. Man beweise den Satz: Jedes Glied einer arithmetischen Folge ist das arithmetische Mittel seiner beiden Nachbarglieder.

4. a) Zwischen den Zahlen 5 und 17 sollen 7 Zahlen so eingeschaltet werden, daß eine arithmetische Folge entsteht. (Interpolation.)
b) Zwischen je zwei Glieder einer arithmetischen Folge mit der Differenz d sollen m Glieder so interpoliert werden, daß eine neue arithmetische Folge mit der Differenz x entsteht. Wie groß ist x? Man prüfe das Ergebnis am Beispiel 4a nach.

5. Von einer arithmetischen Reihe ist das Anfangsglied $a = 3\frac{1}{3}$, die Differenz $d = 1\frac{1}{3}$ und die Summe $s = 448$ bekannt. Wie groß ist die Zahl der Glieder und das Endglied?

6. Man bilde die Summe aller durch 11 teilbaren dreiziffrigen Zahlen.

7. Eine Spirale bestehe aus zwei Scharen konzentrischer Halbkreise um die Punkte A und B. Es sei der Halbmesser des innersten Halbkreises r, die Strecke $AB = e$.
a) Wie lang ist der n-te Halbkreisbogen?
b) Wie lang ist der Gesamtbogen der Spirale bis dahin?
c) Man beantworte die Fragen a und b für $e = \frac{1}{2}$ cm; $r = 1{,}5$ cm; $n = 22$ (nach Zacharias-Ebner).

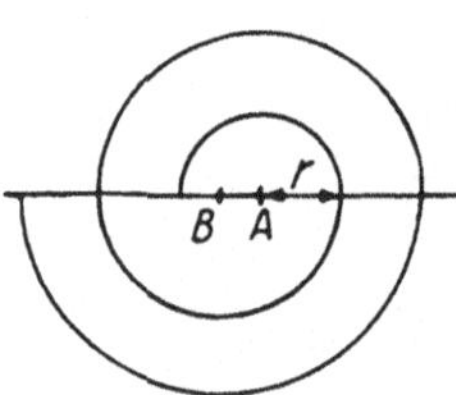

Abb. 11.

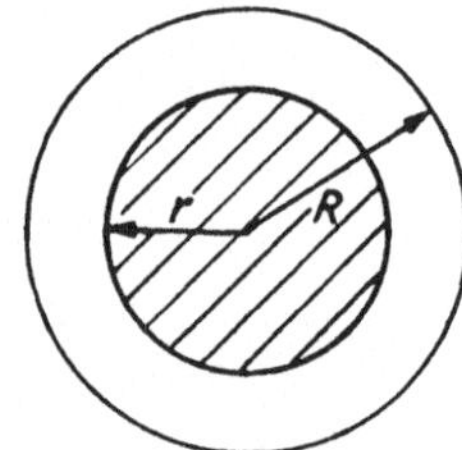

Abb. 12.

8. Bei Förderanlagen von Bergwerken werden die Flachseile von rechteckigem Querschnitt auf schmale zylindrische Scheiben (Bobinen) in übereinanderliegenden Windungen aufgewickelt. Berechne die Zahl n der für die Teufe T erforderlichen Windungen und drücke den Gesamtradius R durch den Seildurchmesser d, den Bobinenradius r und die Teufe T aus. Dabei sehe man die einzelnen Windungen als Kreise an.
Zahlenbeispiel: $d = 20$ mm; $r = 1{,}70$ m; $T = 200$ m (nach Hauptmann).

9. Die N Mann starke Belegschaft einer Grube tritt gleichzeitig an und fährt in q Abteilungen zu n Mann ein. Wieviel Stunden Arbeitszeit gehen durch die Einfahrt insgesamt und wieviel im Durchschnitt auf den Mann verloren, wenn Besetzung und Leerung des Förderkorbes je t_1, die Seilfahrt t_2 Minuten dauern? (Es sind zwei Förderkörbe vorhanden; der eine fährt ein, während der andere ausfährt).
Beispiel: $N = 90$; $n = 15$; $t_1 = 1$ Min; $t_2 = 3$ Min.

10. In einem Bergwerk wird die Belegschaft nach der Einfahrt mit Zug weiterbefördert. Wieviel Arbeitsstunden gehen durch die Seilfahrt und das Warten auf die Abfahrt des Zuges für $N = n \cdot q$ Mann verloren, wenn bei jeder Seilfahrt n, mit jedem Zug N Mann befördert werden und wenn die bezahlte Arbeitszeit vom Betreten des Förderkorbes ab zählt? Das Betreten des Korbes und die Seilfahrt dauern t_1 Minuten, das Verlassen des Korbes, der Übergang zum Zuge und das Besteigen des Zuges t_2 Minuten. Auch hier seien zwei Körbe angenommen.
Beispiel: $t_1 = 5$ Min.; $t_2 = 3$ Min.; $N = 90$; $n = 15$.

§ 52. Die endliche geometrische Reihe

Erklärung: Bei geometrischen Zahlfolgen hat der Quotient zweier unmittelbar aufeinanderfolgenden Glieder stets den gleichen Wert.

Ist das Anfangsglied a und der konstante Quotient q, so ist das zweite Glied $a \cdot q$, das dritte $a \cdot q^2$, das vierte $a \cdot q^3$, das m-te Glied:

$$\text{I.} \quad \boxed{a_m = a \cdot q^{m-1}}$$

Beispiele:

1. $3;\ 6;\ 12;\ 24 \ldots$ $\quad q = 2$ steigende Folge
2. $125;\ 25;\ 5;\ 1 \ldots$ $\quad q = \frac{1}{5}$ fallende Folge
3. $2;\ -6;\ 18;\ -54 \ldots$ $\quad q = -3$
4. $4;\ -1;\ +\frac{1}{4};\ -\frac{1}{16} \ldots$ $\quad q = -\frac{1}{4}$.

Ergebnis:

A. $q > 0$
   a) $q > 1$ steigende Folge $(a > 0)$,
   b) $q < 1$ fallende Folge $(a > 0)$
   c) $q = 1$ alle Glieder sind gleich.

B. $q < 0$ bei jedem Glied tritt Vorzeichenwechsel ein; alternierende Folge.

Jedes Glied einer geometrischen Folge ist das geometrische Mittel aus den beiden Nachbargliedern.

Beweis: Die drei aufeinanderfolgenden Glieder seien:

$$a_m = a \cdot q^{m-1}; \quad a_{m+1} = a \cdot q^m; \quad a_{m+2} = a \cdot q^{m+1}.$$

Das geometrische Mittel: $\sqrt{a_m \cdot a_{m+2}} = \sqrt{a^2 \cdot q^{2m}} = a \cdot q^m = a_{m+1}$.

Die Summe einer geometrischen Zahlfolge nennt man geometrische Reihe. Die Summenformel für die ersten n Glieder einer geometrischen Reihe lautet:

$$s = a\,\frac{1 - q^n}{1 - q}, \quad \text{wenn} \quad q \neq 1 \text{ ist.}$$

Beweis:

$$s = a + aq + aq^2 + \ldots + aq^{n-1}, \qquad \text{mit } q \text{ multipliziert,}$$
$$\underline{q \cdot s = \quad aq + aq^2 + \ldots + aq^{n-1} + aq^n,} \qquad \text{und subtrahiert,}$$
$$s - qs = a - aq^n$$

$$\text{II.} \quad \boxed{s = a\,\frac{1 - q^n}{1 - q} = a\,\frac{q^n - 1}{q - 1}} \quad q \neq 1.$$

1. Zusatz: Die Summenformel kann noch unter Verwendung von Gleichung I in folgender Weise abgewandelt werden:

$$\text{IIa.} \quad \boxed{s = \frac{a - a_n \cdot q}{1 - q} = \frac{a_n \cdot q - a}{q - 1}} \quad q \neq 1.$$

2. Zusatz: Ist $q = 1$, so versagt die Formel und führt zu dem sinnlosen Ausdruck $s = a \cdot \frac{0}{0}$. Die Reihe lautet aber:

$$s = a + a + \ldots + a \text{ (}n\text{ Glieder)},$$

folglich:

$$s = n \cdot a.$$

Beispiele:

1. Man bilde die Summe der Reihe:

$$a^{n-1} + a^{n-2}b + a^{n-3}b^2 + \ldots + ab^{n-2} + b^{n-1} \text{ (}n\text{ Glieder!)},$$

wo $b \neq a$ ist.

Lösung: Es ist $q = \frac{b}{a}$; folglich:

$$s = a^{n-1}\frac{1 - \left(\frac{b}{a}\right)^n}{1 - \frac{b}{a}} = \frac{a^n - b^n}{a - b},$$

d.h. der Ausdruck $a^n - b^n$ ist stets durch $(a - b)$ teilbar.

2. Das Anfangsglied a einer Reihe ist $-0{,}1$; der Quotient $q = -2$, die Summe $s = 546{,}1$. Wieviel Glieder hat die Reihe? Wie heißt das Endglied?

Allgemeine Lösung:

$$s = a\frac{q^n - 1}{q - 1}, \qquad \text{folglich} \qquad q^n = \frac{s(q-1) + a}{a}.$$

Beide Seiten der Gleichung werden logarithmiert:

$$n \lg q = \lg [s(q-1) + a] - \lg a$$

$$n = \frac{\lg [s(q-1) + a] - \lg a}{\lg q}$$

Zahlenbeispiel: $(-2)^n = \frac{546{,}1 \cdot (-3) - 0{,}1}{-0{,}1} = 16384.$

Da die Potenz von (-2) eine positive Zahl sein soll, muß n eine gerade Zahl sein; daher ist es erlaubt, beim Logarithmieren den Logarithmus des absoluten Wertes von 2 zu bilden:

$$n = \frac{\lg 16384}{\lg 2} = \frac{4{,}2144}{0{,}3010} = 14$$

$$a_n = \frac{a + s(q-1)}{q} = 819{,}2.$$

§ 53. Aufgaben

1. Berechne $s = 9 + 3 + 1 + \ldots + \frac{1}{729}$.
2. Bilde die Summe der Reihen:
   a) $a^{n-1} - a^{n-2}b + a^{n-3}b^2 - \ldots + ab^{n-2} - b^{n-1}$,
   b) $a^{n-1} - a^{n-2}b + a^{n-3}b^2 - \ldots - ab^{n-2} + b^{n-1}$.
   Wie muß n in a), in b) beschaffen sein? Welche Teilbarkeitsergebnisse erhält man? (Vgl. Beispiel 1.)
   c) Wie lauten die Reihen und ihre Summen, wenn $a = 1$ und $b = x$ ist?

3. Die Milzbrandbakterie teilt sich alle 40 Minuten. Wieviel Bakterien müßten sich nach 2 Tagen entwickelt haben?

4. Beim Durchgang durch eine Glasplatte verliert ein Lichtstrahl $\frac{1}{12}$ seiner Lichtstärke. Wieviel Platten muß er durchdringen, wenn er nur noch die Hälfte der ursprünglichen Lichtstärke besitzen soll?

5. Es sei $a = 144$, $a_n = \frac{16}{243}$, $n = 8$. Welchen Wert hat der Quotient?

6. Gegeben sei $s = 8236$, $a = 2916$, $a_n = 256$. Wieviel Glieder hat die Reihe?

7. Welche Gesetzmäßigkeit besteht zwischen den Logarithmen von $a, aq, aq^2 \ldots aq^n$?

8. Die relativen Schwingungszahlen von Grundton und Oktave verhalten sich wie 1 : 2. Bei der „gleichschwebenden (temperierten) Stimmung" werden zwischen beiden Tönen 11 Halbtöne eingeschoben, deren Intervalle untereinander gleich sind, d. h. das Verhältnis der Schwingungszahlen der aufeinander folgenden Halbtöne ist konstant. Man erhält so die chromatische Tonleiter *c, cis, d, dis* usw.
   a) Wie groß muß dieses Intervall gewählt werden?
   b) In der „reinen Stimmung" hat das Intervall Quinte : Grundton (g/c) den Wert $\frac{3}{2}$. Wie groß ist es in der temperierten Stimmung?

9. Eine Drehbank gestattet Umlaufzahlen der Arbeitsspindel im Bereich von 13 bis 264 je Minute. Außer diesen beiden Umlaufzahlen seien noch 8 zwischenliegende möglich, die mit ihnen eine geometrische Folge bilden.
   Man bestimme die Umdrehungszahlen n_1 bis n_8 je Minute.

10. Ein Widerstand von 12 Stufen ist so gebaut, daß der in jeder Stufe ausgeschaltete Widerstand porportional dem vorher vorhandenen ist. Man zeige, daß sowohl die Widerstandsstufen als die jedesmal nach Ausschalten einer Stufe bleibenden Widerstände eine geometrische Folge bilden.
    Man bestimme die Quotienten dieser Folgen und die Größe der ersten und letzten Widerstandsstufe.
    Zahlenbeispiel:
    Anfangswiderstand $a = 100000$ Ohm,
    Endwiderstand $e = 2$ „
    Man beachte: Unter „Stufe" ist die Größe des jeweils abgeschalteten Widerstandes zu verstehen.

11. Von einer Gitterstütze mit gleichlaufenden Schrägen kennt man die Gesamthöhe H, die Anzahl n der Felder sowie die Längen l_0 und l_n der oberen und unteren Waagerechten.
    Berechne:
    a) die Längen $l_1, l_2, \ldots l_{n-1}$ der übrigen Waagerechten,
    b) die Felderhöhen $h_1, h_2 \ldots h_n$,
    c) die Längen $s_1, s_2, \ldots s_n$ der Schrägen,
    d) die l, h, s, für $H = 15$ m; $n = 5$; $l_0 = 5$ m; $l_n = 9$ m.

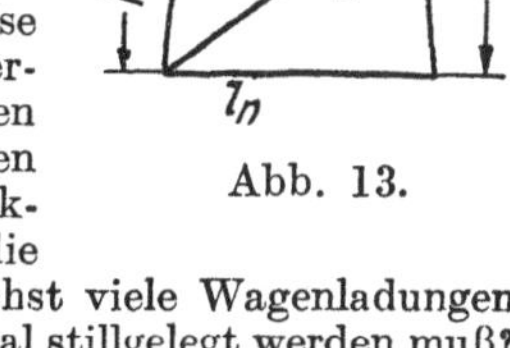

Abb. 13.

12. Auf einem nur von einer Seite zugänglichen Gleise (weitere sind nicht vorhanden) stehen n Wagen hintereinander, die mit einer Ladevorrichtung beladen werden können. Während des Beladens eines Wagens können die anderen fortgefahren, entladen und wieder zurückgefahren werden. In welcher Reihenfolge müssen die Wagen beladen und abgefahren werden, damit möglichst viele Wagenladungen befördert werden können, ehe die Ladevorrichtung einmal stillgelegt werden muß? Wieviel Wagenladungen können so bei n Wagen abgefahren werden?
    Anleitung: Man mache sich den Vorgang zunächst an $n = 4$ oder 5 Wagen klar und beachte, daß eine beliebige Zahl Wagen entladen werden kann, während ein Wagen beladen wird.

§ 54. Das Summenzeichen

Die Glieder der arithmetischen Reihe

$$s = a_1 + a_2 + a_3 + \cdots + a_{n-1} + a_n, \quad \text{also}$$

$$s = a + (a + d) + (a + 2d) + \cdots + (a + (n-2)d) + (a + (n-1)d),$$

sind sämtlich gleichartig aufgebaut. Sie unterscheiden sich nur durch den Faktor von d; dieser Faktor nimmt nur ganzzahlige Werte an und durchläuft die Zahlen 0, 1, 2, ..., $n-2$, $n-1$, also alle ganzen Zahlen zwischen 0 und $n-1$. Für derartige Summen wird eine abkürzende Schreibweise benutzt[1]),

$$s = \sum_{k=0}^{n-1} (a + kd).$$

Σ ist der große griechische Buchstabe Sigma (vgl. S. VIII) und deutet an, daß eine Summe gebildet wird. Dahinter schreibt man das Glied der Summe in seiner allgemeinen Gestalt (allgemeines Glied) und gibt unter- und oberhalb des Summenzeichens noch an, welche Größe die verschiedenen ganzzahligen Werte annehmen soll (hier k) und zwischen welchen Werten sich diese bewegen soll (hier zwischen 0, der unteren Grenze, und $n-1$, der oberen Grenze).

Diese Schreibweise, die wir hier am Beispiel der arithmetischen Reihe kennengelernt haben, kann für die verschiedenartigsten Summen verwendet werden, z. B. ist

$$\sum_{k=0}^{n-1} aq^k = a + aq + aq^2 + \cdots + aq^{n-2} + aq^{n-1} \text{ (geometrische Reihe!)},$$

$$\sum_{k=1}^{3} a_k b_k = a_1 b_1 + a_2 b_2 + a_3 b_3.$$

$$\sum_{k=4}^{8} \frac{1}{k} = \frac{1}{4} + \frac{1}{5} + \frac{1}{6} + \frac{1}{7} + \frac{1}{8}.$$

In jedem Fall bildet man die Summe dadurch, daß man im allgemeinen Glied für den Summationsindex (hier k) nacheinander sämtliche ganzzahligen Werte zwischen der unteren und der oberen Grenze einsetzt (einschließlich der Grenzen) und die entstehenden Glieder summiert[2]).

Bei der abkürzenden Schreibweise einer gegebenen Summe mit Hilfe des Summenzeichens erfordert es einige Übung zu erkennen, welche Größe man als Summationsindex einführen muß. Will man z. B. die reziproken Werte aller ungeraden Zahlen zwischen 1 und 101 summieren,

$$s = 1 + \tfrac{1}{3} + \tfrac{1}{5} + \tfrac{1}{7} + \cdots + \tfrac{1}{97} + \tfrac{1}{99} + \tfrac{1}{101},$$

so kann man benutzen, daß für jede ganze Zahl k die Zahl $2k+1$ ungerade ist (vgl. S. 22 unten). Das allgemeine Glied hat also die Form $1/(2k+1)$, und die Summe kann in der Form

$$s = \sum_{k=0}^{50} \frac{1}{2k+1}$$

geschrieben werden. Weitere Beispiele:

Summe der Quadratzahlen zwischen 1 und 100: $s = \sum_{k=1}^{10} k^2$;

---

1) Die Formel wird gelesen: „Summe von $k = 0$ bis $n-1$ über $a + kd$."

2) Wie man sofort einsieht, ist es prinzipiell gleichgültig, mit welchem Buchstaben man den Summationsindex bezeichnet.

Summe aller durch 5 teilbaren Zahlen zwischen 100 und 200:

$$s = \sum_{k=20}^{40} 5k.$$

Die Regeln für das Rechnen mit den Summenzeichen entsprechen den Rechenregeln für Summen.

I. Ist das allgemeine Glied einer Summe wieder eine Summe (oder Differenz), so kann man über die einzelnen Teile dieser Summe (Differenz) summieren,

$$\sum_{k=1}^{n} (a_k \pm b_k) = \sum_{k=1}^{n} a_k \pm \sum_{k=1}^{n} b_k.$$

Die Formel ist umkehrbar und gilt natürlich auch für mehr als zwei Summanden im allgemeinen Glied und andere Summationsgrenzen.

Beispiel: $s = \sum_{k=2}^{10} (3k^2 - 2k) = \sum_{k=2}^{10} 3k^2 - \sum_{k=2}^{10} 2k.$

II. Enthält das allgemeine Glied einen Faktor, der den Summationsindex nicht enthält, so kann dieser Faktor vor das Summenzeichen gezogen werden,

$$\sum_{k=1}^{n} A \cdot a_k = A \cdot \sum_{k=1}^{n} a_k.$$

Beispiel: Weitere Vereinfachung des obigen Beispiels:

$$s = 3 \sum_{k=2}^{10} k^2 - 2 \sum_{k=2}^{10} k.$$

Sonderfall: Tritt im allgemeinen Glied der Summationsindex überhaupt nicht auf, so ist die Summe gleich dem Produkt aus dem allgemeinen Glied und der Zahl der Summanden, die das Summenzeichen verlangt, also z.B. im zweiten Teil der folgenden Summe:

$$\sum_{k=2}^{n} (2k - 3) = \sum_{k=2}^{n} 2k - \sum_{k=2}^{n} 3 = 2 \sum_{k=2}^{n} k - 3(n-1).$$

Oft ist man gezwungen, an Stelle des Summationsindex, den man zunächst benutzt hat, einen neuen einzuführen (**Transformation**), für den sich dann auch andere Grenzen ergeben. Das Vorgehen soll an einem Beispiel erläutert werden. Es sei gegeben:

(a) $$s = \sum_{k=0}^{3} \frac{1}{(k+1)(k+3)}.$$

Will man z.B., daß die Summe nicht 0 sondern 2 als untere Grenze haben soll, so muß der neue Summationsindex p gleich 2 sein, wenn k gleich 0 ist; man setzt deshalb $k + 2 = p$. Dann ist $k = p - 2$, und dieser Wert wird in das allgemeine Glied eingesetzt, das dann

$$\frac{1}{(p-2+1)(p-2+3)} = \frac{1}{(p-1)(p+1)} = \frac{1}{p^2-1}$$

lautet. Für die Grenzen ergibt sich:

Ist $k = 0$, so ist $p = 2$;
ist $k = 3$, so ist $p = 5$.

Damit lautet die Summe in der neuen Gestalt:

$$\text{(b)} \qquad s = \sum_{p=2}^{5} \frac{1}{p^2 - 1} = \sum_{k=2}^{5} \frac{1}{k^2 - 1}.$$

Da die Bezeichnung der Summationsindex gleichgültig ist, kann nach der Umrechnung p wieder durch k ersetzt werden, falls es nötig ist. Man überzeuge sich durch Ausschreiben der Summen von der Gleichwertigkeit der Formen (a) und (b).

§ 55. Aufgaben

1. Man schreibe die folgenden Ausdrücke als gewöhnliche Summen:

a) $\sum_{k=1}^{4} (2k + 1)$, b) $\sum_{p=1}^{4} (2p + 1)$, c) $\sum_{n=0}^{3} n^3$,

d) $\sum_{r=1}^{3} \frac{r-1}{2r-1}$, e) $\sum_{k=0}^{6} a^{6-k} b^k$, f) $\sum_{i=1}^{5} \frac{1}{i(i+1)}$.

2. Man gebe die ersten und letzten drei Glieder folgender Summen an:

a) $\sum_{k=1}^{n} k^2$, b) $\sum_{k=2}^{m} \frac{1}{k-1}$, c) $\sum_{r=0}^{s} \frac{3r-2}{r+1}$.

3. Man schreibe die angegebenen Summen abkürzend mit Hilfe des Summenzeichens:

a) $x + 2x + 3x + 4x + 5x$, b) $x + (x - y) + (x - 2y) + (x - 3y)$,

c) $\frac{a}{b} + \frac{a+c}{b+2d} + \frac{a+2c}{b+4d} + \frac{a+3c}{b+6d} + \frac{a+4c}{b+8d}$, d) $\frac{1}{3} - \frac{2}{5} + \frac{3}{7} - \frac{4}{9} + \frac{5}{11} - \frac{6}{13}$,

e) $\frac{1}{3} + \frac{1}{8} + \frac{1}{13} + \frac{1}{18} + \cdots + \frac{1}{93} + \frac{1}{98}$, f) $\frac{1}{1 \cdot 2} + \frac{1}{3 \cdot 4} + \frac{1}{5 \cdot 6} + \frac{1}{7 \cdot 8}$,

g) $\frac{1}{3} + \frac{1}{15} + \frac{1}{35} + \frac{1}{63} + \frac{1}{99} + \cdots + \frac{1}{255}$.

4. Wieviele Glieder hat eine Summe, wenn die untere Grenze n_1 und die obere Grenze n_2 ist?

5. Man vereinfache die folgenden Summen:

a) $\sum_{m=1}^{6} \frac{1}{2m} + \sum_{m=7}^{10} \frac{1}{2m}$, b) $\sum_{k=1}^{10} k^2 - \sum_{l=1}^{5} l^2$, c) $\sum_{k=1}^{5} \frac{1}{2k} + \sum_{l=0}^{4} \frac{1}{2l+1}$,

d) $\sum_{r=1}^{n} k$, e) $\sum_{k=1}^{n} k^2 + 4 \sum_{k=1}^{n} k + 4n$,

f) $\sum_{k=1}^{n} \frac{1}{k(k+1)} = \sum_{k=1}^{n} \left(\frac{1}{k} - \frac{1}{k+1}\right)$, g) $\sum_{k=1}^{n-1} \frac{1}{k^2} - \sum_{j=4}^{n+2} \frac{1}{(j-2)^2}$.

6. Wie kann man die Formel für die Summe der arithmetischen Reihe auf die Summe der natürlichen Zahlen zurückführen?

XI. Der binomische Satz

§ 56. Die Binomialkoeffizienten

Ein Binom ist ein zweigliedriger Ausdruck von der Form $a + b$. Die ersten Potenzen eines Binoms sind:

$$(a+b)^2 = a^2 + 2ab + b^2$$
$$(a+b)^3 = a^3 + 3a^2b + 3ab^2 + b^3$$
$$\begin{aligned}(a+b)^4 &= (a+b)^3(a+b)\\ &= a^4 + 3a^3b + 3a^2b^2 + ab^3 + a^3b + 3a^2b^2 + 3ab^3 + b^4\\ &= a^4 + 4a^3b + 6a^2b^2 + 4ab^3 + b^4\end{aligned}$$
$$(a+b)^5 = (a+b)^4(a+b) = a^5 + 5a^4b + 10a^3b^2 + 10a^2b^3 + 5ab^4 + b^5.$$

Daraus ist zu erkennen, daß die Glieder nach fallenden Potenzen von a und steigenden von b geordnet sind, daß demnach der Ausdruck $(a + b)^n$ alle Glieder der Dimension n, d. h. alle Glieder mit der Exponentensumme n enthalten muß.

Eine gesetzmäßige Bildung der Beiwerte (Koeffizienten) ist aus obiger Entwicklung auch ersichtlich. Man kann sie durch eine zweckmäßige und übersichtliche Anordnung erleichtern:

$$\begin{array}{lccccccccccccc}
(a+b)^0 & & & & & & & 1 & & & & & & \\
(a+b)^1 & & & & & & 1 & & 1 & & & & & \\
(a+b)^2 & & & & & 1 & & 2 & & 1 & & & & \\
(a+b)^3 & & & & 1 & & 3 & & 3 & & 1 & & & \\
(a+b)^4 & & & 1 & & 4 & & 6 & & 4 & & 1 & & \\
(a+b)^5 & & 1 & & 5 & & 10 & & 10 & & 5 & & 1 & \\
(a+b)^6 & 1 & & 6 & & 15 & & 20 & & 15 & & 6 & & 1 \text{ usw.}
\end{array}$$

Jede Zahl innerhalb der Randzahlen 1 steht auf Lücke der beiden unmittelbar über ihr stehenden Zahlen und ist gleich deren Summe (Pascalsches Dreieck)[1]). Die Zahlen nennt man Binomialkoeffizienten (Binomialzahlen). Man kann so zwar die Koeffizienten bis zu jeder beliebigen Potenz n angeben, doch hat die Methode den Nachteil, daß sie z. B. für $n = 20$ die Kenntnis aller Zahlen der vorhergehenden Potenzen bis $n = 19$ voraussetzt. Mathematisch ist das unbefriedigend, zumal ein Zusammenhang der Binomialzahlen mit dem Exponenten n hier nicht ersichtlich ist. Diese Abhängigkeit soll im folgenden gezeigt werden.

Empirisch hat man gefunden, daß sich die Koeffizienten der ersten Potenzen in der folgenden merkwürdigen Form darstellen lassen:

$$(a+b)^3 = a^3 + \frac{3}{1}a^2b + \frac{3\cdot 2}{1\cdot 2}ab^2 + b^3,$$

$$(a+b)^4 = a^4 + \frac{4}{1}a^3b + \frac{4\cdot 3}{1\cdot 2}a^2b^2 + \frac{4\cdot 3\cdot 2}{1\cdot 2\cdot 3}ab^3 + b^4,$$

$$(a+b)^5 = a^5 + \frac{5}{1}a^4b + \frac{5\cdot 4}{1\cdot 2}a^3b^2 + \frac{5\cdot 4\cdot 3}{1\cdot 2\cdot 3}a^2b^3 + \frac{5\cdot 4\cdot 3\cdot 2}{1\cdot 2\cdot 3\cdot 4}ab^4 + b^5.$$

---

[1]) Blaise Pascal 1623—1662, Paris. Die Anordnung war schon vor ihm bekannt, doch hat er das Dreieck zum Ausgangspunkt einer mathematischen Abhandlung (Traité du triangle arithmétique, 1655) gemacht.

(Nachprüfen!) Nimmt man an, daß diese Gesetzmäßigkeit auch weiterhin gilt, so kann man allgemein schreiben:

$$(1)\quad (a+b)^n = a^n + \frac{n}{1}a^{n-1}b + \frac{n(n-1)}{1\cdot 2}a^{n-2}b^2$$

$$+\frac{n(n-1)(n-2)}{1\cdot 2\cdot 3}a^{n-3}b^3 + \ldots + \frac{n(n-1)(n-2)\ldots 3\cdot 2}{1\cdot 2\cdot 3\ldots(n-1)}ab^{n-1} + b^n.$$

Nach dem Vorbild **Eulers**[1]) wendet man folgende symbolische Schreibweise an:

$$\frac{3}{1} = \binom{3}{1}, \text{ gelesen 3 über 1,} \qquad \frac{3\cdot 2}{1\cdot 2} = \binom{3}{2}, \text{ gelesen: 3 über 2;}$$

$$\frac{5\cdot 4\cdot 3\cdot 2}{1\cdot 2\cdot 3\cdot 4} = \binom{5}{4}, \qquad \frac{n(n-1)(n-2)\ldots 3}{1\cdot 2\cdot 3\ldots(n-2)} = \binom{n}{n-2}.$$

Allgemein setzt man:

$$(2)\quad \binom{n}{k} = \frac{n(n-1)(n-2)\ldots(n-k+1)}{1\cdot 2\cdot 3\ldots k} \quad \text{für} \quad \begin{matrix} n = 1, 2, 3, \ldots \\ k = 1, 2, 3, \ldots n, \end{matrix}$$

ferner:

$$(3)\quad \boxed{\binom{n}{0} = 1} \quad \text{für} \quad n = 0, 1, 2, 3 \ldots$$

Es ist also für $n = 0, 1, 2, 3, \ldots$:

$$(4)\quad \boxed{\binom{n}{0} = \binom{n}{n} = 1}$$

Weiter ist zu beachten:

a) Aus der Potenzentwicklung des Binoms ergibt sich, daß die Binomialzahlen für positives ganzes n ganze Zahlen sein müssen, obwohl $\binom{n}{k}$ in Form eines Bruches definiert ist.

b) Im Zähler und Nenner stehen stets gleichviel Faktoren (k), wenn man im Nenner den Faktor 1 mitzählt. Die Faktoren des Nenners gehen von 1 bis k, die des Zählers nehmen immer um 1 ab.

c) Für das Produkt $1\cdot 2\cdot 3\cdot\ldots\cdot(n-1)\cdot n$ schreibt man symbolisch $n!$ (gelesen: n Fakultät); z. B. $5! = 1\cdot 2\cdot 3\cdot 4\cdot 5$.

$$(5)\quad \boxed{n! = 1\cdot 2\cdot 3\cdot 4\cdot\ldots\cdot(n-1)\cdot n}$$

Nun gilt beispielsweise:

$$\binom{5}{3} + \binom{5}{2} = \frac{5\cdot 4\cdot 3}{3!} + \frac{5\cdot 4}{2!} = 2\cdot\frac{5\cdot 4}{2!} = \frac{6\cdot 5\cdot 4}{3!} = \binom{6}{3},$$

ebenso ist $\binom{7}{4} + \binom{7}{3} = \binom{8}{4}$. Man rechne das nach!

---

[1]) **Leonhard Euler**, geb. 1707 in Basel, gest. 1782 in Petersburg.

Allgemein gilt die Formel:

$$\boxed{\binom{n}{k} + \binom{n}{k-1} = \binom{n+1}{k}} \tag{6}$$

Beweis: $\binom{n}{k} = \frac{n(n-1)(n-2)\ldots(n-k+2)(n-k+1)}{k!}$

$$\binom{n}{k-1} = \frac{n(n-1)(n-2)\ldots(n-k+3)(n-k+2)}{(k-1)!}$$

$$\binom{n}{k} + \binom{n}{k-1} = \frac{n(n-1)(n-2)\ldots(n-k+2)}{(k-1)!}\left[\frac{n-k+1}{k} + 1\right]$$

$$= \frac{n(n-1)(n-2)\ldots(n-k+2)(n+1)}{k!}$$

$$\binom{n}{k} + \binom{n}{k-1} = \frac{(n+1)n(n-1)\ldots(n-k+2)}{k!} = \binom{n+1}{k}.$$

§ 57. Beweis des binomischen Satzes durch vollständige Induktion

Wir kehren nun zu der Annahme (1) für $(a+b)^n$ zurück und schreiben sie jetzt in der Form:

$$(a+b)^n = \binom{n}{0}a^n + \binom{n}{1}a^{n-1}b + \binom{n}{2}a^{n-2}b^2 + \ldots + \binom{n}{n-1}ab^{n-1} + \binom{n}{n}b^n = \sum_{k=0}^{n}\binom{n}{k}a^{n-k}b^k. \tag{7}$$

Multipliziert man beiderseits mit $a+b$, so ergibt sich:

$$(a+b)^{n+1} = \binom{n}{0}a^{n+1} + \binom{n}{1}a^n b + \binom{n}{2}a^{n-1}b^2 + \ldots$$
$$+ \binom{n}{n-1}a^2b^{n-1} + \binom{n}{n}ab^n + \binom{n}{0}a^n b + \binom{n}{1}a^{n-1}b^2 + \ldots$$
$$+ \binom{n}{n-2}a^2b^{n-1} + \binom{n}{n-1}ab^n + \binom{n}{n}b^{n+1}$$

und unter Anwendung der Rekursionsformel (6) und Beachtung der Beziehungen (3):

$$(a+b)^{n+1} = \binom{n+1}{0}a^{n+1} + \binom{n+1}{1}a^n b + \binom{n+1}{2}a^{n-1}b^2 + \ldots \tag{8}$$
$$+ \binom{n+1}{n-2}a^3b^{n-2} + \binom{n+1}{n-1}a^2b^{n-1} + \binom{n+1}{n}ab^n + \binom{n+1}{n+1}b^{n+1}$$

Nun würde aber die Gleichung (8) aus Gleichung (7) auch hervorgegangen sein, wenn man in Gleichung (7) für n überall $(n+1)$ gesetzt hätte, d. h. ist die Gleichung (7) für n richtig, so ist sie es auch für $(n+1)$. Da nun die Gleichung (7), wie wir früher sahen,

z. B. für $n = 3$ richtig ist, muß sie es auch für $n = 4$ und alle folgenden positiven ganzzahligen Exponenten sein. Damit ist die Richtigkeit des binomischen Satzes (7) nachgewiesen.

$$(a+b)^n = a^n + \binom{n}{1} a^{n-1}b + \binom{n}{2} a^{n-2}b^2 + \dots + \binom{n}{n-2} a^2 b^{n-2} + \binom{n}{n-1} a b^{n-1} + b^n = \sum_{k=0}^{n} \binom{n}{k} a^{n-k} b^k.$$

Setzt man in Gleichung (7) für b überall $-b$ ein, so folgt:

$$(a-b)^n = a^n - \binom{n}{1} a^{n-1} b + \binom{n}{2} a^{n-2} b^2 - \dots + (-1)^n b^n. \tag{9}$$

Ist $a = 1$, $b = x$, so erhält man aus (7):

$$(1+x)^n = 1 + \binom{n}{1} x + \binom{n}{2} x^2 + \dots + \binom{n}{n-1} x^{n-1} + x^n \tag{10}$$

und für $b = -x$:

$$(1-x)^n = 1 - \binom{n}{1} x + \binom{n}{2} x^2 - \dots + (-1)^{n-1} \binom{n}{n-1} x^{n-1} + (-1)^n x^n. \tag{11}$$

Die zur Ableitung des binomischen Satzes benutzte Schlußweise sagt folgendes aus: Ist eine Behauptung, in der eine veränderliche positive ganze Zahl n vorkommt, für einen bestimmten Wert von n richtig (z. B. für $n = 2$ oder $n = 3$), und gilt sie ferner, wenn sie für irgendein n richtig ist, auch für die nächste ganze Zahl $n + 1$, so gilt sie für alle ganzen Zahlen größer als n.

Dieses Beweisverfahren bezeichnet man als Schluß von n auf $n + 1$ oder vollständige Induktion. „Vollständig" im Gegensatz zu der z. B. in den Naturwissenschaften angewandten unvollständigen Induktion, bei der man eine begrenzte Zahl von Einzelaussagen zu einem Satz zusammenfaßt, dessen allgemeine Gültigkeit man annimmt. Hat man z. B. an einer Anzahl von Stäben aus verschiedenen Metallen beobachtet, daß sie sich bei Erwärmung ausdehnen, so folgert man etwa: Alle Metalle dehnen sich bei Erwärmung aus.

Die in der Mathematik angewandte vollständige Induktion ermöglicht dagegen, sämtliche, d. h. beliebig viele Einzelaussagen zu erfassen, die durch das Wort alle umfaßt werden, und daraus einen allgemeingültigen Satz aufzustellen.

Diese sehr weittragende Schlußweise ist allein in der Mathematik möglich. Sie setzt im allgemeinen voraus, daß der Satz, den man beweisen will, der Form nach bekannt ist. Diese Form wird sich oft aus den für die Anfangswerte von n gefundenen Tatsachen folgern lassen. Die Richtigkeit der Vermutung wird dann durch den Schluß von n auf $n + 1$ bewiesen.

§ 58. Die Ungleichung von Bernoulli

Als zweites Beispiel für den Induktionsschluß sei die Bernoullische Ungleichung abgeleitet. Diese sagt aus:

Ist n eine ganze Zahl größer als 1 und ist $1 + x > 0$, so gilt:

$$(1 + x)^n > 1 + nx \qquad (x \neq 0).$$

Beweis. Aus der Entwicklung:

$$(1 + x)^n = 1 + nx + \binom{n}{2} x^2 + \ldots + x^n$$

ergibt sich bei positivem x die Richtigkeit der Behauptung ohne weiteres. Eines besonderen Nachweises bedarf es nur bei negativem x. Für $(1 + x)^2 = 1 + 2x + x^2 > 1 + 2x$ ist die ausgesprochene Behauptung zweifellos richtig, da x^2 positiv ist. Wäre die Behauptung für n richtig, so würde aus $(1 + x)^n > 1 + nx$ durch Multiplikation mit $1 + x$ folgen:

$$(1 + x)^{n+1} > (1 + nx)(1 + x)$$

(das Ungleichheitszeichen bleibt, da $1 + x$ nach Voraussetzung eine positive Zahl ist). Die rechte Seite umgeformt:

$$(1 + x)^{n+1} > 1 + (n + 1)x + nx^2 > 1 + (n + 1)x,$$

da $x^2 > 0$ ist. Die Behauptung gilt somit, wenn n durch $n + 1$ ersetzt wird. Da nun die Ungleichung für $n = 2$ richtig war, muß sie auch, falls $x > -1$, aber $x \neq 0$ ist, für $n = 3, 4, 5 \ldots$, also allgemein gelten.

§ 59. Symmetriesatz der Binomialzahlen

Man gibt dem Ausdruck $\binom{n}{k}$ eine andere Schreibweise, indem man mit $(n - k)!$ erweitert:

$$\binom{n}{k} = \frac{n(n-1)(n-2)\ldots(n-(k-1))}{k!} \cdot \frac{(n-k)(n-k-1)\ldots 2 \cdot 1}{(n-k)(n-k-1)\ldots 2 \cdot 1}$$

$$\binom{n}{k} = \frac{n!}{k!\,(n-k)!}, \quad \begin{array}{l}\text{gültig auch für } k = 0 \text{ und } k = n,\\ \text{wenn man } 0! = 1 \text{ definiert.}\end{array}$$

Andererseits muß sein:

$$\binom{n}{n-k} = \frac{n!}{(n-k)!\,(n-(n-k))!} = \frac{n!}{(n-k)!\,k!}.$$

Das ist aber derselbe Ausdruck wie für $\binom{n}{k}$.

Folglich gilt die Beziehung:

$$(12) \qquad \boxed{\binom{n}{k} = \binom{n}{n-k}} \qquad \text{(Symmetriesatz).}$$

Die Bedeutung dieses Ergebnisses erkennt man, wenn man die Binomialzahlen in eine Reihe schreibt:

$$\binom{n}{0}, \quad \binom{n}{1}, \quad \binom{n}{2} \ldots \binom{n}{n-2}, \quad \binom{n}{n-1}, \quad \binom{n}{n},$$

dann sagt der Satz aus:

Binomialzahlen, die gleichweit von Anfang und Ende der Reihe entfernt sind, haben den gleichen Wert.

Zum Beispiel: $\binom{7}{1} = \binom{7}{6}$ oder $\binom{7}{3} = \binom{7}{4}$.

Damit erklärt sich auch die Symmetrie der Binomialzahlen in den einzelnen Zeilen des Pascalschen Dreiecks.

Man kann den Satz aber auch zur bequemeren Berechnung von Binomialzahlen benutzen. Statt beispielsweise bei $\binom{30}{26}$ alle 26 Faktoren im Zähler und Nenner zu schreiben, kommt man mit 4 Faktoren aus, indem man berücksichtigt, daß $\binom{30}{26} = \binom{30}{4}$ ist.

Die Rekursionsformel (6): $\binom{n}{k} + \binom{n}{k-1} = \binom{n+1}{k}$ liefert schließlich auch noch die Erklärung über das Bildungsgesetz der Zahlen im Pascalschen Dreieck.

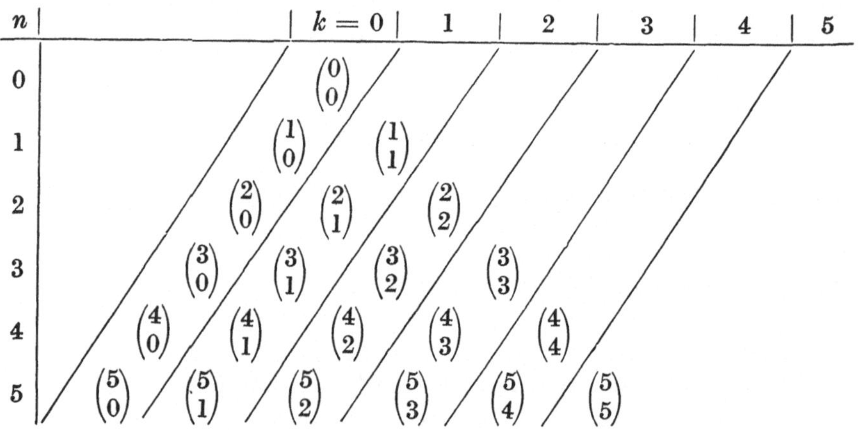

§ 60. Aufgaben

1. Man entwickle folgende Binome:

   a) $(x + y)^7$, b) $(2x - 3y)^5$, c) $(1 - x)^8$, d) $\left(\frac{a}{2} + \frac{b}{3}\right)^4$.

2. Man berechne:

   a) $(1 + a)^6 + (1 - a)^6$, b) $(1 + \sqrt{x})^7 - (1 - \sqrt{x})^7$.

3. Man setze in der allgemeinen Binomialformel:

   a) $a = b = 1$, b) $a = 1$, $b = -1$

   und drücke die Ergebnisse in Worten aus.

4. Berechne auf 4 Dezimalen nach dem binomischen Satz:

   a) $1{,}1^7$, b) $0{,}98^5$, c) den Zinseszinsfaktor $1{,}03^6$ (auf 5 Stellen), d) $(\frac{49}{50})^8$ (auf 6 Stellen).

Goniometrie und Trigonometrie

XII. Goniometrie

§ 61. Gradmaß und Bogenmaß

Das in der elementaren Geometrie allgemein übliche Gradmaß. d. h. die Teilung eines rechten Winkels in 90^0, eines Vollwinkels in 360^0 ist für andere Gebiete der Mathematik, insbesondere die Analysis, ungeeignet. Man führt dort ein anderes Maß, das sog. Bogenmaß ein, das natürlich so gewählt wird, daß es zum Gradmaß proportional ist[1]).

Die Länge eines Kreisbogens vom Radius r und dem Mittelpunktswinkel α ist

$$b = \frac{\pi r \cdot \alpha^0}{180^0}.$$

Bei gleichem Mittelpunktswinkel α ergeben sich für verschiedene Radien:

$$b_1 = \frac{\pi \cdot \alpha^0}{180^0} r_1, \qquad b_2 = \frac{\pi \cdot \alpha^0}{180^0} r_2 \qquad \text{usw.}$$

oder durch Umformung:

$$\frac{\pi \cdot \alpha^0}{180^0} = \frac{b_1}{r_1} = \frac{b_2}{r_2} = \dots$$

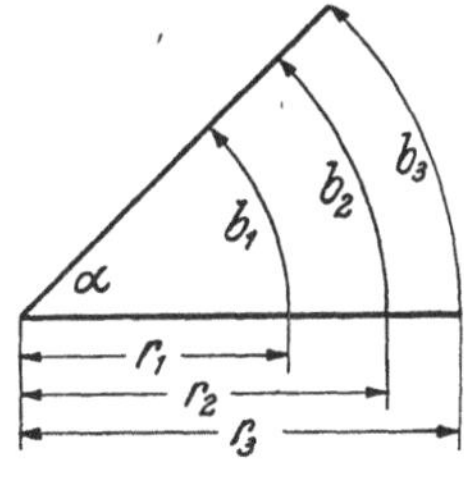

Abb. 14.

Mit dieser Beziehung ist ein neues Winkelmaß gefunden. Man bezeichnet es wie erwähnt als „Bogenmaß von α“ oder „arcus von α“ (abgekürzt: arc α).

Wir definieren also:

$$(1) \qquad \boxed{\bar{\alpha} = \operatorname{arc} \alpha = \frac{b}{r} = \frac{\pi}{180^0}\alpha^0 = \frac{\text{Bogenlänge für den Mittelpunktswinkel } \alpha}{\text{Radius}}}$$

Das Bogenmaß ist als Quotient zweier Strecken dimensionslos; es ist also eine unbenannte Zahl.

Da für den Kreis mit dem Radius 1 die Bogenlänge

$$b = \frac{\pi}{180^0}\alpha^0 \quad \text{(gemessen in Längeneinheiten)}$$

ist, also mit dem Bogenmaß, abgesehen von der Benennung, übereinstimmt, sagt man auch:

„Das Bogenmaß ist die Maßzahl $\bar{\alpha}$ der Bogenlänge im Einheitskreis bei dem Mittelpunktswinkel α.“

---

[1]) Soll zum Ausdruck kommen, daß ein Winkel α in Grad gemessen werden soll, wird weiterhin α^0 geschrieben werden. Seine Maßzahl in dem neu einzuführenden Bogenmaß wird mit $\bar{\alpha}$ (gelesen α quer) bezeichnet werden.

Umwandlung von Grad- in Bogenmaß mittels Gleichung (1)

Gradmaß	360^0	270^0	180^0	90^0	60^0	45^0	30^0
Bogenmaß	2π	$\frac{3\pi}{2}$	π	$\frac{\pi}{2}$	$\frac{\pi}{3}$	$\frac{\pi}{4}$	$\frac{\pi}{6}$
$\bar{\alpha}$	6,28	4,71	3,14	1,57	1,05	0,785	0,524

Für weitere Winkel kann man noch die Beziehungen benutzen:

$$\frac{\pi}{180^0} = 0{,}01745 \quad \text{oder} \quad \frac{180^0}{\pi} = 57{,}3^0.$$

Dann lautet die Gleichung (1):

$$\text{(1a)} \qquad \boxed{\bar{\alpha} = \operatorname{arc} \alpha = \frac{\alpha^0}{57{,}3^0} = 0{,}01745 \cdot \alpha^0}\ ^{1)}.$$

Außerdem finden sich in den Logarithmentafeln Tabellen, die die Umrechnung in noch einfacherer Weise gestatten. Da ihre Einrichtung verschieden ist, sei hier nur darauf hingewiesen.

Umrechnung von Bogen- in Gradmaß.

Dazu dient die Gleichung (1) nach Auflösung nach α^0:

$$\text{(1b)} \qquad \boxed{\alpha^0 = \frac{180^0}{\pi} \cdot \operatorname{arc} \alpha = 57{,}296^0 \cdot \operatorname{arc} \alpha = 57{,}296^0\, \alpha}$$

Aufgaben

1. Wie groß sind im Bogenmaß Winkel von

a) 40^0, 130^0, 250^0, 400^0, 1110^0.

b) $17{,}4^0$, $24^0 38'$, $228{,}2^0$, $412^0 15'$, $316^0 10'$?

2. Man rechne in Gradmaß um:

$$\frac{\pi}{12}, \quad \frac{10\pi}{9}, \quad \frac{15\pi}{8}, \quad \frac{1}{2}, \quad \frac{6}{5}, \quad 0{,}01.$$

3. Wie lauten im Kreis mit dem Radius r die Formeln für die Bogenlänge b und den Kreisausschnitt S, wenn der zugehörige Mittelpunktswinkel α im Bogenmaß gemessen ist?

§ 62. Die Winkelfunktionen im rechtwinkligen Dreieck

Auf Grund der Ähnlichkeitssätze gelangt man in den ähnlichen rechtwinkligen Dreiecken (s. Abb. 15) zu folgenden Festsetzungen:

---

[1]) Man sollte vermeiden, z. B. $2\pi = 360^0$ zu schreiben. Will man den Zusammenhang zwischen Grad- und Bogenmaß ausdrücken, so gibt es zwei Möglichkeiten: entweder $2\pi = \operatorname{arc} 360^0$ oder $2\pi \mathrel{\hat{=}} 360^0$ (gelesen: entspricht 360^0). Doch Schreibweise $2\pi = 360^0$ im allgemeinen nicht zu Schwierigkeiten.

$$\frac{BC}{AB} = \frac{B_1C_1}{AB_1} = \frac{B_2C_2}{AB_2} = \ldots = \text{sinus von } \alpha = \sin\alpha,$$

$$\frac{AC}{AB} = \frac{AC_1}{AB_1} = \frac{AC_2}{AB_2} = \ldots = \text{cosinus von } \alpha = \cos\alpha\,^{1)},$$

$$\frac{BC}{AC} = \frac{B_1C_1}{AC_1} = \frac{B_2C_2}{AC_2} = \ldots = \text{tangens von } \alpha = \operatorname{tg}\alpha,$$

$$\frac{AC}{BC} = \frac{AC_1}{B_1C_1} = \frac{AC_2}{B_2C_2} = \ldots = \text{cotangens von } \alpha = \operatorname{ctg}\alpha,$$

oder in Worten:

$$\sin\alpha = \frac{\text{Gegenkathete}}{\text{Hypotenuse}}, \qquad \cos\alpha = \frac{\text{Ankathete}}{\text{Hypotenuse}},$$

$$\operatorname{tg}\alpha = \frac{\text{Gegenkathete}}{\text{Ankathete}}, \qquad \operatorname{ctg}\alpha = \frac{\text{Ankathete}}{\text{Gegenkathete}}.$$

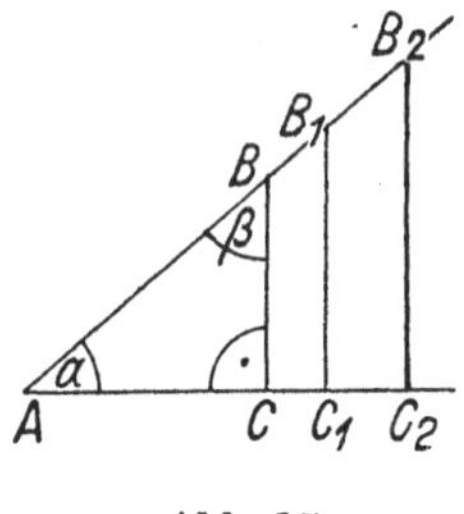

Abb. 15.

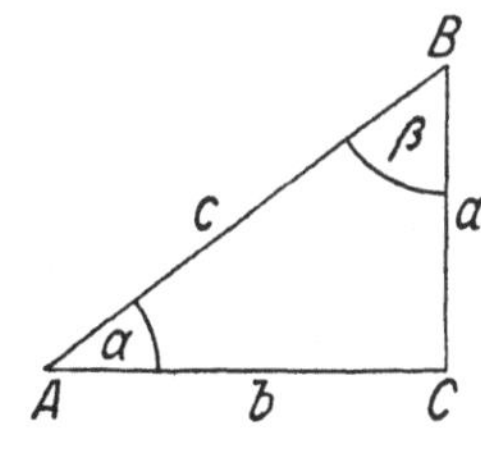

Abb. 16.

Ergebnis: Die Winkelfunktionen sind Quotienten von Strecken und daher dimensionslos (unbenannte Zahlen).

Weiter ergibt sich aus Abb. 16 die einfache Beziehung:

$$\sin\beta = \cos\alpha = \frac{b}{c},$$

oder da $\beta = (90^0 - \alpha^0)$ ist:

(2) entsprechend:

$$\boxed{\begin{aligned} \sin(90^0 - \alpha^0) &= \cos\alpha^0 \\ \cos(90^0 - \alpha^0) &= \sin\alpha^0 \\ \operatorname{tg}(90^0 - \alpha^0) &= \operatorname{ctg}\alpha^0 \\ \operatorname{ctg}(90^0 - \alpha^0) &= \operatorname{tg}\alpha^0 \end{aligned}}$$

Aufgabe

1. Man finde durch Zeichnung den Winkel α für:

a) $\sin\alpha = \frac{8}{15}$, b) $\cos\alpha = 0{,}8$, c) $\operatorname{tg}\alpha = 1{,}3$, d) $\operatorname{ctg}\alpha = \frac{7}{11}$.

[1]) Cosinus = sinus complementi (Sinus des Komplementwinkels).

§ 63. Verallgemeinerung des Winkelfunktionsbegriffes

Einen veränderlichen Winkel erhält man, indem man sich den einen Schenkel fest denkt und den anderen dreht. Eine Drehung entgegengesetzt zur Uhrzeigerbewegung wollen wir als positiv, die andere als negativ bezeichnen. Daher verstehen wir unter einem **positiven Winkel** einen im positiven Drehsinn entstandenen Winkel. Entsprechendes gilt für einen negativen Winkel.

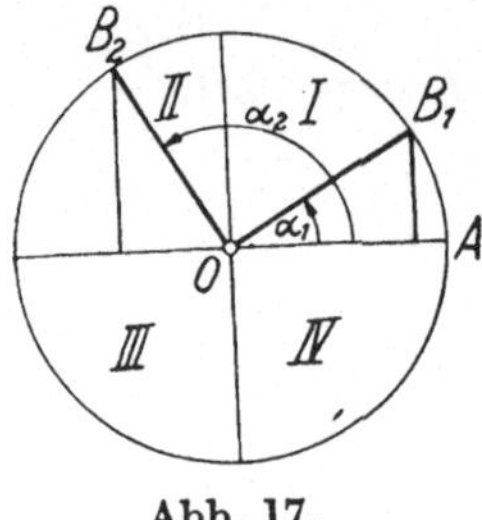

Abb. 17.

OA sei der ruhende, $OB = r$ der bewegliche Schenkel. Durch ein Achsenkreuz wird der volle Winkel in 4 Rechte, die Ebene in 4 Felder zerlegt. Man sagt dann kurz: „Der Winkel liegt im 1. Quadranten", bei Winkeln zwischen 0^0 und 90^0; „der Winkel liegt im 2. Quadranten", bei Winkeln zwischen 90^0 und 180^0, usw.

Bezeichnet man die waagerechte Achse als x-, die senkrechte als y-Achse, so kann man entsprechend der Koordinatengeometrie die Lage jedes Punktes B des Drehradius r (Leitstrahl) durch Abszisse und Ordinate ausdrücken und damit eindeutig festlegen. Die allgemeinen Definitionen der Winkelfunktionen für jeden beliebigen Wert des Winkels α lauten dann:

$$\text{(3)} \quad \boxed{\begin{array}{ll} \sin\alpha = \dfrac{y}{r} = \dfrac{\text{Ordinate}}{\text{Radius}}, & \cos\alpha = \dfrac{x}{r} = \dfrac{\text{Abszisse}}{\text{Radius}}, \\[2ex] \operatorname{tg}\alpha = \dfrac{y}{x} = \dfrac{\text{Ordinate}}{\text{Abszisse}}, & \operatorname{ctg}\alpha = \dfrac{x}{y} = \dfrac{\text{Abszisse}}{\text{Ordinate}}, \end{array}}$$

wobei r stets absolut zu nehmen ist.

Wählt man $r = 1$, verwendet man also den „Einheitskreis"[1]), so kann man aus der Zeichnung die Werte der einzelnen Funktionen unmittelbar ablesen.

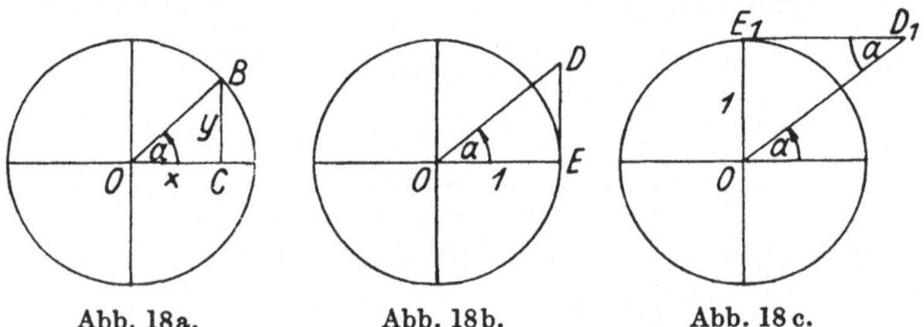

Abb. 18a. Abb. 18b. Abb. 18c.

Folglich entspricht nach Größe und Vorzeichen dem

$\sin\alpha$	die Ordinate y:	$\sin\alpha \mathrel{\hat{=}} BC$,
$\cos\alpha$	„ Abszisse x:	$\cos\alpha \mathrel{\hat{=}} OC$,
$\operatorname{tg}\alpha$	„ Tangentenstrecke DE:	$\operatorname{tg}\alpha \mathrel{\hat{=}} DE$,
$\operatorname{ctg}\alpha$	„ „ D_1E_1:	$\operatorname{ctg}\alpha \mathrel{\hat{=}} D_1E_1$.

[1]) Als Radius des Einheitskreises kann man eine beliebige Strecke (1 cm, 1 dm, 1 m, aber auch irgendeine andere Länge) verwenden, die man dann aber weiterhin als Maßeinheit benutzen muß.

Man beachte, daß der Wert von tg α stets auf der Tangente in E abgelesen wird, bei Winkeln im 2. und 3. Quadranten muß deshalb der Leitstrahl rückwärts verlängert werden. Dasselbe gilt bei ctg α für die Tangente in E_1.

Aufgabe

1. Man zeichne auf Millimeterpapier einen Viertelkreis mit Radius 1 dm und bestimme durch Zeichnung für die Winkel 10°, 20°, 30° ... 90° die Werte der vier trigonometrischen Funktionen.

§ 64. Verlauf der trigonometrischen Funktionen

a) Die Sinusfunktion

Zugrunde gelegt wird der Einheitskreis. Wir brauchen daher nur die Änderung der Ordinate BC zu verfolgen. Dann ist: $\sin 0^0 = 0$; die Ordinate wächst bis zum Höchstwert $\sin 90^0 = 1$, nimmt wieder ab bis $\sin 180^0 = 0$, nimmt weiter ab, wird also negativ, erreicht den kleinsten Wert bei $\sin 270^0 = -1$ und nimmt wieder zu bis $\sin 360^0 = 0$.

Ergebnis: Die Sinusfunktion ist positiv im 1. und 2. Quadranten, negativ im 3. und 4. Die Funktionswerte liegen zwischen -1 und $+1$, insbesondere ist

$$\sin 0^0 = \sin 180^0 = \sin 360^0 = 0, \quad \sin 90^0 = 1, \quad \sin 270^0 = -1.$$

Eine Veranschaulichung dieser Wachstumsverhältnisse ergibt die Sinuskurve. Will man die Kurve maßstabgerecht haben ohne Verzerrung in Richtung der x-Achse, so muß auf dieser das Bogenmaß statt des Gradmaßes verwendet werden, und man muß die Strecken in beiden Richtungen in der gleichen Maßeinheit auftragen. Bei $r = 1$ cm entspricht der Strecke von 0° bis 360° bzw. von 0 bis 2π die Strecke 2π cm $= 6{,}28$ cm. Wählt man als Einheit $r = 2$ cm, so muß die Strecke auf der x-Achse $2 \cdot 6{,}28$ cm $= 12{,}56$ cm (allgemein $2r\pi$ cm) werden.

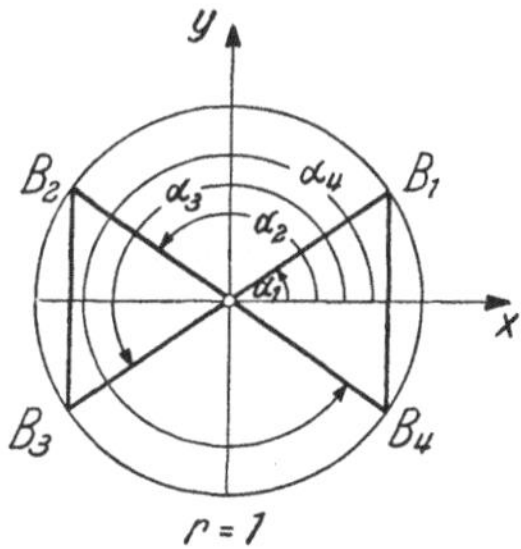

Abb. 19.

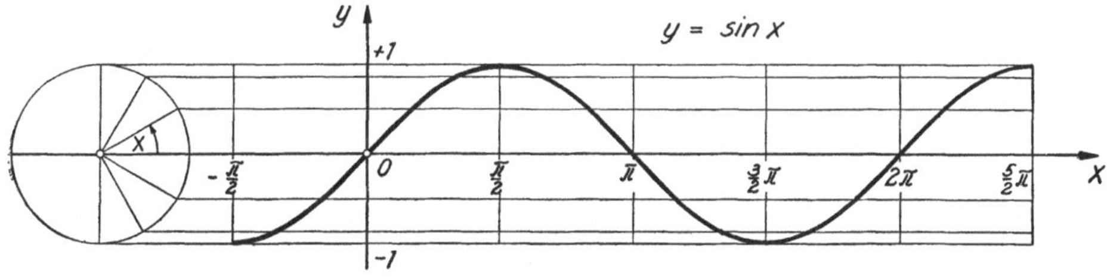

Abb. 20.

b) Die Cosinusfunktion

Man untersuche in gleicher Weise das Verhalten dieser Funktion am Einheitskreis.

Ergebnis: Der cos α ist positiv im 1. und 4., negativ im 2. und 3. Quadranten. Auch seine Werte liegen zwischen -1 und $+1$, insbesondere ist

$$\cos 0^0 = \cos 360^0 = 1, \quad \cos 180^0 = -1, \quad \cos 90^0 = \cos 270^0 = 0.$$

Die Cosinuskurve veranschaulicht diese Ergebnisse.

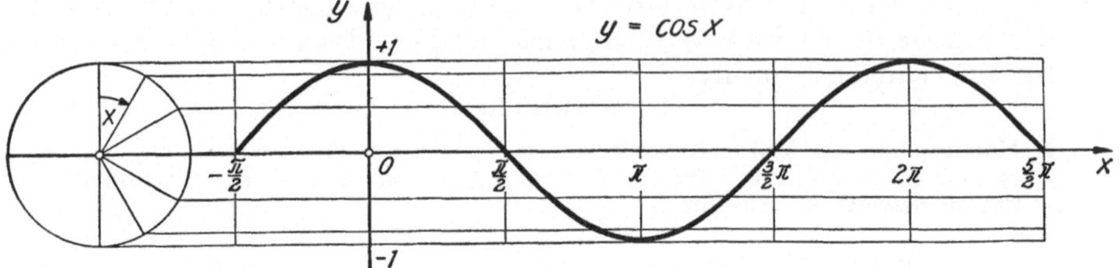

Abb. 21.

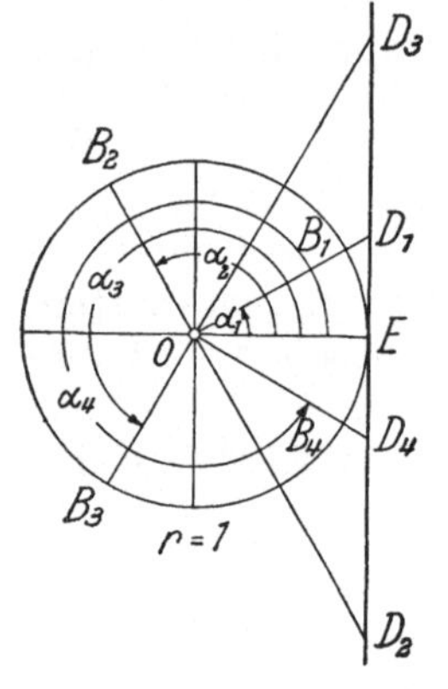

Abb. 22.

c) Die Tangensfunktion

Es wird tg $0^0 = 0$; tg $45^0 = 1$. Mit wachsendem Winkel nehmen die Funktionswerte immer stärker zu und streben schließlich über jeden endlichen Wert hinaus, wir sagen: tg α strebt nach unendlich (siehe Abb. 23).

Bei 90^0 ist die Funktion nicht erklärt.

Wächst α^0 über 90^0 hinaus, so springt die Funktion zu negativen Werten über. Sie zeigt also bei $\alpha^0 \to 90^0$ ein ähnliches Verhalten wie die Funktion $y = \frac{1}{x}$ bei $x \to 0$ (vgl. § 23), sie ist „unstetig" bei 90^0. Dann nimmt sie zu bis zu 0 bei $\alpha^0 = 180^0$.

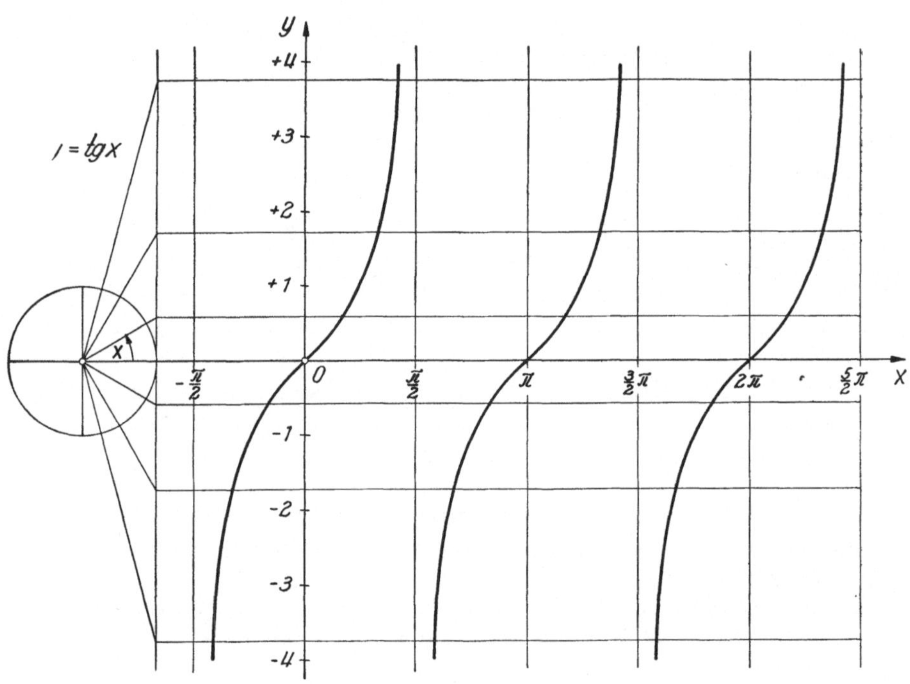

Abb. 23.

Von 180⁰ bis 360⁰ hat die Funktion denselben Verlauf wie von 0⁰ bis 180⁰. Die Tangenskurve besitzt bei 90⁰ und 270⁰ eine Asymptote senkrecht zur x-Achse.

Ergebnis: Die Tangensfunktion ist positiv im 1. und 3., negativ im 2. und 4. Quadranten. Sie ist in ihrem Wertebereich nicht beschränkt und ist Null bei 0^0, 180^0 und 360^0; bei 90^0 und 270^0 ist sie nicht erklärt (Abb. 23).

d) Die Cotangensfunktion

Eine Untersuchung in gleicher Weise liefert das

Ergebnis: Die Cotangensfunktion ist positiv im 1. und 3., negativ im 2. und 4. Quadranten. Ihre Werte sind nicht beschränkt. Sie ist Null für $\alpha^0 = 90^0$ und 270^0. Bei 0^0, 180^0 und 360^0 ist sie nicht erklärt.

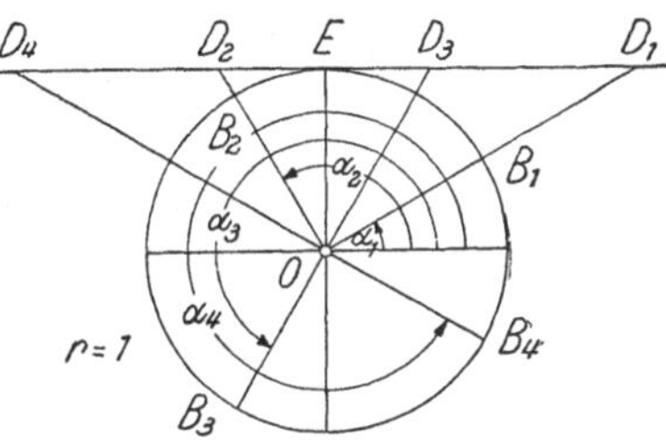

Abb. 24.

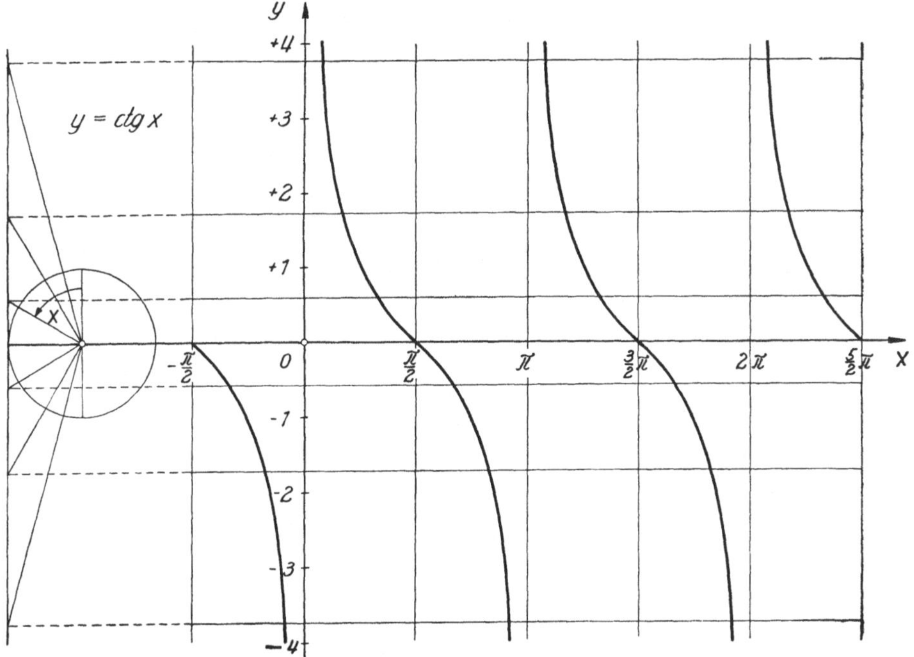

Abb. 25.

Übersicht über die Vorzeichen in den Quadranten[1])

Quadrant	I	II	III	IV
sin	+	+	−	−
cos	+	−	−	+
tg	+	−	+	−
ctg	+	−	+	−

[1]) Man beachte, daß durch die Vorzeichen zweier Funktionen eines Winkels der Quadrant, in dem der Winkel liegt, eindeutig bestimmt ist.

e) Die Periodizität der Funktionen

Setzt man die Drehung über 360^0 hinaus fort, so nehmen die Funktionen die gleichen Werte wie bei der ersten Umdrehung an. Die Kurven setzen sich demnach in derselben Weise nach rechts über 360^0 (2π) fort. Das wiederholt sich nach jeder vollen Umdrehung. Bei der Tangens- und Cotangensfunktion ist das, wie schon erwähnt, bereits nach 180^0 (π) der Fall. Die Funktionswerte wiederholen sich periodisch.

Ergebnis: Die trigonometrischen Funktionen sind periodische Funktionen. Die Periode beträgt bei Sinus und Cosinus 360^0 (2π), bei Tangens und Cotangens 180^0 (π).

Verläuft die Drehung aus der Nullage im Uhrzeigersinn, so erhält der Winkel das negative Vorzeichen, und es gibt in der graphischen Darstellung eine Fortsetzung der Kurven nach links (s. Abb. 20, 21, 23, 25). Allgemein lassen sich diese periodischen Beziehungen in der Form schreiben:

$$\text{(4)}\qquad \boxed{\begin{aligned} \sin(\alpha^0 + n\cdot 360^0) &= \sin(\bar\alpha + n\cdot 2\pi) = \sin\alpha \\ \cos(\alpha^0 + n\cdot 360^0) &= \cos(\bar\alpha + n\cdot 2\pi) = \cos\alpha \\ \operatorname{tg}(\alpha^0 + n\cdot 180^0) &= \operatorname{tg}(\bar\alpha + n\cdot \pi) \;\;= \operatorname{tg}\alpha \\ \operatorname{ctg}(\alpha^0 + n\cdot 180^0) &= \operatorname{ctg}(\bar\alpha + n\cdot \pi) \;\;= \operatorname{ctg}\alpha \end{aligned}} \qquad n = 0, \pm 1, \pm 2 \ldots$$

§ 65. Beziehungen zwischen den Funktionen desselben Winkels

Aus der allgemeinen Definition (§ 63) ergeben sich ohne Rücksicht auf die Winkelgröße folgende Zusammenhänge[1]):

a) $\sin^2\alpha + \cos^2\alpha = \frac{y^2}{r^2} + \frac{x^2}{r^2} = \frac{r^2}{r^2} = 1,$

b) $\operatorname{tg}\alpha = \frac{y}{x} = \frac{1}{\operatorname{ctg}\alpha},$

c) $\frac{\sin\alpha}{\cos\alpha} = \frac{y}{r} : \frac{x}{r} = \frac{y}{x} = \operatorname{tg}\alpha;\quad \frac{\cos\alpha}{\sin\alpha} = \operatorname{ctg}\alpha.$

Zusammenfassung

(5)	$\sin^2\alpha + \cos^2\alpha = 1;\ \sin\alpha = \pm\sqrt{1-\cos^2\alpha};\ \cos\alpha = \pm\sqrt{1-\sin^2\alpha}$
(6)	$\operatorname{tg}\alpha = \frac{1}{\operatorname{ctg}\alpha}$ oder $\operatorname{tg}\alpha\cdot\operatorname{ctg}\alpha = 1$
(7)	$\operatorname{tg}\alpha = \frac{\sin\alpha}{\cos\alpha},\qquad \operatorname{ctg}\alpha = \frac{\cos\alpha}{\sin\alpha}$

Beispiel: Gegeben ist $\operatorname{tg}\alpha$. Man drücke die anderen Funktionen dadurch aus.

---

[1]) Es ist üblich, für $\sin\alpha\cdot\sin\alpha = (\sin\alpha)^2$ zu schreiben: $\sin^2\alpha$, ebenso bei den übrigen Funktionen. Damit darf nicht verwechselt werden: $\sin\alpha^2 = \sin(\alpha^2)$.

Lösung: $\operatorname{tg}\alpha = \frac{\sin\alpha}{\cos\alpha} = \frac{\sin\alpha}{\sqrt{1-\sin^2\alpha}}$

Man quadriere und löse nach $\sin\alpha$ auf:

$$\sin^2\alpha\,(1+\operatorname{tg}^2\alpha) = \operatorname{tg}^2\alpha,$$

$$\sin\alpha = \pm\frac{\operatorname{tg}\alpha}{\sqrt{1+\operatorname{tg}^2\alpha}}.$$

Man führe das Beispiel zu Ende.

Aufgaben

1. Man berechne in ähnlicher Weise jedesmal die drei fehlenden Funktionen, wenn der Reihe nach gegeben sind:
   a) $\sin\alpha$ b) $\cos\alpha$ c) $\operatorname{ctg}\alpha$
   und stelle die Ergebnisse übersichtlich in Tabellenform zusammen.
2. Mittels dieser Tabelle berechne man die drei anderen Funktionen aus:
   a) $\sin\alpha = \frac{4}{5}$, b) $\cos\alpha = \frac{12}{13}$, c) $\operatorname{tg}\alpha = 0{,}6$, d) $\operatorname{ctg}\alpha = 4$.
3. Man vereinfache folgende Ausdrücke:
   a) $\sin\alpha\cdot\operatorname{ctg}\alpha$, b) $\frac{\cos\alpha}{\operatorname{ctg}\alpha}$, c) $\sin\alpha\sqrt{1+\operatorname{ctg}^2\alpha}$
4. Es sei $\operatorname{tg}\alpha = \frac{2u}{1-u^2}$. Welchen Wert haben die anderen Winkelfunktionen?

§ 66. Benutzung der Funktionstafeln

Die Logarithmentafeln enthalten Tabellen der Funktionswerte selbst („natürliche Werte") und der Logarithmen der natürlichen Werte für die Winkel von 0^0 bis 90^0. Für Cosinus und Cotangens sind keine besonderen Tabellen nötig, da nach Gleichung (2) gilt:

$$\cos\alpha^0 = \sin(90^0 - \alpha^0) \quad \text{und} \quad \operatorname{ctg}\alpha^0 = \operatorname{tg}(90^0 - \alpha^0).$$

Die Interpolation geschieht in der üblichen Weise. Nur ist für Cosinus und Cotangens zu beachten, daß es abnehmende Funktionen sind, wenn die Winkel von 0^0 bis 90^0 zunehmen.

Beispiel: Man habe Tafeln, die von 15′ zu 15′ fortschreiten. Dann ist:

a) $\cos 39^0 48' = 0{,}7688 - 0{,}0005 = 0{,}7683$,

b) $\operatorname{ctg}\alpha^0 = 1{,}0875$.

Man sucht den nächst höheren Wert auf und findet für 1,0913 den Winkel $42^0 30'$ und nach Interpolation $\alpha^0 = 42^0 36'$.

Da $|\sin\alpha| \leq 1$ und $|\cos\alpha| \leq 1$ ist, haben die Logarithmen negative Kennziffern. Zum Beispiel:

$$\lg\sin 40^0 = 0{,}8081 - 1 = 9{,}8081 - 10.$$

Aus praktischen Gründen verwendet man in den Tafeln meist die letzte Schreibweise unter Weglassung der -10, die man also bei Rechnungen stets ergänzen muß.

Entsprechendes gilt für Tangens und Cotangens in den Bereichen von 0^0 bis 45^0 bzw. 45^0 bis 90^0. Sind die natürlichen Funktionswerte größer als 1, so geben manche Tafeln bei den Logarithmen die richtige

Kennziffer an, manche führen aber obige Schreibweise konsequent durch, also z. B.:

$$\lg \operatorname{tg} 63^0 = 0{,}2928 \quad \text{bzw.} \quad 10{,}2928 \text{ (zu ergänzen } -10)$$[1].

Aufgaben

1. Man berechne unter Verwendung des gleichseitigen und des gleichschenklig rechtwinkligen Dreiecks die Funktionswerte für 30^0, 60^0 und 45^0 und stelle die Ergebnisse mit den Werten für 0^0 und 90^0 in einer Tabelle übersichtlich zusammen!
2. Suche: A. die natürlichen Werte, B. die Logarithmen aller vier Funktionen auf für: a) $\alpha = 17^0 48'$, b) $64^0 13'$, c) $25{,}14^0$, d) $72{,}68^0$.
3. Bestimme die spitzen Winkel α^0, wenn gegeben ist:
   a) $\lg \sin \alpha^0 = 0{,}5783 - 1$, $0{,}8585 - 1$.
   b) $\lg \cos \alpha^0 = 0{,}8795 - 1$, $0{,}3988 - 1$.
   c) $\lg \operatorname{tg} \alpha^0 = 0{,}8036 - 1$, $0{,}3687$.
   d) $\lg \operatorname{ctg} \alpha^0 = 1{,}0200$, $0{,}8345 - 1$.

§ 67. Trigonometrische Funktionen von nicht im ersten Quadranten liegenden Winkeln

Um die Funktionen von Winkeln des 2. bis 4. Quadranten auf die eines Winkels α des ersten zurückzuführen, gibt es zwei Möglichkeiten.

A. Siehe Abb. 26.

$$\sin \alpha = \frac{y}{r},$$

$$\sin \alpha_1 = \sin (180^0 - \alpha^0) = \frac{y}{r} = \sin \alpha,$$

$$\sin \alpha_2 = \sin (180^0 + \alpha^0) = -\frac{y}{r} = -\sin \alpha,$$

$$\sin \alpha_3 = \sin (360^0 - \alpha^0) = -\frac{y}{r} = -\sin \alpha.$$

Beispiel:

$$\sin 120^0 = \sin (180^0 - 60^0) = \sin 60^0 = \tfrac{1}{2}\sqrt{3},$$

$$\sin 240^0 = \sin (180^0 + 60^0) = -\sin 60^0 = -\tfrac{1}{2}\sqrt{3},$$

$$\sin 300^0 = \sin (360^0 - 60^0) = -\sin 60^0 = -\tfrac{1}{2}\sqrt{3}.$$

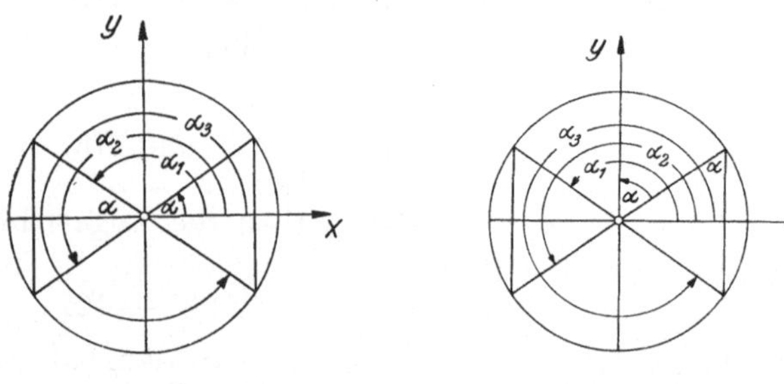

Abb. 26. Abb. 27.

[1]) Außer diesen in die meisten Tafelwerke aufgenommenen Tafeln, in denen die trigonometrischen Funktionen zum Winkel α, gemessen in Gradmaß α^0, aufgezeichnet sind, gibt es auch Tafeln, aus denen man diese Funktionen zum Winkel in Bogenmaß $\overline{\alpha}$ entnehmen kann.

In derselben Weise lassen sich die drei anderen Funktionen behandeln. Man führe das selbst durch.

B. Im zweiten Falle benutzt man den Komplementwinkel α des im ersten Falle verwendeten Winkels (s. Abb. 27).

$$\sin(90^0 - \alpha^0) = \frac{y}{r} = \cos\alpha,$$

$$\sin\alpha_1 = \sin\ (90^0 + \alpha^0) = \cos\alpha,$$
$$\sin\alpha_2 = \sin(270^0 - \alpha^0) = -\cos\alpha,$$
$$\sin\alpha_3 = \sin(270^0 + \alpha^0) = -\cos\alpha.$$

Man verfahre ebenso bei den drei übrigen Funktionen.

(8) Zusammenstellung der Ergebnisse

Quadrant	II	III	IV	I	II	III	IV
$\varphi =$	$\pi - \alpha$	$\pi + \alpha$	$2\pi - \alpha$	$\frac{\pi}{2} - \alpha$	$\frac{\pi}{2} + \alpha$	$\frac{3\pi}{2} - \alpha$	$\frac{3\pi}{2} + \alpha$
$\sin\varphi =$	$\sin\alpha$	$-\sin\alpha$	$-\sin\alpha$	$\cos\alpha$	$\cos\alpha$	$-\cos\alpha$	$-\cos\alpha$
$\cos\varphi =$	$-\cos\alpha$	$-\cos\alpha$	$\cos\alpha$	$\sin\alpha$	$-\sin\alpha$	$-\sin\alpha$	$\sin\alpha$
$\mathrm{tg}\,\varphi =$	$-\mathrm{tg}\,\alpha$	$\mathrm{tg}\,\alpha$	$-\mathrm{tg}\,\alpha$	$\mathrm{ctg}\,\alpha$	$-\mathrm{ctg}\,\alpha$	$\mathrm{ctg}\,\alpha$	$-\mathrm{ctg}\,\alpha$
$\mathrm{ctg}\,\varphi =$	$-\mathrm{ctg}\,\alpha$	$\mathrm{ctg}\,\alpha$	$-\mathrm{ctg}\,\alpha$	$\mathrm{tg}\,\alpha$	$-\mathrm{tg}\,\alpha$	$\mathrm{tg}\,\alpha$	$-\mathrm{tg}\,\alpha$

Beispiel:

$$\mathrm{ctg}\,300^0 = \mathrm{ctg}\,(360^0 - 60^0) = -\mathrm{ctg}\,60^0 = -\tfrac{1}{3}\sqrt{3},$$

oder

$$= \mathrm{ctg}\,(270^0 + 30^0) = -\mathrm{tg}\,30^0 = -\tfrac{1}{3}\sqrt{3}.$$

Aufgaben

1. Man führe die folgenden Winkel auf beide Arten auf spitze Winkel zurück und bestimme den Wert der Funktion.
   a) $\sin 118^0$, $\sin 307^0$, b) $\cos 193^0$, $\cos 280^0$,
   c) $\mathrm{tg}\,137^0$, $\mathrm{tg}\,246^0$, d) $\mathrm{ctg}\,257^0$, $\mathrm{ctg}\,305^0$.
2. Welche Winkel zwischen 0^0 und 360^0 erfüllen die Gleichungen:
   a) $\sin\alpha^0 = \pm 0{,}8387$, b) $\cos\alpha^0 = \pm 0{,}4478$,
   c) $\mathrm{tg}\,\alpha^0 = \pm 2{,}450$, d) $\mathrm{ctg}\,\alpha^0 = \pm 0{,}6249$?

C. Beziehung zwischen negativen und positiven Winkeln

Es sei (Abb. 28):

$$\sphericalangle COB = +\alpha, \quad \sphericalangle COB' = -\alpha,$$
$$OB = OB' = 1.$$

Dann ist:

$$\sin(-\alpha) = B'C = -BC = -\sin\alpha,$$
$$\cos(-\alpha) = OC = \cos\alpha,$$
$$\mathrm{tg}\,(-\alpha) = \frac{\sin(-\alpha)}{\cos(-\alpha)} = \frac{-\sin\alpha}{\cos\alpha} = -\mathrm{tg}\,\alpha,$$
$$\mathrm{ctg}\,(-\alpha) = -\mathrm{ctg}\,\alpha.$$

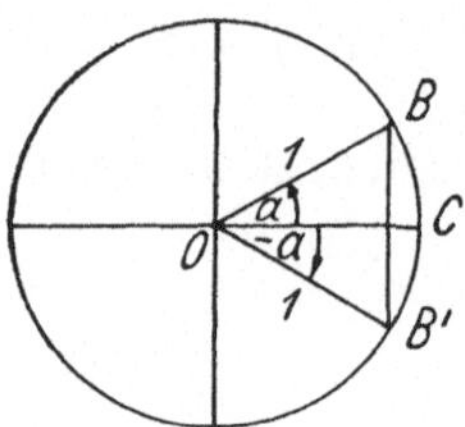

Abb. 28.

$$(9)\qquad \boxed{\begin{aligned} \sin(-\alpha) &= -\sin\alpha \\ \cos(-\alpha) &= +\cos\alpha \\ \operatorname{tg}(-\alpha) &= -\operatorname{tg}\alpha \\ \operatorname{ctg}(-\alpha) &= -\operatorname{ctg}\alpha \end{aligned}}$$

Der Cosinus ist eine gerade Funktion, die anderen drei Funktionen sind ungerade. Die Bezeichnung rührt daher, daß sich die Funktionen bezüglich des Vorzeichenwechsels wie eine Potenz mit geradem bzw. ungeradem Exponenten verhalten (vgl. die Fußnote auf S. 143).

Aufgaben

3. Man führe auf Funktionen positiver spitzer Winkel zurück:

a) $\cos(-200^0)$, b) $\sin(-310^0)$, c) $\operatorname{tg}(-470^0)$, d) $\operatorname{ctg}(-920^0)$.

4. Wie läßt sich die rechte Seite der folgenden Funktionsgleichungen einfacher schreiben:

a) $y = \sin(x + \pi)$, b) $y = \sin(x - \pi)$, c) $y = \cos(x - \pi)$?

§ 68. Die Additionstheoreme

Es sollen Formeln aufgestellt werden, in denen die Funktionen der Summen und Differenzen von Winkeln durch die Funktionen der einzelnen Winkel ausgedrückt werden.

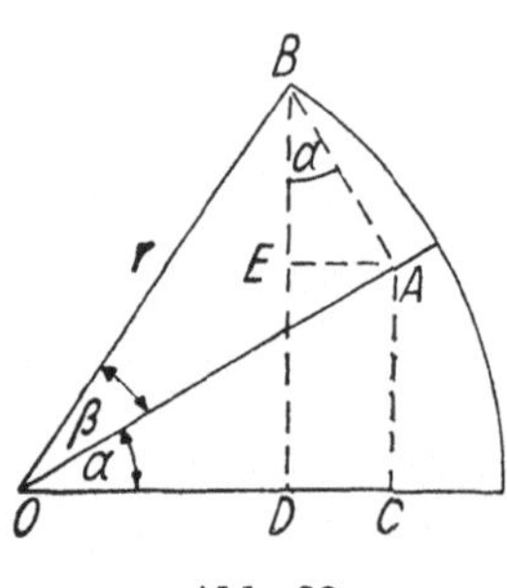

Abb. 29.

Man trägt die Winkelsumme $(\alpha + \beta)$ in einen Kreis vom Radius r ein. Der eine Schenkel davon sei $OB = r$. Es gilt für das Lot BD von B auf den anderen Schenkel:

$$\frac{BD}{OB} = \sin(\alpha + \beta) \quad \text{und} \quad \frac{OD}{OB} = \cos(\alpha + \beta).$$

Nun fällt man von B das Lot BA auf den gemeinsamen Schenkel und von A die Lote AC und AE auf OD und BD. Dann ist $\sphericalangle ABE = \alpha$, und man erhält:

$$\sin(\alpha + \beta) = \frac{BD}{OB} = \frac{BE}{OB} + \frac{ED}{OB} = \frac{BE}{OB} + \frac{AC}{OB} = \frac{BE}{AB} \cdot \frac{AB}{OB} + \frac{AC}{OA} \cdot \frac{OA}{OB}$$

$$= \frac{AB}{OB} \cos\alpha + \frac{OA}{OB} \sin\alpha.$$

Nun ist:

$$\frac{AB}{OB} = \sin\beta \quad \text{und} \quad \frac{OA}{OB} = \cos\beta,$$

folglich:

$$(10)\qquad \boxed{\sin(\alpha + \beta) = \sin\alpha \cdot \cos\beta + \cos\alpha \cdot \sin\beta}$$

Man leite entsprechend ab:

$$(11)\qquad \boxed{\cos(\alpha + \beta) = \cos\alpha \cdot \cos\beta - \sin\alpha \cdot \sin\beta}$$

Beide Formeln sind zunächst nur für den Fall $(\alpha + \beta) < 90^0$ entwickelt worden. Es läßt sich zeigen, daß sie, ebenso wie die noch folgende, allgemein für beliebige positive und negative Winkel gelten. Sind z. B. α und β Winkel im 2. Quadranten, so sind $\alpha' = \pi - \alpha$ und $\beta' = \pi - \beta$ Winkel im 1. Quadranten, für die obige Formeln gelten falls $\alpha' + \beta' < \frac{1}{2}\pi$ ist Es ist also, wenn man beachtet, daß $\sin(\pi - \alpha) = \sin\alpha$, $\cos(\pi - \alpha) = -\cos\alpha$ usw. ist:

$$\begin{aligned} +\sin(\alpha + \beta) &= -\sin[2\pi - (\alpha + \beta)] = -\sin[(\pi - \alpha) + (\pi - \beta)] \\ &= -[\sin(\pi - \alpha)\cdot\cos(\pi - \beta) + \cos(\pi - \alpha)\cdot\sin(\pi - \beta)] \\ &= \sin\alpha\cdot\cos\beta + \cos\alpha\cdot\sin\beta. \end{aligned}$$

Ähnlich führt man den Beweis, wenn α und β in anderen Quadranten liegen. Man prüfe das für einige Fälle selbst nach.

Ersetzt man in (10) und (11) den Winkel β durch $(-\beta)$, so erhält man unter Berücksichtigung der Gleichungen (9):

(12) $$\sin(\alpha - \beta) = \sin\alpha\cdot\cos\beta - \cos\alpha\cdot\sin\beta,$$

(13) $$\cos(\alpha - \beta) = \cos\alpha\cdot\cos\beta + \sin\alpha\cdot\sin\beta.$$

$$\operatorname{tg}(\alpha \pm \beta) = \frac{\sin(\alpha \pm \beta)}{\cos(\alpha \pm \beta)} = \frac{\sin\alpha\cdot\cos\beta \pm \cos\alpha\cdot\sin\beta}{\cos\alpha\cdot\cos\beta \mp \sin\alpha\cdot\sin\beta}.$$

Nach Division von Zähler und Nenner durch $\cos\alpha\cdot\cos\beta$ erhält man:

(14) $$\boxed{\operatorname{tg}(\alpha \pm \beta) = \frac{\operatorname{tg}\alpha \pm \operatorname{tg}\beta}{1 \mp \operatorname{tg}\alpha\cdot\operatorname{tg}\beta}}$$

§ 69. Folgerungen aus den Additionstheoremen

Setzt man in den Formeln (10) und (11) $\beta = \alpha$, so folgt:

(15) $$\sin 2\alpha = 2\sin\alpha\cdot\cos\alpha,$$
(16) $$\cos 2\alpha = \cos^2\alpha - \sin^2\alpha.$$

Unter Verwendung der Gleichung $\sin^2\alpha + \cos^2\alpha = 1$ ergibt sich aus (16):

(16a) $$\cos 2\alpha = 2\cos^2\alpha - 1 = 1 - 2\sin^2\alpha.$$

Diese Gleichungen lassen sich auch in der Form schreiben:

(15a) $$\sin\alpha = 2\sin\frac{\alpha}{2}\cdot\cos\frac{\alpha}{2}\text{[1]},$$

(16b) $$\cos\alpha = \begin{cases} \cos^2\frac{\alpha}{2} - \sin^2\frac{\alpha}{2} \\ 2\cos^2\frac{\alpha}{2} - 1 \quad\text{oder}\quad 1 + \cos\alpha = 2\cos^2\frac{\alpha}{2} \\ 1 - 2\sin^2\frac{\alpha}{2} \quad\text{,,}\quad 1 - \cos\alpha = 2\sin^2\frac{\alpha}{2} \end{cases}$$

und unter Auflösung nach den halben Winkeln:

[1]) Man beachte: Es ist zu unterscheiden zwischen $\sin\frac{1}{2}\alpha$ und $\frac{1}{2}\sin\alpha$. Zum Beispiel $\alpha^0 = 90^0$; $\sin(\frac{1}{2}\cdot 90^0) = \sin 45^0 = \frac{1}{2}\sqrt{2}$, dagegen $\frac{1}{2}\sin 90^0 = \frac{1}{2}$.

(17) $\sin\frac{\alpha}{2} = \sqrt{\frac{1-\cos\alpha}{2}}$, (18) $\cos\frac{\alpha}{2} = \sqrt{\frac{1+\cos\alpha}{2}}$.

Durch Division von (17) und (18) erhält man:

(19) $$\operatorname{tg}\frac{\alpha}{2} = \sqrt{\frac{1-\cos\alpha}{1+\cos\alpha}}.$$

Macht man hier den Zähler oder den Nenner durch Erweitern mit $(1-\cos\alpha)$ bzw. $(1+\cos\alpha)$ rational, so ergibt sich:

(19a) $$\operatorname{tg}\frac{\alpha}{2} = \frac{1-\cos\alpha}{\sin\alpha} = \frac{\sin\alpha}{1+\cos\alpha}.$$

Aufgaben

1. Man entwickle nach Art der Formel (13) einen Ausdruck für $\operatorname{ctg}(\alpha \pm \beta)$.
2. Es sollen Ausdrücke für:

   a) $\operatorname{tg}(45^0 + \alpha^0)$, b) $\operatorname{tg}(45^0 - \alpha^0)$,

   c) $\sin(\alpha^0 + 60^0) + \sin(\alpha^0 - 60^0)$, d) $\cos(45^0 + \alpha^0) + \cos(45^0 - \alpha^0)$

   entwickelt werden.
3. Man berechne aus den bekannten Werten der trigonometrischen Funktionen (s. § 66, Aufgabe 1):

   a) für 45^0 die Funktionen für $22\frac{1}{2}^0$, b) für 135^0 die Funktionen für $67\frac{1}{2}^0$,

   c) für 45^0 und 30^0 die Funktionen für 15^0,

   d) „ 45^0 „ 30^0 „ „ „ 75^0

   auf vier Dezimalen und vergleiche die Ergebnisse mit den Tafelwerten.

   Anleitung zu a) und b): Man verwende die Formeln für halbe Winkel.

   „ c) „ d): Man stelle 15^0 und 75^0 als Differenz und Summe dar, z. B. $\sin 15^0 = \sin(45^0 - 30^0)$, wende darauf Formel (12) an und ersetze die trigonometrischen Funktionen für 45^0 und 30^0 durch die Wurzelausdrücke nach § 66, Aufgabe 1.
4. Es soll $\sin 3\alpha$ durch $\sin\alpha$ wiedergegeben werden.
5. Eine Fahnenstange von der Länge l steht auf einer senkrechten Säule von der Höhe h. In welcher horizontalen Entfernung x vom Fuß der Säule erscheinen Säule und Stange unter gleichen Winkeln? Wie ist der Winkel von h und l abhängig?

   Beispiel: $h = 3$ m, $l = 6$ m.
6. Beim Zerdrücken von Versuchskörpern gilt nach Mohr für den Winkel φ zwischen den Gleitflächen:
$$\cos\varphi = \frac{m-n}{m+n}$$
   (m Maß für die Druckfestigkeit, n für die Zugfestigkeit). Für manche Untersuchungen (Bergschäden usw.) ist der Winkel α wichtig. Man drücke die Winkelfunktionen von α durch m und n aus (Abb. 30).

   Anleitung: Man suche zunächst die Abhängigkeit des Winkels α von φ aus der Zeichnung auf und bilde dann die Funktionswerte.

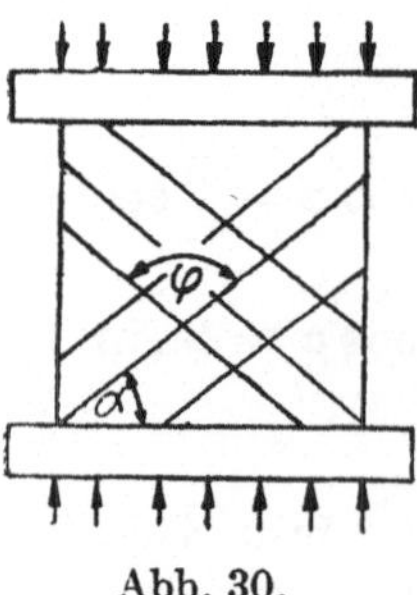

Abb. 30.

7. Für die Pfeilhöhe f eines Kreisabschnittes (d. h. für den größten Abstand des Kreisbogens von der Sehne) mit dem Zentriwinkel α und dem Radius r soll ein leicht logarithmierbarer Ausdruck gefunden werden.

8. Man berechne den für die Theorie des Drehstroms wichtigen Ausdruck:

$$\sin \alpha^0 + \sin (\alpha^0 + 120^0) + \sin (\alpha^0 + 240^0).$$

§ 70. Summe und Differenz der sin- und cos-Werte zweier Winkel

Wir gehen aus von $\sin (x + y) + \sin (x - y) = 2 \sin x \cdot \cos y$ (Anwendung der Formeln 10 und 12).

Setzt man: $x + y = \alpha$, $x - y = \beta$, so wird: $x = \frac{\alpha + \beta}{2}$, $y = \frac{\alpha - \beta}{2}$;

in obige Gleichung eingesetzt:

$$\sin \alpha + \sin \beta = 2 \sin \frac{\alpha + \beta}{2} \cdot \cos \frac{\alpha - \beta}{2} \tag{20}$$

Man leite ebenso ab:

$$\sin \alpha - \sin \beta = 2 \cos \frac{\alpha + \beta}{2} \cdot \sin \frac{\alpha - \beta}{2} \tag{21}$$

$$\cos \alpha + \cos \beta = 2 \cos \frac{\alpha + \beta}{2} \cdot \cos \frac{\alpha - \beta}{2} \tag{22}$$

$$\cos \alpha - \cos \beta = -2 \sin \frac{\alpha + \beta}{2} \cdot \sin \frac{\alpha - \beta}{2} \tag{23}$$

Aufgaben

1. Man berechne mit den Formeln dieses Paragraphen:
   a) $\sin (\alpha^0 + 120^0) + \sin (\alpha^0 + 240^0)$,
   b) $\sin \alpha^0 + \sin (\alpha^0 + 120^0) + \sin (\alpha^0 + 240^0)$ (vgl. § 69, Aufgabe 8).
2. Man forme in ein Produkt zur bequemeren logarithmischen Rechnung um:
   a) $\frac{\sin \alpha + \sin \beta}{\sin \alpha - \sin \beta}$, b) $\frac{\sin \alpha + \sin \beta}{\cos \alpha + \cos \beta}$, c) $\frac{\cos \alpha - \sin \alpha}{\cos \alpha + \sin \alpha}$, d) $\sin^2 \alpha - \sin^2 \beta$.

XIII. Goniometrische Bestimmungsgleichungen

§ 71. Gleichungen mit einer Unbekannten

1. $\sin x = 2 \cos x$.

Lösung: Man teile durch $\cos x$: $\operatorname{tg} x = 2$.

Das ist erlaubt, weil $\cos x \neq 0$ sein kann. Wäre $\cos x = 0$, so müßte nach der Gleichung auch $\sin x = 0$ sein, und das ist wegen $\cos^2 x + \sin^2 x = 1$ nicht möglich.

Daraus folgt zunächst: $x_0 = 63{,}43^0$.

Nun ist jede trigonometrische Funktion als periodische Funktion unendlich vieldeutig. Außer der angegebenen Lösung gibt es noch die allgemeine Lösung:

$$x_n = x_0 + n \cdot 180^0, \quad (n = 0, \quad \pm 1, \quad \pm 2, \ldots).$$

Will man sich auf die Lösungen in den ersten vier Quadranten beschränken, so erhält man:

$$x_0 = 63{,}43^0, \quad x_1 = 243{,}43^0.$$

2. $\cos x = \sin 2x$.

Lösung: Man richte die Gleichung zunächst so ein, daß die Funktionen dasselbe Argument besitzen, also etwa x oder $2x$:

$$\cos x = 2 \sin x \cos x,$$
$$\cos x\,(1 - 2 \sin x) = 0.$$

Einer der beiden Faktoren muß Null sein, daher:

Erste Möglichkeit: $\cos x = 0, \quad x_1 = 90^0 + n\,180^0.$

Zweite „ $1 - 2 \sin x = 0, \quad \sin x = \frac{1}{2},$

$$x_2 = 30^0 + n\,360^0, \quad x_3 = 150^0 + n\,360^0.$$

3. $\cos x + \cos 2x = 0$.

Erste Lösungsart: $\cos x + \cos^2 x - \sin^2 x = 0.$

Man forme so um, daß nur eine Funktionsart übrigbleibt:

$$\cos x + \cos^2 x - (1 - \cos^2 x) = 0,$$
$$\cos^2 x + \tfrac{1}{2} \cos x - \tfrac{1}{2} = 0,$$
$$\cos x = -\tfrac{1}{4} \pm \tfrac{3}{4}.$$

I. $\cos x = +\frac{1}{2}, \quad x_1 = 60^0 + n\,360^0, \quad x_2 = 300^0 + n\,360^0$

II. $\cos x = -1, \quad x_3 = 180^0 + n\,360^0.$

Zweite Lösungsart: Nach Gleichung (22) des § 70 kann man schreiben:

$$\cos x + \cos 2x = 2 \cos \frac{3x}{2} \cos \frac{x}{2} = 0.$$

I. $\cos \frac{3x}{2} = 0, \quad \frac{3x}{2} = 90^0 + n\,180^0, \quad x_1 = 60^0 + n\,120^0.$

II. $\cos \frac{x}{2} = 0, \quad \frac{x}{2} = 90^0 + n\,180^0, \quad x_2 = 180^0 + n\,360^0.$

Die Lösung x_2 ist in x_1 enthalten.

4. $\sin x = \frac{1}{2} \operatorname{ctg} x$.

Lösung: $\sin x = \frac{1}{2} \frac{\cos x}{\sin x}, \quad \sin^2 x = \frac{1}{2} \cos x, \quad 1 - \cos^2 x - \frac{1}{2} \cos x = 0$

$$\cos^2 x + \frac{1}{2} \cos x - 1 = 0, \quad \cos x = -\frac{1}{4} \pm \frac{1}{4}\sqrt{17}.$$

I. $\cos x = 0{,}7808, \quad x_1 = 38{,}66^0 + n\,360^0,$

$$x_2 = 321{,}34^0 + n\,360^0.$$

II. $\cos x = -1{,}2808.$

Keine reelle Lösung, da der absolute Wert > 1 ist.

Zusammenfassung: Eine allgemeine Anweisung, wie derartige Gleichungen zu lösen sind, läßt sich nicht geben. Doch lassen sich gewisse Richtlinien aufstellen, die man zu beachten hat.

Die Gleichungen sind so umzuformen, daß

1. nur noch eine Funktionsart auftritt (Beispiele 2, 4),
2. diese Funktionen dann das gleiche Argument aufweisen (Beispiel 2).
3. Man beschränkt sich oft wegen der Vieldeutigkeit der trigonometrischen Funktionen auf einen bestimmten Bereich (z. B. 0^0 bis 360^0) (Beispiel 1).
4. Es kann der Fall eintreten, daß sich eine Lösung ergibt, die wohl algebraisch möglich ist, aber im Bereich der reellen Zahlen als Lösung für die vorgelegte trigonometrische Funktion untauglich ist (Beispiel 4).
5. Es können sich Lösungen ergeben, die trigonometrisch möglich sind, aber die gegebene Gleichung nicht erfüllen. Das kann der Fall sein, wenn Quadrierungen der Ausgangsgleichung nötig werden (vgl. das früher im § 39 bei den Wurzelgleichungen darüber Gesagte). Bei diesen Aufgaben ist es besonders nötig, durch eine Probe die gefundenen Lösungen nachzuprüfen (s. Aufgabe 5).

Aufgaben

1. $\sin 2x = \operatorname{tg} x$. 2. $2\sin^2 x = 3\cos x$. 3. $1 - \cos x = \operatorname{tg}\frac{x}{2}$.
4. $\sin x - \cos x = 1$. 5. $\sin x + \cos x = 0{,}2$. 6. $\cos 3x + 2\cos x = 0$.
7. $3\cos^2 x + \sin x \cos x + 2\sin^2 x = 3$.

§ 72. Goniometrische Gleichungen mit zwei Unbekannten

Beispiel:
$$(1)\qquad \sin x - \sin y = \tfrac{1}{2}\sqrt{2}.$$
$$(2)\qquad \cos x + \cos y = \tfrac{1}{2}\sqrt{2}.$$

Gesucht sind Lösungen, für die x und y zwischen 0^0 und 360^0 liegen.

Lösung: Man dividiert beide Gleichungen durcheinander,

$$\frac{\sin x - \sin y}{\cos x + \cos y} = 1,$$

und zerlegt Zähler und Nenner nach Gleichung (21) und (22) des § 70:

$$\frac{2\cos\frac{x+y}{2}\sin\frac{x-y}{2}}{2\cos\frac{x+y}{2}\cos\frac{x-y}{2}} = 1 \qquad \text{oder:}\qquad \operatorname{tg}\frac{x-y}{2} = 1.$$

Folglich: $\frac{x-y}{2} = 45^0 + n\,180^0, \qquad x - y = 90^0 + n\,360^0.$

Man zerlegt Gl. (1) wie oben und setzt zunächst $\frac{x-y}{2} = 45^0$ ein:

$$2\cos\frac{x+y}{2}\sin\frac{x-y}{2} = 2\cos\frac{x+y}{2}\cdot\frac{1}{2}\sqrt{2} = \frac{1}{2}\sqrt{2},$$

$$\cos\frac{x+y}{2} = \frac{1}{2}, \qquad \frac{x+y}{2} = 60^0 + m\,360^0, \quad 300^0 + m\,360^0.$$

Wie man feststellen kann, kommt im interessierenden Bereich nur $m = 0$ in Frage.

$$\begin{aligned} \text{I.}\quad x + y &= 120^0, & 2x &= 210^0: & x_1 &= 105^0, \\ x - y &= 90^0, & 2y &= 30^0: & y_1 &= 15^0. \\ \text{II.}\quad x + y &= 600^0, & & & x_2 &= 345^0, \\ x - y &= 90^0, & & & y_2 &= 255^0. \end{aligned}$$

Da x und y zwischen 0^0 und 360^0 liegen sollen, liefern andere möglichen Werte von $\frac{1}{2}(x - y)$ keine weiteren Lösungen. Man prüfe das selbst nach.

Aufgaben

1. $\sin x + \sin y = \frac{1}{2}\sqrt{3}$ 2. $\cos x - \cos y = -\sqrt{3}$

$\cos x + \cos y = \frac{3}{2}$, $\sin x + \sin y = 1$.

3. Wo schneiden sich $y = \sin x$ und $y = \sin(x + \beta)$?
Wie groß ist x, wenn a) $\beta = 120^0$, b) $\beta = 240^0$ ist?

XIV. Berechnung des schiefwinkligen Dreiecks

§ 73. Der Sinussatz

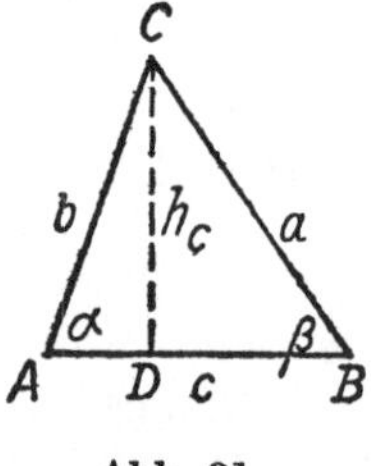

Abb. 31.

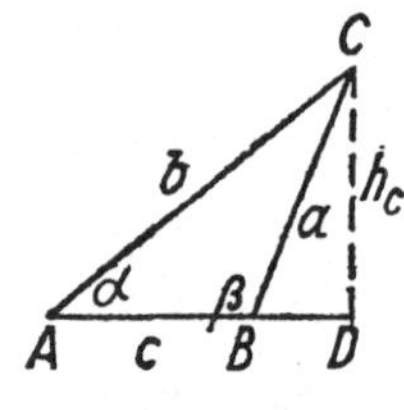

Abb. 32.

Zieht man im Dreieck ABC die Höhe $h_c = CD$, so läßt sich diese aus den beiden rechtwinkligen Dreiecken ADC und BDC auf doppelte Weise ausdrücken:

$$h_c = a \sin\beta = b \sin\alpha.$$

Diese Gleichungen gelten auch, wenn z.B.: $\beta > 90^0$ ist (Abb. 32); an seine Stelle tritt dann $(180^0 - \beta)$.

$$h_c = a \sin(180^0 - \beta) = b \sin\alpha,$$

und da $\sin(180^0 - \beta) = \sin\beta$ ist, folgt wieder:

$$a \sin\beta = b \sin\alpha.$$

Wendet man die gleiche Berechnung für die Höhen h_a und h_b an, so erhält man die drei für das Dreieck allgemein gültigen Beziehungen:

$$\begin{aligned} a \sin\beta &= b \sin\alpha, & & a : \sin\alpha = b : \sin\beta, \\ b \sin\gamma &= c \sin\beta & \text{oder}\quad & b : \sin\beta = c : \sin\gamma, \\ c \sin\alpha &= a \sin\gamma & & c : \sin\gamma = a : \sin\alpha \end{aligned}$$

oder (I) $$\boxed{\frac{a}{\sin\alpha} = \frac{b}{\sin\beta} = \frac{c}{\sin\gamma}}$$ (Sinussatz)

oder auch (Ia) $$\boxed{a : b : c = \sin\alpha : \sin\beta : \sin\gamma}$$

Sinussatz: Die Seiten eines Dreiecks verhalten sich zueinander wie die Sinus der gegenüberliegenden Winkel.

Hat man die Höhe h_c in obiger Weise berechnet, so lassen sich die entsprechenden Gleichungen für die anderen Höhen ohne jede Rechnung durch „zyklische Vertauschung" sofort hinschreiben. Da nämlich keine Seite oder Höhe vor der anderen und kein Winkel vor dem anderen bevorzugt ist, so müssen sich die entsprechenden Gleichungen durch Vertauschung der Stücke ergeben:

Ist $h_c = a \sin\beta$, so muß

$\downarrow \quad \downarrow \quad \downarrow$

$h_a = b \sin\gamma$ und

$\downarrow \quad \downarrow \quad \downarrow$

$h_b = c \sin\alpha$ sein.

Die nebenstehenden Kreise (κύκλος) veranschaulichen das Verfahren. Auf das letzte Glied muß dabei wieder das erste folgen. Bei weiteren Formeln wird von der zyklischen Vertauschung wiederholt Gebrauch gemacht.

Der Umkreisradius

Zeichnet man zu einem Dreieck ABC den Umkreis mit dem Mittelpunkt M und dem Radius r, so werden die Dreieckswinkel zu Peripherie-(Umfangs-)Winkeln. Aus der Planimetrie ist der Satz bekannt:

Ein Zentri-(Mittelpunkts-)Winkel ist doppelt so groß wie der Umfangswinkel über dem gleichen Bogen.

Es ist:

$$\sphericalangle AMD = \tfrac{1}{2} \sphericalangle AMB = \sphericalangle ACB = \gamma,$$

wobei MD die Mittelsenkrechte zu AB ist. Aus dem rechtwinkligen Dreieck AMD ergibt sich dann:

$$\sin\gamma = \frac{c}{2} : r$$

oder

$$2r = \frac{c}{\sin\gamma}.$$

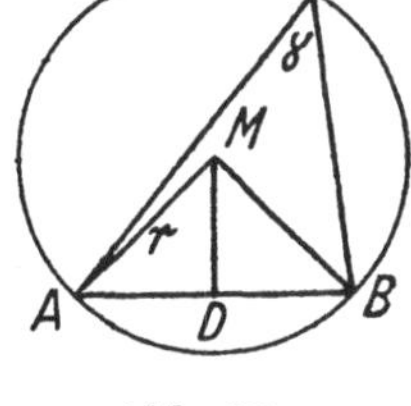

Abb. 33.

Durch zyklische Vertauschung folgen die Beziehungen:

(II) $$\boxed{2r = \frac{a}{\sin\alpha} = \frac{b}{\sin\beta} = \frac{c}{\sin\gamma}}$$

Ergebnis: Die Quotienten der Formel (I) ergeben den Durchmesser des Umkreises.

Der Flächeninhalt des Dreiecks

Bekanntlich lautet die Flächenformel für das Dreieck:

$$F = \frac{a \cdot h_a}{2} = \frac{b \cdot h_b}{2} = \frac{c \cdot h_c}{2}.$$

Wir hatten oben gefunden: $h_c = a \cdot \sin\beta$, dies eingesetzt ergibt:

$$F = \tfrac{1}{2}\, a \cdot c \cdot \sin\beta.$$

Durch zyklische Vertauschung entstehen die drei Formeln:

$$\text{(III)} \quad \boxed{F = \tfrac{1}{2} a \cdot b \cdot \sin\gamma = \tfrac{1}{2} b \cdot c \cdot \sin\alpha = \tfrac{1}{2} c \cdot a \cdot \sin\beta}$$

§ 74. Anwendung des Sinussatzes auf die Dreiecksberechnung

Wie sich aus drei Stücken ein Dreieck konstruieren läßt, so ist es auch möglich, daraus die fehlenden Seiten und Winkel zu berechnen. Der Sinussatz ist auf die beiden Fälle anwendbar:

1. Gegeben eine Seite und zwei Winkel,
2. gegeben zwei Seiten und ein der einen dieser Seiten gegenüberliegender Winkel.

Erster Fall. Es seien gegeben a, β, γ. Gesucht: b, c, α, $2r$.

Lösung:

(1) $\alpha = 180^0 - (\beta + \gamma)$.

(2) $b : a = \sin\beta : \sin\alpha$, daher: $b = \dfrac{a}{\sin\alpha} \sin\beta$,

(3) $c : a = \sin\gamma : \sin\alpha$, daher: $c = \dfrac{a}{\sin\alpha} \sin\gamma$,

(4) $2r = \dfrac{a}{\sin\alpha}$.

Zahlenbeispiel: $a = 188{,}4$, $\beta = 56^0 18'$, $\gamma = 95^0 36'$.

Lösung: $\alpha = 28^0 6'$.

a	2,2751	
$\sin\alpha$	0,6730 — 1	
$2r = \dfrac{a}{\sin\alpha}$	2,6021	$2r = 400{,}0$
$\sin\beta$	0,9201 — 1	
$\sin\gamma$	0,9979 — 1	
b	2,5222	$b = 332{,}8$
c	2,6000	$c = 398{,}1$

Zweiter Fall. Gegeben: a, b, α. Gesucht: c, β, γ.

Lösung: (1) $\sin\beta = \dfrac{\sin\alpha}{a} \cdot b$, (2) $\gamma = 180^0 - (\alpha + \beta)$,

(3) $c = \dfrac{a}{\sin\alpha} \cdot \sin\gamma$.

Nun ist aber Gleichung (1) doppeldeutig; denn β kann ein Winkel im 1. und im 2. Quadranten sein. Es ergeben sich die beiden Möglichkeiten: Der gegebene Winkel liegt entweder der größeren oder der kleineren gegebenen Seite gegenüber.

a) $a > b$.

Dann muß $\alpha > \beta$ sein, da der größeren Dreiecksseite stets der größere Winkel gegenüberliegt. Demnach kann β niemals ein stumpfer Winkel sein.

Somit gilt:

Liegt der gegebene Winkel der größeren Seite gegenüber, so ist der gesuchte Winkel spitz, die Lösung ist eindeutig (entsprechend dem Kongruenzsatz: Dreiecke sind deckungsgleich, wenn sie in zwei Seiten und dem der größeren von ihnen gegenüberliegenden Winkel übereinstimmen).

b) $a < b$.

Hier sind, abgesehen von einem Sonderfall mit einer Lösung, zwei oder null Lösungen möglich. Dazu folgendes Zahlenbeispiel:

$$a = 26{,}50, \quad b = 27{,}40, \quad \alpha = 67^0 18'.$$

$\sin\alpha$	0,9650 — 1
a	1,4232
$\frac{\sin\alpha}{a}$	0,5418 — 2
b	1,4378
$\sin\beta$	0,9796 — 1

$\frac{a}{\sin\alpha}$	1,4582
$\sin\gamma_1$	0,8092 — 1
$\sin\gamma_2$	0,9642 — 2[1]
c_1	1,2674
c_2	0,4224

$$\beta_1 = 72^0 35' \qquad c_1 = 18{,}51$$

$$\gamma_1 = 40^0 7' \qquad c_2 = 2{,}645$$

$$\beta_2 = 180^0 - 72^0 35' = 107^0 25'$$

$$\gamma_2 = 5^0 17'.$$

Man prüfe die Richtigkeit auch durch Zeichnung nach.

Aufgaben

1. Man berechne die fehlenden Seiten und Winkel, den Umkreisradius und die Fläche. Gegeben:

a) $c = 48{,}53, \quad \alpha = 53^0 7', \quad \beta = 42^0 18'.$

b) $a = 46{,}50, \quad b = 27{,}40, \quad \alpha = 67^0 18'.$

c) $a = 20{,}50, \quad b = 27{,}40, \quad \alpha = 67^0 18'.$

d) $b = 81{,}02, \quad c = 104{,}4, \quad \gamma = 96^0 40'.$

e) $a = 15{,}45, \quad c = 18{,}00, \quad \alpha = 21^0 14'.$

[1]) Tabelle für Winkel bis 7⁰; sonst bei linearer Interpolation 0,9641 — 2.

§ 75. Der Cosinussatz

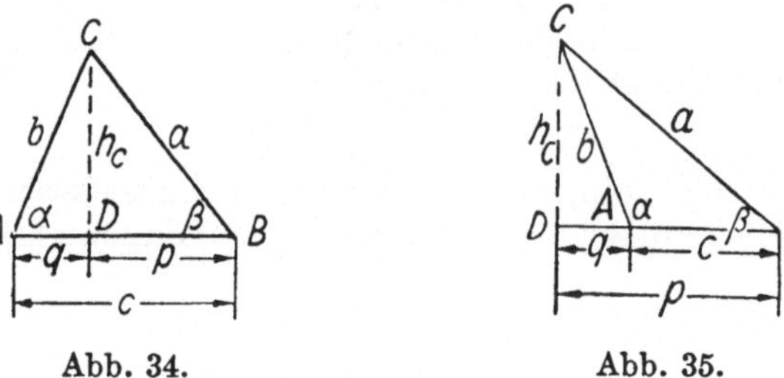

Abb. 34. Abb. 35.

Bezeichnet man den einen durch die Höhe gebildeten Abschnitt AD mit q, so folgt für:

$\alpha < 90^0$

$$a^2 = h_c^2 + (c-q)^2 = (b^2 - q^2) + (c-q)^2$$
$$= b^2 + c^2 - 2cq.$$

Nun ist $\frac{q}{b} = \cos\alpha$,

folglich:

$$a^2 = b^2 + c^2 - 2bc\cos\alpha,$$

$\alpha > 90^0$

$$a^2 = h_c^2 + (c+q)^2$$
$$= b^2 + c^2 + 2cq.$$

$$\frac{q}{b} = \cos(180^0 - \alpha)$$
$$= -\cos\alpha,$$

$$a^2 = b^2 + c^2 - 2bc\cos\alpha.$$

Die Formel gilt demnach in gleicher Weise für spitze und stumpfe Winkel. Durch zyklische Vertauschung ergeben sich die drei Formeln:

(IV) $$\boxed{\begin{aligned} a^2 &= b^2 + c^2 - 2bc\cos\alpha \\ b^2 &= c^2 + a^2 - 2ca\cos\beta \\ c^2 &= a^2 + b^2 - 2ab\cos\gamma \end{aligned}}$$ Cosinussatz.

Man beachte: Ist der auftretende Winkel stumpf, so wird der Cosinus negativ und das Produktglied auf der rechten Seite positiv.

Anwendungsmöglichkeiten für die Dreiecksberechnung

1. Gegeben zwei Seiten und der eingeschlossene Winkel; z. B. a, b, γ.

Lösung: (1) $c = \sqrt{a^2 + b^2 - 2ab\cdot\cos\gamma}$,

(2) $\sin\beta = b\cdot\frac{\sin\gamma}{c}$, (3) $\sin\alpha = a\cdot\frac{\sin\gamma}{c}$.

Als Kontrolle benutze man: $\alpha + \beta + \gamma = 180^0$.

Man beachte: Um bei Verwendung der Gleichung (2) die Doppeldeutigkeit des Sinus und eine weitere Untersuchung darüber zu vermeiden (es kann ja nur eine Lösung geben), berechne man den der kleinsten oder der mittleren Seite gegenüberliegenden Winkel zuerst; dieser kann nur spitz sein. Somit sind alle Winkel eindeutig bestimmt.

Zahlenbeispiel: $a = 5{,}380$, $b = 2{,}460$, $\gamma = 125^0 24'$.

$$c = \sqrt{5{,}380^2 + 2{,}460^2 + 2 \cdot 5{,}380 \cdot 2{,}460 \cdot \cos 54^0 36'}.$$

a	0,7308
a^2	1,4616

$a^2 = 28{,}95$

b	0,3909
b^2	0,7818

$b^2 = 6{,}050$

ab	1,1217
$\cos\bar{\gamma}$	0,7629 — 1
2	0,3010
P	1,1856

$2ab \cdot \cos\bar{\gamma} = 15{,}33$, $c^2 = 50{,}33$

c^2	1,7018
c	0,8509

$c = 7{,}094$

$\sin\gamma$	0,9112 — 1
c	0,8509
$\frac{\sin\gamma}{c}$	0,0603 — 1
b	0,3909
a	0,7308
$\sin\beta$	0,4512 — 1
$\sin\alpha$	0,7911 — 1

$\beta = 16^0 25'$ $\alpha = 38^0 11'$

$\alpha + \beta + \gamma = 180^0$.

2. Gegeben die drei Seiten a, b, c. Gesucht die Winkel.

Lösung: Durch Auflösung des Cosinussatzes nach der Winkelfunktion erhält man:

$$\text{(V)} \qquad \boxed{\cos\alpha = \frac{b^2 + c^2 - a^2}{2bc}, \quad \cos\beta = \frac{c^2 + a^2 - b^2}{2ac}, \quad \cos\gamma = \frac{a^2 + b^2 - c^2}{2ab}}$$

Man mache sich zur Regel, möglichst viele Stücke aus den gegebenen zu berechnen und die schon berechneten Stücke nur dann für die weitere Rechnung zu benutzen, wenn es nicht anders geht. Die drei Winkel berechne man möglichst unabhängig voneinander und benutze für die Kontrolle, daß die Winkelsumme 180^0 sein muß.

Falls drei Seiten gegeben sind, käme man etwas schneller zum Ziel, wenn man nur den ersten Winkel mit dem Cosinussatz, die weiteren mit dem Sinussatz berechnen würde. Dann muß man aber zuerst den der größten Seite gegenüberliegenden Winkel berechnen. Diesen erhält man für den Bereich der ersten beiden Quadranten bei der Cosinusfunktion eindeutig.

Zahlenbeispiel: $a = 0{,}896$, $b = 0{,}436$, $c = 0{,}684$.

Wir benutzen also die Formeln (V).

b	0,6395 — 1
b^2	0,2790 — 1

$b^2 = 0{,}1901$

c	0,8351 — 1
c^2	0,6702 — 1

$c^2 = 0{,}4680$

a	0,9523 — 1
a^2	0,9046

$a^2 = 0{,}8028$

$$b^2 + c^2 - a^2 = -0{,}1447!$$
$$a^2 + b^2 - c^2 = 0{,}5249$$
$$c^2 + a^2 - b^2 = 1{,}0807.$$

Für die weitere Rechnung ist zu beachten, daß $\cos\alpha$ negativ ist. Logarithmisch wird mit dem absoluten Wert gerechnet und durch ein n (negativ) darauf hingewiesen, daß beim Aufsuchen von α das Vorzeichen des cos zu beachten ist.

$b^2 + c^2 - a^2$	0,1605 — 1 n
$2bc$	0,7756 — 1
$\cos\alpha$	0,3849 — 1 n

$$\alpha = 180^0 - \alpha_1 = 180^0 - 75^0 58'$$
$$\alpha = 104^0 2'.$$

$a^2 + b^2 - c^2$	0,7201 — 1
$2ab$	0,8928 — 1
$\cos\gamma$	0,8273 — 1

$$\gamma = 47^0 47'.$$

$c^2 + a^2 - b^2$	0,0337
$2ca$	0,0884
$\cos\beta$	0,9453 — 1

$$\beta = 28^0 9'.$$

$$\alpha + \beta + \gamma = 179^0 58'.$$

Die kleine Abweichung von 180^0 ist auf Ungenauigkeiten infolge der Abrundungen zurückzuführen.

Aufgaben

1. Man berechne die fehlenden Seiten und Winkel, wenn gegeben ist:

a) $a = 5{,}380$, $b = 2{,}460$, $\gamma = 74^0 48'$.
b) $a = 235{,}0$, $c = 229{,}4$, $\beta = 26^0$.
c) $a = 229{,}0$, $b = 109{,}0$, $c = 312{,}0$.
d) $a = 0{,}753$, $b = 0{,}436$, $c = 0{,}684$.

§ 76. Weitere Dreiecksformeln

Einen logarithmisch bequemeren Ausdruck zur Berechnung der Dreieckswinkel bei gegebenen Seiten liefert der sog. Halbwinkelsatz.

Aus $\cos\alpha = \dfrac{b^2 + c^2 - a^2}{2bc}$ folgt durch Addition von 1 auf beiden Seiten: $1 + \cos\alpha = \dfrac{b^2 + c^2 - a^2 + 2bc}{2bc} = \dfrac{(b+c)^2 - a^2}{2bc}$

oder

$$(1) \qquad 1 + \cos\alpha = \frac{(b + c + a)(b + c - a)}{2bc}.$$

Setzt man:

$$(2) \qquad s = \frac{a+b+c}{2}, \quad \text{so ist: } s - a = \frac{b+c-a}{2}, \qquad s - b = \frac{c+a-b}{2}, \quad s - c = \frac{a+b-c}{2}.$$

Verwendet man diese Schreibweise und beachtet, daß nach § 69, Formel (16b)

$$1 + \cos\alpha = 2\cos^2\frac{\alpha}{2}$$

ist, so folgt aus Gleichung (1):

$$2\cos^2\frac{\alpha}{2} = \frac{2s \cdot 2(s-a)}{2bc}.$$

(VI)
$$\cos\frac{\alpha}{2}=\sqrt{\frac{s(s-a)}{bc}}$$
$$\cos\frac{\beta}{2}=\sqrt{\frac{s(s-b)}{ca}}$$
$$\cos\frac{\gamma}{2}=\sqrt{\frac{s(s-c)}{ab}}$$

und durch zyklische Vertauschung:

Man entwickle in ähnlicher Weise aus:

$$1-\cos\alpha=\frac{a^2-b^2-c^2+2bc}{2bc}$$

die Formeln:

(VII)
$$\sin\frac{\alpha}{2}=\sqrt{\frac{(s-b)(s-c)}{bc}}$$
$$\sin\frac{\beta}{2}=\sqrt{\frac{(s-c)(s-a)}{ca}}$$
$$\sin\frac{\gamma}{2}=\sqrt{\frac{(s-a)(s-b)}{ab}}$$

und durch Division von $\sin\frac{\alpha}{2}$ durch $\cos\frac{\alpha}{2}$:

(VIII)
$$\operatorname{tg}\frac{\alpha}{2}=\sqrt{\frac{(s-b)(s-c)}{s(s-a)}}$$
$$\operatorname{tg}\frac{\beta}{2}=\sqrt{\frac{(s-c)(s-a)}{s(s-b)}}$$
$$\operatorname{tg}\frac{\gamma}{2}=\sqrt{\frac{(s-a)(s-b)}{s(s-c)}}$$

Formel für den Dreiecksinhalt

Aus $F=\frac{1}{2}a\cdot b\cdot\sin\gamma$ ergibt sich:

$$F=\frac{1}{2}a\cdot b\cdot 2\sin\frac{\gamma}{2}\cos\frac{\gamma}{2}$$

und unter Verwendung von Formel (VI) und (VII):

$$F=ab\sqrt{\frac{(s-a)(s-b)}{ab}}\sqrt{\frac{s(s-c)}{ab}}.$$

(IX) $$F=\sqrt{s(s-a)(s-b)(s-c)}$$ Heronische Inhaltsformel[1]).

[1]) Heron von Alexandria, zwischen 100 v. und 250 n. Chr.

§ 77. Aufgaben

1. Man wende auf die Aufgaben 1, c) und d) des § 75 den Halbwinkelsatz an und berechne außerdem den Flächeninhalt.

2. Abstecken eines Kreisbogens: Zwei Punkte A und B, deren Entfernung a bekannt ist, sind festgelegt. Es sollen zwischen A und B beliebig viele Punkte eines Kreisbogens eingeschaltet werden, von dem zwar der Radius r vorgeschrieben ist, dessen Mittelpunkt aber unzugänglich ist. Die Lage der Zwischenpunkte soll dadurch ermittelt werden, daß man ihre Entfernung von A berechnet (Abb. 36).

   Anleitung: Wenn P ein solcher Punkt ist, kann $\sphericalangle PAB = \alpha$ als gegeben angesehen werden. Man verwende den Satz: Der Mittelpunktswinkel eines Kreises ist doppelt so groß wie der Umfangswinkel über demselben Bogen.

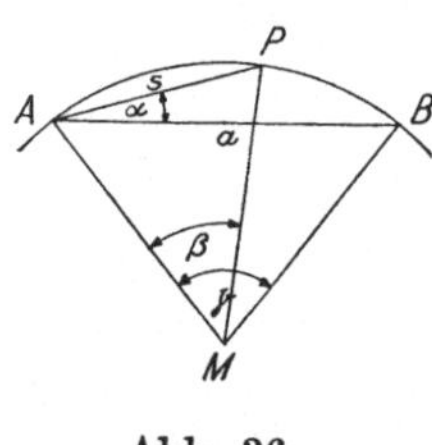

Abb. 36.

Abb. 37.

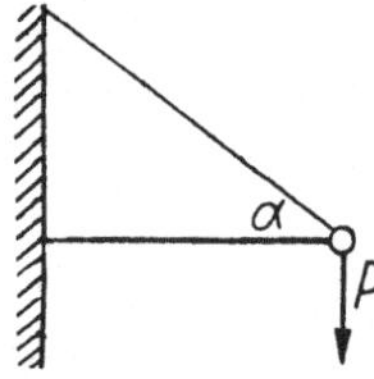

Abb. 38.

3. An dem Endpunkt eines Trägers hängt die Last $P = 1500$ kg. Man bestimme die Spannungen.
   Der Winkel zwischen den Stäben beträgt $\alpha = 67^0 15'$ (Abb. 37).

4. Ein horizontaler Flaschenzughalter (Abb. 38) wird durch eine Spannstange, die unter $\alpha = 35^0 30'$ nach oben geht, gehalten. Die Belastung beträgt $P = 0{,}8$ t. Man bestimme die Spannungen.

5. Um die Höhe eines Fesselballons L, der senkrecht über F schwebt, zu bestimmen, hat man von einer mit F in derselben horizontalen Ebene liegenden Standlinie $AB = c$ folgende Winkel gemessen: $\sphericalangle FAB = \alpha$, $\sphericalangle FBA = \beta$, $\sphericalangle FAL = \eta_1$ $\sphericalangle FBL = \eta_2$. Wie hoch schwebt der Ballon (sog. „Doppelanschnitt")?

   Zahlenbeispiel: $c = 420$ m, $\alpha = 48^0 37'$, $\beta = 66^0 28'$, $\eta_1 = 58^0 10'$, $\eta_2 = 63^0 4'$. (Abb. 39.)

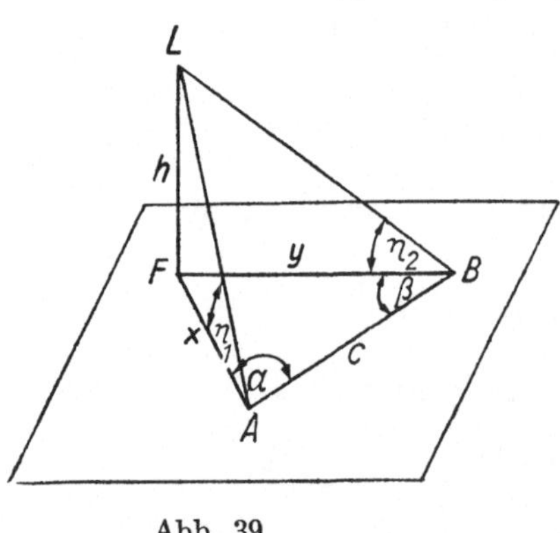

Abb. 39.

6. Die Länge eines Riemens ist zu berechnen, der straff um zwei Seilscheiben vom Radius R und $\frac{R}{2}$ gespannt ist, wenn der Achsenabstand der Scheiben $2R$ ist.

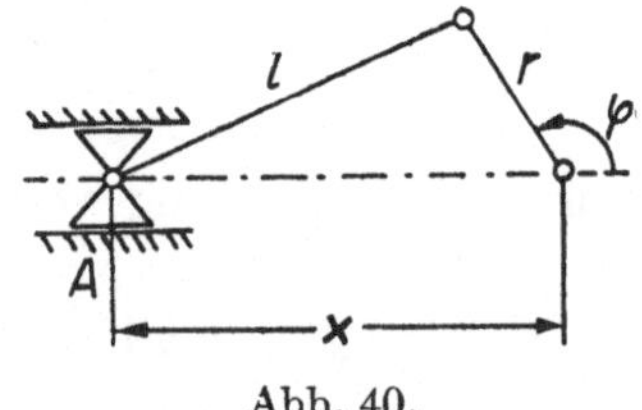

Abb. 40.

7. Für ein Kurbelgetriebe bestimme man die Lage x des Kreuzkopfes A als Funktion des Drehwinkels φ der Kurbel und stelle für den Fall $r = 4$ cm, $l = 6$ cm x als Funktion des Drehwinkels dar. Auf der Abszissenachse benutze man als Einheit für die Bogenlänge 2 cm.

Was ist über die Konstruktionsmöglichkeit einer Geradführung mit diesen Abmessungen zu sagen? Wie ändert sich die gezeichnete Kurve mit dem Verhältnis $r:l$? (Abb. 40.)

8. Gesucht ist die Größe und Richtung einer Kraft K, die den beiden Kräften $K_1 = 27{,}93$ kg, $K_2 = 35{,}88$ kg, die miteinander einen Winkel $\alpha = 58{,}15^0$ bilden, das Gleichgewicht hält.
9. Welche Winkel müssen drei Kräfte K_1, K_2, K_3 miteinander bilden, die sich zueinander wie $8:11:13$ verhalten, damit sie im Gleichgewicht sind?

XV. Komplexe Zahlen

§ 78. Imaginäre Zahlen

In § 34 haben wir die imaginäre Einheit:

(1) $$\boxed{\sqrt{-1} = i}$$

eingeführt. Wir können sie als eine der Wurzeln der Gleichung $x^2 + 1 = 0$ definieren. Setzt man fest, daß die Beziehung $\sqrt{a \cdot b} = \sqrt{a}\,\sqrt{b}$ auch für negative Radikanden gelten soll, so folgt:

(2) $$\boxed{\sqrt{-a} = i\sqrt{a}}$$

Definition: Eine rein imaginäre Zahl ist das Produkt von i und einer reellen Zahl.

Um mit diesen Zahlen rechnen zu können, hat man die weitere Vereinbarung getroffen, daß die für reelle Zahlen abgeleiteten Gesetze auch für die imaginären Zahlen gelten sollen[1]); dabei ist nur zu berücksichtigen, daß

(3) $$\boxed{i^2 = -1}$$

ist.

Beispiele: $ai \pm bi = (a \pm b)\,i, \qquad ai \cdot bi = abi^2 = -ab.$

Für das Potenzieren ist zu beachten:

$$i^2 = -1, \quad i^3 = -i, \quad i^4 = +1, \quad i^5 = i^4\,i = i,$$
$$i^6 = -1, \quad i^7 = -i, \quad i^8 = +1 \quad \text{usw.}$$

Allgemein:

(4) $$\boxed{i^{4n} = 1, \quad i^{4n+1} = i, \quad i^{4n+2} = -1, \quad i^{4n+3} = -i}$$

$$n = 0, \ \pm 1, \ \pm 2, \ldots$$

Bei Aufgaben mit imaginärem Divisor erweitert man entweder mit einer Potenz von i oder man multipliziert den Zähler mit $i^4 = 1$.

Beispiel: $\dfrac{1}{i} = \dfrac{i^3}{i^4} = -i \quad$ oder $\quad \dfrac{1}{i} = \dfrac{i^4}{i} = i^3 = -i.$

1) Nur die Festlegung des Vorzeichens von Wurzeln von S. 29 ist nicht übertragbar, desgleichen das Rechnen mit Ungleichungen.

Aus diesem Ergebnis $i^{-1} = -i$ folgt dann allgemein:

(5) $\boxed{i^{-n} = (i^{-1})^n = (-i)^n}$ $n = 0, \pm 1, \pm 2, \ldots$

Man prüfe nach, daß Gleichung (4) auch für negative ganze Exponenten gilt.

Aufgaben

1. $\sqrt{-x^4 y^3}$, $5\sqrt{-50}$. 2. i^{14}, $(-i)^{17}$, $-i^{18}$.

3. $\sqrt{-x^2}\sqrt{-y^2}$, $\sqrt{a}\sqrt{-a}$, $\sqrt{27}\sqrt{-\frac{8}{3}}$.

4. $\frac{1}{i^5} + \frac{1}{i^7}$, $\frac{ai}{\sqrt{-a^3}}$, $\frac{\sqrt{a-b}}{\sqrt{b-a}}$ für $a > b$.

§ 79. Komplexe Zahlen.

A. Begriff der komplexen Zahl (s. S. 42).

1. Definition. Eine komplexe Zahl ist die algebraische Summe einer reellen und einer rein imaginären Zahl; $a + bi$.

Erster Sonderfall: Ist $b = 0$, so erhält man die reelle Zahl a.

Zweiter Sonderfall: Ist $a = 0$, so erhält man die imaginäre Zahl bi.

Ergebnis: Die komplexen Zahlen umfassen alle bisher bekannten Zahlen. Die reellen und die rein imaginären Zahlen erscheinen dabei als Sonderfälle.

2. Definition. Unterscheiden sich zwei komplexe Zahlen nur durch das Vorzeichen der rein imaginären Zahl, so heißen sie konjugiert komplex; $a + bi$ und $a - bi$ sind also konjugiert komplex.

3. Definition. Sind zwei komplexe Zahlen $a + bi$ und $c + di$ einander gleich, so müssen ihre reellen und ihre imaginären Bestandteile gleich sein, also $a = c$, $b = d$.

B. Das Rechnen mit komplexen Zahlen

a) Addition und Subtraktion.

$$(a + bi) \pm (c + di) = (a \pm c) + (b \pm d)\, i.$$

Ergebnis: Komplexe Zahlen werden addiert oder subtrahiert, indem man ihre reellen und ihre imaginären Bestandteile für sich addiert oder subtrahiert.

b) Auch für Multiplikation und Division läßt man dieselben Rechengesetze gelten wie für die reellen Zahlen. So gelangt man beim Multiplizieren und Dividieren, einschließlich des Potenzierens mit positiven und negativen ganzen Exponenten, wieder zu komplexen Zahlen.

Man zeige das an den Beispielen: $(a + bi)(c + di)$ und $\frac{a + bi}{c + di}$.

Im letzten Fall erweitere man mit $c - di$ und beachte:

$$(c + di)(c - di) = c^2 + d^2$$

(s. auch § 34).

c) Nicht so einfach ist das Verfahren beim Ziehen der Quadratwurzel.

Es sei vorgelegt: $\sqrt{a+bi}$.

Nimmt man an, daß auch hier das Ergebnis eine komplexe Zahl ist, so kann man ansetzen:

$$\sqrt{a+bi} = c + di$$

oder quadriert:

$$a + bi = (c^2 - d^2) + 2cdi.$$

Nach der Definition 3 über die Gleichheit komplexer Zahlen folgt ein Gleichungssystem mit zwei Unbekannten:

$$c^2 - d^2 = a \qquad \text{oder} \qquad c^2 + (-d^2) = a$$

$$2cd = b \qquad\qquad c^2 \cdot (-d^2) = -\frac{b^2}{4}.$$

Bei der letzten Schreibweise kann man nach dem Viëtaschen Wurzelsatz c^2 und $(-d^2)$ als Wurzeln einer quadratischen Gleichung ansehen:

$$x^2 - ax - \frac{b^2}{4} = 0,$$

und findet daraus:

$$x_1 = c^2 = \frac{a}{2} + \frac{1}{2}\sqrt{a^2+b^2} \qquad x_2 = -d^2 = \frac{a}{2} - \frac{1}{2}\sqrt{a^2+b^2},$$

$$c_{1,2} = \pm\sqrt{\frac{1}{2}\left(\sqrt{a^2+b^2}+a\right)},$$

$$d_{1,2} = \pm\sqrt{\frac{1}{2}\left(\sqrt{a^2+b^2}-a\right)}.$$

Ist b positiv (negativ), so haben c und d gleiches (entgegengesetztes) Vorzeichen.

Beispiel: $\sqrt{i} = c + di$. Es ist $a = 0$, $b = 1$, folglich:

$$c_{1,2} = \pm\sqrt{\frac{1}{2}} = \pm\frac{1}{2}\sqrt{2}, \qquad d_{1,2} = \pm\frac{1}{2}\sqrt{2},$$

$$\sqrt{i} = \pm\frac{1}{2}\sqrt{2}\,(1+i).$$

Das Ziehen der n-ten Wurzel aus einer komplexen Zahl wird im § 84 behandelt.

Aufgaben

1. $(3+4i)(1-i)$, $\quad (3+2i\sqrt{2})(3-2i\sqrt{2})$.
2. $(3+i\sqrt{2})^2$, $\quad (1-i)^3$, $\quad (1+i)^4$.
3. $\dfrac{5}{1-2i}$, $\quad \dfrac{17-6i}{3-4i}$, $\quad \dfrac{\sqrt{3}+i\sqrt{2}}{\sqrt{3}-i\sqrt{2}}$. (Man erweitere mit der konjugierten Zahl.)
4. $\sqrt{2i}$, $\quad \sqrt{3-4i}$, $\quad \sqrt{-5+12i}$.

§ 80. Gaußsche Zahlenebene

a) Darstellung der imaginären Zahlen

Die reellen Zahlen werden bekanntlich den Punkten der Zahlengeraden zugeordnet. Zur Veranschaulichung der rein imaginären Zahlen errichtet man im Nullpunkt dieser Zahlengeraden die Senkrechte und trägt darauf wiederholt dieselbe Einheitsstrecke wie auf der Geraden für reelle Zahlen ab. Die so erhaltenen Teilpunkte bezeichnet man nach oben mit $+i$, $+2i$, $+3i$, ... nach unten mit $-i$, $-2i$, ...

b) Die komplexen Zahlen. 1. Darstellungsart

Um die Zahl $z = a + bi$ wiederzugeben, verfährt man ähnlich wie bei einem rechtwinkligen Koordinatensystem. Auf der waagerechten „reellen" Achse stellt man den reellen Teil a, auf der „imaginären" Achse die imaginäre Zahl bi dar. Die so erhaltenen Bildpunkte und der Achsenschnittpunkt bestimmen ein Rechteck, dessen vierter Eckpunkt die komplexe Zahl $a + bi$ wiedergibt (Abb. 41).

Beispiele: $3 + 4i$, $-4 + 3i$, $-3 - 2i$, $2 - i$.

Ergebnis: Während für die Darstellung der reellen und imaginären Zahlen je eine Gerade genügt, wird für die bildliche Wiedergabe der komplexen Zahlen die ganze Ebene gebraucht. Jedem Punkt der durch die reelle und imaginäre Achse festgelegten Ebene entspricht eine komplexe Zahl und umgekehrt (Gaußsche Zahlenebene).

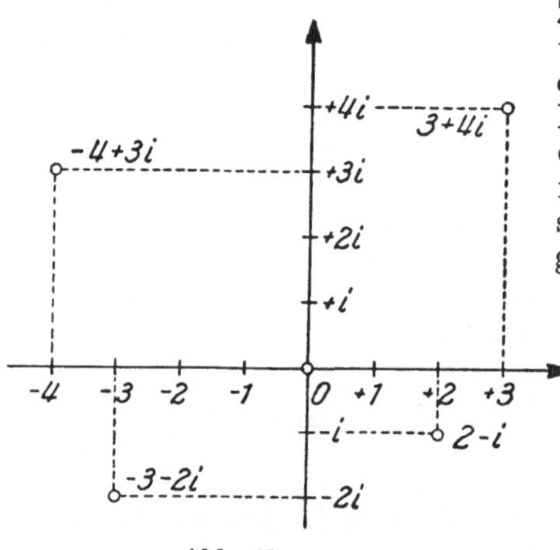

Abb. 41.

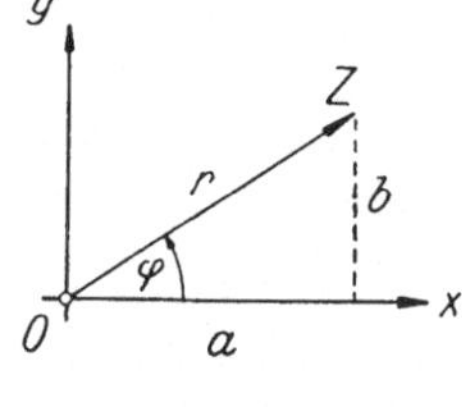

Abb. 42.

c) 2. Darstellungsart: Goniometrische Form

Verbindet man einen Punkt $Z \neq 0$ der Ebene mit dem Nullpunkt, so erhält man eine Strecke $OZ = r$, die gegen die waagerechte Achse einen Winkel φ einschließt, und zwar ist φ der Winkel, um den die positive, reelle Achse im positiven Sinne gedreht werden muß, um in die Lage OZ zu kommen; eine solche „gerichtete Größe" bezeichnet man als Vektor. Durch ihn kann die Zahl ebenfalls eindeutig festgelegt werden.

r: absoluter Betrag oder Modul, φ: Argument der komplexen Zahl, positiver Drehsinn in der Pfeilrichtung (Abb. 42). Es ist:

(1) $$r = |z| = \sqrt{a^2 + b^2}$$ (2) $$a = r \cos \varphi, \quad b = r \sin \varphi$$

(3) $$\operatorname{tg} \varphi = \frac{b}{a}$$

Aus den Vorzeichen von a und b ergibt sich, in welchem Quadranten φ liegen muß.

Demnach ist:

(4) $$\boxed{z = a + bi = r(\cos\varphi + i\sin\varphi)}$$

Beispiel: Man bringe $z = \sqrt{3} - i$ auf die goniometrische Form.

Lösung: Es ist $a = \sqrt{3}$, $b = -1$.

Aus den Vorzeichen folgt, daß der Punkt im 4. Quadranten liegen muß.

$$r = 2, \quad \operatorname{tg}\varphi = -\tfrac{1}{3}\sqrt{3}, \quad \text{folglich} \quad \varphi = 360^0 - 30^0 = 330^0,$$
$$z = 2(\cos 330^0 + i\sin 330^0).$$

Anmerkung: Die Gleichungen (2) ergeben wegen der Periodizität der goniometrischen Funktionen als vollständige Lösung: $\varphi + k \cdot 2\pi$ $(k = 0, \pm 1, \ldots)$. Diese Vieldeutigkeit hat im allgemeinen keine Bedeutung, da jede Vermehrung des Argumentes um 2π immer nur denselben Punkt Z liefert. Eine Ausnahme davon wird im § 84 besonders behandelt.

Aufgaben

Es sollen in goniometrischer Form dargestellt werden:

1. a) $1 - \sqrt{3}i$, b) $-1 - i$, c) $-3 + \sqrt{3}i$, d) $8 + 15i$.
2. a) i, b) -1, c) $-i$.

Man bringe die komplexe Zahl auf die Form $a + bi$, wenn gegeben ist:

3. a) $r = 3$, $\varphi = 30^0$. b) $r = 4$, $\varphi = 135^0$. c) $r = \frac{1}{2}$, $\varphi = 240^0$.
   d) $r = 9$, $\varphi = 330^0$. e) $r = 6$, $\varphi = 750^0$. f) $r = 8$, $\varphi = 1125^0$.

§ 81. Die vier Grundrechenarten in der Gaußschen Zahlenebene

a) Addition

Gegeben: $z_1 = a + bi$, $z_2 = c + di$.

Man bildet die Summe
$$z = z_1 + z_2 = (a + c) + (b + d)i.$$

Die Summe z kann entsprechend dieser rechnerischen Vorschrift gezeichnet werden.

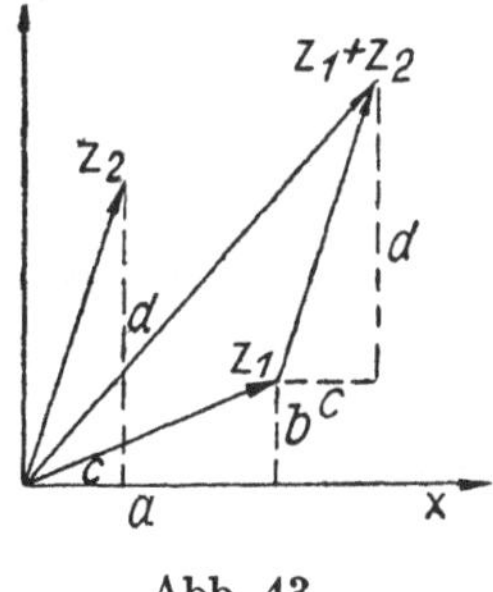

Abb. 43.

Ergebnis: Zwei komplexe Zahlen werden geometrisch addiert, indem man ihre Vektoren so aneinanderlegt, daß der Anfang des zweiten mit dem Endpunkt des ersten zusammenfällt (vgl. S. 1). (Addition von Vektoren, vgl. Kräfteparallelogramm.)

b) Subtraktion

Wo liegt die zur Zahl $z = a + bi$ entgegengesetzte Zahl?
$$-z = -(a + bi) = -a - bi.$$

Ergebnis: Die entgegengesetzte Zahl wird durch einen gleichgroßen aber entgegengesetzt gerichteten Vektor dargestellt. Mit Hilfe der entgegengesetzten Zahl führen wir die Subtraktion auf eine Addition zurück:

$$z = z_1 - z_2 = z_1 + (-z_2).$$

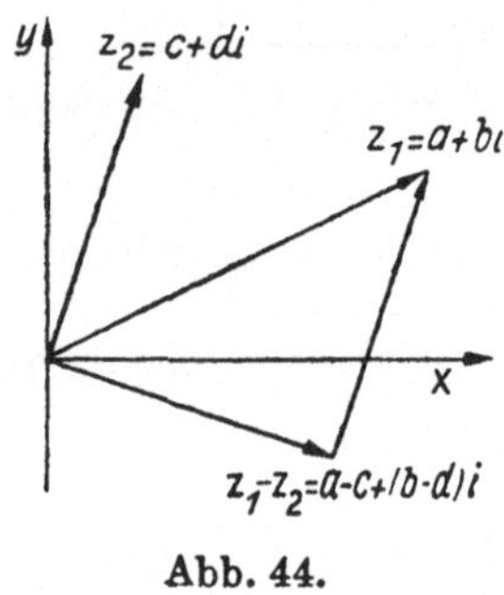

Abb. 44.

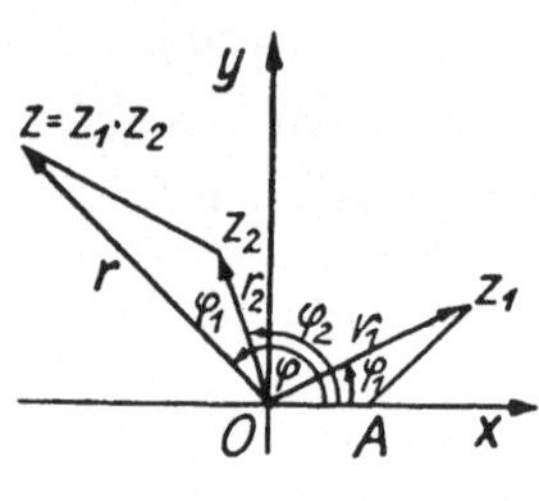

Abb. 45.

c) Multiplikation

$$z_1 = r_1 (\cos \varphi_1 + i \sin \varphi_1), \qquad z_2 = r_2 (\cos \varphi_2 + i \sin \varphi_2),$$

$$z = z_1 z_2 = r_1 r_2 [(\cos \varphi_1 \cos \varphi_2 - \sin \varphi_1 \sin \varphi_2) + i (\sin \varphi_1 \cos \varphi_2 + \cos \varphi_1 \sin \varphi_2)],$$

$$z = r_1 r_2 [\cos (\varphi_1 + \varphi_2) + i \sin (\varphi_1 + \varphi_2)] = r (\cos \varphi + i \sin \varphi),$$

wobei $r = r_1 r_2$ und $\varphi_1 + \varphi_2 = \varphi$ gesetzt ist.

Ergebnis: Komplexe Zahlen können so multipliziert werden, daß man ihre absoluten Beträge multipliziert und ihre Argumente addiert.

$$OZ_1 = r_1, \quad OZ_2 = r_2, \quad OZ = r,$$

$$\sphericalangle AOZ_1 = \sphericalangle Z_2OZ = \varphi_1, \quad AOZ_2 = \varphi_2.$$

Konstruktion: Die gegebenen Vektoren sind OZ_1 und OZ_2. Man verbinde Z_1 mit A ($OA = 1$). An OZ_2 trage man in O den Winkel φ_1 und in Z_2 den Winkel OAZ_1 an. Schnittpunkt der beiden freien Schenkel ist Z. OZ ist der gesuchte Vektor.

Beweis: $\sphericalangle AOZ = \varphi_1 + \varphi_2$,

$\triangle OAZ_1 \sim \triangle OZ_2Z$ (Übereinstimmung in 2 Winkeln),

folglich $OA : OZ_1 = OZ_2 : OZ$ oder $1 : r_1 = r_2 : r$ oder $r = r_1 r_2$.

Ergebnis: Da die neue Zahl durch eine Drehung und Streckung[1]) zustande kommt, spricht man von einer Drehstreckung. Multiplikation mit einer komplexen Zahl bedeutet demnach eine Drehstreckung. Zum Beispiel bewirkt Multiplikation mit i eine Drehung um $\frac{\pi}{2}$ im positiven Sinne.

---

[1]) „Streckung" im verallgemeinerten Sinne auch als Kürzung oder Stauchung aufgefaßt, wenn einer der Faktoren r kleiner als 1 wird.

d) Division

Man weise nach, daß gilt:

$$z = \frac{z_1}{z_2} = \frac{r_1(\cos\varphi_1 + i\sin\varphi_1)}{r_2(\cos\varphi_2 + i\sin\varphi_2)} = \frac{r_1}{r_2}[\cos(\varphi_1 - \varphi_2) + i\sin(\varphi_1 - \varphi_2)]$$
$$= r(\cos\varphi + i\sin\varphi),$$

wobei $r = \frac{r_1}{r_2}$, $\varphi = \varphi_1 - \varphi_2$ ist.

Anleitung: Man erweitere mit $(\cos\varphi_2 - i\sin\varphi_2)$.

Die Konstruktion verläuft entsprechend wie bei der Multiplikation. Man führe sie durch, wenn $\varphi_1 > \varphi_2$ ist, und beachte die Beziehung $r : r_1 = 1 : r_2$.

Ergebnis: Komplexe Zahlen können so dividiert werden, daß man ihre absoluten Beträge dividiert und ihre Argumente subtrahiert.

Aufgaben

Es soll berechnet werden:

1. a) $(\cos 30^0 + i\sin 30^0)(\cos 15^0 + i\sin 15^0)$,
   b) $(\cos 10^0 + i\sin 10^0)(\cos 50^0 + i\sin 50^0)$.
2. a) $(\cos 45^0 + i\sin 45^0) : (\cos 15^0 + i\sin 15^0)$,
   b) $(\cos 80^0 + i\sin 80^0) : (\cos 35^0 + i\sin 35^0)$,
   c) $1 : (\cos\alpha + i\sin\alpha)$.
   d) Der Vektor $3 + 4i$ ist um α. 45^0, β. 150^0, γ. 225^0 zu drehen und auf α. das Doppelte, β. das Dreifache, γ. die Hälfte zu strecken. Welche neuen Vektoren erhält man?

§ 82. Das Rechnen mit den absoluten Beträgen

a) Addition

Aus der Vektordarstellung der komplexen Zahl ist ersichtlich, daß bei $\varphi_1 \gtrless \varphi_2$ gilt: $r < r_1 + r_2$ oder $|z| = |z_1 + z_2| < |z_1| + |z_2|$.

Ist $\varphi_1 = \varphi_2$, oder, was dasselbe ist, $\frac{b}{a} = \frac{d}{c}$ $= \operatorname{tg}\varphi_1 = \operatorname{tg}\varphi_2$,

so gilt: $|z| = |z_1 + z_2| = |z_1| + |z_2|$.

Allgemein gilt: $|z_1 + z_2| \leqq |z_1| + |z_2|$.

Ist $|z_1| + |z_2| = 0$, so muß jeder Summand Null sein, und somit sind auch die Vektoren $z_1 = 0$ und $z_2 = 0$.

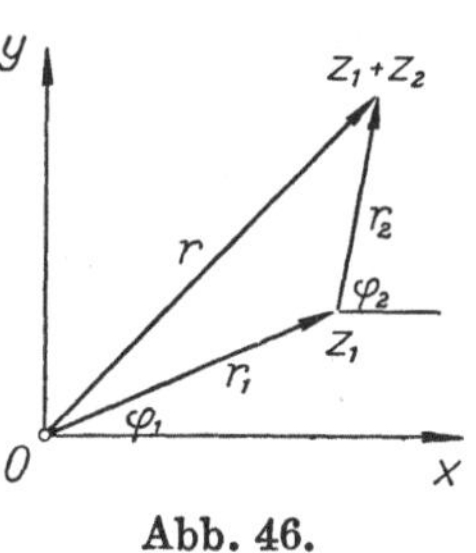

Abb. 46.

b) Subtraktion (s. Abb. 44)

$r + r_2 > r_1$ oder $r > r_1 - r_2$ oder $|z| > |z_1| - |z_2|$,

und da $|z| = |z_1 - z_2|$, folgt: $|z| = |z_1 - z_2| > |z_1| - |z_2|$.

Auch hier kann Gleichheit auftreten, wenn $\frac{b}{a} = \frac{d}{c}$ ist.

Ergebnis: $|z_1 - z_2| \geqq |z_1| - |z_2|$.

c) Multiplikation und Division (s. Abb. 45)

Aus der Vektordarstellung läßt sich unmittelbar ablesen:

$$r = r_1 r_2$$

oder: $|z| = |z_1 z_2| = |z_1| \cdot |z_2|$

und ebenso: $|z| = |z_1 : z_2| = |z_1| : |z_2|$.

§ 83. Der Satz von Moivre

a) Die Verallgemeinerung der Multiplikationsformel

Behauptung:

$$z_1 z_2 z_3 \ldots z_n = r_1 r_2 r_3 \ldots r_n [\cos(\varphi_1 + \varphi_2 + \ldots + \varphi_n) + i \sin(\varphi_1 + \varphi_2 + \ldots + \varphi_n)].$$

Beweis (durch vollständige Induktion).

Angenommen die Formel wäre richtig, dann wollen wir vorübergehend dafür schreiben:

$$z_1 z_2 \ldots z_n = r_1 r_2 \ldots r_n (\cos \alpha + i \sin \alpha).$$

Nach Multiplikation mit $z_{n+1} = r_{n+1}(\cos \varphi_{n+1} + i \sin \varphi_{n+1})$ ist:

$$z_1 z_2 \ldots z_{n+1} = r_1 r_2 \ldots r_{n+1} [\cos(\alpha + \varphi_{n+1}) + i \sin(\alpha + \varphi_{n+1})]$$
$$= r_1 r_2 \ldots r_{n+1} [\cos(\varphi_1 + \varphi_2 + \ldots + \varphi_{n+1}) + i \sin(\varphi_1 + \varphi_2 + \ldots + \varphi_{n+1})].$$

Gilt demnach der Satz für n Faktoren, so ist er auch für $(n+1)$ Faktoren richtig. Für zwei Faktoren war er bewiesen, demnach gilt er auch für 3, 4 ... also beliebig viele Faktoren.

b) Der Satz von Moivre

Setzt man in der eben bewiesenen Formel

$$r_1 = r_2 = \ldots = r_n = 1 \quad \text{und} \quad \varphi_1 = \varphi_2 = \varphi_3 = \ldots = \varphi_n = \varphi,$$

so erhält man:

$$\boxed{(\cos \varphi + i \sin \varphi)^n = \cos n\varphi + i \sin n\varphi} \qquad n = 0, +1, +2, \ldots$$

Das ist der Satz von Moivre[1]).

c) Erweiterung des Satzes auf negative und gebrochene Exponenten

1. Es ist $\quad (\cos \varphi + i \sin \varphi)^{-n} = \dfrac{1}{(\cos \varphi + i \sin \varphi)^n}.$

Man erweitere mit $(\cos \varphi - i \sin \varphi)^n$ und beachte, daß

$$\cos(-\varphi) = \cos \varphi \quad \text{und} \quad \sin(-\varphi) = -\sin \varphi \quad \text{ist:}$$

---

[1]) Er hat in der Literatur diesen Namen, obwohl er in dieser Form 1748 von dem deutschen Mathematiker Euler ausgesprochen wurde.

$$(\cos\varphi + i\sin\varphi)^{-n} = \frac{(\cos\varphi - i\sin\varphi)^n}{(\cos^2\varphi + \sin^2\varphi)^n} = (\cos\varphi - i\sin\varphi)^n$$
$$= [\cos(-\varphi) + i\sin(-\varphi)]^n$$
$$= \cos(-n\varphi) + i\sin(-n\varphi) = \cos n\varphi - i\sin n\varphi.$$

2. $(\cos\varphi + i\sin\varphi)^{\frac{p}{q}} = \cos\frac{p}{q}\varphi + i\sin\frac{p}{q}\varphi$; p und q sollen positive oder negative ganze Zahlen sein.

Beweis: Nach dem Satz von Moivre ist:

$$\cos\varphi + i\sin\varphi = \left(\cos\frac{\varphi}{q} + i\sin\frac{\varphi}{q}\right)^q.$$

Man ziehe die q-te Wurzel:

$$\sqrt[q]{\cos\varphi + i\sin\varphi} = (\cos\varphi + i\sin\varphi)^{\frac{1}{q}} = \cos\frac{\varphi}{q} + i\sin\frac{\varphi}{q}$$

und potenziere diese Gleichung mit p:

$$(\cos\varphi + i\sin\varphi)^{\frac{p}{q}} = \cos\frac{p}{q}\varphi + i\sin\frac{p}{q}\varphi.$$

Ergebnis: Der Satz von Moivre gilt für positive und negative ganze wie gebrochene Exponenten.

Näheres über gebrochene Exponenten siehe § 84.

Beispiel:

$$(1 - i)^{13} = \sqrt{2}^{13}(\cos 315^0 + i\sin 315^0)^{13}$$
$$= 2^6\sqrt{2}\,[\cos(11\cdot 360^0 + 135^0) + i\sin(11\cdot 360^0 + 135^0)]$$
$$= 2^6\sqrt{2}\,[(-\cos 45^0 + i\sin 45^0)] = 2^6\sqrt{2}\,(-\tfrac{1}{2}\sqrt{2} + i\tfrac{1}{2}\sqrt{2}).$$
$$(1 - i)^{13} = 2^6(-1 + i) = -64 + 64i.$$

Aufgaben

1. a) $(1 + i)^8$, b) $(\sqrt{3} + i)^9$, c) $(-\frac{1}{2} + \frac{1}{2}\sqrt{3}i)^6$.
2. a) Warum ist die folgende Rechnung falsch?
   $(-\cos 50^0 + i\sin 50^0)^6 = -\cos 300^0 + i\sin 300^0 = -\cos 60^0 - i\sin 60^0$
   $= -\frac{1}{2} - \frac{1}{2}\sqrt{3}\,i.$
   b) Ist folgende Rechnung richtig?
   $(\cos 50^0 - i\sin 50^0)^6 = \cos 300^0 - i\sin 300^0 = \frac{1}{2} + \frac{1}{2}\sqrt{3}\,i.$
   c) Wie muß man $(-\cos 50^0 - i\sin 50^0)^6$ berechnen?

Anwendung: In der Goniometrie haben wir $\sin 2\alpha$ und $\cos 2\alpha$ durch den einfachen Winkel α ausgedrückt. Durch goniometrische Beziehungen lassen sich auch die Funktionen der dreifachen, vierfachen ... Winkel durch den einfachen Winkel darstellen, aber immer nur von Fall zu Fall, ohne die Möglichkeit, eine allgemeine Formel aufzustellen. Man gewinnt diese aber aus der goniometrischen Form der komplexen Zahlen.

Der Ausdruck $(\cos\varphi + i\sin\varphi)^n$ läßt sich für positive ganze n entweder nach dem Moivreschen oder nach dem binomischen Satz entwickeln. Das führt zu der identischen Gleichung:

$$\cos n\varphi + i\sin n\varphi$$
$$= \cos^n\varphi + i\binom{n}{1}\cos^{n-1}\varphi\sin\varphi + i^2\binom{n}{2}\cos^{n-2}\varphi\sin^2\varphi + \ldots + i^n\binom{n}{n}\sin^n\varphi.$$

Berücksichtigt man die Werte für i^k und ordnet man nach reellen und imaginären Bestandteilen, so folgt:

$$\cos n\varphi + i \sin n\varphi$$
$$= \cos^n\varphi - \binom{n}{2}\cos^{n-2}\varphi\cdot\sin^2\varphi + \binom{n}{4}\cos^{n-4}\varphi\cdot\sin^4\varphi - + \ldots$$
$$+ i\left[\binom{n}{1}\cos^{n-1}\varphi\cdot\sin\varphi - \binom{n}{3}\cos^{n-3}\varphi\cdot\sin^3\varphi + - \ldots\right].$$

Zwei komplexe Zahlen sind aber einander gleich, wenn ihre reellen und imaginären Teile gleich sind:

$$\cos n\varphi = \cos^n\varphi - \binom{n}{2}\cos^{n-2}\varphi\cdot\sin^2\varphi + \binom{n}{4}\cos^{n-4}\varphi\cdot\sin^4\varphi - + \ldots$$
$$\sin n\varphi = \binom{n}{1}\cos^{n-1}\varphi\cdot\sin\varphi - \binom{n}{3}\cos^{n-3}\varphi\cdot\sin^3\varphi + - \ldots$$

Beispiele:

a) $n = 2$: $\cos 2\alpha = \cos^2\alpha - \sin^2\alpha, \quad \sin 2\alpha = 2\sin\alpha\cos\alpha.$

b) $n = 3$: $\cos 3\alpha = \cos^3\alpha - \binom{3}{2}\cos\alpha\sin^2\alpha = \cos^3\alpha - 3\cos\alpha\sin^2\alpha$

$$= 4\cos^3\alpha - 3\cos\alpha,$$

$$\sin 3\alpha = 3\cos^2\alpha\sin\alpha - \sin^3\alpha = 3\sin\alpha - 4\sin^3\alpha.$$

Man berechne die Winkelfunktionen weiterer Vielfacher von α. Ferner drücke man $\operatorname{tg} 3\alpha$ durch $\operatorname{tg}\alpha$ aus.

§ 84. Das Radizieren einer komplexen Zahl

Wegen der Periodizität der Winkelfunktionen kann man schreiben:

$$(\cos\varphi + i\sin\varphi)^n = [\cos(\varphi + k\cdot 2\pi) + i\sin(\varphi + k\cdot 2\pi)]^n$$
$$= \cos(n\varphi + nk\cdot 2\pi) + i\sin(n\varphi + nk\cdot 2\pi).$$
$$k = 0, \quad \pm 1, \quad \pm 2, \ldots$$

Da nun $n\cdot k$ ganzzahlig ist, wenn n eine ganze Zahl ist, ergibt sich wieder:

$$(\cos\varphi + i\sin\varphi)^n = \cos n\varphi + i\sin n\varphi.$$

Das Ergebnis des Potenzierens einer komplexen Zahl mit einer ganzen Zahl ist eindeutig.

Ist dagegen n ein ganzzahliger Wurzelexponent, so hat das periodische Verhalten einen wesentlichen Einfluß auf das Ergebnis.

$$\sqrt[n]{a+bi} = \sqrt[n]{r[\cos(\varphi + k\cdot 2\pi) + i\sin(\varphi + k\cdot 2\pi)]}$$
$$= r^{\frac{1}{n}}\left[\cos(\varphi + k\cdot 2\pi) + i\sin(\varphi + k\cdot 2\pi)\right]^{\frac{1}{n}}$$

$$\sqrt[n]{a+bi} = r^{\frac{1}{n}}\left[\cos\left(\frac{\varphi}{n} + k\frac{2\pi}{n}\right) + i\sin\left(\frac{\varphi}{n} + k\frac{2\pi}{n}\right)\right]$$

Setzt man jetzt $k = 0, 1, 2, \ldots n - 1$, so erhält man n verschiedene Wurzeln. Für $k = n$ erhält man denselben Wert wie für $k = 0$, und setzt man $k = n + 1, n + 2, \ldots$, so wiederholen sich die ersten n Wurzeln.

Die Wurzel für $k = 0$ nennt man, falls $0 \leqq \varphi < 2\pi$ ist, den Hauptwert.

Satz: Jede n-te Wurzel hat n verschiedene Werte.

Beispiel:

$$z = \sqrt[4]{-\frac{1}{2} + \frac{1}{2}\sqrt{3}\,i} = \sqrt[4]{\cos 120^0 + i \sin 120^0}$$

$$= \cos\frac{120^0 + k\,360^0}{4} + i \sin\frac{120^0 + k\,360^0}{4}$$

$$= \cos(30^0 + k\,90^0) + i \sin(30^0 + k\,90^0).$$

$k = 0$: $z_1 = \cos 30^0 + i \sin 30^0 = \frac{1}{2}\sqrt{3} + \frac{1}{2} i$,

$k = 1$: $z_2 = \cos 120^0 + i \sin 120^0 = -\frac{1}{2} + \frac{1}{2}\sqrt{3}\, i$,

$k = 2$: $z_3 = \cos 210^0 + i \sin 210^0 = -\frac{1}{2}\sqrt{3} - \frac{1}{2} i$,

$k = 3$: $z_4 = \cos 300^0 + i \sin 300^0 = \frac{1}{2} - \frac{1}{2}\sqrt{3}\, i$,

$k = 4$: wie $k = 0$.

Wählt man die Punktdarstellung für die komplexen Zahlen, so liegen die 4 Punkte, die sich als Lösung ergeben, auf einem Kreis mit dem Radius 1 und bilden die Ecken eines Quadrates. Deutet man die komplexen Zahlen als Vektoren, so erscheinen die vier Werte als die nach den Quadratecken gehenden Radien.

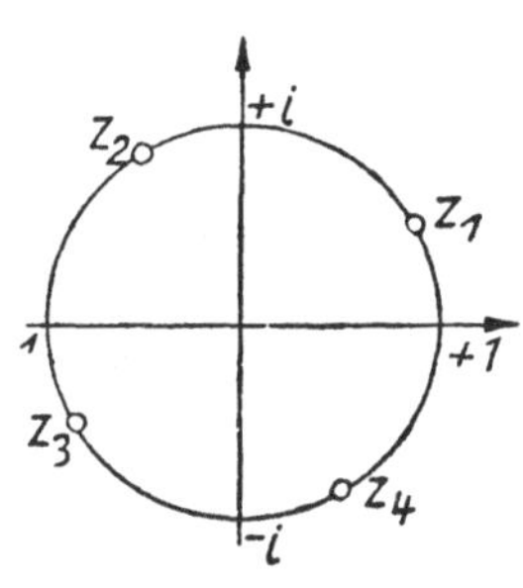

Abb. 47.

Aus der goniometrischen Darstellung von $\sqrt[n]{a + bi}$ ergibt sich ganz allgemein: In der komplexen Zahlenebene liegen alle die Wurzelwerte darstellenden Punkte auf einem Kreis mit dem Radius $\sqrt[n]{r}$. Vom Hauptwert aus hat man immer um denselben Winkel $\frac{360^0}{n}$ weiterzugehen, bis man wieder zum Hauptwert gelangt.

Ergebnis: Die n Lösungen lassen sich graphisch durch n Punkte darstellen, die die Ecken eines regelmäßigen n-Eckes bilden, das dem Kreis um den Anfangspunkt mit dem Radius $\sqrt[n]{r}$ einbeschrieben ist.

Aufgaben

Man berechne und stelle graphisch dar:

1. a) $\sqrt[3]{\cos 135^0 + i \sin 135^0}$, b) $\sqrt[5]{\cos 30^0 - i \sin 30^0}$.

2. a) $\sqrt{i}$, b) $\sqrt{-1 + i\sqrt{3}}$, c) $\sqrt[3]{-1 - i}$, d) $\sqrt[3]{\sqrt{6} + \sqrt{2}\, i}^{\,2}$.

3. Man beweise den Satz: Die Summe je zweier entsprechenden n-ten Wurzeln aus zwei konjugiert komplexen Zahlen besitzt n voneinander verschiedene reelle Werte.

§ 85. Die binomische Gleichung

A. Es sollen die Wurzeln der binomischen Gleichung $x^n = 1$ ermittelt werden.

Lösung: Es ist $1 = \cos 0^0 + i \sin 0^0 = \cos k \cdot 360^0 + i \sin k \cdot 360^0$,

daher: $$x = \sqrt[n]{1} = \cos k \frac{360^0}{n} + i \sin k \frac{360^0}{n} \qquad k = 0, 1, 2, \ldots, n-1.$$

1. Ergebnis: Die binomische Gleichung hat n verschiedene Wurzeln. Die n-ten Wurzeln aus 1 heißen die n-ten Einheitswurzeln.

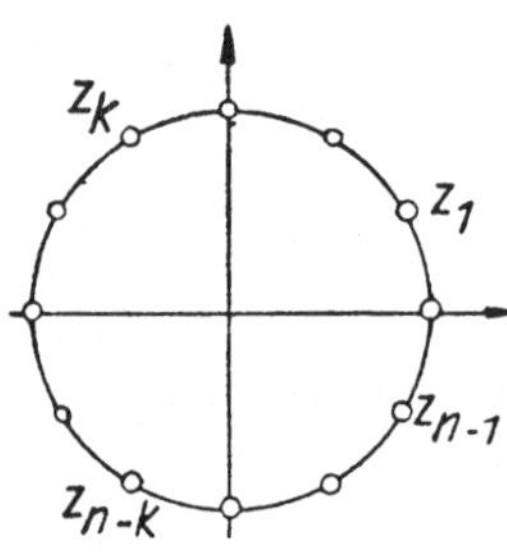

Abb. 48.

Eine Wurzel ist stets $x_1 = 1$. Graphisch gedeutet liegt dieser Wert als ein Eckpunkt des regelmäßigen n-Eckes auf der reellen Achse. Ist n gerade, so ist das Vieleck zentralsymmetrisch, also gibt es noch einen zweiten Punkt auf der reellen Achse; das kann nur $x_2 = -1$ sein. Ist n ungerade, kann es keinen zweiten Punkt auf der reellen Achse geben.

2. Ergebnis: Die Gleichung $x^n = 1$ hat eine oder zwei reelle Lösungen, je nachdem n ungerade oder gerade ist. Da die reelle Achse stets Symmetrieachse ist, sind die nichtreellen Einheitswurzeln paarweise konjugiert komplex.

Aus der graphischen Darstellung folgt sofort:

3. Ergebnis: Die Einheitswurzeln für k und $(n - k)$ sind jedesmal konjugiert komplex.

Aufgabe: Man weise das Ergebnis 3 auch rechnerisch nach.

Die n-te Einheitswurzel

$$\cos k \frac{360^0}{n} + i \sin k \frac{360^0}{n}$$

läßt sich nach dem Moivreschen Satz auch in der Form schreiben:

$$\left(\cos \frac{360^0}{n} + i \sin \frac{360^0}{n}\right)^k$$

$$k = 0, 1, 2, 3, \ldots n - 1.$$

Das ergibt den Satz:

Alle n-ten Einheitswurzeln lassen sich als Potenzen einer einzigen, geeignet gewählten darstellen.

Aufgaben

1. Man berechne alle Wurzeln der binomischen Gleichungen:

a) $x^3 = 1$, b) $x^4 = 1$, c) $x^5 = 1$.

B. Die Lösung ist sofort anwendbar auf die allgemeinere Form der binomischen Gleichung $x^n = a$ (a positive Zahl).

Man kann dafür schreiben: $x^n = a \cdot 1$, also:

$$x = \sqrt[n]{a}\,\sqrt[n]{1}, \qquad x = a^{\frac{1}{n}}\left(\cos k \cdot \frac{360^0}{n} + i \sin k \cdot \frac{360^0}{n}\right).$$

C. $$x^n = -1 \quad \text{oder} \quad x = \sqrt[n]{-1}$$

hat als Lösungen:

$$x = \cos\frac{180^0 + k \cdot 360^0}{n} + i \sin\frac{180^0 + k \cdot 360^0}{n},$$

$$x = \cos\frac{(2k+1)\,180^0}{n} + i \sin\frac{(2k+1)\,180^0}{n}.$$

$x^n = -a$ (a ist eine positive Zahl) besitzt als Lösungen:

$$x = a^{\frac{1}{n}}\left[\cos\frac{(2k+1)\,180^0}{n} + i \sin\frac{(2k+1)\,180^0}{n}\right].$$

D. Die allgemeinste Form der binomischen Gleichung lautet:

$$x^n = a + b i.$$

Nach § 84 erhält man die n Lösungen:

$$\boxed{\sqrt[n]{a+bi} = r^{\frac{1}{n}}\left[\cos\left(\frac{\varphi}{n} + k \cdot \frac{360^0}{n}\right) + i \sin\left(\frac{\varphi}{n} + k \cdot \frac{360^0}{n}\right)\right]}$$

$$k = 0,\ 1,\ \ldots\ n-1.$$

Beachtet man das Multiplikationsgesetz (§ 81c), so kann der Ausdruck in der eckigen Klammer in ein Produkt von zwei Faktoren zerlegt werden:

$$\boxed{\sqrt[n]{a+bi} = r^{\frac{1}{n}}\left(\cos\frac{\varphi}{n} + i \sin\frac{\varphi}{n}\right)\left(\cos\frac{k \cdot 360^0}{n} + i \sin\frac{k \cdot 360^0}{n}\right)}$$

Ergebnis: Man erhält die n Lösungen von $x = \sqrt[n]{a+bi}$, wenn man den Hauptwert (vgl. § 84) der Reihe nach mit allen n-ten Einheitswurzeln multipliziert.

Aufgaben

2. Man berechne alle Wurzeln der binomischen Gleichungen:

a) $x^3 = 8$, b) $x^3 = -1$, c) $x^4 = -1$, d) $x^5 = -243$

e) $x^4 = \frac{1}{2}(-1 + i\sqrt{3})$.

Die Konstruktion der n-ten Einheitswurzeln führt zu der Aufgabe, einen Kreis in n gleiche Teile zu teilen. Man nennt die binomischen Gleichungen deshalb auch „Kreisteilungsgleichungen".

In der griechischen Mathematik betrachtete man Konstruktionen, die nur mit „Zirkel und Lineal" ausführbar sind, d. h. solche Aufgaben, deren Lösung man durch Zeichnen einer endlichen Anzahl von Geraden und Kreisen erhalten kann. In diesem Sinne ist z. B. die Dreiteilung eines beliebigen Winkels (Trisektion des Winkels) oder die Konstruktion der Kante eines Würfels, der den doppelten Inhalt eines gegebenen hat (Delisches Problem) oder die Konstruktion eines Quadrates, das inhaltsgleich einem gegebenen Kreise ist, nicht möglich.

Gauß hat nun die Möglichkeit, einen Kreis in n gleiche Teile mit Zirkel und Lineal zu teilen oder, was dasselbe ist, ein regelmäßiges n-Eck auf diese Weise zu konstruieren, untersucht und ist (1801) zu folgenden Ergebnissen gekommen:

Ein regelmäßiges n-Eck läßt sich mit Zirkel und Lineal konstruieren, wenn n

1. von der Form 2^m $(m = 1, 2, 3, \ldots)$ oder
2. eine Primzahl von der Form $2^{(2^k)} + 1$, $(k = 0, 1, 2, \ldots)$, oder
3. ein Produkt von lauter verschiedenen derartigen Faktoren ist.

Beispiele zu 1. 4, 8, 16 . . . . Eck,

2. 3, 5, 17, 257 . . . . „ ,

3. 6, 10, 12, 15, 34 . . . „ .

Nicht konstruierbar mit Zirkel und Lineal: 7, 9, 11, 13, 14, 18, ... Eck.

Die Frage, für welche k-Werte $2^{(2^k)} + 1$ eine Primzahl ist, ist noch nicht allgemein beantwortet.

Zusammenfassung: Wir haben die vier Grundrechenarten und das Potenzieren mit ganzen und gebrochenen Exponenten für komplexe Zahlen ausgeführt. Es fehlt noch das Potenzieren mit irrationalen Exponenten, das auch wieder komplexe Zahlen ergibt; auf den Beweis muß hier verzichtet werden.

Ergebnis: Das Potenzieren komplexer Zahlen mit beliebigen reellen Exponenten liefert wieder komplexe Zahlen.

Einen vollständigen Abschluß der Arithmetik erhält man aber erst, wenn noch gezeigt werden kann, daß auch das Potenzieren komplexer Zahlen mit komplexen Exponenten und das Logarithmieren komplexer Zahlen ausführbar ist und wieder nur auf komplexe Zahlen führt, die Einführung weiterer neuer Zahlen demnach unnötig ist. Dieser Beweis kann hier nicht gegeben werden; er ist mit Hilfe der Eulerschen Gleichung möglich, die eine Beziehung zwischen der Exponentialfunktion und den goniometrischen Funktionen aufzeigt.

Analytische Geometrie der Ebene

XVI. Die Strecke

Unseren Betrachtungen soll nur das schon bekannte rechtwinklige Koordinatensystem zugrunde gelegt werden. Die x-Achse ist die Abszissenachse, die y-Achse die Ordinatenachse. Der Achsenschnittpunkt heißt Koordinatenursprung oder Nullpunkt des Systems.

§ 86. Länge und Richtung einer Strecke

Aufgabe: Gegeben sind zwei Punkte $P_1\,(x_1, y_1)$ und $P_2\,(x_2, y_2)$ Man berechne:

a) die Länge der Strecke P_1P_2,
b) ihre Richtung, d. h. den Winkel, den sie mit der positiven Richtung der x-Achse bildet.

Lösung: Aus der Zeichnung folgt

a) mittels des Pythagoreischen Lehrsatzes:

(1) $$\boxed{P_1P_2 = r = \sqrt{(x_2 - x_1)^2 + (y_2 - y_1)^2}}$$

b) für den Anstieg:

(2) $$\boxed{\operatorname{tg}\alpha = \frac{y_2 - y_1}{x_2 - x_1}}$$

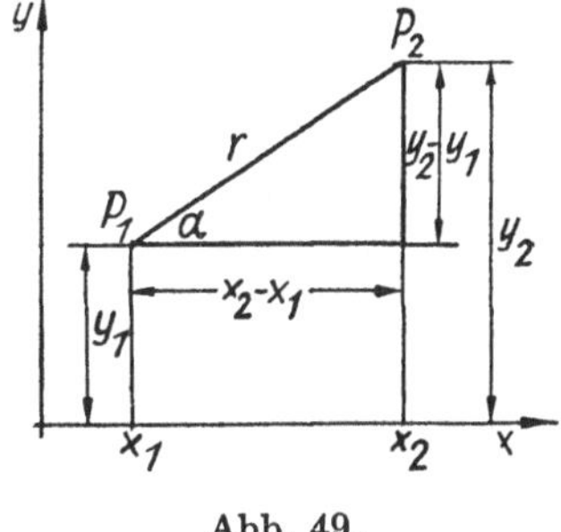

Abb. 49.

Formel (1) bestimmt r eindeutig, da r als bloße Maßzahl eine absolute Zahl ist. Bei Formel (2) erzielt man Eindeutigkeit (Beschränkung auf die Winkel von 0^0 bis 180^0), wenn man festsetzt, daß α der Winkel ist, den die positive Richtung der x-Achse mit der nach oben gehenden Strecke bildet. Die Ergebnisse in (1) und (2) bleiben auch dieselben, wenn man die Bezeichnung der Endpunkte vertauscht. Man mache sich das selbst durch Vertauschung der Indizes klar.

Hat man es mit gerichteten Strecken (Vektoren) zu tun, so umfaßt α die Winkel von 0^0 bis 360^0, und Formel (2) ergibt α nicht mehr eindeutig. Man muß dann noch eine der folgenden Formeln zu Hilfe nehmen und hat auf die Reihenfolge der Indizes zu achten (Koordinate des Endpunktes minus Koordinate des Anfangspunktes):

(3) $$\boxed{\sin\alpha = \frac{y_2 - y_1}{r}, \qquad \cos\alpha = \frac{x_2 - x_1}{r}}$$

Aus den Vorzeichen von (2) und einer der Formeln (3) ersieht man eindeutig die Lage der gerichteten Strecke (s. S. 83, Fußnote).

Diese wie die folgenden Formeln sind nicht auf den 1. Quadranten beschränkt, sie haben **allgemeine Gültigkeit.**

Folgerung aus Formel (2): Bildet ein dritter Punkt P_3 (x_3, y_3) mit P_1 oder P_2 denselben Wert für $\operatorname{tg}\alpha$ wie P_1P_2, so müssen die drei Punkte auf einer Geraden liegen.

Satz: Liegen drei Punkte P_1 (x_1, y_1), P_2 (x_2, y_2), P_3 (x_3, y_3) auf einer Geraden, so ist die Bedingung dafür:

$$\boxed{\frac{y_2-y_1}{x_2-x_1}=\frac{y_3-y_1}{x_3-x_1} \quad \text{oder} \quad =\frac{y_3-y_2}{x_3-x_2}} \tag{4}$$

1. **Beispiel:** Gegeben die Punkte P_1(3, —5) und P_2 (—2, 7). Gesucht: a) die Länge P_1P_2, b) der Anstiegswinkel α.

Lösung: a) $r=\sqrt{(-2-3)^2+[7-(-5)]^2}=\sqrt{(-5)^2+(12)^2}$

$$=\sqrt{169}=13,$$

b) $\operatorname{tg}\alpha=\frac{12}{-5}=-2{,}4, \qquad \alpha=180^0-67{,}38^0=112{,}62^0.$

2. **Beispiel:** Man bestimme die Richtung des Vektors $\overrightarrow{P_1P_2}$ für P_1(—2, 3) und P_2(+5, —4).

Lösung: $P_1P_2=7\sqrt{2}, \qquad \operatorname{tg}\alpha=\frac{-7}{+7}=-1,$

$$\sin\alpha=\frac{-7}{7\sqrt{2}}=-\frac{1}{2}\sqrt{2}.$$

Tangens- und Sinusfunktion sind nur im 4. Quadranten gleichzeitig negativ, also ist: $\alpha=315^0$.

§ 87. Innere und äußere Teilung einer Strecke

a) Bei den Formeln (1) und (2) spielte die Wahl des Anfangspunktes der Strecke keine Rolle. In gewissen Fällen ist es aber zweckmäßig, die Richtung, in der eine Strecke durchlaufen wird, zu berücksichtigen und eine bestimmte Reihenfolge ihrer Endpunkte beizubehalten.

Es ist dann:

$$\overrightarrow{AB}=-\overrightarrow{BA} \quad \text{oder} \quad \overrightarrow{AB}+\overrightarrow{BA}=0.$$

Nach Abb. (50) würde dann sein:

$$P_1'P_2'=x_2-x_1, \qquad P_2'P_1'=-(x_2-x_1)=x_1-x_2$$

und $$P_1''P_2''=y_2-y_1, \qquad P_2''P_1''=-(y_2-y_1)=y_1-y_2.$$

b) Es sei an den Satz der Geometrie erinnert (Strahlensatz): Werden Strahlen von Parallelen geschnitten, so verhalten sich die Abschnitte auf dem einen wie entsprechende Abschnitte auf dem anderen Strahl (Abb. 51).

$$A_1A_2:A_2A_3:A_3A_4=B_1B_2:B_2B_3:B_3B_4.$$

c) Aufgabe: Eine gegebene Strecke P_1P_2 soll im Verhältnis $m:n = \lambda$ geteilt werden (Abb. 50).

Lösung: Diese Aufgabe hat, wie in der elementaren Geometrie gewöhnlich gesagt wird, zwei Lösungen. Es gibt einen inneren Teilpunkt P und einen äußeren Q. Hier werde definiert (man beachte die Reihenfolge der Punkte):

Inneres Teilverhältnis: $P_1P : PP_2$,
Äußeres „ : $P_1Q : QP_2$.

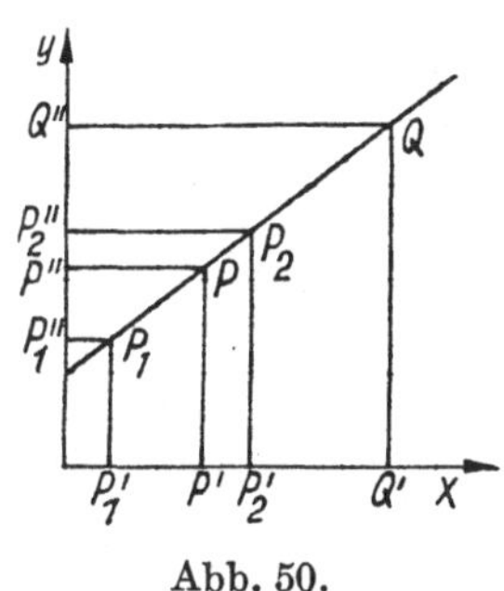

Abb. 50.

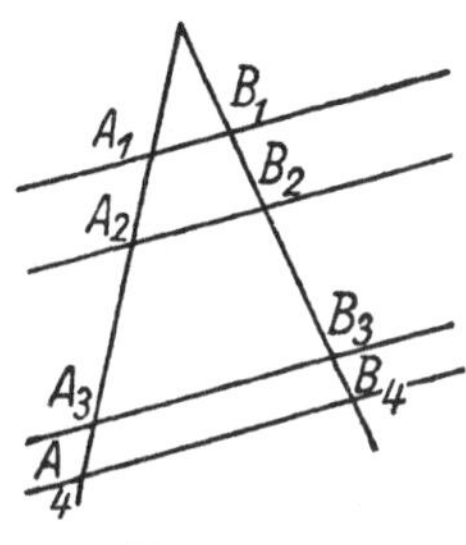

Abb. 51.

Im ersten Fall sind beide Strecken gleichgerichtet, demnach beide positiv zu rechnen. Im zweiten Fall haben wir entgegengesetzt gerichtete Strecken, folglich ist eine davon negativ zu nehmen. Überträgt man dies auf das Teilverhältnis, so wird man das innere Teilverhältnis positiv, das äußere negativ ansetzen.

Innere Teilung: $P_1P : PP_2 = m : n = +\lambda$,
Äußere „ $P_1Q : QP_2 = -(m : n) = -\lambda$,

wo m und n zunächst einmal positive Zahlen sein mögen.

Die Teilpunkte seien $P(x_i, y_i)$ und $Q(x_a, y_a)$. Dann gilt nach dem unter b) genannten Strahlensatz für die innere Teilung:

$$P_1P : PP_2 = P_1'P' : P'P_2' = m : n = \lambda : 1$$

oder

$$(x_i - x_1) : (x_2 - x_i) = m : n.$$

Nach Umformung folgt:

$$x_i = \frac{nx_1 + mx_2}{n + m} = \frac{x_1 + \lambda x_2}{1 + \lambda}.$$

Ebenso für y_i: $P_1P : PP_2 = P_1''P'' : P''P_2'' = m : n$, und daraus:

$$y_i = \frac{ny_1 + my_2}{n + m} = \frac{y_1 + \lambda y_2}{1 + \lambda}.$$

Für die äußere Teilung:

$$P_1Q : QP_2 = P_1'Q' : Q'P_2' = -(m : n) = -\lambda,$$

$$(x_a - x_1) : (x_2 - x_a) = -(m : n),$$

$$x_a = \frac{nx_1 - mx_2}{n - m} = \frac{x_1 - \lambda x_2}{1 - \lambda} \qquad (\lambda \neq 1)$$

und

$$y_a = \frac{ny_1 - my_2}{n - m} = \frac{y_1 - \lambda y_2}{1 - \lambda}.$$

Beide Ergebnisse kann man zusammenfassen:

Die Koordinaten des Punktes, der die Strecke $P_1 P_2$ im Verhältnis $m : n = \lambda$ teilt, sind:

$$\xi = \frac{n x_1 + m x_2}{n + m} = \frac{x_1 + \lambda x_2}{1 + \lambda}, \qquad \eta = \frac{n y_1 + m y_2}{n + m} = \frac{y_1 + \lambda y_2}{1 + \lambda} \tag{5}$$

λ bzw. $\frac{m}{n}$ ist hier positiv oder negativ zu nehmen, je nachdem die Teilung innen oder außen erfolgt[1]).

Sonderfall: Halbierung einer Strecke $m : n = \lambda = 1$,

$$\xi = \frac{x_1 + x_2}{2}, \qquad \eta = \frac{y_1 + y_2}{2} \tag{6}$$

§ 88. Aufgaben

1. Die geodätischen Koordinaten der Frauenkirche und des Bismarckturmes in Dresden sind abgerundet: P_1 (13139,5; 28127) und P_2 (11090,5; 31413).
   Man berechne die Entfernung (Angaben in m).
2. Man halbiere die Seiten des Dreiecks $A\,(-4, +7)$, $B\,(-2, -5)$, $C\,(+6, -1)$ und zeige, daß die Seiten des nun von den Seitenmitten gebildeten Dreiecks halb so groß wie die Seiten des ursprünglichen Dreiecks sind.
3. Eine gegebene Strecke $P_1 P_2$ soll über P_2 hinaus verdoppelt und die Koordinaten des so gefundenen Punktes P_3 sollen angegeben werden $[P_1(x_1, y_1), P_2(x_2, y_2)]$.
4. Von einem Parallelogramm kennt man drei Punkte $A\,(-3, +1)$, $B\,(2, -2)$, $C\,(5, 1)$. Der vierte Punkt D ist zu bestimmen.
   Anleitung: Man bestimme zunächst den Halbierungspunkt einer Diagonalen und benutze dann das Ergebnis von Aufgabe 3.
5. Wie heißen die Koordinaten der Punkte, die die Strecke $P_1 P_2$ innen und außen im Verhältnis $m : n$ (harmonisch) teilen?
   a) $P_1\,(-2, -3)$, $P_2\,(6, 5)$, $m : n = 3 : 5$.
   b) $P_1\,(-3\frac{1}{2}, 5\frac{1}{2})$, $P_2\,(2\frac{1}{2}, -3\frac{2}{3})$, $m : n = 4 : 3$.
6. Man berechne den Schwerpunkt des Dreiecks $P_1\,(x_1, y_1)$, $P_2\,(x_2, y_2)$, $P_3\,(x_3, y_3)$.
   Anleitung: Schwerpunkt eines homogenen (gleichmäßige Massenverteilung) Dreiecks ist der Schnittpunkt der Seitenhalbierenden. Diese verlaufen von einer Ecke des Dreiecks nach der Mitte der Gegenseite. Sie teilen einander im Verhältnis 2:1.
   Zahlenbeispiel: $P_1\,(-3, -5)$, $P_2\,(-1, +5)$, $P_3\,(+5, -1)$.
7. a) Zwei Massenpunkte P_1 und P_2 mit den Massen m_1 und m_2 sind gegeben. Der Schwerpunkt S der beiden Massenpunkte muß auf der Verbindungsgeraden $P_1 P_2$ liegen und diese Strecke im umgekehrten Verhältnis der Massen teilen,
   also: $P_1 S : S P_2 = m_2 : m_1 = \lambda$.
   Welche Koordinaten hat S?
   b) Man bestimme den Massenschwerpunkt S für drei nicht in einer Geraden liegende Punkte P_1, P_2, P_3 mit den Massen m_1, m_2, m_3.
   Anleitung: Man ermittelt zunächst den Schwerpunkt S_1 für zwei Punkte, z. B. P_1 und P_2.
   c) Sonderfall: $m_1 = m_2 = m_3$.
   d) Verallgemeinerung für n punktförmige Massen.
   e) Zahlenbeispiel: $P_1\,(1, 1)$, $P_2\,(5, 2)$, $P_3\,(3, 7)$,
   $m_1 = 2$, $m_2 = 1$, $m_3 = 3$.

---

[1]) Teilen die Punkte die Strecke $P_1 P_2$ innerlich und äußerlich im gleichen Verhältnis, so nennt man die vier Punkte harmonische Punkte und spricht von harmonischer Teilung.

§ 89. Dreiecks- und Vielecksinhalt

Vorbemerkung: Es sei zunächst an zwei Sätze der Geometrie erinnert.

1. Der Flächeninhalt eines Dreiecks ist gleich dem halben Produkt aus einer Seite und der zugehörigen Höhe.
2. Der Flächeninhalt eines Trapezes ist gleich dem Produkt aus Höhe und Mittelparallele.

Unter der Höhe des Trapezes versteht man den Abstand der parallelen Seiten; die Mittelparallele ist die Verbindungsgerade der Mitten der nichtparallelen Seiten. Ihre Länge ist gleich dem arithmetischen Mittel der Längen der parallelen Seiten.

A. Der Dreiecksinhalt

Aufgabe: Zwei Punkte P_1 (x_1, y_1) und P_2 (x_2, y_2) bilden mit dem Ursprung O ein Dreieck. Sein Inhalt soll berechnet werden.

1. Lösung: Aus der Zeichnung (Abb. 52a):

$$J_1 = \text{Dreieck}\, OQ_2P_2 + \text{Trapez}\, P_2Q_2Q_1P_1 - \text{Dreieck}\, OQ_1P_1$$
$$= \tfrac{1}{2}x_2y_2 + \tfrac{1}{2}(y_1 + y_2)(x_1 - x_2) - \tfrac{1}{2}x_1y_1,$$

(7) $$\boxed{J_1 = \tfrac{1}{2}(x_1y_2 - x_2y_1) = \tfrac{1}{2}\begin{vmatrix} x_1 & y_1 \\ x_2 & y_2 \end{vmatrix}}$$

2. Lösung: Vertauscht man die Bezeichnungen der Punkte P_1 und P_2 miteinander (Abb. 52b), so ergibt sich:

$$J_2 = \tfrac{1}{2}(x_2y_1 - x_1y_2) = -\tfrac{1}{2}(x_1y_2 - x_2y_1) = -J_1.$$

Der Flächeninhalt des Dreiecks kann also positiv oder negativ ausfallen, je nach dem Umlaufsinn.

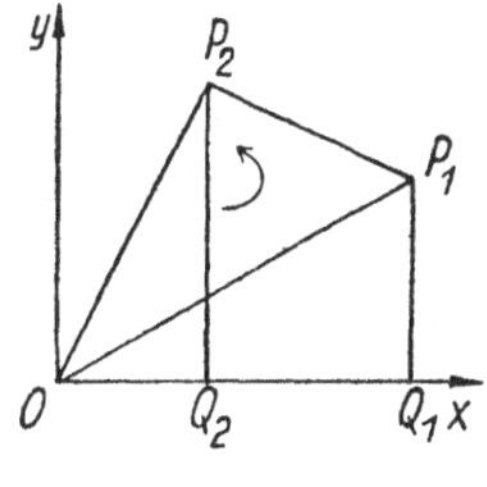

Abb. 52a.

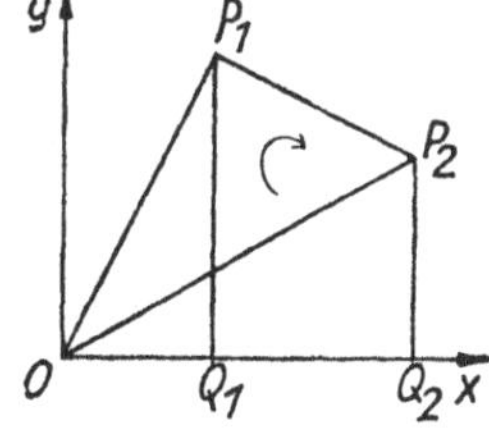

Abb. 52b.

Zahlenbeispiel:

a) P_1 (8, 2), P_2 (6, 4), $J_1 = \tfrac{1}{2}(8 \cdot 4 - 2 \cdot 6) = +10,$

b) P_1 (6, 4), P_2 (8, 2), $J_2 = \tfrac{1}{2}(2 \cdot 6 - 8 \cdot 4) = -10.$

Satz: Der Dreiecksinhalt ist positiv, wenn das Dreieck beim Umlauf von O über P_1, P_2 nach O zur Linken liegt (Umlauf im Gegenzeigersinn), negativ, wenn es im umgekehrten Sinn umlaufen wird (Umlauf im Uhrzeigersinn).

Anwendung auf ein beliebiges Dreieck mit den Ecken $P_1(x_1, y_1)$, $P_2(x_2, y_2)$, $P_3(x_3, y_3)$.

Inhalt J des Dreiecks $P_1P_2P_3$ (unter zyklischer Vertauschung der Indizes):

$$J = OP_1P_2 + OP_2P_3 - OP_1P_3 \text{ (Umlaufsinn beachten!)}$$
$$= OP_1P_2 + OP_2P_3 + OP_3P_1$$
$$= \tfrac{1}{2}(x_1y_2 - x_2y_1) + \tfrac{1}{2}(x_2y_3 - x_3y_2) + \tfrac{1}{2}(x_3y_1 - x_1y_3),$$

(8) $J = \frac{1}{2}[x_1(y_2 - y_3) + x_2(y_3 - y_1) + x_3(y_1 - y_2)]$ (Zyklische Vertauschung!

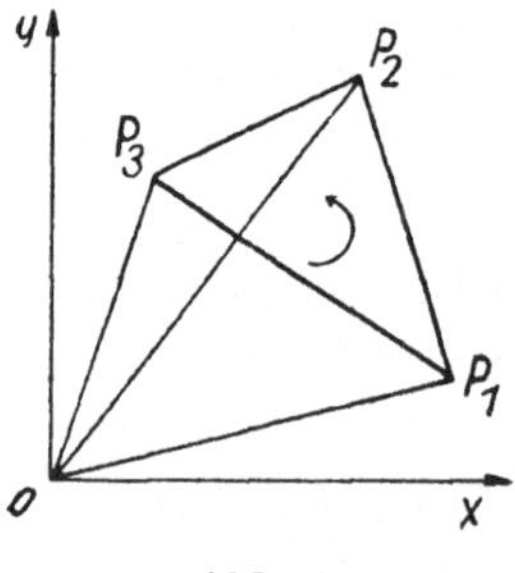

Abb. 53.

(9) oder:
$$J = \frac{1}{2}\begin{vmatrix} x_1 & y_1 & 1 \\ x_2 & y_2 & 1 \\ x_3 & y_3 & 1 \end{vmatrix}.$$

Übung:

a) Man rechne die Determinante aus und vergleiche mit Formel (8).

b) Man berechne den Inhalt des Dreiecks $P_1P_2P_3$ in ähnlicher Weise durch Zerlegung in Dreiecke und Trapeze wie bei Dreieck OP_1P_2 und vergleiche mit Formel (8).

Folgerung: Liegen die drei gegebenen Punkte auf einer Geraden, so ist der Inhalt $J = 0$, also gilt:

(10)
$$\begin{vmatrix} x_1 & y_1 & 1 \\ x_2 & y_2 & 1 \\ x_3 & y_3 & 1 \end{vmatrix} = 0.$$

Übung: Man rechne die Determinante aus und vergleiche mit Formel (4) des § 86.

B. Der Vielecksinhalt

Die Berechnung kann in gleicher Weise für ein beliebiges Vieleck wie für das beliebige Dreieck durchgeführt werden.

Beispiel: Es soll der Flächeninhalt des Vierecks mit den Ecken $P_1(7, 6)$, $P_2(-3, 5)$, $P_3(-4, -4)$, $P_4(2, -3)$ ermittelt werden.

Lösung:
$$J = OP_1P_2 + OP_2P_3 + OP_3P_4 + OP_4P_1$$
$$= \tfrac{1}{2}[(35 + 18) + (12 + 20) + (12 + 8) + (12 + 21)] = 69.$$

Aufgaben

1. Man berechne den Flächeninhalt des Dreiecks OP_1P_2.
   a) $P_1(-3{,}3;\ 8{,}1)$, $P_2(-3{,}5;\ -4{,}7)$.
   b) $P_1(-2{,}5;\ -2{,}5)$, $P_2(3{,}7;\ 4{,}8)$.
2. Welchen Flächeninhalt hat das Dreieck $P_1P_2P_3$?
   a) $P_1(-3, -6)$, $P_2(0, +6)$ $P_3(0, -7)$.
   b) $P_1(-5\frac{1}{2}, +3\frac{1}{2})$, $P_2(+1\frac{1}{2}, -2\frac{1}{2})$, $P_3(+2\frac{3}{4}, +3\frac{3}{8})$.
3. Wie groß ist der Flächeninhalt des Fünfecks $P_1P_2P_3P_4P_5$?
   $P_1(+1, +1)$, $P_2(-2, +3)$, $P_3(-4, 0)$, $P_4(-2, -5)$, $P_5(+2, -2)$.
4. Liegt der Punkt P auf der Geraden durch $A(3, 2)$ und $B(7, 5)$?
   a) $P(5\frac{2}{3}, 4)$, b) $P(8, 6\frac{3}{4})$.

XVII. Die Gerade

§ 90. Verschiedene Formen der Geradengleichung

A. Die Normalform $y = mx + b$

Für einen beliebigen Punkt $P(x, y)$ der Geraden g läßt sich aus der Zeichnung ablesen:

$$\frac{y-b}{x} = \operatorname{tg}\alpha .$$

Setzt man $\boxed{\operatorname{tg}\alpha = m}$, so gilt nach Umformung:

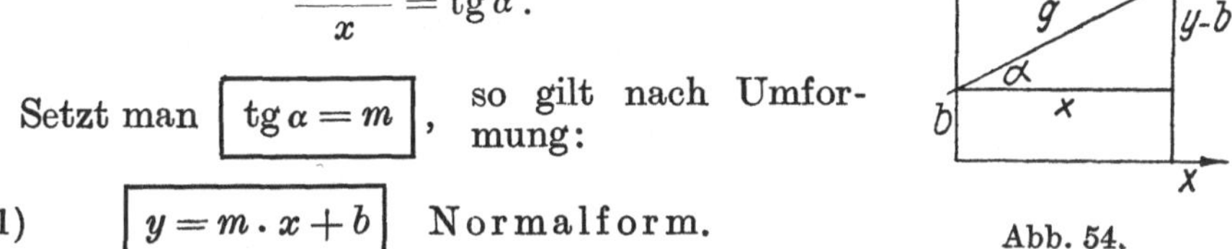

(1) $\boxed{y = m \cdot x + b}$ Normalform.

Abb. 54.

$m = \operatorname{tg}\alpha$ heißt der Richtungsfaktor oder der Anstieg der Geraden; das Absolutglied b ist der Abschnitt auf der y-Achse. Jeder Punkt, dessen Koordinaten die Gleichung (1) erfüllen, liegt auf der Geraden, und umgekehrt erfüllen die Koordinaten jedes Punktes der Geraden die Gleichung.

B. Die Abschnittsgleichung $\frac{x}{a} + \frac{y}{b} = 1$

Bildet die Gerade auf den Achsen die Abschnitte $OA = a$ und $OB = b$, so ist:

$$\operatorname{tg}\alpha = -\frac{b}{a} .$$

Setzt man dies in die Gleichung (1) ein und formt um, so erhält man:

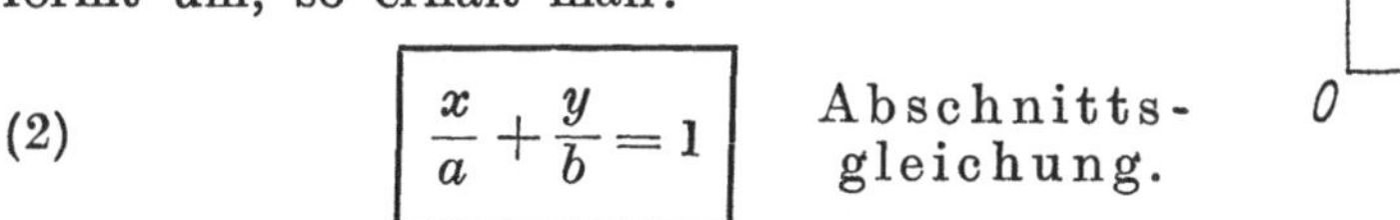

(2) $\boxed{\frac{x}{a} + \frac{y}{b} = 1}$ Abschnittsgleichung.

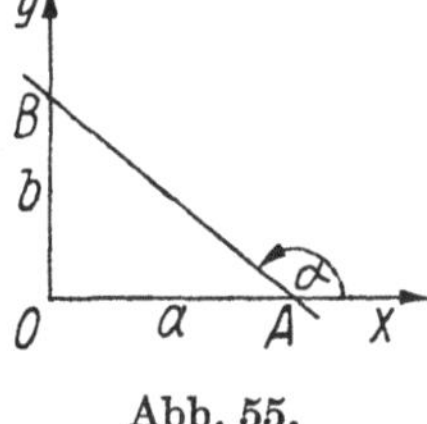

Abb. 55.

Sie ist nicht anwendbar für eine Gerade durch den Nullpunkt.

C. Allgemeine Gleichung

Die Gleichungen (1) und (2) lassen sich auf die allgemeine Form bringen:

(3) $$\boxed{Ax + By + C = 0}$$

Allgemeine Gleichung. A, B und C sind Konstanten.

Satz: Jede Gleichung ersten Grades zwischen zwei Veränderlichen stellt eine Gerade dar.

Zusammenhang zwischen der allgemeinen Gleichung und der Normalform: Es ergibt sich $y = -\frac{A}{B}x - \frac{C}{B}$, folglich ist:

(3a) $$m = -\frac{A}{B}, \quad b = -\frac{C}{B}.$$

Aufgaben

1. Welche besondere Lagen haben die Geraden:

   a) $x = a$, b) $y = b$, c) $x = 0$, d) $y = 0$, e) $y = mx$?

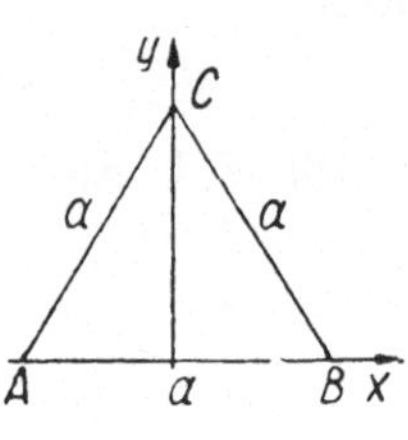

Abb. 56.

2. Man bringe folgende Gleichungen erst auf die Normalform, dann auf die Abschnittsform.

   a) $2x + 3y - 4 = 0$, b) $4x - 3y + 5 = 0$,

   c) $4x - 2y - 5 = 0$.

3. Liegen die Punkte $P_1\,(3, 3)$, $P_2\,(1, -\frac{1}{3})$, $P_3\,(2, 1)$ auf der Geraden $5x - 3y - 7 = 0$?

4. Wie lauten die Gleichungen der drei Seiten des gleichseitigen Dreiecks ABC in der in Abb. 56 angegebenen Lage, wenn die Seite a gegeben ist?

5. Wo schneidet die Gerade $15x + 56y + 21 = 0$ die Achsen?

§ 91. Punktrichtungs- und Zweipunktegleichung

Der Aufstellung von Geradengleichungen dienen aber hauptsächlich zwei andere Formen, die man dann in eine der Gleichungen (1) bis (3) umzuwandeln pflegt.

1. Aufgabe: Gegeben sind der Richtungsfaktor m und ein Punkt $P_1\,(x_1, y_1)$ einer Geraden. Gesucht ist ihre Gleichung.

Lösung: Für jeden Punkt der Geraden gilt $y = mx + b$;
für Punkt P_1 gilt dann auch $y_1 = mx_1 + b$.
Durch Subtraktion erhält man daraus:

$$y - y_1 = m\,(x - x_1) \tag{4}$$

Punktrichtungsgleichung.

2. Aufgabe: Statt des Richtungsfaktors ist ein zweiter Punkt $P_2\,(x_2, y_2)$ gegeben.

Lösung: Da der Punkt P_2 auf der Geraden liegt, muß gelten:

$$y_2 - y_1 = m\,(x_2 - x_1).$$

Durch Division erhält man:

$$\frac{y - y_1}{y_2 - y_1} = \frac{x - x_1}{x_2 - x_1}$$

oder

$$\frac{y - y_1}{x - x_1} = \frac{y_2 - y_1}{x_2 - x_1} \tag{5}$$

Zweipunktegleichung.

Aufgaben

1. Von einer Geraden sind gegeben:

   a) $P_1\,(-3, +5)$, $\alpha = 30^0$. b) $P_1\,(-4, -1)$, $\alpha = 120^0$.

   Wie heißen ihre Gleichungen in Normalform?

2. Man stelle die Gleichungen der Geraden in Normalform auf, wenn gegeben sind:

   a) $P_1\,(-2, +3)$, $P_2\,(-4, -7)$. b) $P_1\,(+5, +2)$, $P_2\,(+3, -4)$.

3. Wie lauten die Gleichungen der Geraden, die durch P_1 gehen und einer gegebenen Geraden parallel laufen?

   a) $P_1\,(-6, +3)$, $y = 4x - 5$. b) $P_1\,(\frac{4}{3}, -6)$, $3x - 8y - 20 = 0$.

§ 92. Die Hessesche Normalform

a) Ein vom Ursprung auf eine Gerade g gefälltes Lot habe die Länge p und bilde mit der x-Achse den Winkel φ. Durch p und φ ist die Lage der Geraden eindeutig bestimmt. Man kann diese Größen demnach zur Darstellung der Geraden benutzen. Die Gerade schneide auf den Achsen die Strecken a und b ab. Dann gilt:

$$a = \frac{p}{\cos\varphi}, \qquad b = \frac{p}{\sin\varphi}.$$

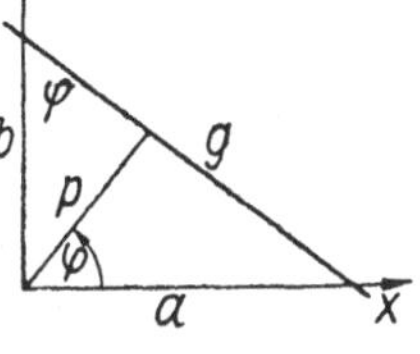

Abb. 57.

In die Abschnittsgleichung (2) eingesetzt, erhält man:

$$\frac{x\cdot\cos\varphi}{p} + \frac{y\cdot\sin\varphi}{p} = 1$$

oder

(6) $$\boxed{x\cdot\cos\varphi + y\cdot\sin\varphi - p = 0}$$ Hessesche Normalform.

Man beachte: p ist immer positiv, weil es nur die Länge des Lotes bedeutet. φ kann alle Werte von 0^0 bis 360^0 annehmen.

b) Umwandlung der allgemeinen Form in die Hessesche Normalform

Sollen $Ax + By + C = 0$ und $x\cos\varphi + y\sin\varphi - p = 0$ Gleichungen derselben Geraden sein, so müssen die Konstanten der einen Gleichung proportional denen der anderen sein. Wenn R der Verhältnisfaktor ist, bestehen die Beziehungen:

(1) $A = R\cos\varphi$ (2) $B = R\sin\varphi$ (3) $C = -Rp$.

Hieraus folgt

$$A^2 + B^2 = R^2(\cos^2\varphi + \sin^2\varphi) = R^2,$$

(7) $$\boxed{R = \pm\sqrt{A^2 + B^2}}$$

und $\cos\varphi = \dfrac{A}{R}$, $\sin\varphi = \dfrac{B}{R}$, $p = \dfrac{-C}{R}$, $\operatorname{tg}\varphi = \dfrac{B}{A}$

Dann lautet die Hessesche Normalform:

(8) $$\boxed{\frac{A}{\pm\sqrt{A^2+B^2}}x + \frac{B}{\pm\sqrt{A^2+B^2}}y + \frac{C}{\pm\sqrt{A^2+B^2}} = 0}$$

1. Ergebnis: Die allgemeine Gleichung $Ax + By + C = 0$ wird durch Division mit $\pm\sqrt{A^2 + B^2}$ in die Hessesche Normalform umgewandelt. Das Vorzeichen der Wurzel ist so zu wählen, daß das konstante Glied negativ wird.

2. Ergebnis: Hat man durch $\sqrt{A^2 + B^2}$ dividiert, so ist der absolute Betrag des konstanten Gliedes gleich dem Abstand der Geraden vom Nullpunkt, also:

$$\frac{|C|}{\sqrt{A^2 + B^2}} = p.$$

Beispiele: Man wandle die allgemeine Gleichung in die Hessesche Normalform um:

a) $3x + 4y - 6 = 0$,

$R = \pm\sqrt{9 + 16} = \pm 5$. Da $C = -6$, also bereits negativ ist, gilt das positive Zeichen für R.

Hessesche Normalform:

$$\frac{3}{5}x + \frac{4}{5}y - \frac{6}{5} = 0.$$

Somit wäre: $\cos\varphi = \frac{3}{5}$, $\sin\varphi = \frac{4}{5}$, $p = \frac{6}{5}$.

b) $3x - 2y + 4 = 0$.

$R = -\sqrt{13}$, um das konstante Glied negativ zu machen.

$$-\frac{3}{\sqrt{13}}x + \frac{2}{\sqrt{13}}y - \frac{4}{\sqrt{13}} = 0.$$

Aufgaben

1. Welchen Abstand hat die Gerade $12x + 5y + 39 = 0$ vom Nullpunkt?
2. Wie lang ist das vom Ursprung auf die Gerade:

a) $8x - 15y - 34 = 0$, b) $x - 3y + 5 = 0$

gefällte Lot und welchen Winkel bildet es mit der x-Achse?

c) Abstand eines Punktes von einer Geraden

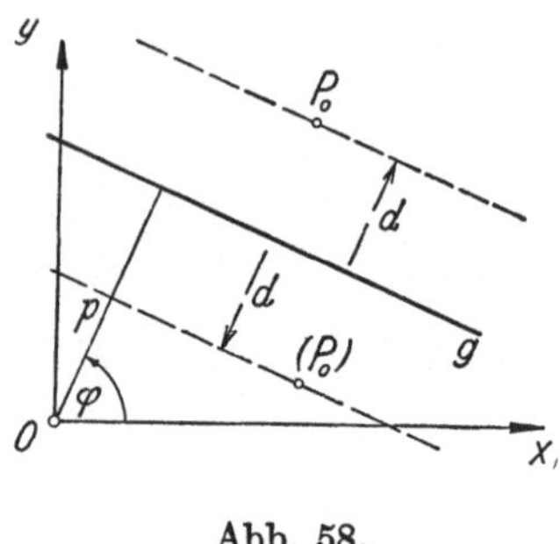

Abb. 58.

Gegeben ein Punkt $P_0(x_0, y_0)$ und eine Gerade g. Wie groß ist der Abstand d des Punktes von der Geraden?

Die Gerade sei gegeben durch:

$$x\cos\varphi + y\sin\varphi - p = 0.$$

Die dazu parallele Gerade durch P_0 hat dann die Gleichung:

$$x\cos\varphi + y\sin\varphi - (p + d) = 0.$$

Da $P_0(x_0, y_0)$ auf der parallelen Geraden liegt, ergibt sich:

$$d = +(x_0\cos\varphi + y_0\sin\varphi - p).$$

Lehrsatz: Setzt man die Koordinaten eines Punktes P_0 in die Hessesche Normalform ein, so ist der erhaltene absolute Wert der Abstand des Punktes von der Geraden. Bei positivem Vorzeichen von $x_0\cos\varphi + y_0\sin\varphi - p$ liegen P_0 und der Nullpunkt auf verschiedenen Seiten, bei negativem Vorzeichen auf der gleichen Seite der Geraden.

(9) $$\boxed{d = x_0\cos\varphi + y_0\sin\varphi - p}$$

1. Beispiel: Man bestimme den Abstand des Punktes P_0 (6, 4) von der Geraden $3x + 4y - 6 = 0$.

Lösung: Hessesche Normalform:

$$\frac{3}{5}x + \frac{4}{5}y - \frac{6}{5} = 0, \qquad d = \frac{3}{5}\cdot 6 + \frac{4}{5}\cdot 4 - \frac{6}{5} = +5\frac{3}{5}.$$

P_0 und der Nullpunkt liegen auf verschiedenen Seiten.

2. Beispiel: P_0 (—6, 4).

Lösung: $d = -\frac{8}{5}$, P_0 und O liegen auf der gleichen Seite.

§ 93. Die Gleichungen der Winkelhalbierenden

Aufgabe: Es sollen die Gleichungen der Winkelhalbierenden zweier Geraden g_1 und g_2 aufgestellt werden.

Lösung: Die Gleichungen der gegebenen Geraden seien:

$$g_1 \equiv x\cos\varphi_1 + y\sin\varphi_1 - p_1 = 0,$$
$$g_2 \equiv x\cos\varphi_2 + y\sin\varphi_2 - p_2 = 0.$$

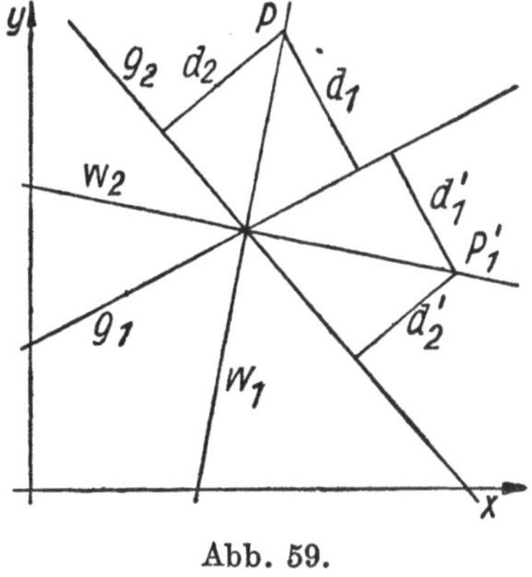

Abb. 59.

Betrachtet man zunächst die Halbierende des Winkels, in dem der Nullpunkt O liegt, so liegen O und ein beliebiger Punkt P (x, y) der Winkelhalbierenden w_1 entweder auf gleichen oder auf verschiedenen Seiten von beiden Geraden g_1 und g_2. Die Abstände d_1 und d_2 des Punktes P von g_1 und g_2 sind demnach:

$$d_1 = \pm(x\cos\varphi_1 + y\sin\varphi_1 - p_1)$$

und

$$d_2 = \pm(x\cos\varphi_2 + y\sin\varphi_2 - p_2),$$

wo entweder die beiden oberen oder die beiden unteren Vorzeichen zu nehmen sind.

Da aber als Eigenschaft der Winkelhalbierenden $d_1 = d_2$ folgt, gilt als Gleichung für w_1:

$$x\cos\varphi_1 + y\sin\varphi_1 - p_1 = x\cos\varphi_2 + y\sin\varphi_2 - p_2$$

oder

$$g_1 - g_2 \equiv x(\cos\varphi_1 - \cos\varphi_2) + y(\sin\varphi_1 - \sin\varphi_2) - (p_1 - p_2) = 0.$$

Für den beliebigen Punkt P_1' auf der anderen Winkelhalbierenden müssen sich die Abstände durch das Vorzeichen voneinander unterscheiden, also:

$$d_1' = -d_2',$$

somit folgt:

$$\pm(x\cos\varphi_1 + y\sin\varphi_1 - p_1) = \mp(x\cos\varphi_2 + y\sin\varphi_2 - p_2)$$

oder:

$$g_1 + g_2 \equiv x(\cos\varphi_1 + \cos\varphi_2) + y(\sin\varphi_1 + \sin\varphi_2) - (p_1 + p_2) = 0.$$

Ergebnis: Die Gleichungen der Winkelhalbierenden von zwei durch ihre Hessesche Normalform gegebenen Geraden lauten:

(10) $\boxed{g_1 \pm g_2 \equiv x(\cos\varphi_1 \pm \cos\varphi_2) + y(\sin\varphi_1 \pm \sin\varphi_2) - (p_1 \pm p_2) = 0.}$

Das negative Vorzeichen gilt für die mit dem Nullpunkt im gleichen Winkel liegende Halbierende.

Beispiel: Gegeben die Geraden $g_1 \equiv x + y - 2 = 0$ und $g_2 \equiv 7x + y - 32 = 0$.

Hessesche Normalform:

$$\frac{x}{\sqrt{2}} + \frac{y}{\sqrt{2}} - \frac{2}{\sqrt{2}} = 0 \quad \text{und} \quad \frac{7}{5\sqrt{2}}x + \frac{y}{5\sqrt{2}} - \frac{32}{5\sqrt{2}} = 0.$$

Gleichungen der Winkelhalbierenden:

$$x\left(\frac{1}{\sqrt{2}} \pm \frac{7}{5\sqrt{2}}\right) + y\left(\frac{1}{\sqrt{2}} \pm \frac{1}{5\sqrt{2}}\right) - \left(\frac{2}{\sqrt{2}} \pm \frac{32}{5\sqrt{2}}\right) = 0.$$

Nach Beseitigung des Nenners:

$$x(5 \pm 7) + y(5 \pm 1) - (10 \pm 32) = 0.$$

I. $12x + 6y - 42 = 0$ oder $y = -2x + 7$,

II. $-2x + 4y + 22 = 0$ „ $y = \frac{1}{2}x - \frac{11}{2}$.

Aufgabe

1. Wie lauten die Gleichungen der Winkelhalbierenden der Geraden:
   a) $y = \frac{3}{2}x + \frac{47}{2}$ und $y = \frac{9}{46}x - \frac{13}{2}$,
   b) $3x + 4y + 13 = 0$ und $-8x - 6y + 43 = 0$?

§ 94. Schnittpunkt und Schnittwinkel zweier Geraden

A. Die Aufgabe, den Schnittpunkt zweier Geraden:

$$A_1x + B_1y + C_1 = 0 \quad \text{und} \quad A_2x + B_2y + C_2 = 0$$

zu bestimmen, führt auf die im § 15 behandelte Aufgabe, die Lösung eines Gleichungssystems mit zwei Unbekannten zu finden. Die Koordinaten des unbekannten Schnittpunktes seien (x_s, y_s). Diese erfüllen beide gegebenen Gleichungen, die dann nach einer der behandelten Methoden zu lösen sind.

Die in Determinantenform geschriebene Lösung lautet:

$$x_s = -\begin{vmatrix} C_1 & B_1 \\ C_2 & B_2 \end{vmatrix} : \begin{vmatrix} A_1 & B_1 \\ A_2 & B_2 \end{vmatrix} \qquad y_s = -\begin{vmatrix} A_1 & C_1 \\ A_2 & C_2 \end{vmatrix} : \begin{vmatrix} A_1 & B_1 \\ A_2 & B_2 \end{vmatrix}.$$

Wird die Nennerdeterminante Null, so bedeutet das:

$$A_1B_2 - A_2B_1 = 0 \quad \text{oder} \quad \frac{A_1}{B_1} = \frac{A_2}{B_2}.$$

Diese Quotienten sind aber die Richtungsfaktoren, wenn wir den Geradengleichungen die Form:

$$y = mx + b$$

geben (s. Formel 3a). Im § 15 sagten wir, die Gleichungen widersprechen einander, wenn die Nenner- aber nicht die Zählerdeterminante verschwindet. Jetzt können wir schreiben:

Ergebnis: Verschwindet die Nenner- aber nicht die Zählerdeterminante, so sind die Geraden parallel.

Aufgabe

1. Man berechne den Schnittpunkt der Geraden:
   a) $13x + 20y + 37 = 0$ und $18x - 31y + 286 = 0$,
   b) $17x + 15y - 67 = 0$ „ $2x - 11y - 110 = 0$.

Unter welcher Bedingung gehen drei Gerade durch einen Punkt?

Lösung: Die drei Geradengleichungen lauten:

$$\begin{aligned} g_1 &\equiv A_1x + B_1y + C_1 = 0, \\ g_2 &\equiv A_2x + B_2y + C_2 = 0, \\ g_3 &\equiv A_3x + B_3y + C_3 = 0. \end{aligned}$$

Der Schnittpunkt der Geraden g_2 und g_3 hat die Koordinaten:

$$x_s = -\begin{vmatrix} C_2 & B_2 \\ C_3 & B_3 \end{vmatrix} : \begin{vmatrix} A_2 & B_2 \\ A_3 & B_3 \end{vmatrix} \qquad y_s = -\begin{vmatrix} A_2 & C_2 \\ A_3 & C_3 \end{vmatrix} : \begin{vmatrix} A_2 & B_2 \\ A_3 & B_3 \end{vmatrix}.$$

Diese müssen auch die erste Gleichung erfüllen:

$$-A_1 \begin{vmatrix} C_2 & B_2 \\ C_3 & B_3 \end{vmatrix} - B_1 \begin{vmatrix} A_2 & C_2 \\ A_3 & C_3 \end{vmatrix} + C_1 \begin{vmatrix} A_2 & B_2 \\ A_3 & B_3 \end{vmatrix} = 0.$$

Dieser Ausdruck läßt sich in der Form einer dreireihigen Determinante schreiben:

$$(11) \qquad \begin{vmatrix} A_1 & B_1 & C_1 \\ A_2 & B_2 & C_2 \\ A_3 & B_3 & C_3 \end{vmatrix} = 0.$$

Bedingung dafür, daß drei Geraden durch einen Punkt gehen.

(Man prüfe die letzte Umformung nach.)

Betrachtet man g_1, g_2 und g_3 als drei Gleichungen mit zwei Unbekannten x, y, so haben diese drei Gleichungen eine Lösung, sind untereinander verträglich, wenn die Determinante (11) Null ist (vgl. § 15).

Resultat: Drei Gleichungen mit zwei Unbekannten sind miteinander verträglich, wenn die zugehörige Determinante Null ist.

Beispiel: Man weise nach, daß die drei Geraden:

$$2x + 9y - 5 = 0, \qquad 8x - 9y - 5 = 0, \qquad x - 1 = 0$$

durch einen Punkt gehen!

$$\begin{vmatrix} 2 & 9 & -5 \\ 8 & -9 & -5 \\ 1 & 0 & -1 \end{vmatrix} = \begin{vmatrix} 2 & 9 & -5 \\ 10 & 0 & -10 \\ 1 & 0 & -1 \end{vmatrix} = -\begin{vmatrix} 9 & 2 & -5 \\ 0 & 10 & -10 \\ 0 & 1 & -1 \end{vmatrix} = -9(-10 + 10) = 0.$$

Aufgabe

2. Gehen folgende drei Geraden durch einen Punkt?

a) $2x + 3y - 4 = 0 \qquad 3x - 2y + 1 = 0 \qquad x - 18y + 19 = 0,$

b) $x - 6y - 9 = 0 \qquad 2x + y - 5 = 0 \qquad 7x - 3y + 15 = 0.$

B. Winkel zwischen zwei Geraden

Die Geraden seien in der Normalform bzw. allgemeinen Form gegeben:

$$y = m_1 x + b_1 \quad \text{oder} \quad A_1 x + B_1 y + C_1 = 0,$$
$$y = m_2 x + b_2 \quad ,, \quad A_2 x + B_2 y + C_2 = 0.$$

a) Die Geraden sind parallel, wenn

$$(12) \qquad \boxed{m_1 = m_2 \quad \text{oder} \quad \frac{A_1}{B_1} = \frac{A_2}{B_2} \quad \text{oder} \quad A_1 B_2 - A_2 B_1 = 0} \quad \text{ist.}$$

b) Die Geraden stehen senkrecht aufeinander.

Sind die beiden Neigungswinkel gegen die x-Achse α_1 und α_2 ($\alpha_1 < \alpha_2$), so gilt (Abb. 60):

$$\alpha_2 = 90^0 + \alpha_1$$

oder

$$\operatorname{tg} \alpha_2 = \operatorname{tg}(90^0 + \alpha_1) = -\operatorname{ctg} \alpha_1 = -\frac{1}{\operatorname{tg} \alpha_1}.$$

Ergebnis: Stehen zwei Geraden senkrecht aufeinander, so besteht die Bedingung:

$$(13) \qquad \boxed{m_2 = -\frac{1}{m_1} \quad \text{oder} \quad -\frac{A_2}{B_2} = \frac{B_1}{A_1} \quad \text{oder} \quad A_1 A_2 + B_1 B_2 = 0}$$

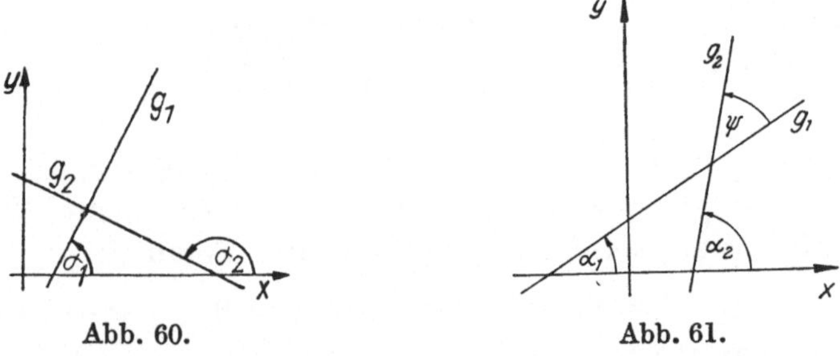

Abb. 60. Abb. 61.

c) Allgemeine Lage zweier Geraden zueinander

Es sei $\alpha_2 > \alpha_1$. Den zu berechnenden Winkel ψ zwischen den beiden Geraden erhält man durch Drehung von g_1 im positiven Sinn, bis g_1 mit g_2 zusammenfällt.

Es ist: $\psi = \alpha_2 - \alpha_1$, also $\operatorname{tg}\psi = \operatorname{tg}(\alpha_2 - \alpha_1)$. Daraus folgt nach § 68, Gleichung (14):

$$\operatorname{tg}\psi = \frac{\operatorname{tg}\alpha_2 - \operatorname{tg}\alpha_1}{1 + \operatorname{tg}\alpha_1 \cdot \operatorname{tg}\alpha_2}$$

oder

$$\boxed{\operatorname{tg}\psi = \frac{m_2 - m_1}{1 + m_1 \cdot m_2} = \frac{A_1 B_2 - A_2 B_1}{A_1 A_2 + B_1 B_2}} \qquad (14)$$

Vertauscht man m_1 mit m_2, so erhält man den Ergänzungswinkel zu 180^0.

Man beachte: Setzt man den Zähler gleich Null, so wird $\psi = 0$, man erhält die Bedingung für Parallele. Dagegen erhält man die Bedingung für senkrechte Gerade, wenn der Nenner Null wird.

$$(A_1 A_2 + B_1 B_2 \longrightarrow 0, \; \psi \longrightarrow 90^0.)$$

1. Beispiel: Wie heißt die Gleichung des vom Punkte $(-3, 4)$ auf die Gerade $y = \frac{2}{3}x + 5$ gefällten Lotes?

Lösung: Der Richtungsfaktor des Lotes ist der negative reziproke Wert des Richtungsfaktors der Geraden, also $-\frac{3}{2}$. Die Punktrichtungsgleichung des Lotes lautet dann:

$$\frac{y-4}{x+3} = -\frac{3}{2} \quad \text{oder in Normalform:} \quad y = -\frac{3}{2}x - \frac{1}{2}.$$

2. Beispiel: Unter welchem Winkel schneiden sich die Geraden

$$3x - 4y + 12 = 0 \quad \text{und} \quad 5x - 2y - 17 = 0\,?$$

Lösung: $m_1 = \frac{3}{4}$, $m_2 = \frac{5}{2}$, $\operatorname{tg}\psi = \frac{5/2 - 3/4}{1 + 15/8} = \frac{14}{23}$, $\psi = 31^0 20'$,

oder

$$\operatorname{tg}\psi = \frac{-3 \cdot 2 + 4 \cdot 5}{15 + 8} = \frac{14}{23}.$$

§ 95. Aufgaben

1. Die Eckpunkte eines Dreiecks haben die Koordinaten $A(+1, +6)$, $B(-6, -1)$, $C(+3, +2)$.

   Gesucht sind:

   a) die Längen der Seiten,
   b) die Gleichungen der Seiten,
   c) die Längen der Seitenhalbierenden,
   d) die Gleichungen der Seitenhalbierenden,
   e) die Gleichungen der Mittellote,
   f) der Radius des Umkreises,
   g) die Längen der Höhen.

2. Die Koordinaten der Eckpunkte eines Dreiecks sind: $A(+1, +4)$, $B(-3, -4)$, $C(+5, +4)$.

   Zu berechnen sind:

   a) die Gleichungen der Mittellote der Seiten,
   b) der Radius des Umkreises,
   c) die Längen der Höhen,
   d) der Innenwinkel des Dreiecks bei A,
   e) die Gleichung der Halbierenden dieses Winkels.

3. Die Seiten eines Dreiecks haben die Gleichungen:

$12x + 5y - 32 = 0, \quad 4x - 3y + 8 = 0, \quad y + 8 = 0.$

Man berechne:

a) die Koordinaten der Ecken, b) die Längen der Seiten,
c) die Längen und die Gleichungen der Seitenhalbierenden,
d) die Längen der Höhen.

4. Die Seiten eines Dreiecks haben die Gleichungen:

$$4y + 3x - 12 = 0, \quad 3y + 4x + 12 = 0, \quad 24y - 7x + 15 = 0.$$

Zu berechnen sind:

a) die Längen der Höhen,
b) die Gleichungen der Winkelhalbierenden der Innenwinkel,
c) die Koordinaten des Inkreismittelpunktes,
d) der Inkreisradius.

§ 96. Koordinatentransformation

A. Die Parallelverschiebung

Die Koordinaten eines Punktes $P(x, y)$ sollen auf ein neues, parallel zum ersten liegendes System bezogen werden, dessen Nullpunkt im x-y-System die Koordinaten (c, d) hat. Die neuen Achsen seien mit ξ und η bezeichnet. Der Zusammenhang zwischen den Koordinaten des Punktes im neuen und alten System ist aus der Zeichnung sofort ablesbar:

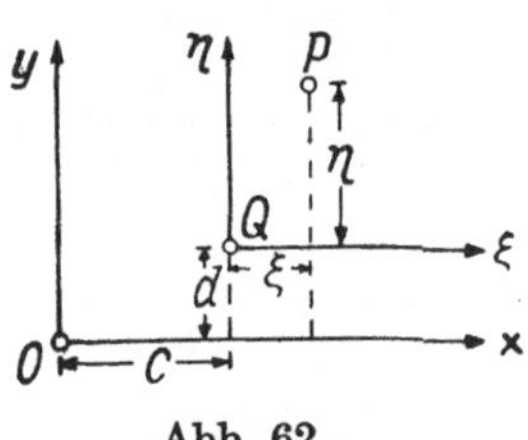

Abb. 62.

$$\xi = x - c$$
$$\eta = y - d$$

umgekehrt:

$$x = \xi + c$$
$$y = \eta + d.$$

Beispiel: Die Gleichung der Geraden $y = mx + b$ soll so abgeändert werden, daß die Gerade durch den Nullpunkt eines neuen Systems mit der gleichen y-Achse geht.

Lösung: Der neue Nullpunkt muß die Koordinaten $(0, b)$ besitzen, folglich ist: $\xi = x$ und $\eta = y - b$ und die Gleichung der Geraden $\eta = m\xi$.

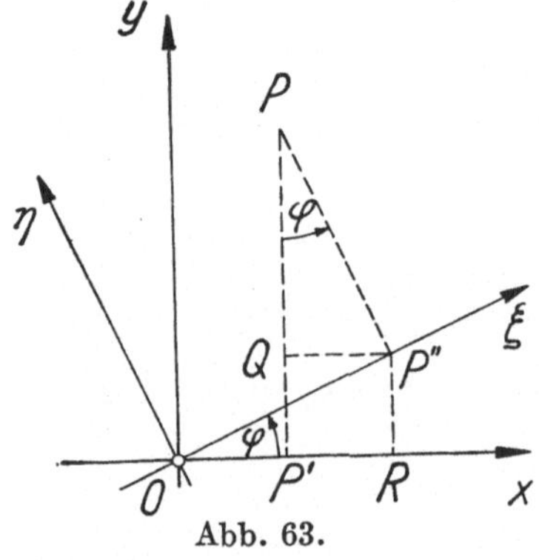

Abb. 63.

Aufgaben

1. Wie lautet die Gleichung der Geraden $y = -3x + 5$, wenn sie auf ein neues, zum ersten parallel liegendes Koordinatensystem mit dem Nullpunkt $Q(-2, +3)$ bezogen wird?
2. Man gebe die Koordinaten der Dreieckspunkte $A(-8, +3)$, $B(+2, +4)$, $C(-3, -4)$ in einem neuen, zum alten parallelen Koordinatensystem an, wenn der Schwerpunkt des Dreiecks zum Nullpunkt gemacht wird.

B. Drehung um den Winkel φ

Man soll die Koordinaten eines Punktes $P(x, y)$ auf die Achsen (ξ, η) eines neuen rechtwinkligen Systems beziehen, das aus dem ersten durch Drehung um den Winkel φ im positiven Sinn hervorgegangen ist. Beide Systeme besitzen den gleichen Nullpunkt.

Dann ist:

$$x = OP' = OR - QP'' = \xi \cos\varphi - \eta \sin\varphi,$$
$$y = PP' = RP'' + QP = \xi \sin\varphi + \eta \cos\varphi.$$

Multipliziert man die erste Gleichung mit $\cos\varphi$, die zweite mit $\sin\varphi$ und addiert, so erhält man ξ; entsprechend kann man η berechnen.

$$\xi = x\cos\varphi + y\sin\varphi,$$
$$\eta = -x\sin\varphi + y\cos\varphi.$$

Zusammenstellung:

Parallelverschiebung: $Q\ (x = c;\ y = d)$.

(15) $\xi = x - c$, $\eta = y - d$. (16) $x = \xi + c$, $y = \eta + d$.

Drehung um den Winkel φ:

(17) $\xi = x\cos\varphi + y\sin\varphi$, $\eta = -x\sin\varphi + y\cos\varphi$. (18) $x = \xi\cos\varphi - \eta\sin\varphi$, $y = \xi\sin\varphi + \eta\cos\varphi$.

Aufgaben

3. Wie ändert sich die Gleichung der Geraden a) $y = x\sqrt{3} + 2$, b) $y + \frac{1}{3}\sqrt{3}\,x - 2 = 0$ bei Drehung des Koordinatensystems um 60^0?
4. Wie lautet die Gleichung der Kurve $x^2 + y^2 = r^2$ nach Drehung des Systems um den Winkel φ?
5. Wie heißt die Gleichung der Kurve $x^2 - y^2 = a^2$ nach Drehung des Koordinatensystems um a) $+45^0$, b) -45^0?
6. Gegeben sind die drei Seiten eines Dreiecks: $y = \frac{8}{15}x + 4$, $y = -\frac{3}{5}x + \frac{3}{5}$, $y = -\frac{5}{3}x + 7\frac{2}{5}$.

Man transformiere zunächst auf ein paralleles Koordinatensystem, dessen Nullpunkt der Schnittpunkt der beiden ersten Geraden ist; dann drehe man das neue System so, daß die eine Achse mit der ersten Geraden zusammenfällt. Wie lauten nach jeder Transformation die Gleichungen?

Anleitung: Bei der Drehung ist $\operatorname{tg}\varphi = \frac{8}{15}$ gegeben; $\sin\varphi$ und $\cos\varphi$ drücke man durch $\operatorname{tg}\varphi$ aus! (Siehe § 65, Aufgabe 1.)

XVIII. Der Kreis

§ 97. Die Kreisgleichung

Definition: Der Kreis ist der geometrische Ort aller Punkte einer Ebene, die von einem festen Punkt, dem Mittelpunkt, gleichen Abstand r haben.

Der Mittelpunkt M habe die Koordinaten (c, d), ein beliebiger veränderlicher Punkt des Kreisumfanges sei $P\ (x, y)$. Zwischen den Koordinaten von M und P besteht dann die Beziehung § 86, Formel (1):

$$(1) \qquad \boxed{(x - c)^2 + (y - d)^2 = r^2}$$

[Allgemeine Kreisgleichung, Mittelpunkt $M\ (c, d)$].

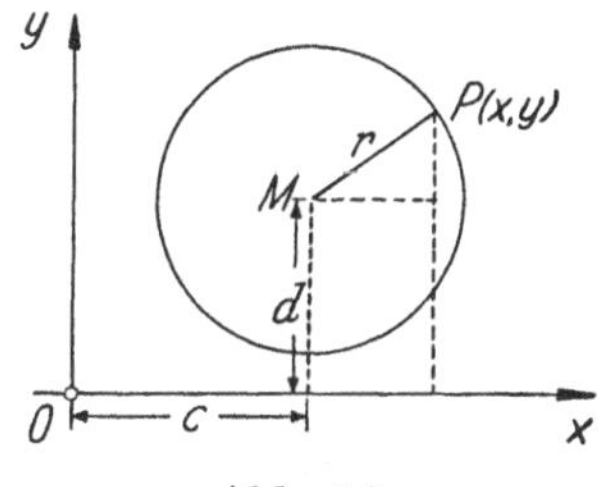

Abb. 64.

Fällt M mit dem Koordinatenursprung zusammen, so ist $c = d = 0$, folglich:

$$x^2 + y^2 = r^2 \tag{2}$$

Löst man die Klammern in Gleichung (1) auf und ordnet, so erhält man:

$$x^2 + y^2 - 2cx - 2dy + (c^2 + d^2 - r^2) = x^2 + y^2 - 2cx - 2dy + p = 0.$$

Das ist eine Gleichung zweiten Grades zwischen zwei Veränderlichen x und y. Die allgemeine Form einer solchen Gleichung lautet:

$$Ax^2 + By^2 + 2Cxy + 2Dx + 2Ey + F = 0.$$

Handelt es sich dabei um einen Kreis, so ist demnach:

$$A = B, \qquad C = 0, \tag{3}$$

also:

$$Ax^2 + Ay^2 + 2Dx + 2Ey + F = 0.$$

Aufgabe: Man bringe die Kreisgleichung $4x^2 + 4y^2 - 12x + 20y - 162 = 0$ auf die Form (1) und bestimme Mittelpunkt und Radius!

Lösung: Man dividiere durch die Koeffizienten der quadratischen Glieder und forme durch Hinzufügen der quadratischen Ergänzungen um:

$$x^2 - 3x + y^2 + 5y - 40\tfrac{1}{2} = 0,$$

$$(x - \tfrac{3}{2})^2 + (y + \tfrac{5}{2})^2 = 40\tfrac{1}{2} + \tfrac{9}{4} + \tfrac{25}{4},$$

$$(x - \tfrac{3}{2})^2 + (y + \tfrac{5}{2})^2 = 49.$$

$$M\,(+\tfrac{3}{2}, -\tfrac{5}{2}), \qquad r = 7.$$

Aufgabe: Es sollen die Schnittpunkte der beiden Kreise:

$$x^2 + y^2 + 2D_1x + 2E_1y + F_1 = 0$$

und

$$x^2 + y^2 + 2D_2x + 2E_2y + F_2 = 0$$

berechnet werden.

Lösung: Durch Subtraktion beider Gleichungen voneinander erhält man:

$$2(D_1 - D_2)x + 2(E_1 - E_2)y + (F_1 - F_2) = 0.$$

Das ist die Gleichung einer Geraden, die auch durch die Koordinaten der gesuchten Schnittpunkte erfüllt werden muß. Demnach erhält man die gesuchten Punkte als Schnittpunkte dieser Geraden mit einem der beiden Kreise. Die beiden Schnittpunkte können reell und verschieden, reell und zusammenfallend (Berührung) oder konjugiert komplex sein. Die Gerade nennt man Potenzlinie der beiden Kreise.

Aufgabe: Ein Kreis soll durch die Punkte A (17, 12), B (—7, —6), C (14, —9) gehen. Wie heißt die Gleichung?

1. **Lösung**: Die drei Punkte müssen die allgemeine Kreisgleichung erfüllen:

$$(17 - c)^2 + (12 - d)^2 = r^2,$$
$$(-7 - c)^2 + (-6 - d)^2 = r^2,$$
$$(14 - c)^2 + (-9 - d)^2 = r^2.$$

Es ergibt sich demnach ein Gleichungssystem mit drei Unbekannten. Durch Auflösen der Klammern und Ordnen erhält man:

$$c^2 + d^2 - 34c - 24d + 433 = r^2,$$
$$c^2 + d^2 + 14c + 12d + 85 = r^2,$$
$$c^2 + d^2 - 28c + 18d + 277 = r^2.$$

Durch Subtraktion von je zwei Gleichungen beseitigt man c^2, d^2 und r^2.

$$48c + 36d - 348 = 0 \quad \text{oder} \quad 4c + 3d - 29 = 0$$

und $$42c - 6d - 192 = 0 \quad \text{,,} \quad 21c - 3d - 96 = 0$$

und daraus: $$25c = 125.$$

$$c = 5, \quad d = 3, \quad r^2 = 225, \quad r = 15.$$

Folglich lautet die Kreisgleichung:

$$(x - 5)^2 + (y - 3)^2 = 225.$$

2. **Lösung**: Man verfährt wie bei der zeichnerischen Lösung, ermittelt die Gleichungen der Mittelsenkrechten und bringt sie zum Schnitt. (Durchführung!)

Bemerkung: Die beiden Lösungswege sind kennzeichnend für die in der analytischen Geometrie anwendbaren Lösungsmethoden. Entweder man geht denselben Weg wie die geometrische Konstruktion oder man wendet die für die analytische Geometrie charakteristischen Gedankengänge an, wie es z. B. in Lösung 1 durch „das Erfüllen" einer zunächst noch unbestimmten Funktionsgleichung zum Ausdruck kommt.

Aufgaben

1. Man bestimme Mittelpunkt und Radius folgender Kreise:
   a) $x^2 + y^2 + 14x - 4y - 47 = 0$, b) $2x^2 + 2y^2 - 5x + 7y - 50 = 0$,
   c) $x^2 + y^2 - 8x = 9$.
2. Die Schnittpunkte des Kreises $(x + 1)^2 + (y - 2)^2 - 16 = 0$ mit den Koordinatenachsen sollen berechnet werden.
3. In welchen Punkten schneidet die Gerade den Kreis?
   a) $y = x + 11$, $(x - 8)^2 + (y + 2)^2 = 225$.
   b) $y = \frac{4}{3}x + \frac{19}{3}$, $(x - 7)^2 + (y + 1)^2 = 100$.
   c) $3x - 2y - 12 = 0$, $x^2 + y^2 + 2x + 2y - 4\frac{1}{2} = 0$.
4. Wo schneiden sich die beiden Kreise:
   a) $x^2 + y^2 + 3x - 2y = 17$ und $x^2 + y^2 + x - y = 12$?
   b) $x^2 + y^2 - 2x - 2y - 22 = 0$ und $x^2 + y^2 - 16x - 16y + 104 = 0$?
5. Unter welchen Bedingungen berühren sich zwei Kreise
   $(x - c_1)^2 + (y - d_1)^2 = r_1^2$ und $(x - c_2)^2 + (y - d_2)^2 = r_2^2$
   a) von außen, b) von innen? $(r_1 > r_2)$.

In den folgenden Aufgaben sollen Kreisgleichungen aufgestellt werden. Man geht dabei von der Gleichung (1) $(x-c)^2+(y-d)^2=r^2$ aus und bestimmt die Größen c, d, r. Dazu sind im allgemeinen Fall drei Bedingungsgleichungen nötig, die aufzusuchen und in der üblichen Weise als Gleichungssystem mit den Unbekannten c, d, r zu behandeln sind. Die Veränderlichen x und y dürfen selbstverständlich in den Bedingungsgleichungen nicht mehr vorkommen.

6. Wie lautet die Gleichung eines Kreises vom Radius r, wenn die Ordinatenachse den Kreis im Nullpunkt berühren soll? (Scheitelgleichung.)

7. Wie lautet die Gleichung des Kreises mit dem Mittelpunkt $M(-4, 9)$, der durch den Punkt $P_1(6, -1)$ gehen soll?

8. Es soll die Gleichung des Kreises aufgestellt werden, der durch die Punkte $P_1(11, 8)$, $P_2(-5, -4)$ geht und den Radius $r = 10$ besitzt.

9. Man stelle die Gleichung des Kreises auf, der durch die Punkte $P_1(11, -5)$, $P_2(9, -1)$ geht und die x-Achse berührt.

10. Wie heißt die Gleichung des durch die Punkte $P_1(6, 21)$ und $P_2(13, 14)$ gehenden Kreises, dessen Mittelpunkt auf der Geraden $6x + 5y - 18 = 0$ liegt?

11. Wie lautet die Gleichung des Umkreises für das Dreieck mit den Ecken $A(-6, 9)$, $B(-5, 8)$, $C(-\frac{27}{5}, \frac{44}{5})$?

12. a) Es soll die Gleichung des Kreises um den Punkt $M(+6, +10)$ aufgestellt werden, der die Gerade $y = -7x + 11$ berührt.
    b) Welche Koordinaten hat der Berührungspunkt?

13. Ein Kreis berührt die y-Achse und die Gerade $y = -\frac{3}{4}x + 11$ und geht durch den Punkt $P_1(10, 1)$. Wie lautet seine Gleichung?

14. Gesucht ist der Inkreis zu dem aus den drei Geraden: I. $y = 0$, II. $y = \frac{3}{4}x + 3$, III. $y = -\frac{5}{12}x + \frac{25}{3}$ gebildeten Dreieck.

15. Ein kreisbogenförmiger Brückenbogen soll eine Spannweite $A_1A_2 = 80$ m und eine Pfeilhöhe $f = HS = 20$ m erhalten. Wie lang sind die aller 10 m angebrachten senkrechten Stäbe C_1D_1, C_2D_2, ... usw.? (Abb. 65.)

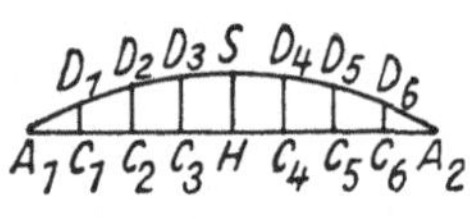

Abb. 65.

§ 98. Die Gleichung der Kreistangente

Aufgabe: Die Gleichung der Tangente im Punkte $P_1(x_1, y_1)$ des Kreises $x^2 + y^2 = r^2$ soll aufgestellt werden.

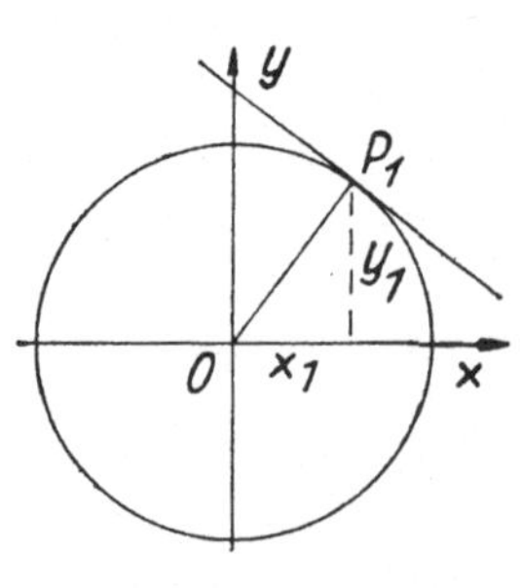

Abb. 66.

Lösung: Richtungsfaktor des Berührungsradius $r = OP_1$ ist $m_r = \frac{y_1}{x_1}$, folglich der der Tangente $m_t = -\frac{x_1}{y_1}$.

Die Punktrichtungsgleichung ergibt dann:

$$y - y_1 = -\frac{x_1}{y_1}(x - x_1)$$

und, da $x_1^2 + y_1^2 = r^2$ ist:

$$\boxed{xx_1 + yy_1 = r^2}$$ als Tangentengleichung.

Aufgabe: Der Kreis habe die Gleichung:

$$(x-c)^2 + (y-d)^2 = r^2.$$

Wie lautet die Tangentengleichung?

Lösung: Legt man durch den Kreismittelpunkt M (c, d) ein zum ersten paralleles Koordinatensystem (ξ, η), so lautet die Kreisgleichung in diesem $\xi^2 + \eta^2 = r^2$ und die Tangentengleichung:

$$\xi\xi_1 + \eta\eta_1 = r^2.$$

Nach XVII Gleichung (15) der Koordinatentransformation ergibt sich daraus als **allgemeine Tangentengleichung:**

$$\boxed{(x-c)(x_1-c) + (y-d)(y_1-d) = r^2}$$

mit dem **Richtungsfaktor:**

$$m_t' = -\frac{x_1-c}{y_1-d}.$$

Beispiel: Vom Punkte P_0 (x_0, y_0) sollen an den Kreis $x^2 + y^2 = r^2$ die Tangenten gezogen werden. Die Koordinaten der Berührungspunkte sollen gefunden werden.

Lösung: Die unbekannten Berührungspunkte seien P_1 (x_1, y_1) und P_2 (x_2, y_2). Die Tangentengleichungen würden also lauten:

$$xx_1 + yy_1 = r^2,$$
$$xx_2 + yy_2 = r^2.$$

Da P_0 auf beiden Tangenten liegt, muß gelten:

$$x_0 x_1 + y_0 y_1 = r^2,$$
$$x_0 x_2 + y_0 y_2 = r^2.$$

Demnach genügen die Koordinaten von P_1 und P_2 der Gleichung:

$$x_0 x + y_0 y = r^2,$$

das ist also die **Gleichung der Berührungssehne.** In Verbindung mit der gegebenen Kreisgleichung liefert sie die Berührungspunkte.

Beispiel: Vom Punkte $P_0\left(\frac{22}{3}, \frac{16}{3}\right)$ sollen an den Kreis $x^2 + y^2 - 8x - 4y = 0$ die Tangenten gelegt werden. Wie heißen die Gleichungen?

Lösung: Die umgeformte Kreisgleichung lautet $(x-4)^2 + (y-2)^2 = 20$. Die eine der von P_0 gezogenen Tangenten habe den Berührungspunkt P_1 (x_1, y_1). Dann lautet die Tangentengleichung:

$$(x-4)(x_1-4) + (y-2)(y_1-2) = 20.$$

Die Koordinaten von P_0 müssen die Gleichung erfüllen:

$$\tfrac{10}{3}(x_1-4) + \tfrac{10}{3}(y_1-2) = 20$$

oder:

(1) $$x_1 + y_1 = 12.$$[1]

Ebenso müssen die Koordinaten von P_1 die Kreisgleichung erfüllen:

(2) $$x_1^2 + y_1^2 - 8x_1 - 4y_1 = 0.$$

[1] Unter Weglassung der Indizes erhält man die Gleichung der Berührungssehne: $x + y = 12$.

Aus den Gleichungen (1) und (2) ergeben sich die Werte:

$$x_1 = 8, \quad y_1 = 4 \quad \text{und} \quad x_2 = 6, \quad y_2 = 6.$$

Die Tangentengleichungen lauten:

$$\text{I.} \quad (x - 4)\,4 + (y - 2)\,2 = 20 \quad \text{oder} \quad y = -2x + 20.$$

$$\text{II.} \quad (x - 4)\,2 + (y - 2)\,4 = 20 \quad \text{,,} \quad y = -\tfrac{1}{2}x + 9.$$

Zusatz: Die Aufgabe kann auch dadurch gelöst werden, daß man den geometrischen Weg benutzt und die Berührungspunkte als Schnitt zweier Kreise ermittelt.

Aufgaben

1. Wie heißen die Tangentengleichungen des Kreises $(x - 4)^2 + (y - 3)^2 = 25$ in den Schnittpunkten mit den Koordinatenachsen?
2. Wie lauten die Gleichungen der Tangenten:
   a) an den Kreis $x^2 + y^2 - 6x - 8y = 200$, die parallel zur Geraden $y = \frac{3}{4}x$,
   b) an den Kreis $(x - 6)^2 + (y + 12)^2 = 125$, die senkrecht zur Geraden $y = -2x + 7$ laufen?
3. Man stelle die Gleichungen der Tangenten vom Punkte $P_0(0, 25)$ an den Kreis $(x - 5)^2 + (y - 10)^2 = 125$ auf.
4. Unter welchen Winkeln schneiden sich die Kreise:

$$x^2 + y^2 - 6x - 18y + 80 = 0$$

und

$$x^2 + y^2 + 10x - 2y - 144 = 0?$$

Anleitung: Unter dem Schnittwinkel zweier Kurven versteht man den Winkel, den ihre Tangenten im Schnittpunkt miteinander bilden. Man ermittle also die Richtungsfaktoren der Tangenten und wende die Formel $\operatorname{tg} \varphi = \dfrac{m_1 - m_2}{1 + m_1 m_2}$ an.

XIX. Die Kegelschnitte

§ 99. Erste Definition der Kegelschnitte

Zieht man an einen Kreis um den Mittelpunkt M von einem Punkt S aus die Tangenten, so sind die Abschnitte von S bis zum Berührungspunkt gleich: $SA_1 = S\bar{A}_1$, wie man leicht durch die Kongruenz der Dreiecke SA_1M und $S\bar{A}_1M$ beweisen kann. Läßt man diese Figur um SM rotieren, wird aus dem Kreis eine Kugel, aus den Tangenten ein Kreiskegel, der die Kugel in einem Kreis berührt. Alle Mantellinien des Kegels von der Spitze S bis zum Berührungskreis sind gleichlang.

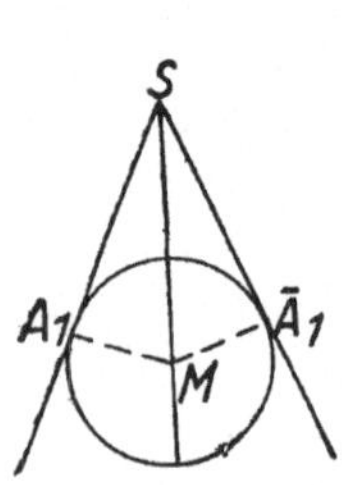

Abb. 67.

Satz: Alle Tangenten von einem Punkt an eine Kugel haben bis zum Berührungspunkt die gleiche Länge.

a) Ellipse

Es seien nun zwei sich nicht berührende Kugeln in den Kegel gelegt. Durch den Berührungskreis der oberen Kugel werde eine Ebene E_1 geführt, die in der Figur senkrecht auf der Zeichenebene steht (Abb. 68 und 69). Ein Durchmesser des Berührungskreises ist $A_1\bar{A}_1$.

Die Mantellinien SA_1 und $S\bar{A}_1$ begrenzen einen Achsenschnitt des Kegels, der zugleich Symmetrieebene ist (Zeichenebene der Abb. 68).

Eine zweite senkrecht zur Zeichenebene stehende Ebene E legen wir so, daß sie die beiden Kugeln in F und $\bar{F}$ berührt und die Ebene E_1 in einer Geraden l_1 schneidet, die man als „Leitlinie" bezeichnet. Diese steht, wie man aus der Anschauung entnimmt und in der Stereometrie beweist, senkrecht zur Zeichenebene und damit senkrecht auf jeder Geraden in der Zeichenebene, die, wie gezeigt wurde, Symmetrieebene ist. Die Ebene E schneidet die beiden Mantellinien SA_1 und $S\bar{A}_1$ in A und $\bar{A}$. Die Schnittkurve der Ebene E mit dem Kegelmantel, die man Ellipse nennt, hat dann $A\bar{A}$ als Symmetrieachse mit A und $\bar{A}$ als Scheitelpunkten. Die Verlängerung von $\bar{A}A$ muß $\bar{A}_1A_1$ auf der Leitlinie l_1 in L_1 schneiden.

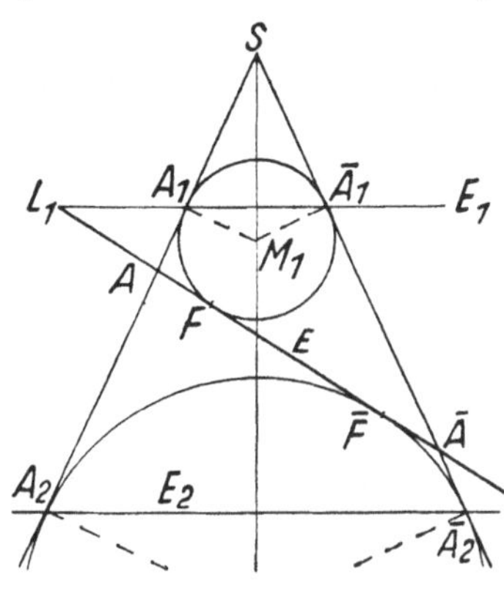

Abb. 68.

Wir nehmen nun einen Punkt P auf der Ellipse und verbinden ihn mit F und der Kegelspitze S. Diese Mantellinie PS schneidet den oberen Berührungskreis in P_1. Als Tangenten an die Kugel ist $PP_1 = PF$.

In der Ebene E zieht man durch P die Parallele zu $A\bar{A}$, welche die Leitlinie in D_1 schneidet, sie steht natürlich auch senkrecht zu l_1, also:

$$PD_1 \parallel A\bar{A} \quad \text{und} \quad PD_1 \perp l_1.$$

Durch S zieht man in der Symmetrieebene (Zeichenebene) die Parallele zu PD_1, diese schneidet $A_1\bar{A}_1$ in R. Eine Ebene E_3 (in Abb. 69 nicht angedeutet) durch die beiden parallelen Geraden SR und PD_1 gelegt, enthält außer den Punkten S, R, P, D_1 auch deren Verbindungsgeraden SP und RD_1, die sich im Durchstoßpunkt P_1 von SP mit der Ebene E_1 schneiden.

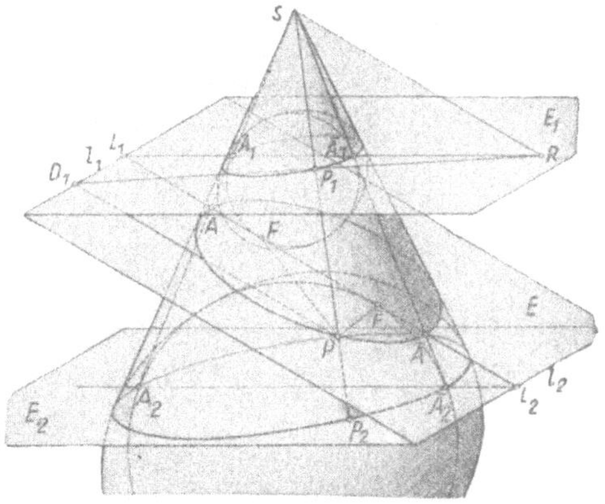

Abb. 69.

Da auf Grund des Strahlensatzes:

$$\text{Dreieck } PD_1P_1 \sim \text{Dreieck } SRP_1$$

und $SA_1 = SP_1$ (Tangenten von S an die Kugel) ist, folgt:

$$\frac{PF}{PD_1} = \frac{PP_1}{PD_1} = \frac{SP_1}{SR} = \frac{S\bar{A}_1}{SR}.$$

Der Quotient $\frac{S\bar{A}_1}{SR}$ ist aber eine Konstante, wir wollen sie mit ε bezeichnen.

Beachtet man noch, daß $S\bar{A}_1 < SR$, so gilt:

$$\boxed{\frac{PF}{PD_1} = \varepsilon < 1}$$

Daraus folgt die erste Definition der Ellipse:

„Die Ellipse ist der geometrische Ort aller Punkte, für die das Verhältnis der Abstände von einem festen Punkt, dem Brennpunkt, und einer festen Geraden, der Leitlinie, einen konstanten Wert $\varepsilon < 1$ hat. ε wird die numerische Exzentrizität genannt."

Die in den Kegel gelegten Kugeln nennt man nach einem belgischen Mathematiker „Dandelinsche Kugeln" (1822). Man beachte, daß zur Festlegung der Ellipsendefinition nur die obere Kugel gebraucht wurde. Mit Hilfe dieser Kugeln kann man auch entsprechende Definitionen für die anderen Kegelschnitte ableiten.

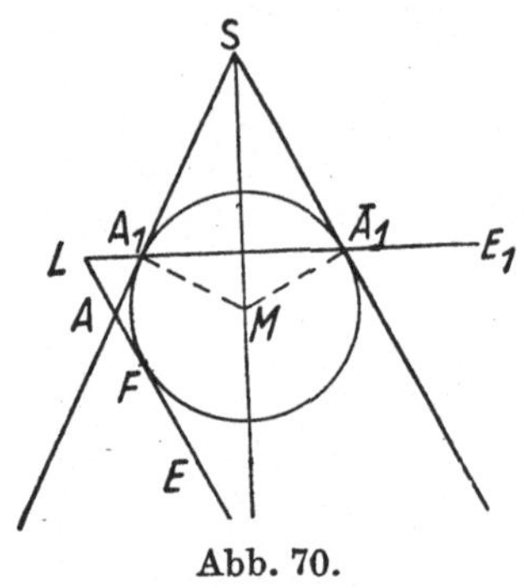

Abb. 70.

b) Parabel.

Dreht man die Ebene E um l_1 im Uhrzeigersinn (Abb. 69), so entfernen sich $\bar{A}$ und $\bar{F}$ immer mehr von A und F. Verläuft schließlich die Ebene E parallel zur Mantellinie $S\bar{A}_1$ (Abb. 70), so gibt es nur einen Scheitelpunkt A und einen Brennpunkt F. $\bar{A}$ und $\bar{F}$ liegen „im Unendlichen". Es bleibt auch nur eine einzige, die obere Dandelinsche Kugel übrig. SR, die Parallele zu PD, fällt dann mit $S\bar{A}_1$ zusammen. Folglich ist:

$$\boxed{\varepsilon = \frac{PF}{PD} = 1}$$

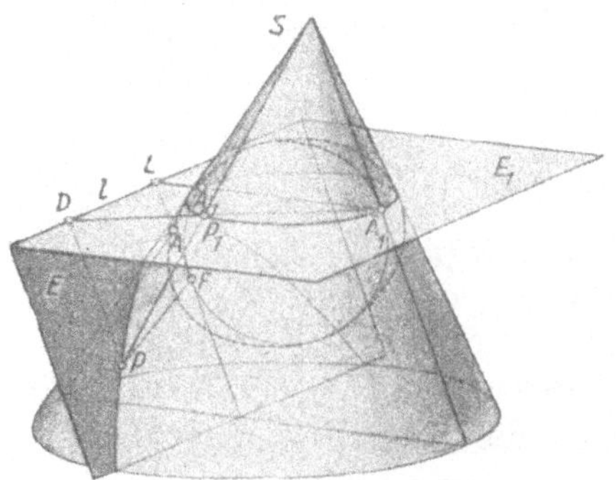
Abb. 71.

(da $SR = S\bar{A}_1$), oder auch: $PF = PD$. Die Schnittkurve heißt Parabel.

Definition der Parabel:

„Der geometrische Ort aller Punkte, die von einem festen Punkt F, dem Brennpunkt, und einer festen Geraden, der Leitlinie, gleichen Abstand haben, ist eine Parabel."

c) Hyperbel

Bei weiterer Drehung der Ebene E im Uhrzeigersinn hat man den Kegel zum Doppelkegel zu erweitern. Die Ebene E schneidet dann sowohl den unteren, wie auch den oberen Kegel. Ebenso befindet sich je eine Dandelinsche Kugel im oberen und unteren Kegel. SR parallel zu PD_1 fällt nun in das Innere des Kegels hinein, und es ist:

$$SR < S\bar{A}_1,$$

folglich:

$$\boxed{\varepsilon = \frac{S\bar{A}_1}{SR} = \frac{PF}{PD_1} > 1}$$

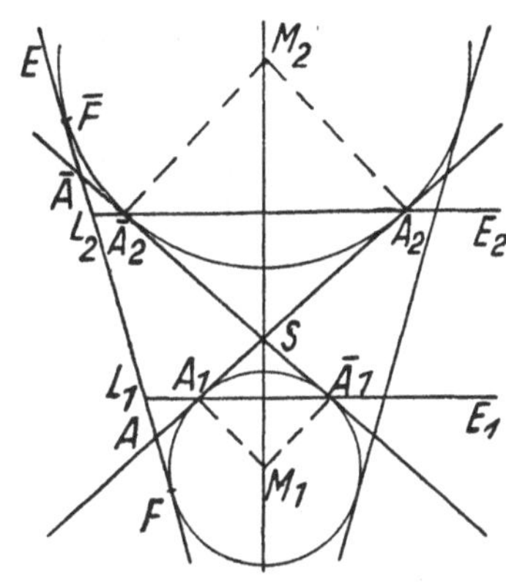

Abb. 72.

Definition der Hyperbel:

„Die Hyperbel ist der geometrische Ort aller Punkte, für die das Verhältnis der Abstände von einem festen Punkt (Brennpunkt) und einer festen Geraden (Leitlinie) den konstanten Wert $\varepsilon > 1$ hat."

Zusammenfassende Definition für alle drei Kegelschnitte:

„Der geometrische Ort aller Punkte, für die die Abstände von einem festen Punkt (Brennpunkt) und einer festen Geraden (Leitlinie) ein konstantes Verhältnis ε haben, nennt man Kegelschnitt. ε heißt die numerische Exzentrizität. Der Kegelschnitt ist eine Ellipse, Parabel, Hyperbel, je nachdem $\varepsilon \lesseqgtr 1$ ist."

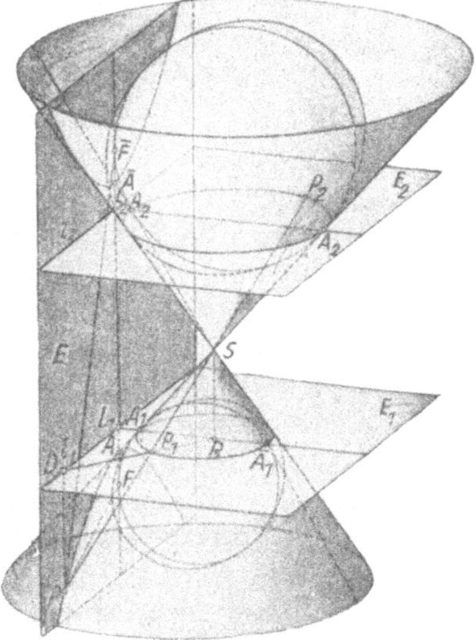
Abb. 73.

Aufgaben

1. An einem sechskantigen Bleistift wird durch einen rotierenden Spitzer eine Kegelspitze abgedreht. Welchen Kurven gehören die dabei auf den Seitenflächen entstehenden Kurvenbogen an?
2. Eine Kugel vom Radius r liegt auf einer waagerechten Ebene. Im horizontalen Abstand $a > r$ vom Berührungspunkt mit der Ebene und in der Höhe h über dieser befindet sich eine punktförmige Lichtquelle. Wie groß muß h werden, wenn der Kegelschatten auf der Ebene eine Ellipse, Parabel, Hyperbel sein soll?

§ 100. Zweite Definition der Ellipse und Hyperbel

Bei Ellipse und Hyperbel schneidet die Mantellinie SP die beiden Berührungskreise der Dandelinschen Kugeln in P_1 und P_2. Verbindet man in der Ebene E noch P mit den Berührungspunkten F und $\bar{F}$ der Kugeln mit dieser Ebene, so gilt:

für die Ellipse (Abb. 69):

$PF = PP_1$ als Tangenten von P
$P\overline{F} = PP_2$ an die Kugeln

$$PF + P\overline{F} = P_1P_2 = 2a,$$

für die Hyperbel (Abb. 73):

$$P\overline{F} = PP_2$$
$$PF = PP_1$$

$$P\overline{F} - PF = PP_2 - PP_1 = P_1P_2 = 2a.$$

Die Länge der Mantellinien zwischen den beiden Berührungskreisen hat für jede Lage von P den gleichen Wert $2a$. Damit hat man für die beiden Kurven eine zweite Definition gefunden:

Die Ellipse (Hyperbel) ist der geometrische Ort aller Punkte, für welche die Summe (Differenz) der Brennpunktsabstände konstant ist.

Nun ist aber für die

Ellipse:

$$\begin{aligned} A\overline{A} &= AF + F\overline{A} = AA_1 + \overline{A}\overline{A}_1 \\ A\overline{A} &= A\overline{F} + \overline{F}\overline{A} = AA_2 + \overline{A}\overline{A}_2 \\ \hline 2A\overline{A} &= (AA_1 + AA_2) + (\overline{A}\overline{A}_1 + \overline{A}\overline{A}_2) \\ &= A_1A_2 + \overline{A}_1\overline{A}_2 = 2a + 2a \\ A\overline{A} &= 2a. \end{aligned}$$

Hyperbel:

$$\begin{aligned} A\overline{A} &= A\overline{F} - \overline{F}\overline{A} = AA_2 - \overline{A}\overline{A}_2 \\ A\overline{A} &= \overline{A}F - FA = \overline{A}\overline{A}_1 - AA_1 \\ \hline 2A\overline{A} &= (AA_2 - AA_1) + (\overline{A}\overline{A}_1 - \overline{A}\overline{A}_2) \\ &= A_1A_2 + \overline{A}_1\overline{A}_2 = 2a + 2a \\ A\overline{A} &= 2a. \end{aligned}$$

Ergebnis: Die Länge der Symmetrieachse $A\overline{A}$ ist gleich $2a$, gleich der Länge einer Mantellinie zwischen den Berührungskreisen.

Diese Symmetrieachse wird „Hauptachse" oder „große Achse" der Ellipse (Hyperbel) genannt. Ihre Endpunkte A und $\overline{A}$ heißen „Hauptscheitel". Bezeichnet man noch die Verbindungsgerade eines Kurvenpunktes P mit einem Brennpunkt als „Brennstrahl", so erhält man schließlich den

Satz: „Die Summe (Differenz) der Brennstrahlen eines Ellipsen-(Hyperbele-)Punktes ist gleich der Länge $2a$ der Hauptachse."

Dieser Satz führt zu einer einfachen punktweisen Konstruktion der beiden Kegelschnitte, wenn die Brennpunkte und die Länge der Hauptachse gegeben sind.

Beschreibung: Man schlage um die Brennpunkte F und $\overline{F}$ je zwei Kreise mit den Radien r_1 und r_2, so daß für die Ellipse $r_1 + r_2 = 2a$, für die Hyperbel $r_1 - r_2 = 2a$ ist. Dadurch erhält man vier Kurvenpunkte $P_1 \ldots P_4$ (s. Abb. 74, 75). Durch Veränderung von r_1 und $r_2 = 2a - r_1$ bzw. $r_1 - 2a$ ergeben sich dann weitere Punkte.

Zusatz: Wie kann man also mit einem Faden, zwei Nadeln und einem Bleistift eine Ellipse zeichnen? (Gärtnerkonstruktion.)

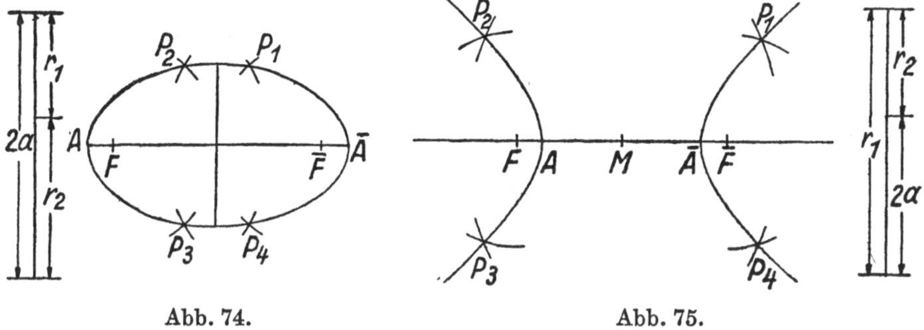

Abb. 74. Abb. 75.

Aufgabe

1. Man zeichne eine Ellipse für a) $a = 5$, $e = 4$, b) $a = 3\sqrt{2}$, $e = 3$ und eine Hyperbel für c) $a = 4$, $e = 5$, wenn mit $2e$ der Abstand der Brennpunkte bezeichnet wird.

§ 101. Die Scheitelgleichung der Kegelschnitte

Wir haben im § 99 eine gemeinsame Definition für die drei Kegelschnitte gefunden. Um deren Gleichungen abzuleiten, ist es nötig, ein Koordinatensystem einzuführen, und zwar so, daß man die Gleichung in möglichst einfacher Form bekommt. Erkennt man, daß die Kurve eine Symmetrieachse hat, so wird man immer die eine Koordinatenachse in die Symmetrieachse legen. Ist etwa die x-Achse Symmetrieachse, so muß, wenn der Punkt mit den Koordinaten x_1, y_1 auf der Kurve liegt, auch sein Spiegelbild zur Symmetrieachse, das die Koordinaten x_1, $-y_1$ hat, auf der Kurve liegen. Ersetzt man also in der Kurvengleichung y durch $-y$, so muß diese ungeändert bleiben. Demnach ist die Gleichung eine „gerade Funktion von y“[1]).

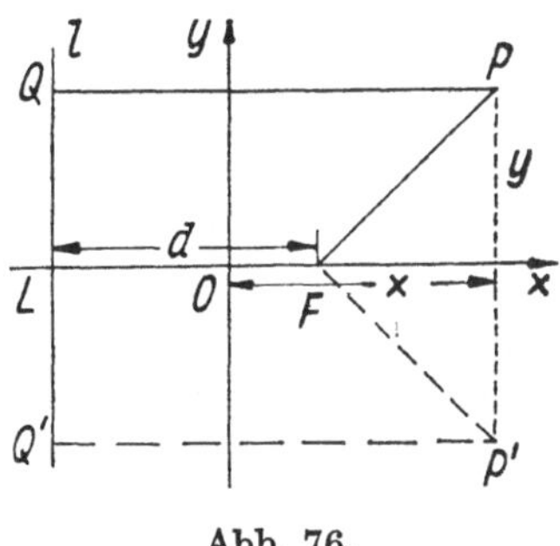

Abb. 76.

Unsere Kurven haben alle eine Symmetrieachse $A\bar{A}$, das Lot vom Brennpunkt auf die Leitlinie l. Diese Gerade wird man zur x-Achse wählen. Da sich aus der ersten Definition nicht ohne weiteres erkennen läßt, ob noch eine zweite dazu senkrechte Symmetrieachse vorhanden ist, die man sonst zur y-Achse wählen würde, ist es hier praktisch, den Nullpunkt des Koordinatensystems in den Scheitel A zu legen. Da somit die Kurve durch den Nullpunkt geht, wird in

---

[1]) „Gerade Funktion“ ist eine solche, die ihren Wert nicht ändert, wenn man die Veränderliche durch ihren negativen Wert ersetzt. Dazu gehören die Potenzen mit geradem Exponenten: $y = x^{2n}$, ferner z. B. $y = \cos x$.

„Ungerade“ heißt eine Funktion, die mit dem Vorzeichen der Veränderlichen ihr Vorzeichen wechselt, deren absoluter Betrag dabei aber ungeändert bleibt, z. B. $y = x^{2n+1}$, $\sin x$, $\operatorname{tg} x$, $\operatorname{ctg} x$.
Zum Funktionsbild von geraden und ungeraden Funktionen s. S. 28.

der Kurvengleichung kein konstantes Glied auftreten können (denn für $x = 0$ muß auch $y = 0$ werden).

In unserem Fall muß der Nullpunkt O als Kurvenpunkt den Abstand des Brennpunktes F von der Leitlinie im Verhältnis ε teilen. Also muß sein:

$$\frac{OF}{OL} = \varepsilon. \tag{1}$$

Setzt man $FL = d$, so wird:

$$FL = FO + OL = d = OL\,(1 + \varepsilon), \qquad \text{d. h.:}$$

$$OL = \frac{d}{1+\varepsilon} \qquad \text{und} \tag{2}$$

$$OF = \frac{\varepsilon d}{1+\varepsilon}. \tag{3}$$

Aus der Figur liest man ab:

$$\frac{FP}{QP} = \varepsilon = \frac{\sqrt{y^2 + \left(x - \frac{\varepsilon d}{1+\varepsilon}\right)^2}}{x + \frac{d}{1+\varepsilon}}.$$

Mit dem Nenner multipliziert und quadriert:

$$y^2 + x^2 - \frac{2\varepsilon d x}{1+\varepsilon} + \frac{\varepsilon^2 d^2}{(1+\varepsilon)^2} = \varepsilon^2 x^2 + \frac{2\varepsilon^2 d x}{1+\varepsilon} + \frac{\varepsilon^2 d^2}{(1+\varepsilon)^2},$$

geordnet:

$$y^2 = 2\varepsilon d x + (\varepsilon^2 - 1)\,x^2 \qquad \text{(Scheitelgleichung).} \tag{4}$$

Berechnung der Ordinate in F:

Koordinaten von $F\left(\frac{\varepsilon d}{1+\varepsilon}, 0\right)$. Die Abszisse in Gleichung (4) eingesetzt:

$$y^2 = \frac{2\varepsilon^2 d^2}{1+\varepsilon} + \frac{\varepsilon^2 d^2}{(1+\varepsilon)^2}\,(\varepsilon^2 - 1)$$

ergibt:

$$y_{1,2} = \pm d\varepsilon = \pm p \qquad \text{oder}$$

$$|d\varepsilon| = |p|. \tag{5}$$

Die Ordinate im Brennpunkt nennt man den Halbparameter und bezeichnet ihn mit p.

Es ist $p = d\varepsilon$. Die Scheitelgleichung der Kegelschnitte lautet dann:

$$\boxed{y^2 = 2px + (\varepsilon^2 - 1)\,x^2} \tag{6}$$

Außerdem erhalten die Gleichungen (2) und (3) die Form:

$$OL = \frac{p}{\varepsilon(1+\varepsilon)}, \tag{2a}$$

$$OF = \frac{p}{1+\varepsilon}. \tag{3a}$$

§ 102. Die Parabel

a) Für die Parabel ist $\varepsilon = 1$, also heißt die Scheitelgleichung:

$$y^2 = 2px \tag{7}$$

Die Leitlinie hat vom Scheitel den Abstand $-\frac{p}{2}$, der Brennpunkt $+\frac{p}{2}$.

Satz: Der Scheitel der Parabel halbiert die Entfernung Brennpunkt-Leitlinie. Die Parabel verläuft ganz auf der positiven Seite der x-Achse. Die Ordinaten y wachsen über alle Grenzen.

b) Name der Kurve[1]): Die Gleichung sagt aus, daß ein Rechteck von den Seitenlängen $2p$ und x inhaltsgleich einem Quadrat der Seitenlänge y ist. Das ermöglicht eine punktweise Konstruktion unter Benutzung des Satzes (Abb. 77):

In einem rechtwinkligen Dreieck ist das Quadrat über der Höhe gleich dem Rechteck aus den Hypotenusenabschnitten.

Das Quadrat wird an das Rechteck „herangelegt" (παραβάλλειν = nebeneinanderlegen, vergleichen).

c) Aus der Definition der Parabel ergibt sich eine einfache Konstruktion der Parabel, wenn der Brennpunkt F und die Leitgerade l gegeben sind (Abb. 78).

Beschreibung: Man ziehe eine Parallele zu l im beliebigen Abstand d. Der Kreis um F mit Halbmesser d schneidet die Parallele in zwei Parabelpunkten P und $\overline{P}$.

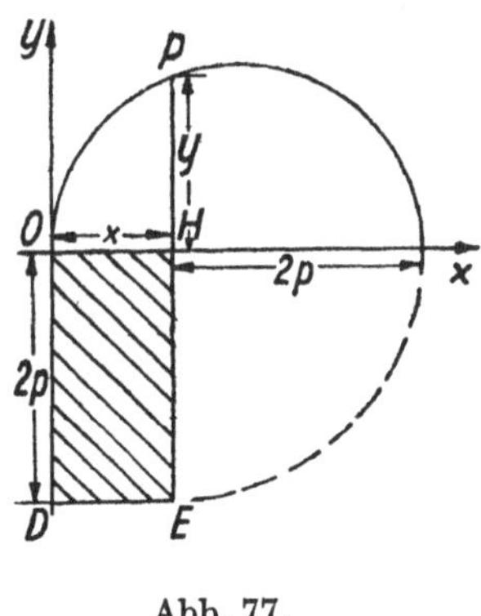

Abb. 77.

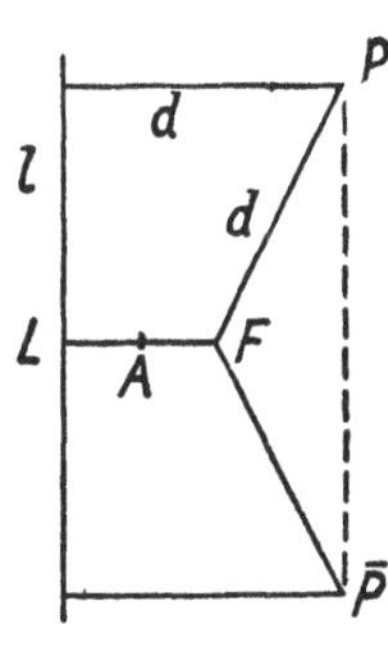

Abb. 78.

Aufgabe: Man führe die Konstruktion für

a) $p = 4$ und b) $p = \frac{4}{3}$ aus.

d) Durch Vertauschung der Veränderlichen erhält man die Gleichung

$$x^2 = 2py.$$

Nach § 32a entspricht aber einer solchen Vertauschung eine Spiegelung an der Geraden $y = x$. Das bedeutet, daß die y-Achse zur

[1]) Apollonius von Pergä, um 225 v. Chr. (8 Bücher über Kegelschnitte).

Symmetrieachse wird und die Parabel nach oben geöffnet ist, also eine Drehung um 90^0 um den Scheitel.

Wie liegen die Parabeln $y^2 = -2px$ und $x^2 = -2py$?

Die in den §§ 23A und 32b behandelten Parabeln $y = x^2$ und $x = y^2$ sind spezielle Parabeln mit dem Parameter $2p = 1$.

Aufgaben

1. Wie lautet die Gleichung eines Kreises, der durch die Schnittpunkte der vier Parabeln geht, die den Nullpunkt zum Scheitel, die positiven und negativen Koordinatenachsen als Hauptachsen besitzen und deren Brennpunkte die Entfernung 5 vom Scheitel haben?
2. Man stelle die Gleichung der Sekante auf, die durch die Mitte P_1 der negativen Ordinate im Brennpunkt und den Punkt P_2 mit der Ordinate -2 der Parabel $y^2 = -\frac{5}{2}x$ geht?
3. Unter welcher Bedingung a) ist die Gerade $y = mx + n$ Tangente an die Parabel $y^2 = 2px$, b) schneidet die Gerade die Parabel nicht? Anwendung auf die Geraden: 1. $y = 5x + 2$, 2. $9x + 6y + 8 = 0$, 3. $2x - y - 2 = 0$ und die Parabel $y^2 = 8x$.
4. Die aus dem Altertum als „Delisches Problem" bekannte Aufgabe, den Rauminhalt eines Würfels zu verdoppeln, ist geometrisch „mit Zirkel und Lineal" unlösbar. Wie kann folgende Aufgabe benutzt werden, die Kante des verdoppelten Würfels näherungsweise zu konstruieren? Gegeben sind die Parabeln $x^2 = 2ay$ und $y^2 = ax$. Man berechne die Schnittpunkte.

§ 103. Die Ellipse

a) Die Scheitelgleichung

$$\varepsilon < 1, \qquad y^2 = 2px - (1 - \varepsilon^2)\, x^2.$$

Die x-Achse wird in diesem Falle zweimal im Endlichen geschnitten; denn aus $y = 0$ ergibt sich:

$$x_1 = 0, \qquad x_2 = \frac{2p}{1 - \varepsilon^2} = 2a.$$

Da $\varepsilon < 1$ ist, ist $x_2 > 0$. Wie wir im § 100 gesehen haben, ist die Länge der Symmetrieachse $2a$. Daraus folgt aber noch:

$$\boxed{1 - \varepsilon^2 = \frac{p}{a}} \tag{8}$$

Demnach kann man der Scheitelgleichung die Form geben:

$$\boxed{y^2 = 2px - \frac{p}{a}\, x^2} \tag{9}$$

Geometrische Deutung: Das Quadrat mit der Seitenlänge y ist flächengleich dem Rechteck mit den Seiten $2p$ und x, jedoch vermindert um das Rechteck mit den Seiten $\frac{p}{a}\, x$ und x (ἐλλείπειν = fehlen).

Erläuterung zur Konstruktion (Abb. 79): Die Strecke $z = \frac{p}{a} x$ erhält man aus dem Strahlensatz. Die Strahlen $C\bar{A}$ und CO werden von den Parallelen DE und $O\bar{A}$ geschnitten. Es gilt:

$$\frac{CD}{DE} = \frac{CO}{O\bar{A}} \quad \text{oder} \quad \frac{z}{x} = \frac{2p}{2a}, \quad \text{also} \quad z = \frac{p}{a} x.$$

Dann ist:

$$y^2 = \text{Rechteck } OCGH - \text{Rechteck } DCGE = \text{Rechteck } ODEH$$

$$y^2 = \quad 2px \quad - \frac{px}{a} x \quad = x\left(2p - \frac{p}{a} x\right).$$

Ebenso wie bei der Parabel kann diese Konstruktion zur punktweisen Zeichnung der Ellipse benutzt werden. Der Punkt P der Strecke y ist ein Kurvenpunkt.

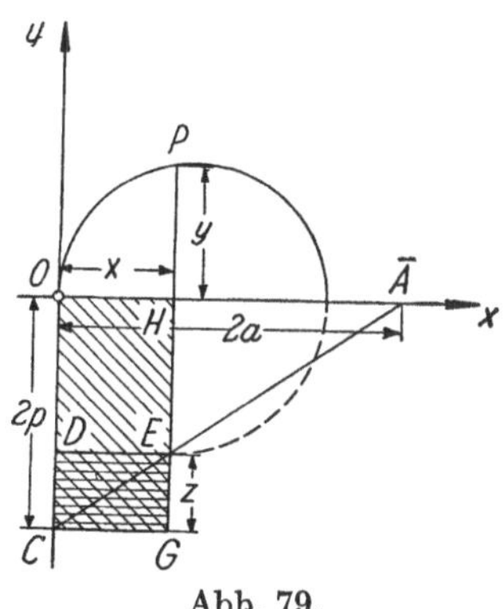

Abb. 79.

b) Die Mittelpunktsgleichung

Die Parabel erstreckt sich auf einer Seite ins Unendliche, kann also keinen im Endlichen gelegenen Mittelpunkt haben. Anders bei Ellipse und Hyperbel. Um zu erkennen, daß ein Mittelpunkt vorhanden ist, verschieben wir das Koordinatensystem um $+a$ in der x-Richtung nach Punkt M. Wir setzen also: $x = \xi + a$, $y = \eta$, und erhalten nach Ordnung der Glieder:

$$\eta^2 + \frac{p}{a} \xi^2 = pa.$$

Da ξ nur in zweiter Potenz vorkommt, muß auch die η-Achse Symmetrieachse sein. Sie wird für $\xi = 0$ in zwei Punkten $\eta = \pm\sqrt{pa}$ geschnitten. Bezeichnen wir den Abstand dieser beiden Punkte mit $2b$, wird also:

(10) $$\boxed{p = \frac{b^2}{a}}$$

gesetzt, so lautet die Mittelpunktsgleichung der Ellipse:

(11) $$\boxed{\frac{\xi^2}{a^2} + \frac{\eta^2}{b^2} = 1}$$

Da nun ξ- und η-Achse Symmetrieachsen sind, muß jede Sehne durch den Nullpunkt, d. h. jeder Durchmesser in M halbiert werden. Wir haben früher die Strecke $2a$ als Länge der Hauptachse bezeichnet, entsprechend bezeichnen wir die zweite Symmetrieachse als Nebenachse, ihre Länge ist $2b$, ihre Endpunkte heißen Nebenscheitel. Aus der doppelten Symmetrie folgt auch, daß es zwei

Leitlinien geben muß. Am Kegel ergibt sich die zweite Leitlinie l_2 als Schnitt der Ebene E mit der Ebene E_2 des Berührungskreises der unteren Dandelinschen Kugel (s. Abb. 69).

Aus der Mittelpunktsgleichung folgt:

$$\xi = \pm \frac{a}{b}\sqrt{b^2 - \eta^2} \quad \text{und} \quad \eta = \pm \frac{b}{a}\sqrt{a^2 - \xi^2}.$$

Daraus ist zu erkennen, daß die Kurve reelle Punkte nur besitzt für:

$$|\eta| \leqq b \quad \text{und} \quad |\xi| \leqq a.$$

Die Ellipse verläuft also ganz innerhalb eines Rechtecks mit den Seiten $2a$ und $2b$.

Aus der Beziehung:

$$p = a\,(1 - \varepsilon^2) = \frac{b^2}{a}$$

erhalten wir für die numerische Exzentrizität:

$$\text{(12)} \qquad \boxed{\varepsilon = \frac{\sqrt{a^2 - b^2}}{a}}$$

Aufgabe: Wie groß ist die lineare Exzentrizität e, d. h. der Abstand eines Brennpunktes vom Mittelpunkt?

Lösung: Die Ordinate im Brennpunkt ist $\eta_F = p = \frac{b^2}{a}$, in die Mittelpunktsgleichung eingesetzt:

$$\text{(13)} \qquad \xi_F = \boxed{e = \sqrt{a^2 - b^2}}$$

Demnach ist auch:

$$\text{(14)} \qquad \boxed{\varepsilon = \frac{e}{a}}$$

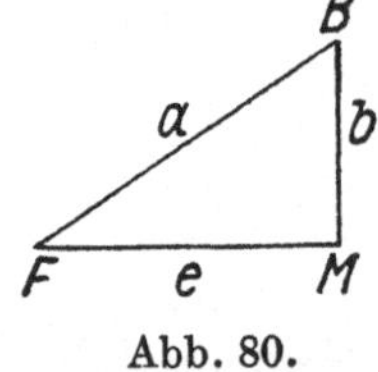

Abb. 80.

Ergebnis: Die drei Größen a, b, e bilden die Seiten eines rechtwinkligen Dreiecks mit der Hypotenuse a.

Zusatz: Vertauscht man in der Mittelpunktsgleichung die Veränderlichen:

$$\frac{y^2}{a^2} + \frac{x^2}{b^2} = 1 \quad (a > b),$$

so fällt die große Achse mit der y-Achse, die kleine mit der x-Achse zusammen. (Grund: Spiegelung an der Geraden $y = x$.)

Aufgaben

1. Von der elliptischen Bahn des Kometen Enke sind die große Halbachse $a = 2{,}2$ Erdbahnradien und die Exzentrizität $\varepsilon = 0{,}85$ bekannt. Wie groß sind b und e? Die Bahn soll gezeichnet werden.
2. Von einer Ellipse kennt man $p = 7{,}2$ und $\varepsilon = 0{,}6$. Wie groß sind a, b und e?
3. Man berechne den Abstand der Leitlinie a) vom Mittelpunkt, b) vom Brennpunkt F_2 und gebe eine einfache Konstruktion der Leitgeraden an, wenn die Größen a, b, e bekannt sind.
   (Anleitung zu a): Anstelle des Punktes M benutze man zur Berechnung den Nebenscheitel B_1.)

4. Analytisch ist zu beweisen: Die Summe der Brennpunktsabstände eines Ellipsenpunktes ist konstant (vgl. § 100).
5. Wie lautet die Mittelpunktsgleichung der Ellipse, die durch den Punkt P_1 (4, 6) geht und die Exzentrizität $e = 4$ besitzt?
6. Der Brennpunkt einer Parabel fällt mit dem Brennpunkt einer Ellipse, deren Halbachsen a und b sind, zusammen. Ihr Scheitel liegt im Mittelpunkt der Ellipse. In welchen Punkten schneiden sich die beiden Kurven?

   a) Allgemein. b) $a = 5$, $b = 3$.
7. Man berechne die Länge der Brennstrahlen l_1 und l_2 eines Ellipsenpunktes und drücke sie als Funktion der Abszisse des Punktes aus.

§ 104. Die Hyperbel

a) Die Scheitelgleichung

$$\varepsilon > 1, \quad y^2 = 2px + (\varepsilon^2 - 1)\, x^2.$$

Auch jetzt hat man zwei Schnittpunkte mit der x-Achse bzw. Hauptachse:

$$x_1 = 0, \quad x_2 = -\frac{2p}{\varepsilon^2 - 1} = -2a,$$

aber der zweite Schnittpunkt liegt auf der negativen x-Achse. Aus § 100 wissen wir, daß die Entfernung der Hauptscheitel $2a$ beträgt. Es ist also:

$$(15) \qquad \boxed{\varepsilon^2 - 1 = \frac{p}{a}}$$

und die Scheitelgleichung:

$$(16) \qquad \boxed{y^2 = 2px + \frac{p}{a}x^2} = x\left(2p + \frac{p}{a}x\right).$$

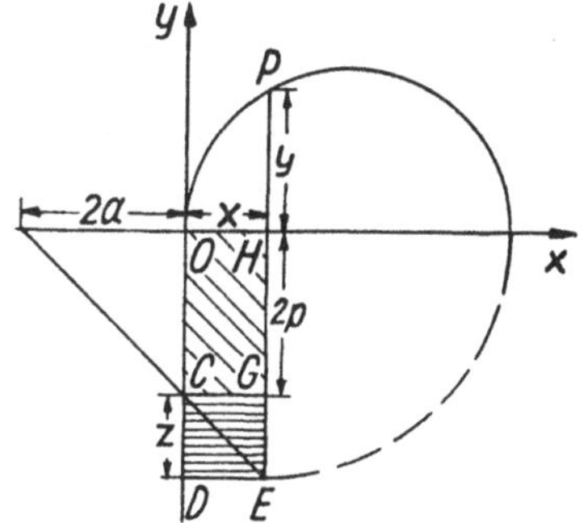

Abb. 81.

Geometrische Deutung: Die Verwandlung in ein Quadrat erfolgt nach Hinzufügen eines überschießenden Rechtecks (ὑπερβάλλειν) zu dem Rechteck $2px$. Man konstruiert wie bei der Ellipse die Strecke:

$$z = \frac{2p}{2a}\, x = CD, \qquad 2p = OC,$$

folglich ist $OD = HE = 2p + \frac{p}{a}x$ und somit $\overline{HP}^2 = OH \cdot HE$

oder $$y^2 = x\left(2p + \frac{p}{a}x\right).$$

Aufgabe

1. Man zeichne bei konstantem p die Kurven für $a = \frac{1}{4}p$, $\frac{1}{2}p$, p, $\frac{3}{2}p$, $2p$, $4p$, $-2p$, $-p$, $-\frac{1}{2}p$ und die Parabel $y^2 = 2px$ in ein- und dasselbe Achsenkreuz. Die Figur veranschaulicht den Übergang der einen Kurvenart in die andere.

b) Die Mittelpunktsgleichung

Die Gleichung $y^2 = 2px + \frac{p}{a}x^2$ geht durch die Transformation:

$$y = \eta, \quad x = \xi - a$$

über in:

$$\eta^2 = \frac{p}{a}\xi^2 - pa.$$

Setzt man wieder $pa = b^2$, also:

$$\boxed{p = \frac{b^2}{a}} \tag{17}$$

so erhält man als Mittelpunktsgleichung der Hyperbel:

$$\boxed{\frac{\xi^2}{a^2} - \frac{\eta^2}{b^2} = 1} \tag{18}$$

Für $\xi = 0$ ergibt sich $\eta = \pm b \cdot i$. Man nennt diese Größe die imaginäre Halbachse der Hyperbel. Vielfach wird die Größe $2b$ in Analogie zur Ellipse auch kurz als Nebenachse bezeichnet. Die Bedeutung von b ergibt sich später. Wie die Gleichung zeigt und auch die Konstruktion im § 100 nach der zweiten Definition erkennen ließ, hat man wieder zwei Symmetrieachsen, demnach auch zwei Leitlinien, und jede Sehne durch den Nullpunkt wird in ihm halbiert, ist also wieder als Durchmesser anzusehen (vgl. Abb. 73).

Aus den Gleichungen:

$$\eta = \pm \frac{b}{a}\sqrt{\xi^2 - a^2} \quad \text{und} \quad \xi = \pm \frac{a}{b}\sqrt{\eta^2 + b^2}$$

erkennt man, daß es zwar zu jedem reellen Wert von η reelle Werte von ξ gibt, daß aber reelle Werte von η nur für $|\xi| \geqq a$ vorhanden sind.

Die numerische Exzentrizität ε berechnet sich aus $p = a(\varepsilon^2 - 1) = \frac{b^2}{a}$ zu:

$$\boxed{\varepsilon = \frac{\sqrt{a^2 + b^2}}{a}} \tag{19}$$

Die lineare Exzentrizität e erhält man aus der Mittelpunktsgleichung, wenn man berücksichtigt, daß die Brennpunktsordinate $\eta_F = p = \frac{b^2}{a}$ ist:

$$\xi_F = e = \frac{a}{b}\sqrt{\frac{b^4}{a^2} + b^2},$$

$$\boxed{e = \sqrt{a^2 + b^2}} \tag{20}$$

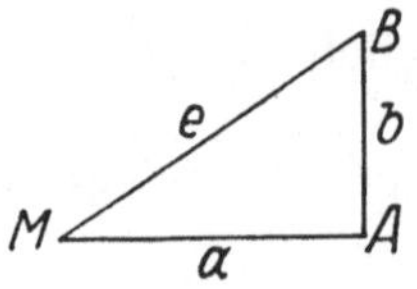

Abb. 82.

und somit aus (19):

$$\boxed{\varepsilon = \frac{e}{a}} \tag{21}$$

Ergebnis: Die drei Größen a, b, e bilden wie bei der Ellipse die Seiten eines rechtwinkligen Dreiecks aber mit e als Hypotenuse.

Zusatz: Durch Spiegelung an der Geraden $y=x$ ergibt sich:

(22) $$\frac{y^2}{a^2}-\frac{x^2}{b^2}=1.$$

Die y-Achse wird zur Hauptachse.

Zusammenstellung der wichtigsten Beziehungen der drei Kegelschnitte

A Hauptscheitelpunkt, F Brennpunkt,
B Nebenscheitelpunkt, L Schnittpunkt von Hauptachse und [Leitlinie,
ε numerische Exzentrizität (dimensionslos),
e lineare "
a große Halbachse, b kleine Halbachse,
p Halbparameter = Ordinate im Brennpunkt.

(3a) $AF=\frac{p}{1+\varepsilon}$

(1) $\frac{AF}{AL}=\varepsilon \; \begin{matrix} < \\ = \\ > \end{matrix} \; 1$ $\begin{matrix}\text{Ellipse}\\ \text{Parabel}\\ \text{Hyperbel}\end{matrix}$

(2a) $AL=\frac{p}{\varepsilon(1+\varepsilon)}$

(5) $LF=\frac{p}{\varepsilon}$

(6) Scheitelgleichung für alle drei Kegelschnittarten:

$$y^2=2px+(\varepsilon^2-1)\,x^2.$$

Im besonderen:

Parabel $\varepsilon=1$ (7) $y^2=2px$,

Ellipse $\varepsilon<1$ (9) $y^2=2px-(1-\varepsilon^2)\,x^2=2px-\frac{p}{a}x^2$,

Hyperbel $\varepsilon>1$ (16) $y^2=2px+(\varepsilon^2-1)\,x^2=2px+\frac{p}{a}x^2$.

Mittelpunktsgleichung:

(11) Ellipse $\frac{x^2}{a^2}+\frac{y^2}{b^2}=1.$

(18) Hyperbel $\frac{x^2}{a^2}-\frac{y^2}{b^2}=1.$

Ellipse: (8) $p=\frac{b^2}{a}=a(1-\varepsilon^2)$ (13) $e^2=a^2-b^2$

Hyperbel: 1) $p=\frac{b^2}{a}=a(\varepsilon^2-1)$ (20) $e^2=a^2+b^2$

(14, 21) $\varepsilon=\frac{e}{a}$.

Aufgaben

2. Man berechne den Abstand der Leitlinie a) vom Mittelpunkt, b) vom Brennpunkt einer Hyperbel. Die Leitlinie soll konstruiert werden, wenn a und e bekannt sind.

3. In die Hyperbel $\frac{x^2}{a^2}-\frac{y^2}{b^2}=1$ soll ein Quadrat eingezeichnet werden, von dem sich der Mittelpunkt im Nullpunkt befindet und die Ecken auf der Kurve liegen;

seine Seiten sind parallel zu den Achsen. Man berechne die Koordinaten der Ecken. Ist die Aufgabe immer lösbar?

4. Die Länge der Brennstrahlen l_1 und l_2 eines beliebigen Hyperbelpunktes P soll als Funktion der Abszisse x des Punktes dargestellt werden. (Vergleich mit der Ellipse!)

   Beispiel: $36x^2 - 64y^2 = 2304$. Wie groß sind insbesondere die Werte für a) $P_1(x_1 = 16)$, b) $P_2(x_2 = -12)$?

5. Man beweise analytisch den Satz: Die Differenz der Brennstrahlen eines Hyperbelpunktes ist konstant.

6. Die Hyperbel $25x^2 - 36y^2 = 900$ wird von einem Kreis geschnitten, dessen Mittelpunkt M die Koordinaten (5, 0) hat und dessen Radius $\frac{25}{8}$ ist. Man bestimme die Schnittpunkte.

7. Gegeben ist die Parabel $y^2 = 2px$. Gesucht sind die Scheitelgleichungen der Ellipse bzw. Hyperbel mit dem gleichen Scheitel und demselben Parameter, die im Brennpunkt der Parabel die 0,9fache bzw. die doppelte Ordinate wie diese haben.

8. Gesucht sind die Schnittpunkte einer Ellipse (Halbachsen a und b) mit einer Hyperbel, deren Scheitel mit den Brennpunkten der Ellipse und deren Brennpunkte mit den Scheiteln der Ellipse zusammenfallen.

9. Eine Ellipse mit den Halbachsen a und b werde durch eine Hyperbel geschnitten, die die gleichen Brennpunkte hat (konfokale Kegelschnitte), und deren reelle Halbachse sich zu der der Ellipse wie 1 : 2 verhält.

   a) Wie lautet die Gleichung der Hyperbel?

   b) Man bestimme die Schnittpunkte.

§ 105. Die Asymptoten der Hyperbel

a) Gleichung der Asymptoten

Die Hyperbelgleichung bringt man in die Form $\frac{y^2}{x^2} = \frac{b^2}{a^2} - \frac{b^2}{x^2}$.

Für sehr große Werte von x wird auch y sehr groß und das Glied $\frac{b^2}{x^2}$ sehr klein. Dieses Glied ist um so mehr gegen $\frac{b^2}{a^2}$ zu vernachlässigen, je größer die x-Werte sind, die Hyperbelgleichung wird sich also dem Ausdruck nähern:

$$\frac{y^2}{x^2} = \frac{b^2}{a^2},$$

oder geometrisch ausgedrückt, die Hyperbel wird sich den beiden Geraden:

$$\frac{y}{x} = +\frac{b}{a} \quad \text{und} \quad \frac{y}{x} = -\frac{b}{a},$$

den Asymptoten, beliebig nähern, ohne sie zu erreichen.

Satz: Die Hyperbel hat zwei durch den Mittelpunkt gehende, zur Hauptachse symmetrische Asymptoten, deren Neigungswinkel durch

$$\operatorname{tg} \alpha_1 = +\frac{b}{a} \quad \text{und} \quad \operatorname{tg} \alpha_2 = -\frac{b}{a}$$

bestimmt sind. Die Gleichungen der Asymptoten lauten:

$$\boxed{y = \pm \frac{b}{a} x}$$

Konstruktion der Asymptoten: Man errichtet im Scheitel der Hyperbel Senkrechte von der Länge $+b$ und $-b$ auf der Hauptachse. Durch deren Endpunkte und durch den Nullpunkt gehen dann die Asymptoten.

Zusatz: Ist $a = b$, so wird $\operatorname{tg}\alpha = \pm 1$; $\alpha_1 = 45^0$, $\alpha_2 = 135^0$. Die beiden Asymptoten stehen senkrecht aufeinander. Die Kurve heißt gleichseitige Hyperbel.

(Beispiel: $y = \frac{1}{x}$; s. § 23, B.)

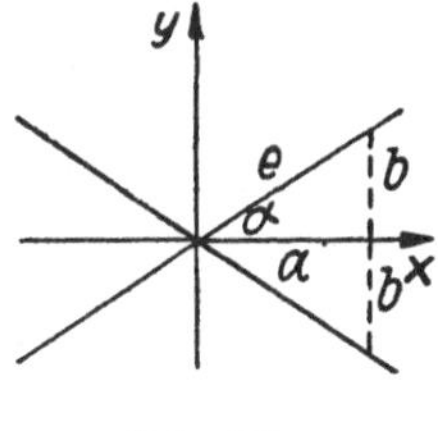

Abb. 83.

Will man eine Skizze einer Hyperbel machen, so zeichne man zunächst die Asymptoten und die Scheiteltangenten. Damit ist der Kurvenverlauf in großen Zügen bestimmt.

b) Asymptotensätze

Schneidet man die Asymptoten durch eine Gerade, so sind die Abszissen der Schnittpunkte von

$$y = +\frac{b}{a}x \quad \text{und} \quad y = mx + n: \quad x_1 = \frac{n \cdot a}{b - am},$$

$$y = -\frac{b}{a}x \quad \text{und} \quad y = mx + n: \quad x_2 = \frac{-n \cdot a}{b + am}.$$

Der Halbierungspunkt des abgeschnittenen Stückes der Sekante hat also die Abszisse:

$$x_m = \frac{x_1 + x_2}{2} = \frac{a^2 m n}{b^2 - a^2 m^2}.$$

Schneidet man die Hyperbel $a^2 y^2 = b^2 x^2 - a^2 b^2$ mit der gleichen Geraden $y = mx + n$, so bestimmen sich die Abszissen der Schnittpunkte aus der quadratischen Gleichung:

$$(b^2 - a^2 m^2)\, x^2 - 2a^2 mn x = a^2 (b^2 + n^2).$$

Nach dem Viëtaschen Wurzelsatz hat demnach der Halbierungspunkt der Sehne die Abszisse:

$$x_m = \frac{x_3 + x_4}{2} = \frac{a^2 m n}{b^2 - a^2 m^2},$$

d. h. beide Halbierungspunkte fallen zusammen. (Sie liegen auf der gleichen Geraden und haben gleiche Abszissen.) Daraus ergibt sich, daß auch die Abschnitte AB und CD zwischen den Asymptoten und der Kurve gleich sein müssen:

$$AB = CD.$$

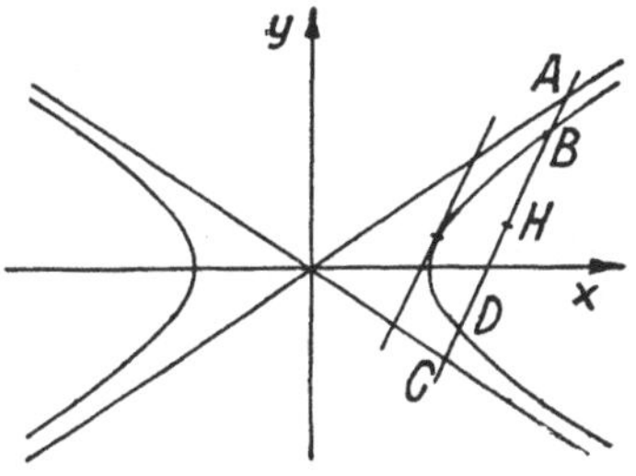

Abb. 84.

Satz: Werden eine Hyperbel und ihre Asymptoten von einer Geraden geschnitten, so sind die Abschnitte zwischen Kurve und Asymptoten einander gleich.

Daraus folgt eine punktweise Konstruktion der Hyperbel.

Geht die Sekante in die Tangente über, so ergibt sich aus dem letzten Satz weiter der

Satz: Das Stück einer Tangente zwischen den Asymptoten wird im Berührungspunkt halbiert.

Aufgaben

1. Man konstruiere die Hyperbelpunkte, wenn die Asymptoten und ein Hyperbelpunkt P gegeben sind.
2. Es soll die Tangente in einem gegebenen Hyperbelpunkt konstruiert werden, wenn die Asymptoten bekannt sind. (Anleitung: Benutzung des Satzes, daß die Diagonalen im Parallelogramm einander halbieren.)
3. Man beweise: Wird von dem Quadrat einer Ordinate einer Asymptote das Quadrat der zugehörigen Ordinate der Hyperbel $\frac{x^2}{a^2} - \frac{y^2}{b^2} = 1$ subtrahiert, so ist die Differenz gleich b^2.
4. Wann sind die Schnittpunkte des Durchmessers $y = mx$ mit der Hyperbel $b^2 x^2 - a^2 y^2 = a^2 b^2$ reell und verschieden, reell zusammenfallend, imaginär?
5. Die Exzentrizität e und die beiden Asymptoten $y = \pm mx$ einer Hyperbel sind gegeben. Wie lautet ihre Mittelpunktsgleichung:

   a) allgemein, b) für $e = 26$, $m = \frac{5}{12}$?
6. Von einer Hyperbel, deren Mittelpunkt im Nullpunkt liegt, kennt man einen Punkt P_1 (4, —8) und eine Asymptote $y = 2\sqrt{3}x$. Wie heißt die Mittelpunktsgleichung?

§ 106. Geometrische Eigenschaften der Mittelpunktskegelschnitte

Erklärung: Jede durch den Mittelpunkt einer Ellipse oder Hyperbel gehende Sehne heißt Durchmesser.

Aus der Ellipsenkonstruktion ergibt sich als

1. Satz: Die Hauptachse ist der größte, die Nebenachse der kleinste Ellipsendurchmesser.

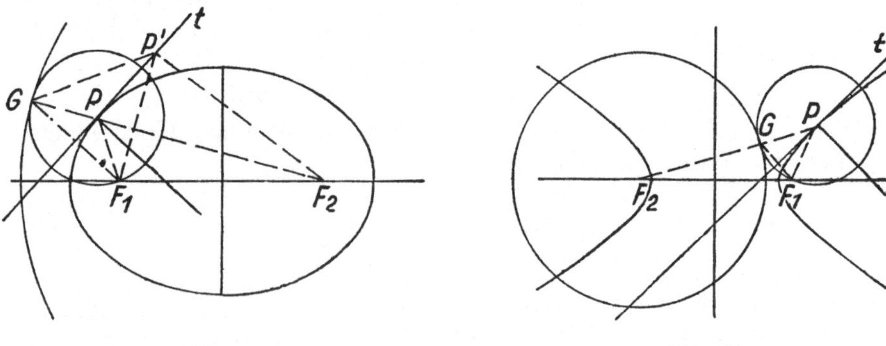

Abb. 85. Abb. 86.

Verbindet man nun einen beliebigen Ellipsen-(Hyperbel-)Punkt P mit den Brennpunkten F_1 und F_2 und verlängert (vermindert) F_2P um F_1P bis G, so ist $F_2G = 2a$.

Ergebnis: Bewegt sich der Punkt P auf der Ellipse (Hyperbel), so bewegt sich G auf einem Kreis um F_2 mit Radius $2a$. Dieser heißt der zu F_2 gehörige Leitkreis der Ellipse (Hyperbel). Es gibt noch einen zweiten Leitkreis um F_1.

Das Ergebnis in anderer Form ausgesprochen:

2. Satz: Die Ellipse (Hyperbel) ist der geometrische Ort für die Mittelpunkte aller Kreise, die einen festen Kreis, den Leitkreis, berühren und durch einen festen Punkt, den Brennpunkt, innerhalb (außerhalb) dieses festen Kreises gehen.

Aufgabe

1. Man konstruiere die Ellipse (Hyperbel) unter Verwendung dieses Satzes, wenn gegeben sind: F_1, F_2 und $2a$.

3. Satz: Die Mittelsenkrechte zu F_1G ist Tangente an die Ellipse (Hyperbel).

Beweis für die Ellipse (indirekt): Angenommen, es gäbe noch einen zweiten Punkt P' der Mittelsenkrechten, der auf der Kurve liegt. Verbindet man P' mit F_1, F_2 und G, dann müßte gelten:

$$P'F_1 + P'F_2 = P'G + P'F_2 > F_2G.$$

(Zwei Seiten eines Dreiecks sind stets größer als die dritte.) Da $F_2G = 2a$ ist, wäre also: $P'F_1 + P'F_2 > 2a$. Das widerspräche aber dem früher ausgesprochenen Satz über die Summe der Brennstrahlen. P' kann demnach nicht auf der Kurve liegen.

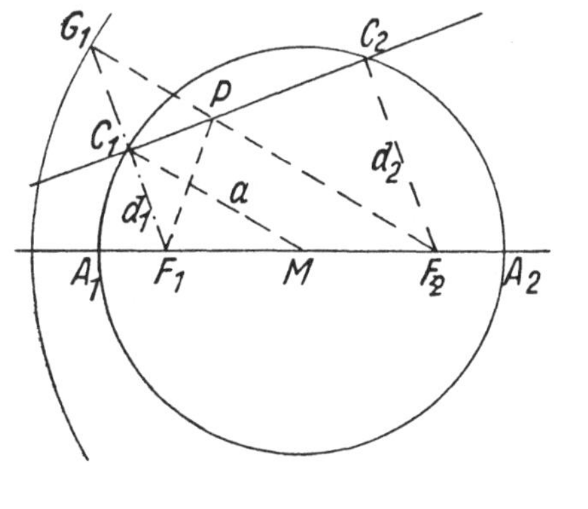

Abb. 87.

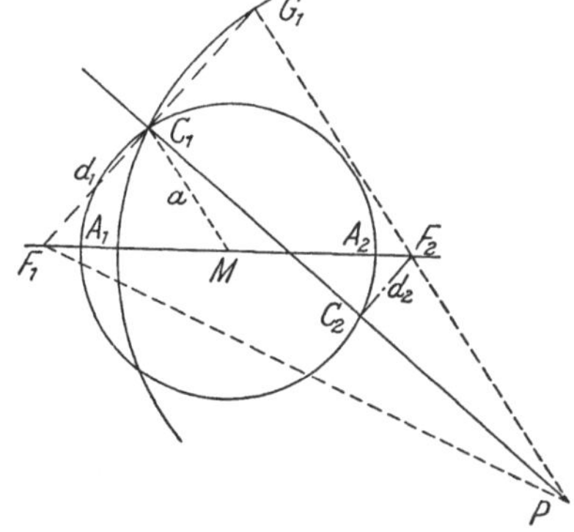

Abb. 88.

Den entsprechenden Beweis für die Hyperbel, unter Benutzung des Satzes, daß die Differenz zweier Dreiecksseiten immer kleiner ist als die dritte, führe der Leser selbst.

Erklärung: Der Punkt G heißt der symmetrische Gegenpunkt zu dem einen Brennpunkt in bezug auf eine Tangente.

Den Lehrsatz 2 kann man dann auch so ausdrücken:

4. Satz: Die zu einem Brennpunkt in bezug auf die Tangenten symmetrischen Gegenpunkte liegen auf dem Leitkreis um den anderen Brennpunkt.

Man zeichne zu F_1 und F_2 die Gegenpunkte G_1 und G_2 zu einer beliebigen Tangente (in der Zeichnung ist nur G_1 konstruiert) und nenne die Schnittpunkte von F_1G_1 und F_2G_2 mit der Tangente C_1 und C_2. C_1 und C_2 sind Halbierungspunkte von F_1G_1 und F_2G_2.

Verbindet man C_1 mit dem Kurvenmittelpunkt M, so wird C_1M Mittelparallele im Dreieck $F_1G_1F_2$ und als solche halb so groß wie die parallele Dreiecksseite F_2G_1. Nun ist aber $F_2G_1 = 2a$, folglich $MC_1 = a$. Ebenso ergibt sich: $MC_2 = a$.

Somit liegen C_1 und C_2 auf dem Kreis um M mit Radius a, dem Hauptscheitelkreis.

5. Satz: Die Fußpunkte der von einem Brennpunkte auf die Ellipsen-(Hyperbel-)Tangenten gefällten Lote liegen auf dem Hauptscheitelkreis.

Aus Abb. 87 und 88 geht ohne weiteres der Satz hervor:

6. Satz: Die Ellipsen-(Hyperbel-)Tangente halbiert den Nebenwinkel (Winkel) der Brennstrahlen des Berührungspunktes.

Erklärung: Die im Berührungspunkt auf einer Tangente errichtete Senkrechte heißt Normale.

Satz 6 läßt sich auch so aussprechen:

7. Satz: Die Normale halbiert den Winkel (Nebenwinkel) der Brennstrahlen des Ellipsen-(Hyperbel-)Punktes. (Physikalische Bedeutung der Brennpunkte und Brennstrahlen!)

Aufgaben

2. Von einem Mittelpunktskegelschnitt kennt man die Brennpunkte und die Länge der großen Achse. Man zeichne die Kurven dadurch, daß man möglichst viele Tangenten ohne ihre Berührungspunkte konstruiert. Die Kegelschnitte ergeben sich dann als „Hüllkurve“ ihrer Tangenten.
   Anleitung: Man benutze Satz 3 und 5.
3. Die Brennpunkte und die Länge der großen Achse eines Mittelpunktskegelschnittes sind bekannt. Es sollen von einem außerhalb des Kegelschnittes liegenden Punkt P die Tangenten mit ihren Berührungspunkten konstruiert werden, ohne den Kegelschnitt vorher zu zeichnen.
4. An einer senkrechten Wand sind in verschiedener Höhe zwei Nägel eingeschlagen. Ein loser Faden ist an ihnen befestigt und wird durch ein verschiebbares Gewicht straffgespannt. Es soll der Punkt konstruiert werden, in dem sich das Gewicht in Ruhe befindet.
5. Welchen Abstand hat ein Brennpunkt der Hyperbel von den Asymptoten? (Beweis!)

§ 107. Geometrische Eigenschaften der Parabel

Aus der Entstehung der Parabel als ebener Schnitt eines Kegels können wir Mittelpunkt, zweiten Brennpunkt und zweiten Scheitel als auf der Symmetrieachse im Unendlichen liegend ansehen. Von dieser Anschauung ausgehend kann man folgende Festsetzungen treffen.

1. Jede zur Achse parallele Gerade ist ein Durchmesser (nach dem Mittelpunkt zielend).
2. Jede zur Achse parallele Gerade ist ein Brennstrahl (nach dem 2. Brennpunkt gerichtet).

Je nach Bedarf wird man die eine oder die andere Anschauung benutzen und erhält dadurch, wie sich zeigen wird, die Möglichkeit, die Parabelsätze mit denen der Mittelpunktskegelschnitte in Beziehung zu bringen.

Die im § 99b gegebene Definition für die Parabel läßt sich auch in anderer Form ausdrücken:

1. Satz: Die Parabel ist der geometrische Ort für die Mittelpunkte aller Kreise, die durch einen festen Punkt (Brennpunkt) gehen und eine gegebene Gerade (Leitlinie) berühren.

Faßt man die Leitlinie als einen entarteten Kreis mit unendlich fernem Mittelpunkt (zweiten Brennpunkt) auf, so hat man das Seitenstück zum Lehrsatz 2 im § 106.

Aufgabe: Die Parabel nach Satz 1 zu konstruieren, wenn Brennpunkt F und Leitlinie l gegeben sind.

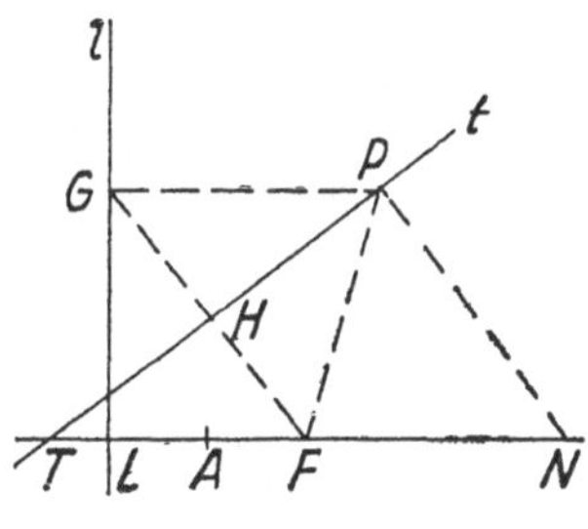

Abb. 89.

Beschreibung: Man verbinde einen beliebigen Punkt G der Leitlinie mit F, errichte auf GF die Mittelsenkrechte und in G die Senkrechte auf l. Beide Senkrechten schneiden sich im Parabelpunkt P.

2. Satz: Die Mittelsenkrechte zu FG ist Tangente an die Parabel.

Man beweise diesen Satz indirekt wie Satz 3 im § 106.

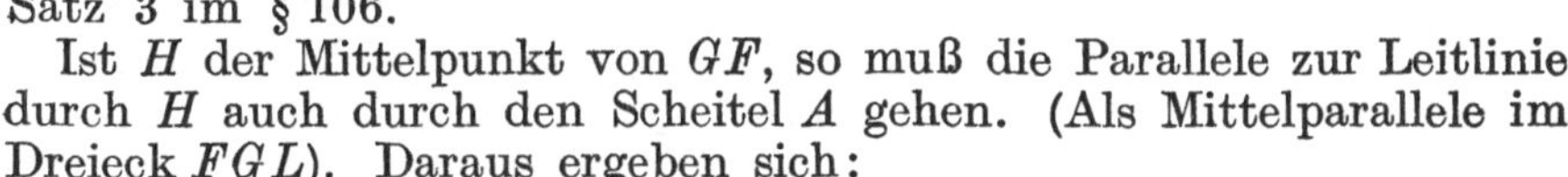

Ist H der Mittelpunkt von GF, so muß die Parallele zur Leitlinie durch H auch durch den Scheitel A gehen. (Als Mittelparallele im Dreieck FGL). Daraus ergeben sich:

3. Satz: Die Fußpunkte der vom Brennpunkt auf die Tangenten gefällten Lote liegen auf der Scheiteltangente.

4. Satz: Der geometrische Ort der symmetrischen Gegenpunkte G des Brennpunktes in bezug auf die Tangenten ist die Leitlinie.

Man vergleiche Satz 5 und 4 des § 106. Die Scheiteltangente tritt an die Stelle des Hauptscheitelkreises.

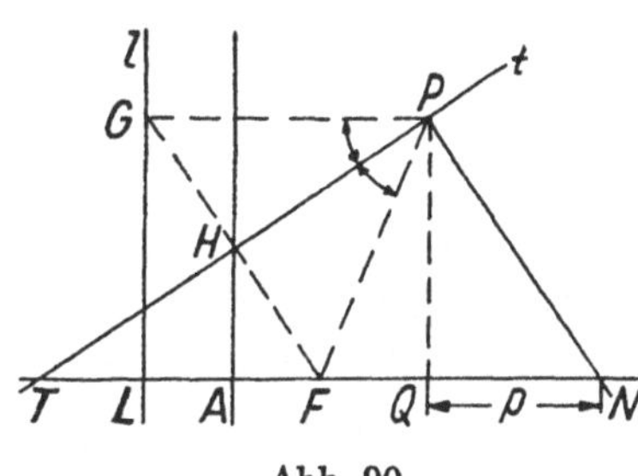

Abb. 90.

Schneidet die Tangente die Hauptachse im Punkt T, so ist $TFPG$ ein Rhombus (Raute). Warum? Infolgedessen ist H der Halbierungspunkt der Tangentenstrecke TP. Faßt man die Gerade GP als Brennstrahl auf, so erhält man den

5. Satz: Die Tangente bildet mit den Brennstrahlen gleiche Winkel.

6. Satz: Der Tangentenabschnitt zwischen Berührungspunkt und Schnitt mit der Parabelachse wird von der Scheiteltangente halbiert.

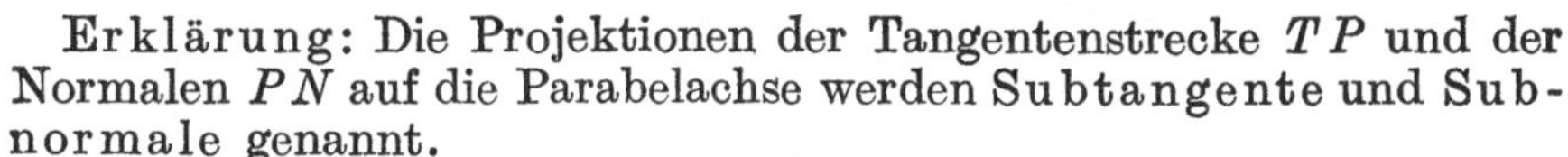

Erklärung: Die Projektionen der Tangentenstrecke TP und der Normalen PN auf die Parabelachse werden Subtangente und Subnormale genannt.

Wie leicht zu beweisen ist, gelten die Sätze:

7. Satz: Die Subnormale ist gleich dem Halbparameter p, also eine Konstante.

8. Satz: Die Subtangente wird vom Parabelscheitel halbiert.

Aufgaben

1. Die Parabel soll als Hüllkurve ihrer Tangenten gezeichnet werden (vgl. § 106 Aufg. 2).
2. Gegeben sind Brennpunkt und Scheitel einer Parabel. Von einem außerhalb der Parabel liegenden Punkt P sollen die Tangenten an die Parabel konstruiert werden, ohne die Kurve selbst zu zeichnen.
3. Gegeben sind von einer Parabel Scheitel, Brennpunkt und ein Punkt P. Man soll auf möglichst einfache Weise die Tangenten durch P zeichnen.
4. a) Man berechne den Halbierungspunkt H der Sehne, die durch den Schnitt der Geraden $y = mx + n$ mit der Parabel $y^2 = 2px$ entsteht (s. § 105b).
   b) Wo liegen die Halbierungspunkte der zu ihr parallelen Sehnen? Lehrsatz!
   c) Wo liegt der Berührungspunkt der zu den Sehnen parallelen Tangente (nur geometrische Überlegung)? Lehrsatz!
5. Man beweise: Die Gegenpunkte des Brennpunktes in bezug auf zwei Tangenten liegen mit dem Brennpunkt auf dem Kreis um den Schnittpunkt der Tangenten.
6. Ein Dreieck ABC ist gegeben. Es sind die drei Parabeln zu suchen, die je eine Seite als Scheiteltangente und die Verlängerungen der anderen beiden Seiten als Tangenten haben.

§ 108. Transformation der Kegelschnittgleichungen durch Parallelverschiebung und Drehung des Koordinatensystems

Liegen die Mittelpunkte von Ellipse und Hyperbel sowie der Scheitel der Parabel nicht im Nullpunkt des Achsenkreuzes und sind die Hauptachsen der Kegelschnitte parallel zur x- bzw. y-Achse, so liegt eine Parallelverschiebung vor, auf die die Transformationsgleichungen (§ 96 A) $\xi = x - c$ und $\eta = y - d$ angewendet werden können.

I. Parabel

Der Parabelscheitel habe im x-y-System die Koordinaten (c, d). Macht man ihn zum Nullpunkt eines zum x-y-System parallelen Achsenkreuzes mit den Achsen ξ und η, so lautet die Scheitelgleichung der Parabel in diesem, wenn die Parabelachse mit der ξ-Achse zusammenfällt:

$$\eta^2 = 2p\xi$$

und bezogen auf das x-y-System:

$$(y - d)^2 = 2p(x - c). \quad \text{Achse parallel zur } x\text{-Achse.}$$

Multipliziert man aus und ordnet, so ergibt sich eine Gleichung von der allgemeinen Form:

$$\boxed{By^2 + 2Dx + 2Ey + F = 0} \quad \text{(vgl. die Kreisgleichung § 97)}$$

oder $$x = ay^2 + by + c.$$

Ist die η-Achse Parabelachse, so lautet die Gleichung:

$$\xi^2 = 2p\eta$$

oder: $(x - c)^2 = 2p(y - d)$, Achse parallel zur y-Achse, und allgemein:

$$\boxed{Ax^2 + 2Dx + 2Ey + F = 0}$$

oder $$y = ax^2 + bx + c.$$

II. Ellipse

Der Mittelpunkt habe im x-y-System die Koordinaten (c, d). Man mache ihn zum Nullpunkt eines Achsenkreuzes, die ξ-Achse falle mit der großen Achse der Ellipse, die η-Achse mit der kleinen Achse zusammen.

Gleichung im ξ-η-System: $\frac{\xi^2}{a^2} + \frac{\eta^2}{b^2} = 1,$

im x-y-System: $\frac{(x-c)^2}{a^2} + \frac{(y-d)^2}{b^2} = 1.$

Durch Umformung erhält man:

$$b^2 x^2 + a^2 y^2 - 2 b^2 c x - 2 a^2 d y + b^2 c^2 + a^2 d^2 - a^2 b^2 = 0$$

oder in allgemeiner Form geschrieben:

$$\boxed{Ax^2 + By^2 + 2Dx + 2Ey + F = 0}$$

III. Hyperbel

Verfährt man entsprechend für die Hyperbel, so folgt:

$$\frac{(x-c)^2}{a^2} - \frac{(y-d)^2}{b^2} = 1$$

und allgemein: $\boxed{Ax^2 - By^2 + 2Dx + 2Ey + F = 0}$

Ergebnis: Unterscheidende Kennzeichen der drei Kegelschnitte, wenn die Achsen parallel zu den Koordinatenachsen laufen:

1. Allen drei Gleichungen ist gemeinsam das Fehlen des Gliedes mit dem Produkt xy.
2. Die Kennzeichen ergeben sich aus den quadratischen Gliedern:
   a) Parabel: Ein quadratisches Glied fehlt, also $A = 0$ oder $B = 0$.
   b) Ellipse: Die quadratischen Glieder haben verschiedene Koeffizienten aber gleiche Vorzeichen.
      Sonderfall: $A = B$ ergibt Kreisgleichung.
   c) Hyperbel: Die quadratischen Glieder haben verschiedene Vorzeichen.
      Sonderfall: $A = B$ gleichseitige Hyperbel.

Dreht man die Koordinatenachsen eines Kegelschnittes:

$$A_1 \xi^2 + B_1 \eta^2 + D_1 \xi + E_1 \eta + F_1 = 0,$$

die bisher parallel zu den Hauptachsen verliefen, um den Mittelpunkt oder bei der Parabel ($A_1 = 0$ oder $B_1 = 0$) um den Scheitel, so muß man die Transformationsgleichungen anwenden: (§ 96 (17))

$$\xi = x \cos\varphi + y \sin\varphi,$$
$$\eta = -x \sin\varphi + y \cos\varphi.$$

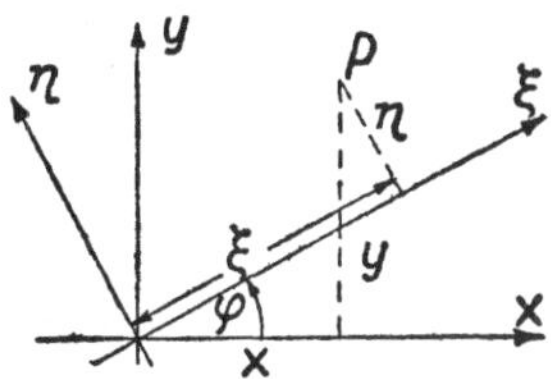

Abb. 91.

Man kommt dann auf eine Gleichung:

$$(A_1 \cos^2\varphi + B_1 \sin^2\varphi)\, x^2 + (A_1 \sin^2\varphi + B_1 \cos^2\varphi)\, y^2 + 2 \sin\varphi \cos\varphi\, (A_1 - B_1)\, x y + \ldots = 0,$$

oder in allgemeiner Form geschrieben:

$$\boxed{Ax^2 + By^2 + 2Cxy + 2Dx + 2Ey + F = 0} \tag{23}$$

Diese Gleichung wird im nächsten Paragraphen eingehend behandelt werden.

Aufgaben

1. Man bestimme Art, Lage und gegebenenfalls die Achsenlänge folgender Kegelschnitte (man vergleiche das Verfahren beim Kreis):

   a) $y^2 - 4x + 6y + 3 = 0$, b) $4x^2 + 9y^2 - 20x - 42y - 70 = 0$,
   c) $5x^2 - 7y^2 - 40x - 14y + 38 = 0$, d) $y^2 + x - 2y - 3 = 0$,
   e) $36x^2 - 49y^2 + 360x + 392y - 1648 = 0$,
   f) $16x^2 + 25y^2 - 96x + 100y - 156 = 0$,
   g) $x^2 - 5x - 4y + 12 = 0$, h) $2x^2 - 3y^2 + 8x + 6y + 17 = 0$,
   i) $x^2 - y^2 + x + y = 0$.

2. Wie lautet die Gleichung der Parabel, wenn Scheitel A und Brennpunkt F gegeben sind?

   a) $A\,(7, 3)$, $F\,(8, 3)$. b) $A\,(3, 8)$, $F\,(3, 7)$.

3. Der Bogen einer Brücke ist ein sog. Parabelträger von der Spannweite $l = 20$ m und der Pfeilhöhe $h = 4$ m. Wie lang sind die $n = 7$ in gleichen Abständen angeordneten Vertikalstäbe?

   Anleitung: In dieser und ähnlichen Aufgaben hat man zunächst in zweckmäßiger Weise das Achsenkreuz festzulegen. Vielfach wird man beide Achsen oder wenigstens eine davon so wählen, daß sie zugleich Symmetrieachsen sind oder man legt sie so, daß die Koordinaten der gegebenen Punkte durch möglichst einfache Zahlenwerte gegeben werden können. In unserem Beispiel hat man verschiedene Möglichkeiten.

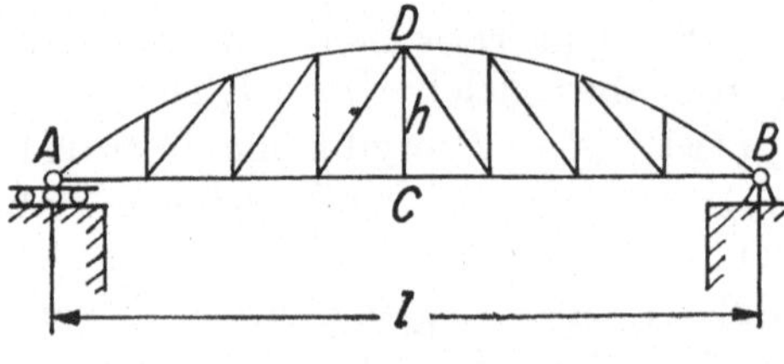

Abb. 92.

a) Man wählt AB als x-Achse, CD als y-Achse und setzt als Gleichung an: $y = ax^2 + c$. Das lineare Glied fällt fort, da die y-Achse Symmetrieachse ist. Die zwei Unbekannten a und c kann man durch zwei Bedingungsgleichungen ermitteln, die sich aus den Punkten $A\,(-10, 0)$, $D\,(0, 4)$ ergeben.

b) CD ist wieder y-Achse; die x-Achse legt man parallel zur Geraden AB durch D; dann kann man als Gleichung ansetzen: $x^2 = 2py$.

Die Bestimmungsgleichung für p erhält man durch den Punkt $B\,(+10, -4)$. Mit Rücksicht auf die Berechnung der Vertikalstäbe wird man aber noch eine Paralleltransformation vornehmen, so daß der Nullpunkt wieder nach C kommt wie im Falle 1.

4. Ein durchhängender Draht bildet näherungsweise eine Parabel. Zwei Masten einer Hochspannungsleitung haben einen Höhenunterschied von 6 m und den Abstand 60 m. Ein anderer Punkt ist 10 m von dem tieferen Mast entfernt und liegt 1,50 m unter dem Aufhängepunkt. Die Gleichung der Durchhangsparabel soll ermittelt werden. (Zweckmäßige Wahl des Koordinatensystems!)
5. Eine Ellipse mit den Halbachsen a und b werde von einer Parabel in den Endpunkten der kleinen Achse geschnitten. Der Parabelbrennpunkt liege im Ellipsenmittelpunkt. Wie lautet die Gleichung der Parabel?
6. Gesucht sind die Schnittpunkte einer Hyperbel, die die Halbachsen a und b hat mit einer Parabel, deren Scheitel in dem einen Scheitel und deren Brennpunkt in dem anderen Scheitel der Hyperbel liegt.
7. Ein Kreis berühre eine Parabel im Scheitel von innen, sein Durchmesser ist gleich dem Parameter (Scheitelberührungskreis der Parabel). Es soll gezeigt werden, daß beide Kurven innerhalb eines kleinen Bereiches $2p/n$ vom Scheitel aus nur wenig voneinander abweichen (Verwendung dieses Kreises beim Zeichnen der Scheitelkrümmung).

   Beispiel: $2p = 4$ cm, $n = 9$ und $n = 4$.

§ 109. Das Hauptachsenproblem

Es soll nun umgekehrt vorgegangen werden. Wir nehmen also an, es sei eine Gleichung der Form (23) § 108 gegeben, und es soll untersucht werden, unter welchen Bedingungen durch Transformation daraus die eine oder die andere Form

$$Ax^2 + By^2 + F = 0 \quad \text{oder} \quad Ax^2 + 2Ey = 0 \quad \text{usw.}$$

entsteht. Man bezeichnet diese Frage als das Hauptachsenproblem.

Der Übersichtlichkeit wegen wählen wir für die Konstanten eine andere Bezeichnung. Die Ausgangsgleichung habe die Form:

$$(24) \quad \boxed{f(x, y) = a_{11}x^2 + 2a_{12}xy + a_{22}y^2 + 2a_{13}x + 2a_{23}y + a_{33} = 0},$$

wobei stets $\underline{a_{11} \geqq 0}$ sein soll, was man nötigenfalls durch Multiplikation der Gleichung mit -1 erreicht; ist $a_{11} = 0$, so soll $a_{22} \geqq 0$ sein.

Zunächst einige Vorbemerkungen: Zu jeder Gleichung der Form (24) $f(x, y) = 0$ kann man eine Determinante hinschreiben:

$$(25) \qquad \triangle = \begin{vmatrix} a_{11} & a_{12} & a_{13} \\ a_{21} & a_{22} & a_{23} \\ a_{31} & a_{32} & a_{33} \end{vmatrix},$$

die symmetrisch ist, d. h. die symmetrisch zur Hauptdiagonale liegenden Glieder sind gleich. Es ist also:

$$a_{12} = a_{21}, \quad a_{13} = a_{31}, \quad a_{23} = a_{32}.$$

Entwickelt man diese Determinante nach den Elementen der letzten Zeile, erhält man:

$$(26) \quad \triangle = a_{31}\begin{vmatrix} a_{12} & a_{13} \\ a_{22} & a_{23} \end{vmatrix} - a_{32}\begin{vmatrix} a_{11} & a_{13} \\ a_{21} & a_{23} \end{vmatrix} + a_{33}\begin{vmatrix} a_{11} & a_{12} \\ a_{21} & a_{22} \end{vmatrix}$$

$$= a_{31}A_{31} + a_{32}A_{32} + a_{33}A_{33},$$

wo wir abgekürzt die hier auftretenden Determinanten, die man Minoren nennt, mit

(27) $$A_{31} = \begin{vmatrix} a_{12} & a_{13} \\ a_{22} & a_{23} \end{vmatrix} \qquad A_{32} = \begin{vmatrix} a_{13} & a_{11} \\ a_{23} & a_{21} \end{vmatrix} \qquad A_{33} = \begin{vmatrix} a_{11} & a_{12} \\ a_{21} & a_{22} \end{vmatrix}$$

bezeichnet haben. Multipliziert man eine Zeile der Determinante mit den Minoren einer anderen Zeile, so ergibt sich, wie man durch Ausrechnen feststellt, Null (s. § 18a).

I. Wir setzen zunächst voraus, daß $\triangle \neq 0$ ist und nehmen eine Parallelverschiebung vor:

$$x = \xi + x_0 \qquad y = \eta + y_0.$$

Dann erhält man ($a_{21} = a_{12}$):

$$\bar{f}(\xi, \eta) = a_{11}\xi^2 + 2a_{12}\xi\eta + a_{22}\eta^2 + 2(a_{11}x_0 + a_{12}y_0 + a_{13})\xi + 2(a_{21}x_0 + a_{22}y_0 + a_{23})\eta + f(x_0, y_0) = 0.$$

Sollen die linearen Glieder fortfallen, muß x_0, y_0 so gewählt werden, daß:

(28) $$\begin{aligned} a_{11}x_0 + a_{12}y_0 + a_{13} &= 0 \\ a_{21}x_0 + a_{22}y_0 + a_{23} &= 0 \end{aligned}$$

ist. Daraus ergibt sich (Regel von Cramer):

$$x_0 = -\begin{vmatrix} a_{13} & a_{12} \\ a_{23} & a_{22} \end{vmatrix} : \begin{vmatrix} a_{11} & a_{12} \\ a_{21} & a_{22} \end{vmatrix} = A_{31} : A_{33}$$

$$y_0 = -\begin{vmatrix} a_{11} & a_{13} \\ a_{21} & a_{23} \end{vmatrix} : \begin{vmatrix} a_{11} & a_{12} \\ a_{21} & a_{22} \end{vmatrix} = A_{32} : A_{33}.$$

Man erhält nur Werte für x_0, y_0, wenn $A_{33} \neq 0$ ist. Das ist also die Bedingung dafür, daß ein Mittelpunktskegelschnitt vorliegt.

a) Wir untersuchen zunächst diesen Fall $A_{33} \neq 0$. Dann wird (24) mit Berücksichtigung von (28):

$$\begin{aligned} f(x_0, y_0) &= (a_{11}x_0 + a_{12}y_0 + a_{13})x_0 + (a_{21}x_0 + a_{22}y_0 + a_{23})y_0 \\ &\quad + a_{31}x_0 + a_{32}y_0 + a_{33} \\ &= a_{31}\frac{A_{31}}{A_{33}} + a_{32}\frac{A_{32}}{A_{33}} + a_{33}\frac{A_{33}}{A_{33}} = \frac{\triangle}{A_{33}}. \end{aligned}$$

Unsere Gleichung lautet also:

(29) $$f(\xi, \eta) = a_{11}\xi^2 + 2a_{12}\xi\eta + a_{22}\eta^2 + \frac{\triangle}{A_{33}} = 0.$$

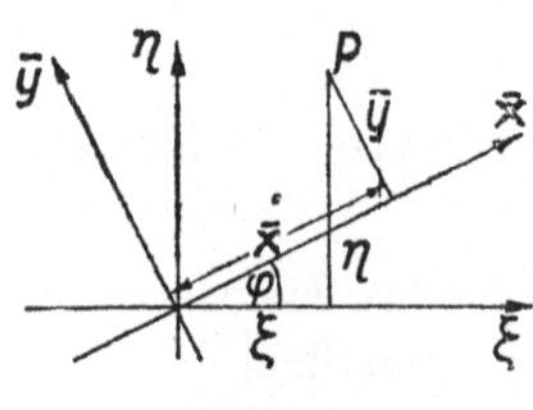

Abb. 93.

Durch eine Drehung des Koordinatensystems muß jetzt das gemischtquadratische Glied $2a_{12}\xi\eta$ herausgebracht werden. Nach § 96 (18) ist, mit entsprechend geänderten Bezeichnungen:

$$\xi = \bar{x}\cos\varphi - \bar{y}\sin\varphi$$
$$\eta = \bar{x}\sin\varphi + \bar{y}\cos\varphi$$

und wenn man das einsetzt:

(30) $$F(\bar{x}, \bar{y}) =$$
$$\begin{aligned} &a_{11}\bar{x}^2\cos^2\varphi && -2a_{11}\overline{xy}\cos\varphi\sin\varphi && +a_{11}\bar{y}^2\sin^2\varphi \\ &+2a_{12}\bar{x}^2\cos\varphi\sin\varphi && +2a_{12}\overline{xy}(\cos^2\varphi-\sin^2\varphi) && -2a_{12}\bar{y}^2\sin\varphi\cos\varphi \\ &+a_{22}\bar{x}^2\sin^2\varphi && +2a_{22}\overline{xy}\cos\varphi\sin\varphi && +a_{22}\bar{y}^2\cos^2\varphi \\ &&&&& +\frac{\triangle}{A_{33}}=0. \end{aligned}$$

Soll das Glied mit dem Faktor $\bar{x}\cdot\bar{y}$ fortfallen, muß

$$(a_{11}-a_{22})\cos\quad\sin\varphi = a_{12}(\cos^2\varphi-\sin^2\varphi)$$

oder

$$\frac{a_{11}-a_{22}}{2}\sin 2\varphi = a_{12}\cos 2\varphi,$$

also

(31) $$\operatorname{tg} 2\varphi = \frac{2a_{12}}{a_{11}-a_{22}}$$

sein. Ist $a_{11}=a_{22}$, so entnimmt man der vorangehenden Zeile, daß $\cos 2\varphi = 0$ ist. Wegen der Periodizität der Winkelfunktionen, wie sie sich beispielsweise in Formel (4), S. 84, ausdrückt, kann man 2φ aus (31) nur bis auf Vielfache von 180^0 bestimmen, den Drehwinkel φ also nur bis auf Vielfache von 90^0. Der Tafel auf S. 229 entnimmt man

(32) $$\cos 2\varphi = \frac{1}{\sqrt{1+\operatorname{tg}^2 2\varphi}} = \frac{a_{11}-a_{22}}{\sqrt{(a_{11}-a_{22})^2+4a_{12}^2}}$$

und $$\sin 2\varphi = \frac{\operatorname{tg} 2\varphi}{\sqrt{1+\operatorname{tg}^2 2\varphi}} = \frac{2a_{12}}{\sqrt{(a_{11}-a_{22})^2+4a_{12}^2}}.$$

Das Vorzeichen der Wurzel werde positiv gewählt. Damit ist φ eindeutig festgelegt, wenn man nur φ-Werte zuläßt, die zwischen 0^0 und 180^0 liegen.

Nach der Drehung hat (30) die Hauptachsenform:

(33) $$\boxed{A\bar{x}^2 + B\bar{y}^2 + \frac{\triangle}{A_{33}} = 0}$$

Die Hauptachsen fallen jetzt mit den Koordinatenachsen zusammen, die gleichzeitig Symmetrieachsen des Kegelschnittes sind. Aus (30) ersieht man die Bedeutung der Konstanten A und B:

$$A = a_{11}\cos^2\varphi + 2a_{12}\cos\varphi\sin\varphi + a_{22}\sin^2\varphi$$
$$B = a_{11}\sin^2\varphi - 2a_{12}\cos\varphi\sin\varphi + a_{22}\cos^2\varphi.$$

Daraus ergibt sich durch Addition bzw. Subtraktion:

$$A + B = a_{11} + a_{22}$$
$$A - B = (a_{11}-a_{22})\cos 2\varphi + 2a_{12}\sin 2\varphi;$$

das ist unter Beachtung von (32) und (27):

$$A - B = \frac{(a_{11}-a_{22})^2+4a_{12}^2}{\sqrt{(a_{11}-a_{22})^2+4a_{12}^2}} = \sqrt{(a_{11}-a_{22})^2+4a_{12}^2}$$
$$= \sqrt{(a_{11}+a_{22})^2-4A_{33}}.$$

Also ist:
$$A = \tfrac{1}{2}\left[(a_{11} + a_{22}) + \sqrt{(a_{11} + a_{22})^2 - 4A_{33}}\right]$$
$$B = \tfrac{1}{2}\left[(a_{11} + a_{22}) - \sqrt{(a_{11} + a_{22})^2 - 4A_{33}}\right]$$

Daraus ergibt sich:

1. $A_{33} > 0$, so ist $A > 0$ und $B > 0$.
   α. Ist also $\triangle > 0$, ist (33) für keine reellen Werte $\bar{x}, \bar{y}$ zu erfüllen. Man hat einen imaginären Kegelschnitt.
   β. Ist $\triangle < 0$, hat man eine Ellipse.
2. $A_{33} < 0$, so ist $A > 0$ und $B < 0$.
   α. Ist $\triangle > 0$, hat man eine Hyperbel, deren reelle Achse die $\bar{x}$-Achse ist.
   β. Ist $\triangle < 0$, hat man ebenfalls eine Hyperbel, deren reelle Achse die $\bar{y}$-Achse ist.

b) Es ist nun der Fall $\underline{A_{33} = 0}$ zu untersuchen, d. h. es ist $a_{11} a_{22} = a_{12}^2$. Also wird (24):

$$(34) \qquad a_{11} x^2 \pm 2\sqrt{a_{11} a_{22}}\, xy + a_{22} y^2 + 2a_{13}x + 2a_{23}y + a_{33} = 0$$
$$(\sqrt{a_{11}}\, x \pm \sqrt{a_{22}}\, y)^2 + 2a_{13}x + 2a_{23}y + a_{33} = 0.$$

a_{12} kann sowohl positiv wie negativ sein. Je nachdem sind dann für $\sqrt{a_{11}}$ und $\sqrt{a_{22}}$ gleiche oder entgegengesetzte Vorzeichen zu wählen. Man hat im zweiten Fall z. B. in den folgenden Formeln statt $\sqrt{a_{22}}$ immer $-\sqrt{a_{22}}$ zu setzen. Mit a_{11} ist wegen $a_{11} a_{22} = a_{12}^2$ auch a_{22} stets positiv.

Man dividiert (34) durch $a_{11} + a_{22}$[1]) und setzt:

$$(35) \qquad \sin\varphi = -\sqrt{\frac{a_{11}}{a_{11} + a_{22}}}, \qquad \cos\varphi = +\sqrt{\frac{a_{22}}{a_{11} + a_{22}}}.$$

Das ist erlaubt, da dann $\sin^2\varphi + \cos^2\varphi = 1$ ist. Damit wird:

$$(36) \qquad (-x\sin\varphi + y\cos\varphi)^2 + \frac{2a_{13}\, x + 2a_{23}\, y + a_{33}}{a_{11} + a_{22}} = 0.$$

Und wenn man nach § 96 (17) neue Koordinaten einführt:

$$\xi = x\cos\varphi + y\sin\varphi, \qquad \eta = -x\sin\varphi + y\cos\varphi$$

und nach § 96 (18):

$$x = \xi\cos\varphi - \eta\sin\varphi = +\xi\sqrt{\frac{a_{22}}{a_{11} + a_{22}}} + \eta\sqrt{\frac{a_{11}}{a_{11} + a_{22}}},$$

$$y = \xi\sin\varphi + \eta\cos\varphi = -\xi\sqrt{\frac{a_{11}}{a_{11} + a_{22}}} + \eta\sqrt{\frac{a_{22}}{a_{11} + a_{22}}}$$

[1]) Voraussetzung ist, daß $a_{11} + a$ nicht gleich Null ist. Ist $a_{11} + a_{22} = 0$, so müssen beide wegen $a_{11}a_{22} = a_{12}^2$ gleich Null sein; die Kurve würde also in eine einfache Gerade ausarten.

setzt, so wird (36):

$$\eta^2-2\xi\frac{a_{23}\sqrt{a_{11}}-a_{13}\sqrt{a_{22}}}{\sqrt{a_{11}+a_{22}}^3}+2\eta\frac{a_{13}\sqrt{a_{11}}+a_{23}\sqrt{a_{22}}}{\sqrt{a_{11}+a_{22}}^3}+\frac{a_{33}}{a_{11}+a_{22}}=0,$$

oder kurz:

$$\eta^2-2a\xi+2b\eta+c=0. \tag{37}$$

Nimmt man nun noch eine Parallelverschiebung vor:

$$\xi=\bar{x}+u,\qquad \eta=\bar{y}+v,$$

so wird

$$\bar{y}^2+2(v+b)\bar{y}-2a\bar{x}+v^2+2bv-2au+c=0.$$

u und v bestimmen wir so, daß

$$v+b=0\qquad v^2+2bv-2au+c=0$$

wird. Also wird

$$v=-b\qquad u=\frac{c-b^2}{2a}.$$

Es bleibt die Gleichung:

$$\boxed{\bar{y}^2-2a\bar{x}=\bar{y}^2-2\frac{a_{23}\sqrt{a_{11}}-a_{13}\sqrt{a_{22}}}{\sqrt{a_{11}+a_{22}}^3}\bar{x}=0.} \tag{38}$$

Der Faktor von $\bar{x}$ werde noch etwas umgeformt. Nach (27) ist

$$A_{23}=A_{32}=a_{13}a_{21}-a_{23}a_{11}=a_{13}\sqrt{a_{11}a_{22}}-a_{23}a_{11}$$
$$=-\sqrt{a_{11}}\left(a_{23}\sqrt{a_{11}}-a_{13}\sqrt{a_{22}}\right).$$

Damit ergibt sich

$$\bar{y}^2+2\frac{A_{23}}{\sqrt{a_{11}}\sqrt{a_{11}+a_{22}}^3}\bar{x}=0,\text{[1]} \tag{39}$$

also eine Parabelgleichung.

II. a) Nun läßt sich der Fall $\underline{\triangle=0}$ leicht erledigen. Für $\underline{A_{33}\neq 0}$ folgt aus (29):

$$a_{11}\xi^2+2a_{12}\xi\eta+a_{22}\eta^2=0.$$

Das ist eine quadratische Gleichung für $\frac{\eta}{\xi}$:

$$\left(\frac{\eta}{\xi}\right)^2+2\frac{a_{12}}{a_{22}}\frac{\eta}{\xi}+\frac{a_{11}}{a_{22}}=0.$$

Also ist:

$$\frac{\eta}{\xi}=-\frac{a_{12}}{a_{22}}\pm\sqrt{\frac{a_{12}^2-a_{11}a_{22}}{a_{22}^2}}=-\frac{a_{12}}{a_{22}}\pm\sqrt{\frac{-A_{33}}{a_{22}^2}}.$$

Ist 1. $A_{33}>0$, hat man ein imaginäres Geradenpaar mit dem reellen Schnittpunkt $\xi=0$, $\eta=0$,

2. $A_{33}<0$, hat man ein reelles Geradenpaar.

---

[1]) Ist $a_{11}=0$, so lautet die Kurvengleichung einfach $\bar{y}^2+2\left(\frac{a_{13}}{a_{22}}\right)\bar{x}=0$.

b) $\underline{A_{33} = 0.}$ Wegen $\triangle = A_{33} = 0$ wird (26)

$$0 = a_{31}\, a_{12}\, a_{23} - a_{31}\, a_{22}\, a_{13} - a_{32}\, a_{11}\, a_{23} + a_{32}\, a_{21}\, a_{13}\,,$$

$$0 = 2\, a_{12}\, a_{13}\, a_{23} - a_{13}{}^2\, a_{22} - a_{23}{}^2\, a_{11} = -\left(a_{23}\sqrt{a_{11}} - a_{13}\sqrt{a_{22}}\right)^2,$$

wobei man beachtet, daß die Indizes vertauscht werden dürfen und $a_{11}\, a_{22} = a_{12}{}^2$ ist. Also ist in (37) $a = 0$.

Es ergibt sich:

$$\eta^2 + 2b\eta + c = 0 \qquad \eta = -b \pm \sqrt{-c + b^2}$$

und daraus, wenn man die ursprünglichen Koeffizienten einsetzt und etwas umformt, wobei man beachtet, daß

$$\triangle = 2a_{12}\, a_{13}\, a_{23} - a_{22}\, a_{13}{}^2 - a_{11}\, a_{23}{}^2 = 0,$$

$$\eta = -\frac{a_{13}\sqrt{a_{11}} + a_{23}\sqrt{a_{22}}}{\sqrt{a_{11} + a_{22}}^{\,3}} \pm \frac{\sqrt{-a_{33}(a_{11} + a_{22}) + a_{13}{}^2 + a_{23}{}^2}}{a_{11} + a_{22}}$$

$$= -\frac{a_{13}\sqrt{a_{11}} + a_{23}\sqrt{a_{22}}}{\sqrt{a_{11} + a_{22}}^{\,3}} \pm \frac{\sqrt{-(A_{11} + A_{22})}}{a_{11} + a_{22}}.$$

Da a_{11} und a_{22} wegen $a_{11} \cdot a_{22} = a_{21}{}^2$ immer das gleiche Vorzeichen haben, hat man also zwei reelle oder imaginäre parallele Geraden, je nachdem $A_{11} + A_{22}$ kleiner oder größer als Null ist. Für $A_{11} + A_{22} = 0$ fallen die beiden Geraden zusammen.

Zusammenfassung

Gegeben ist die Gleichung: $(a_{11} \geqq 0)$

$$f(x, y) = a_{11}\, x^2 + 2a_{12}\, x y + a_{22}\, y^2 + 2a_{13}\, x + 2a_{23}\, y + a_{33} = 0.$$

	$A_{33} > 0$	$A_{33} < 0$	$A_{33} = 0$
$\triangle > 0$	imaginärer Kegelschnitt	Hyperbel $\bar{x}$-Achse reelle Achse	Parabel, für $a > 0$ ($a < 0$) nach der positiven (negativen) $\bar{x}$-Richtung hin geöffnet
$\triangle < 0$	Ellipse	Hyperbel $\bar{y}$-Achse reelle Achse	
$\triangle = 0$	imaginäres Geradenpaar	reelles Geradenpaar	zwei parallele Gerade

1. Beispiel: Man bestimme die Art des Kegelschnittes:

$$x^2 + 2xy + y^2 - 4\sqrt{2}\,x + 4\sqrt{2}\,y = 0$$

und transformiere in eine möglichst einfache Form.

Lösung: $a_{11} = 1, \quad a_{12} = 1, \quad a_{22} = 1, \quad a_{13} = -2\sqrt{2}$

$a_{23} = 2\sqrt{2}, \quad a_{33} = 0.$

$$A_{33} = \begin{vmatrix} 1 & 1 \\ 1 & 1 \end{vmatrix} = 0 \qquad \triangle = \begin{vmatrix} 1 & 1 & -2\sqrt{2} \\ 1 & 1 & +2\sqrt{2} \\ -2\sqrt{2} & +2\sqrt{2} & 0 \end{vmatrix} = -32.$$

Also liegt eine Parabel vor. Aus (35) folgt:

$$\sin\varphi = -\cos\varphi = -\tfrac{1}{2}\sqrt{2}, \qquad x = \xi\cos\varphi - \eta\sin\varphi = (\xi + \eta)\tfrac{1}{2}\sqrt{2},$$
$$y = (-\xi + \eta)\tfrac{1}{2}\sqrt{2}.$$

Man setze in die gegebene Gleichung ein:

$$\tfrac{1}{2}(\xi + \eta)^2 + (-\xi^2 + \eta^2) + \tfrac{1}{2}(-\xi + \eta)^2 - 4(\xi + \eta) + 4(-\xi + \eta) = 0$$
$$\xi^2 + \eta^2 - \xi^2 + \eta^2 - 8\xi = 0 \qquad \eta^2 = 4\xi.$$

Ergebnis: Nach Drehung des Achsenkreuzes um 315^0 erhält man eine nach rechts geöffnete Parabel, deren Scheitel im Nullpunkt liegt.

2. Beispiel: Desgleichen für die Kurvengleichung:

$$4x^2 + y^2 - 4xy + 12x - 6y - 16 = 0.$$

Lösung: $a_{11} = 4,\quad a_{12} = -2,\quad a_{22} = 1,\quad a_{13} = 6,$
$a_{23} = -3,\quad a_{33} = -16,\quad A_{33} = 0,\quad \triangle = 0.$

Man hat also zwei parallele Gerade.

Man schreibt die Gleichung in der Form:

$$(2x - y)^2 + 6(2x - y) = 16$$

und hat eine quadratische Gleichung für $2x - y$, aus der sich ergibt:

$$2x - y = -3 \pm \sqrt{9 + 16}.$$

Man hat also die beiden parallelen Geraden:

$$y = 2x - 2 \quad \text{und} \quad y = 2x + 8.$$

Aufgaben

1. Man behandle in ähnlicher Weise die folgenden Aufgaben:
   a) $x^2 + 4y^2 - 4xy + 12x - 6y - 16 = 0,$
   b) $13x^2 - 10xy + 13y^2 - 72 = 0,$ c) $11x^2 + 10\sqrt{3}\,xy + y^2 + 16 = 0,$
   d) $x^2 + y^2 - 4xy + 2x + 6y = \frac{22}{3}.$
2. Gegeben sei die gleichseitige Hyperbel $x^2 - y^2 = a^2$. Man transformiere so, daß die Asymptoten Koordinatenachsen werden.
3. Man zeige durch Auflösung nach x oder y, daß die folgenden Gleichungen reelle Geradenpaare darstellen:
   a) $6x^2 - 13xy - 28y^2 = 0.$
   b) $9x^2 + 20xy - 21y^2 - 7x + 13y - 2 = 0.$
4. Welche Bedingungen müssen erfüllt sein, damit der durch die Gleichung:
   $$Ax^2 + By^2 + 2Cxy + 2Dx + 2Ey + F = 0$$
   dargestellte Kegelschnitt:
   a) durch den Koordinatennullpunkt 0 geht,
   b) die x-Ache, c) die y-Achse berührt,
   d) die x-Achse in 0, e) die y-Achse in 0 berührt,
   f) symmetrisch zur x-Achse, g) zur y-Achse,
   h) zu beiden Achsen ist?
5. Wenn $\triangle = 0$, $A_{11} = 0$, $A_{33} = 0$ ist, dann ist entweder $a_{22} = 0$ oder $A_{22} = 0$. Man weise die Richtigkeit der Behauptung nach.

§ 110. Polarkoordinaten

Anstatt die Lage eines Punktes durch seine kartesischen Koordinaten anzugeben, kann dies auch durch einen Vektor geschehen, wie wir das bei den komplexen Zahlen § 80, c) getan haben.

Ein von einem Punkt O ausgehender Strahl wird als „Polarachse" festgelegt, Punkt O wird „Pol" genannt. Verbindet man einen beliebigen Punkt P mit O, so ist die Lage von P eindeutig durch den „Vektor" OP festgelegt. Dazu muß bekannt sein:

1. der absolute Betrag des Vektors, d. h. die Länge der Strecke $OP = r$,
2. der Winkel φ, das „Argument" oder die „Anomalie", den der Vektor mit der Polarachse bildet. Als positiver Drehsinn gilt wieder die Drehung entgegen der Uhrzeigerbewegung.

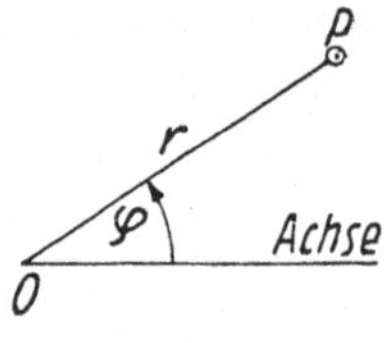

Abb. 94.

Zusammenhang von rechtwinkligen und Polarkoordinaten

Läßt man die x-Achse mit der Polarachse und den Nullpunkt mit dem Pol zusammenfallen, so ergibt sich:

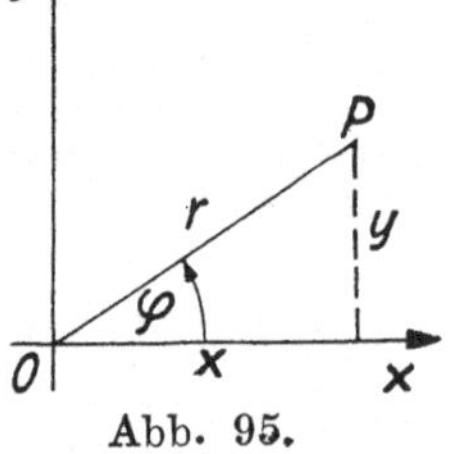

Abb. 95.

$$x = r \cdot \cos\varphi, \qquad y = r \cdot \sin\varphi,$$

$$(40) \qquad r = \sqrt{x^2 + y^2}, \qquad \operatorname{tg}\varphi = \frac{y}{x}.$$

Durch $\operatorname{tg}\varphi$ ist der Winkel nicht eindeutig festgelegt, erst die Vorzeichen von $\cos\varphi$ und $\sin\varphi$ bestimmen, in welchem Quadranten der Punkt liegt.

Aufgaben

1. Gegeben sind die Polarkoordinaten folgender Punkte: A (3, 60°), B (2, 90°), C (4, 150°), D (1, 225°), E (6, 300°). Wie lauten die entsprechenden rechtwinkligen Koordinaten?
2. Man berechne die Polarkoordinaten aus den rechtwinkligen Koordinaten:
   a) 4, 3; b) —1, 3; c) 3, —2; d) —5, —4.
3. Wie lautet die Kreisgleichung in Polarkoordinaten, wenn der Pol auf dem Umfang liegt und
   a) der zugehörige Durchmesser,
   b) die zugehörige Tangente als Polarachse gewählt ist?
   c) Wie heißt die Kreisgleichung, wenn der Mittelpunkt der Pol ist?

§ 111. Die Polargleichung der Kegelschnitte bezogen auf den Brennpunkt

Wir wählen als Pol den linken Brennpunkt F_1 (bei der Parabel bedeutet das Öffnung nach rechts) und gehen wieder von der Definition des § 101 aus:

$$(41) \qquad PF_1 : PQ = \varepsilon.$$

LQ ist die Leitgerade. Nun ist:

(42) $$r = F_1P, \quad QP = LF_1 + F_1P' = c + r\cos\varphi.$$

Setzt man diese Werte in Gleichung (41) ein, so ergibt sich:

$$r : (c + r\cos\varphi) = \varepsilon$$

oder $$r = c\cdot\varepsilon + r\cdot\varepsilon\cos\varphi.$$

Nun ist nach § 101 (5) $c\cdot\varepsilon = p$, folglich ist

$$r = p + \varepsilon\cdot r\cdot\cos\varphi.$$

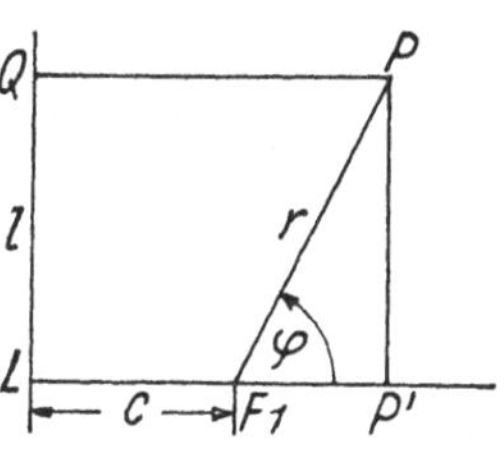

Abb. 96.

Daraus erhält man als **gemeinsame Polargleichung der Kegelschnitte** bezogen auf einen Brennpunkt:

(43) $$\boxed{r = \frac{p}{1-\varepsilon\cdot\cos\varphi}} \qquad \left.\begin{matrix}\varepsilon <\\ \varepsilon =\\ \varepsilon >\end{matrix}\right\} 1 \quad \begin{matrix}\text{Ellipse}\\ \text{Parabel}\\ \text{Hyperbel.}\end{matrix}$$

Negative r trägt man von F_1 aus in der zu F_1P entgegengesetzten Richtung ab. In kartesischen Koordinaten lautet dieselbe Gleichung:

(44) $$x^2 + y^2 = (p + \varepsilon x)^2.$$

Man entwickle das selbst aus Gleichung (43).

Wählt man den **rechten Brennpunkt als Pol** (Parabel nach links geöffnet), so lautet die Polargleichung:

(43a) $$r = \frac{p}{1+\varepsilon\cdot\cos\varphi}.$$

Beispiel: Wie heißt die Polargleichung der Ellipse $\frac{x^2}{64} + \frac{y^2}{25} = 1$?

Lösung: $p = \frac{b^2}{a} = \frac{25}{8}$, $\quad e = \sqrt{39}$, $\quad \varepsilon = \frac{e}{a} = \frac{\sqrt{39}}{8}$,

also nach Gleichung (43): $$r = \frac{25}{8-\sqrt{39}\cdot\cos\varphi}.$$

Aufgaben

1. Wie lautet die Polargleichung der Kegelschnitte:

   a) $\frac{x^2}{16} - \frac{y^2}{9} = 1$, b) $y^2 = 25x$?

2. Eine Hyperbel sei durch die Gleichung $r = \frac{5}{1-2\cos\varphi}$ gegeben.

   a) Welche Werte von φ ergeben die beiden Scheitel, und wie weit sind die Scheitel vom Pol entfernt?
   b) Man zeichne die Hyperbel nach Anlegen einer Wertetabelle für φ und r.
   c) Für welche Werte von φ erhält man:
      1. den Hyperbelzweig, der den Pol umschließt,
      2. den anderen Hyperbelzweig?

3. Die Mittelpunkts- bzw. Scheitelgleichungen in rechtwinkligen Koordinaten sollen für die folgenden Kegelschnitte bestimmt werden:

   a) $r = \frac{8}{1-\cos\varphi}$, b) $r = \frac{1{,}6}{0{,}5 - 1{,}5\cdot\cos\varphi}$, c) $r = \frac{9}{5-4\cos\varphi}$.

4. Der Brennpunkt eines Kegelschnittes liegt im Nullpunkt eines rechtwinkligen Koordinatensystems, seine Hauptachse falle mit der x-Achse zusammen. Was für einen Kegelschnitt hat man, wenn er durch die Punkte:

a) $P_1(+4, -2)$, $P_2(+2, +2)$, b) $P_1(6, 6)$, $P_2(2, -2\sqrt{3})$,

c) $P_1(r_1 = 10, \varphi_1 = 60^0)$, $P_2(r_2 = 5(2+\sqrt{2}), \varphi_2 = -45^0)$

geht? Wie lautet seine Gleichung in Polarkoordinaten? Wie groß sind die Halbachsen?

5. Der Oktoberkomet 1855 zeigte eine hyperbolische Bahn mit der numerischen Exzentrizität $\varepsilon = 1{,}00123$. Sein Abstand von der Sonne im Perihel (kürzeste Entfernung von der Sonne als Brennpunkt) betrug $d = 0{,}17268$ Erdentfernungen. Wie lautet die Bahngleichung in Polarkoordinaten? (Erdentfernung = Entfernung Erde—Sonne.)

XX. Kurvengleichungen

§ 112. Die Parameterdarstellung

Häufig ist es vorteilhaft, den Verlauf einer Kurve nicht durch eine einzige Gleichung wiederzugeben, sondern die Veränderlichen x und y von einer dritten Variabeln, z. B. t, abhängig zu machen. Man bezeichnet diese dritte Variable als „Hilfsveränderliche“ oder „Parameter“[1]) und sagt: „Die Gleichung ist in Parameterdarstellung gegeben.“ Diese Darstellungsform verwendet man gern bei Bewegungsvorgängen, wobei t dann gewöhnlich die Zeit bedeutet. Eliminiert man t, so muß die übliche Kurvengleichung zwischen x und y entstehen.

a) Die Parabel

In der Physik pflegt man z. B. die Parabel beim horizontalen Wurf durch die beiden Gleichungen wiederzugeben:

$$\boxed{x = c \cdot t, \quad y = -\frac{g}{2} t^2}$$

Damit sind Wurfweite und Höhe als Funktion der Zeit t ausgedrückt. Die Elimination von t ergibt:

$$y = -\frac{g}{2} \cdot \frac{x^2}{c^2} \quad \text{oder} \quad x^2 = -\frac{2c^2}{g} y .$$

Das ist die Scheitelgleichung einer nach unten geöffneten Parabel vom Halbparameter $-\frac{c^2}{g}$.

Aufgabe

1. Die eben besprochene Bewegung ist nur ein Sonderfall des schiefen Wurfes im luftleeren Raum, der den Gleichungen entspricht:

$$x = c \cdot \cos\vartheta_0 \cdot t \qquad y = c \cdot \sin\vartheta_0 \cdot t - \frac{g}{2} t^2,$$

wobei ϑ_0 der Abwurfwinkel ist. ϑ_0 soll als Konstante betrachtet und t eliminiert werden. Welche Koordinaten besitzt dann der Scheitel?

---

[1]) Parameter (griech.) bedeutet eigentlich „Vergleichsmaß“. Die hier gebrauchte Bezeichnung hat nichts zu tun mit dem bei den Kegelschnitten bisher gebrauchten Begriff „Halbparameter“ als Wert der Ordinate im Brennpunkt.

b) Die Ellipse mit den Halbachsen a und b

Ihre Parametergleichungen lauten z. B.:

$$x = a \cos t$$
$$y = b \sin t$$

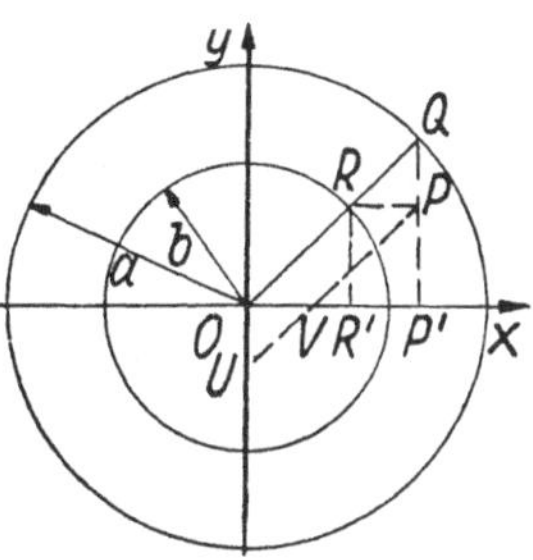

Abb. 97.

Durch Quadrieren und Addieren folgt nämlich:

$$\frac{x^2}{a^2} + \frac{y^2}{b^2} = \cos^2 t + \sin^2 t = 1.$$

Eine ähnliche Parameterdarstellung für die Hyperbel erhält man mit den sog. Hyperbelfunktionen.

Aus der Parameterdarstellung läßt sich nun folgende Punktkonstruktion der Ellipse herleiten:

Man schlage um O Kreise mit den Radien a und b $(a > b)$ und ziehe unter dem Winkel t gegen die positive x-Achse einen beliebigen Radius OQ, der den kleineren Kreis in R schneidet. Das Lot QP' von Q auf die x-Achse wird von der Parallelen zur x-Achse durch R in einem Ellipsenpunkt P geschnitten. (Man konstruiere danach weitere Punkte und zeichne die Ellipse.)

Aufgabe

2. Von einer Ellipse kennt man die große Achse $2a$ und einen Punkt P. Man zeichne die Ellipse.

Die oben angegebene Konstruktion dient als Grundlage für zwei mechanische Konstruktionen der Ellipse, die man als „Papierstreifenkonstruktionen" bezeichnet.

1. Verfahren: Auf einem Papierstreifen trägt man die Halbachsen a und b ab (s. Abb. 98) und läßt den Streifen so zwischen den Achsen sich bewegen, daß die Endpunkte von $a - b$ auf den Halbachsen gleiten. Dann beschreibt der zweite Endpunkt P von b eine Ellipse $(UP = a,\ VP = b)$.

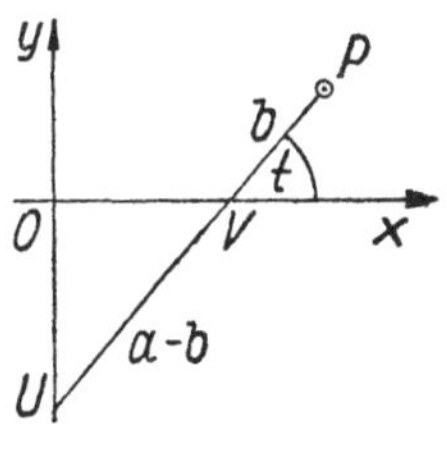

Abb. 98.

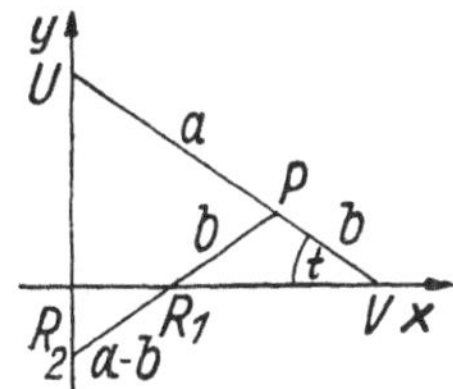

Abb. 99.

2. Verfahren: Ist a von b wenig verschieden, so daß $a - b$ sehr klein wird, so kann man auch mit der Summe $a + b$ arbeiten, wie Abb. 99 zeigt. $UP = a$; $PV = b$.

P ist Ellipsenpunkt.

Der Beweis für die Richtigkeit beider Methoden läßt sich unter Einführung eines Neigungswinkels t als Parameter mit Hilfe der Parameterdarstellung ohne weiteres führen. Man gebe selbst den Beweis.

Die geometrische Abhängigkeit des ersten Verfahrens von der oben angegebenen Konstruktion der Ellipse zeigt Abb. 97. Man mache sich das an Hand der Figur klar.

c) Die gerade Linie

In § 87 (5) war für die Koordinaten eines Punktes, der eine Strecke $P_1 P_2$ im Verhältnis λ teilt, die Beziehung aufgestellt worden:

$$\boxed{x = \frac{x_1 + \lambda x_2}{1 + \lambda}, \qquad y = \frac{y_1 + \lambda y_2}{1 + \lambda}}$$

dabei bedeuteten x_1, y_1 und x_2, y_2 die Koordinaten der gegebenen Punkte P_1 und P_2. Ist λ veränderlich, so können wir die beiden Gleichungen als Parameterdarstellung der geraden Linie auffassen mit λ als Parameter. Jedem λ entspricht ein Wertepaar x, y, dem ein Punkt der Geraden $P_1 P_2$ zugehört.

d) Rollkurven

Technisch sehr wichtige Kurven, die man am besten in Parameterform darstellt, sind die Rollkurven oder Zykloiden. Sie stellen die Bahn irgendeines Punktes eines Rades dar, das auf einer Bahn abrollt, ohne zu gleiten. Im einfachsten Fall ist diese Bahn eben. Man hat also einen auf einer Geraden abrollenden Kreis zu betrachten. a sei der Radius dieses Kreises, b der Abstand des Punktes P, dessen Bahn man betrachtet, vom Mittelpunkt. In der Ausgangslage liege P unter M, also zwischen Mittelpunkt und Berührungspunkt Q des Kreises mit der Bahn. Die x-Achse liege in Bahnrichtung, senkrecht dazu durch O wählen wir die y-Achse. Der Wälzungswinkel des Kreises wird mit t bezeichnet. Dieser ist natürlich in Bogenmaß zu messen. Bei Abwälzung um den Winkel t hat sich der Berührungspunkt zwischen Kreis und Bahn um at von der Ausgangslage entfernt. Aus der Figur liest man als Koordinaten von P ab:

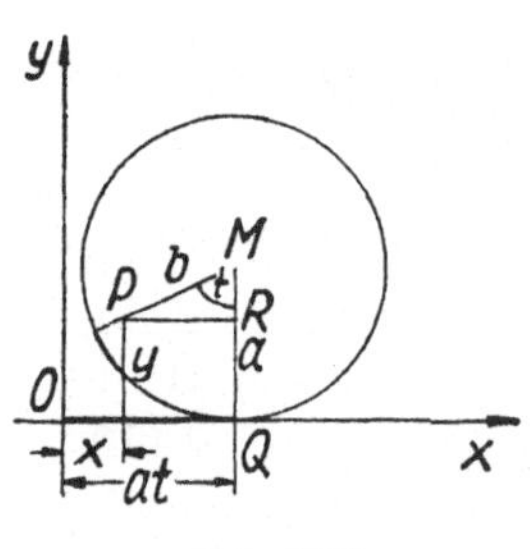

Abb. 100.

$$\boxed{\begin{aligned} x &= a \cdot t - b \sin t \\ y &= \quad a - b \cos t \end{aligned}}$$

Das ist die Gleichung dieser Rollkurven, die periodische Kurven der Länge $2a\pi$ sind.

Man unterscheidet drei Arten von Zykloiden:

1. $b < a$ gestreckte Zykloide,
2. $b = a$ gewöhnliche oder gespitzte Zykloide,
3. $b > a$ verschlungene Zykloide.

e) Technisch noch wichtiger als diese Rollkurven sind die, welche man erhält, wenn der Kreis auf einem zweiten festen Kreis abrollt. Sie heißen Epizykloiden, wenn der bewegte Kreis außen, Hypozykloiden, wenn er innen auf dem festen Kreis abrollt.

Aus Abb. 102 und 103 liest man zunächst einmal ab, daß

$$r\psi = a\varphi$$

sein muß, weil die abgewälzten Stücke

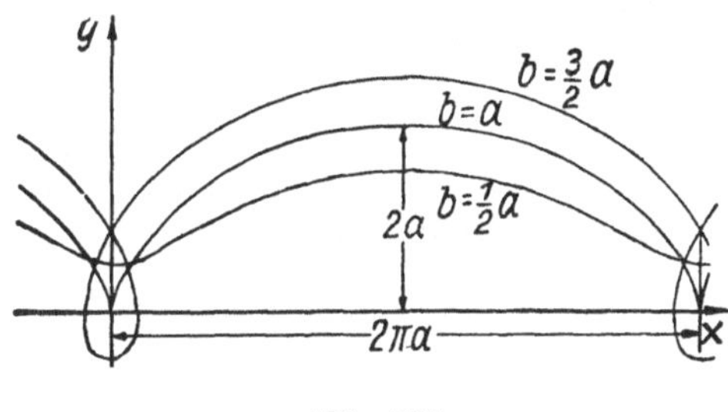

Abb. 101.

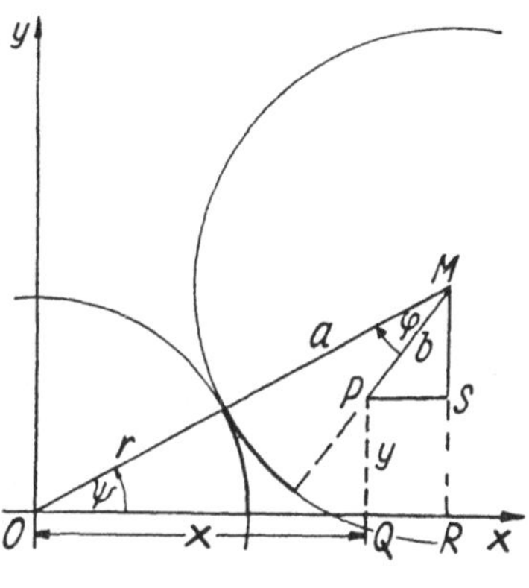

Abb. 102.

auf dem festen Kreis (Radius r) und dem rollenden Kreis (Radius a) gleich sein müssen. Man kann also sowohl φ wie ψ als Parameter wählen.

Aus der Abb. 102 liest man ab:

$$\begin{aligned} x &= (r+a)\cos\psi - b\sin\left[\frac{\pi}{2} - (\psi+\varphi)\right], \\ &= (r+a)\cos\psi - b\cos(\psi+\varphi), \\ &= (r+a)\cos\frac{a}{r}\varphi - b\cos\left(\frac{a+r}{r}\varphi\right), \\ y &= (r+a)\sin\psi - b\cos\left[\frac{\pi}{2} - (\psi+\varphi)\right], \\ &= (r+a)\sin\frac{a}{r}\varphi - b\sin\left(\frac{a+r}{r}\quad\right). \end{aligned}$$

Auch hier hat man drei Fälle zu unterscheiden:

$$\left.\begin{array}{l} b < a \text{ gestreckte} \\ b = a \text{ gespitzte} \\ b > a \text{ verschlungene} \end{array}\right\} \text{Epizykloide.}$$

Für die Hypozykloide liest man aus Abb. 103 ab:

$$\begin{aligned} x &= (r-a)\cos\psi + b\cos(\varphi-\psi), \\ &= (r-a)\cos\frac{a}{r}\varphi + b\cos\left(\frac{r-a}{r}\varphi\right), \\ y &= (r-a)\sin\psi - b\sin(\varphi-\psi), \\ &= (r-a)\sin\frac{a}{r}\varphi - b\sin\left(\frac{r-a}{r}\varphi\right). \end{aligned}$$

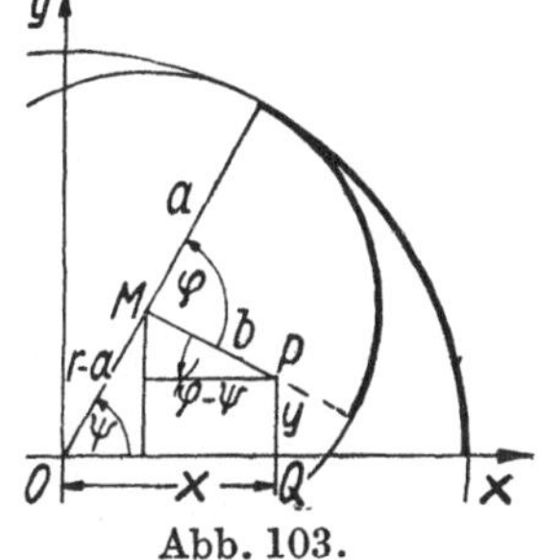

Abb. 103.

Auch hier gibt es 3 Fälle.

Aufgaben

3. Wie lautet im Falle $r = a = b$ die Gleichung der Epizykloide in kartesischen Koordinaten? Man entwerfe ein Bild dieser Kurve (Herzlinie oder Kardioide).
4. Welche Kurvenform hat die Hypozykloide:

   a) Wenn $a = \frac{r}{2}$, $a \neq b$, b) wenn $a = b = \frac{r}{2}$ ist?
5. Man gebe in kartesischen Koordinaten die Gleichung der Hypozykloide an, wenn $a = b = \frac{r}{4}$ ist (Astroide).

§ 113. Geometrische Örter

Ein besonderes Anwendungsgebiet der analytischen Geometrie ist die rechnerische Ermittlung geometrischer Örter. Von diesen Aufgaben ging auch Descartes[1]) selbst aus, als er sein grundlegendes Werk über die analytische Geometrie schrieb. Im folgenden sollen zunächst nur Aufgaben behandelt werden, die ohne Einführung von Hilfsgrößen (Parameter) lösbar sind. Auch hierbei spielt die zweckmäßige Lage der Koordinatenachsen eine wichtige Rolle.

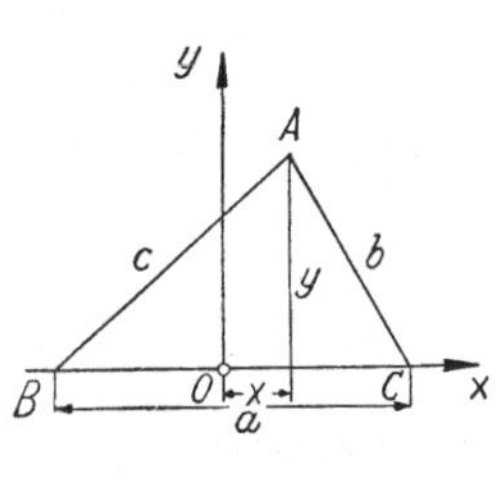

Abb. 104.

1. Beispiel: Welches ist der geometrische Ort für die Spitze A eines Dreiecks mit der Grundlinie $BC = a$, wenn die zur Grundlinie gehörende Höhe das geometrische Mittel aus Summe und Differenz der beiden anderen Dreiecksseiten sein soll?

Lösung: Wahl des Achsenkreuzes. Als x-Achse wird man natürlich die Gerade BC wählen. Die y-Achse kann man entweder durch den Punkt B oder den Halbierungspunkt O der Strecke BC legen. Aus Symmetriegründen ist das letztere zweckmäßiger.

Der veränderliche Punkt A habe die Koordinaten (x, y); y wird gleichzeitig die zur Grundlinie gehörige Höhe. Für die beiden anderen Punkte gilt dann:

$$B\left(-\frac{a}{2}, 0\right), \qquad C\left(+\frac{a}{2}, 0\right).$$

Es ist:

$$b^2 = \left(\frac{a}{2} - x\right)^2 + y^2, \qquad c^2 = \left(\frac{a}{2} + x\right)^2 + y^2.$$

Es sind die Fälle zu unterscheiden $b < c$ und $c < b$. Im ersten Fall soll sein:

$$y^2 = (b + c)(c - b) = c^2 - b^2,$$

im zweiten:

$$y^2 = b^2 - c^2.$$

I. $b < c$:
$$y^2 = c^2 - b^2 = \left(\frac{a}{2} + x\right)^2 + y^2 - \left(\frac{a}{2} - x\right)^2 - y^2,$$

$$y^2 = 2ax.$$ Parabel. Scheitel O, Brennpunkt C.

---

[1]) René Descartes (lat. Cartesius), 1596—1650. La Géométrie war einer der Anhänge des Discours de la méthode, Leiden 1637, der die neuere Philosophie einleitete.

II. $b > c$: $\qquad y^2 = b^2 - c^2,$

$$y^2 = -2ax.$$ Parabel. Scheitel O, Brennpunkt B.

Ergebnis: Die Spitze A des Dreiecks bewegt sich auf zwei Parabeln mit dem gemeinsamen Scheitel O und den Brennpunkten B und C.

2. **Beispiel:** Gegeben sind ein Kreis mit dem Halbmesser a und ein Punkt O auf seinem Umfang. Auf einem beliebigen Strahl durch O, der den Kreis in S schneidet, trage man über S hinaus die Strecke $2a = SP$ ab. Welche Kurve beschreibt P, wenn sich der Strahl um O dreht?

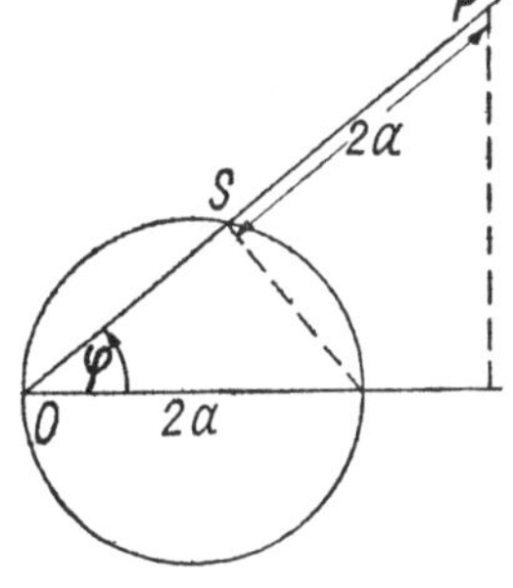

Abb. 105.

Lösung: Am schnellsten kommt man zu einer Kurvengleichung mittels Polarkoordinaten. Pol O, Polarachse: Durchmesser durch O.

$$r = OS + SP = 2a\cos\varphi + 2a,$$
$$r = 2a(1 + \cos\varphi).$$

Verwandlung in rechtwinklige Koordinaten: x-Achse ist die Polarachse; y-Achse ist die Tangente in O an den Kreis. Dann ist

$$r^2 = x^2 + y^2, \qquad \cos\varphi = \frac{x}{r}.$$

Diese Werte in die Kurvengleichung eingesetzt, ergibt:

$$r^2 - 2ax = 2ar \qquad x^2 + y^2 - 2ax = 2a\sqrt{x^2 + y^2},$$

oder
$$(x^2 + y^2 - 2ax)^2 = 4a^2(x^2 + y^2),$$

oder
$$(x^2 + y^2)^2 - 4ax(x^2 + y^2) = 4a^2y^2.$$

Ergebnis: Man erhält eine Kurve 4. Ordnung, Kardioide oder Herzkurve genannt (von $\varkappa\alpha\varrho\delta\acute{\iota}\alpha$ = Herz).

Man zeichne die Kurve (s. § 112, Aufg. 3).

Aufgaben

1. Wo liegen die Mittelpunkte aller Kreise, die einen gegebenen Halbkreis vom Radius r von innen und seinen Durchmesser berühren?
2. Welches ist der geometrische Ort aller Punkte, für die die Summe der Quadrate der Abstände von einer festen Geraden g und von einem festen Punkt C gleich s^2 ist? Man zeichne die Kurve für $s^2 = 12\frac{1}{2}$, Abstand C von g sei 3 cm.
3. Man bestimme den geometrischen Ort der Spitzen aller Dreiecke ABC mit den festen Grundpunkten A und B, in denen die Seitenhalbierenden s_c durch C das geometrische Mittel aus den beiden anderen Dreiecksseiten a und b ist.
4. Auf einer Geraden g befindet sich ein fester Punkt A. Man legt um ihn einen geschlossenen Faden von der Länge $2a$ und spannt ihn durch 2 Stifte P und P_1 so, daß beide Stifte stets symmetrisch zueinander in bezug auf g liegen. Welche Kurve beschreiben die Punkte P und P_1?
5. a) Gesucht ist der geometrische Ort aller Punkte, für die das Produkt aus den Abständen von zwei festen Punkten mit den Koordinaten $F_1(+a, 0)$, $F_2(-a, 0)$ konstant, und zwar gleich a^2 ist.
   b) Man transformiere die erhaltene Gleichung durch Drehung um -45^0.
   c) Man wandle die ursprüngliche Gleichung in Polarkoordinaten um und zeichne die Kurve.

6. Gegeben ist ein Kreis mit dem Durchmesser $AB = 2a$ und dessen Mittelsenkrechte. Von A aus zieht man Strahlen, die die Senkrechte in C, den Kreis in D treffen. Welche Kurven erhält man für P, Q und R, wenn man

a) der Strecke $\overrightarrow{AD}$ die Strecke $\overrightarrow{CD}$ unter Berücksichtigung ihrer Richtung hinzufügt,

b) der Strecke $\overrightarrow{AC}$ die Strecke $\overrightarrow{DC}$ hinzufügt,

c) CD in R im Verhältnis $1:2$ teilt?

Man stelle die Gleichungen erst in Polarkoordinaten, dann in rechtwinkligen Koordinaten auf und zeichne die Kurven nach obiger Vorschrift.

Aufgaben mit Hilfsgrößen (Parametern)

Die Mehrzahl der Ortsaufgaben erfordert die Einführung von Parametern. Bei n Parametern sind $n+1$ Bedingungsgleichungen nötig. Man löst n Gleichungen nach den Parametern auf und eliminiert sie dann mit Hilfe der $(n+1)$-ten Gleichung. Zwei Beispiele mögen das Verfahren erläutern.

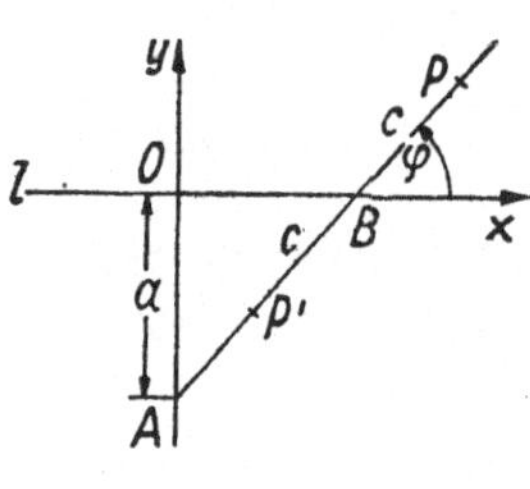

Abb. 106.

1. Beispiel: Gegeben ist der Punkt A und die Gerade l. Von A aus zieht man durch einen beliebigen Punkt B von l eine Gerade und trägt auf ihr von B aus nach beiden Seiten eine unveränderliche Strecke $c = BP = BP'$ ab. Welche Kurven beschreiben P und P', wenn B auf l wandert?

1. Lösung: Man fälle von A das Lot auf l und mache es zur y-Achse, l zur x-Achse. Als Parameter führen wir den Winkel φ ein, den AP mit der positiven x-Achse bildet, und setzen $AO = a$. Dann gilt für die Koordinaten von $P(x, y)$:

$$(1) \qquad y = c \sin\varphi.$$

$$(2) \qquad x = a \operatorname{ctg}\varphi + c \cdot \cos\varphi = \cos\varphi \left(\frac{a}{\sin\varphi} + c\right).$$

Man setzt in (2) $\sin\varphi = \frac{y}{c}$ ein und löst nach $\cos\varphi$ auf:

$$(3) \qquad \cos\varphi = \frac{xy}{c(a+y)}, \qquad (4) \qquad \sin\varphi = \frac{y}{c}.$$

Nach Quadrieren und Addieren von (3) und (4) erhält man schließlich:

$x^2 y^2 - (a+y)^2 (c^2 - y^2) = 0$ Konchoide (Muschellinie) des Nikomedes[1]).

Für P' lauten die zwei Bedingungsgleichungen:

$$y = c \cdot \sin(\varphi + \pi), \qquad x = a \operatorname{ctg}(\varphi + \pi) + c \cdot \cos(\varphi + \pi)$$

oder $\quad y = -c \cdot \sin\varphi, \qquad x = a \operatorname{ctg}\varphi - c \cdot \cos\varphi.$

Die weitere Entwicklung führt infolge des Quadrierens auf dieselbe Kurvengleichung wie oben. Aus der Gleichung folgt, da x nur in gerader Potenz auftritt, Symmetrie zur y-Achse.

[1]) Nikomedes, um 180 v. Chr.

2. **Lösung**: Bei Benutzung von Polarkoordinaten kommt man ohne Parameter aus. Wir machen A zum Pol und die Parallele zu l durch A zur Polarachse. Dann ist:

$$AP = AB + BP,$$

$$AP = r = \frac{a}{\sin\varphi} + c,$$

$$AP' = r' = \frac{a}{\sin\varphi} - c,$$

$$r = \frac{a}{\sin\varphi} \pm c.$$

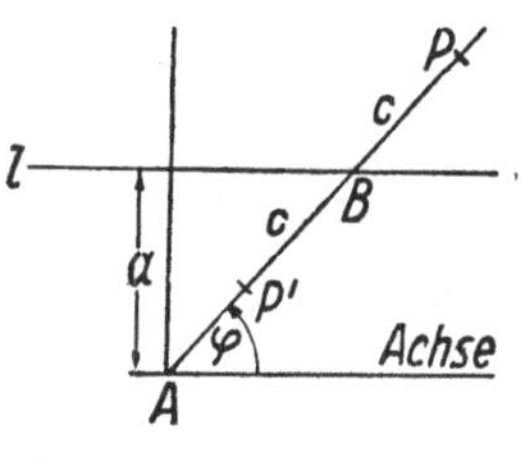

Abb. 107.

Man zeichne die Kurven für: a) $a < c$, b) $a = c$, c) $a > c$.

2. **Beispiel**: Vom beliebigen Punkt P der Parabel $y^2 = 2px$ wird das Lot PQ auf die x-Achse gefällt. Die Parallele durch P zur x-Achse und die Parallele durch Q zu OP schneiden sich in S. Welche Kurve beschreibt S, wenn sich P auf der Parabel bewegt?

Lösung: Als Parameter führen wir die veränderlichen Koordinaten u, v von P ein. Also:

$$P(u,\ v), \qquad Q(u,\ 0).$$

Die Koordinaten von P erfüllen die Parabelgleichung:

(4) $$v^2 = 2pu.$$

(5) Gerade PS: $$y = v.$$

(6) Gerade QS: $$y = \frac{v}{u}(x - u).$$

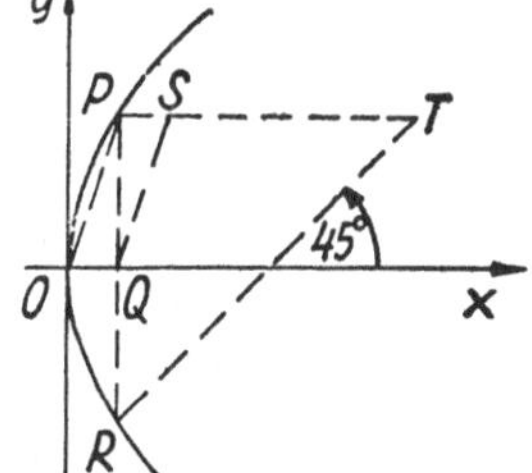

Abb. 108.

Auflösung der Gleichungen (5) und (6) nach u und v:

(7) $v = y.$ (8) $u = \frac{x}{2}.$

Einsetzen von (7) und (8) in (4):

$$y^2 = px.$$

Parabel mit O als Scheitel und x-Achse als Hauptachse mit einem Parameter, der gleich der Hälfte desjenigen der gegebenen Parabel ist.

Aufgaben

7. Man fälle von einem beliebigen Punkt P der Parabel $y^2 = 2px$ das Lot auf die x-Achse, bis es die Kurve zum zweiten Male in R trifft (s. Abb. 108). Durch P ziehe man die Parallele zur Achse und durch R eine Gerade unter 45° gegen die Hauptachse. Gesucht wird der Ort des Schnittpunktes T beider Geraden, wenn P die Parabel durchwandert.

8. Die Ellipse $b^2x^2 + a^2y^2 = a^2b^2$ habe die Hauptscheitel A_1 und A_2 und P sei ein beliebiger Kurvenpunkt. Welches ist der Ort für den Schwerpunkt:
   a) des Dreiecks A_1A_2P,
   b) des Dreiecks OA_1P, wenn P sich auf der Ellipse bewegt?

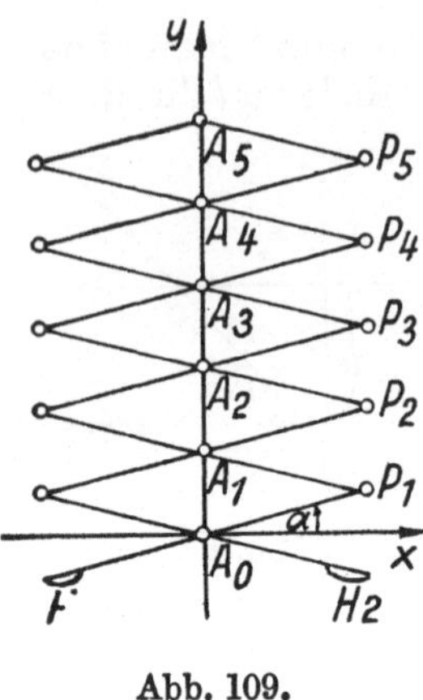

Abb. 109.

9. Es soll der geometrische Ort der Spitzen C aller Dreiecke bestimmt werden, in denen bei fester Grundlinie $AB = c$ der Winkel α stets doppelt so groß wie der Winkel β ist.

10. Ein Rechteck $ABCD$ habe eine Seite AB von unveränderlicher und eine Seite AD von veränderlicher Länge u. Fällt man von D das Lot DP auf die Diagonale AC, so beschreibt P eine Kurve, wenn die Seite CD sich in Richtung der y-Achse bewegt. Welche Kurve ist es?

11. In einer sog. „Nürnberger Schere" (Kinderspielzeug; auch technisch verwendet als Halter von Glühlampen, in der Rechenmaschine von Selling usw.) bleibe Punkt A_0 fest. Um ihn als Drehpunkt werden die beiden Stäbe mit den Handgriffen H_1 und H_2 bewegt. Welche Kurven beschreiben die Punkte $P_1, P_2, \ldots P_n$, wenn sich $A_1, A_2, \ldots A_n$ auf einer Geraden bewegen?

(Rothe, Elem. Math. u. Techn.)

Vektoralgebra

XXI. Das räumliche kartesische Koordinatensystem

§ 114. Rechts- und Linkssysteme

In der Vektoralgebra handelt es sich im allgemeinen um räumliche Probleme. Man muß also jetzt die Lage eines Punktes im Raum festlegen und erweitert deshalb das ebene Koordinatensystem, indem man noch eine dritte, die z-Achse, hinzunimmt, die senkrecht auf der x, y-Ebene steht und nach oben weist. Man gewinnt die Koordinaten eines Punktes P_1, indem man von P_1 aus die Lote auf die drei Achsen fällt und die Abschnitte auf diesen vom Ursprung O aus mißt. Die Lage des Punktes P_1 ist nun durch die drei Zahlen x_1, y_1, z_1, die „Koordinaten" des Punktes, eindeutig festgelegt. Ein derartiges Koordinatensystem bezeichnet man als „räumliches kartesisches Koordinatensystem".

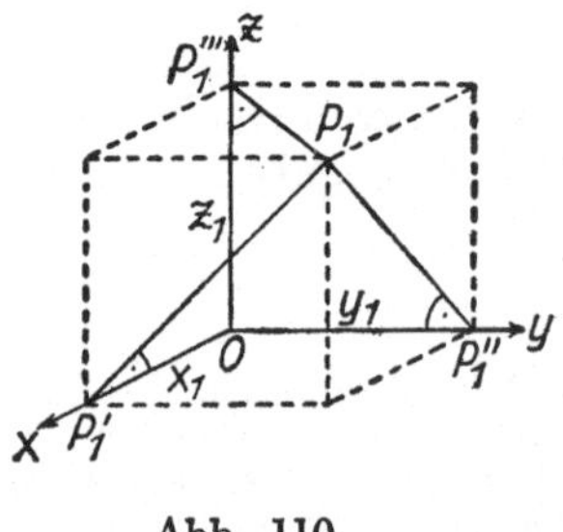

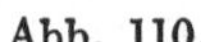
Abb. 110.

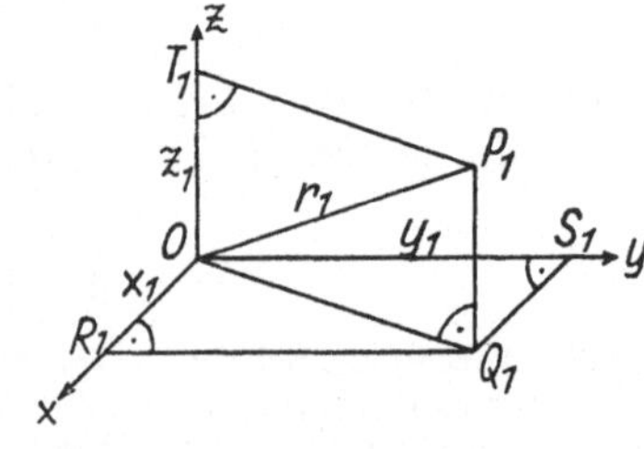

Abb. 111.

Bei der Herstellung dieses räumlichen Koordinatensystems ist man mit einer gewissen Willkür vorgegangen. Anstatt nach oben hätte man die z-Achse auch nach unten weisend wählen können. Auch dann erhält man ein räumliches kartesisches Koordinatensystem, das sich genau wie das oben angegebene zur Beschreibung der Lage eines Punktes eignet. Es gelingt freilich nicht, durch irgendwelche Verschiebung oder Drehung diese beiden Systeme zur Deckung zu bringen, so daß alle drei Achsen miteinander gleiche Lage und Richtung haben (d. h. die positive x-Achse des einen mit der positiven x-Achse des anderen Systems usf. zusammenfallen). Beide Systeme verhalten sich zueinander wie ein Gegenstand zu seinem Spiegelbild, die sich ja bekanntlich auch nicht miteinander zur Deckung bringen lassen.

Das oben gewählte System führt den Namen „Rechtssystem", weil die x-, y- und z-Achse (in der angegebenen Reihenfolge) zueinander die gleiche Lage haben wie gespreizter Daumen, Zeige- und Mittelfinger der rechten Hand. Das andere System heißt entsprechend „Linkssystem". Hier wird ausschließlich mit dem Rechtssystem gearbeitet.

§ 115. Der räumliche Pythagoras

Um die Entfernung $r_1 = \overline{OP_1}$ des Punktes P_1 vom Ursprung O berechnen zu können, fällt man von P_1 das Lot P_1Q_1 auf die x-y-Ebene. Man sieht sofort, daß $\overline{P_1Q_1} = z_1$ ist. Von Q_1 werden die Lote Q_1R_1 und Q_1S_1 auf die x- und y-Achse gefällt. Dann ist $\overline{OR_1} = x_1$, $\overline{OS_1} = \overline{R_1Q_1} = y_1$ (Abb. 111).

Nunmehr schreibt man für die beiden rechtwinkligen Dreiecke P_1OQ_1 und Q_1OR_1 den pythagoräischen Lehrsatz an,

$$\overline{OP_1}^2 = \overline{OQ_1}^2 + \overline{P_1Q_1}^2,$$

$$\overline{OQ_1}^2 = \overline{OR_1}^2 + \overline{R_1Q_1}^2.$$

Die zweite Gleichung wird in die erste eingesetzt,

$$\overline{OP_1}^2 = \overline{OR_1}^2 + \overline{R_1Q_1}^2 + \overline{P_1Q_1}^2,$$

d. h.

$$r_1^2 = x_1^2 + y_1^2 + z_1^2,$$

also:

(1) $$\boxed{r_1 = \sqrt{x_1^2 + y_1^2 + z_1^2}}$$ Räumlicher Pythagoras.

§ 116. Die Richtungskosinus

Die Richtung der Strecke OP_1 wird dadurch festgelegt, daß man die Winkel α_1, β_1, γ_1 bestimmt, die OP_1 mit den positiven Koordinatenachsen einschließt. Die Winkel treten in den rechtwinkligen Dreiecken auf, die von OP_1, je einem Achsenabschnitt und je einem Lot auf die betreffende Achse gebildet werden (Abb. 112). Danach liest man sofort die Beziehungen ab:

(2) $$\boxed{\cos\alpha_1 = \frac{x_1}{r_1}, \quad \cos\beta_1 = \frac{y_1}{r_1}, \quad \cos\gamma_1 = \frac{z_1}{r_1}}$$

Diese Kosinuswerte nennt man die Richtungskosinus der Strecke OP_1.

Eine bestimmte Richtung im Raum ist aber schon durch die Angabe zweier Winkel, z. B. α und β bestimmt. Der dritte Winkel (hier γ) ist damit festgelegt und kann nicht mehr frei gewählt werden. Man kann sich das so klarmachen: Alle Geraden, die mit der x-Achse den Winkel α einschließen, liegen auf einem Kegel, dessen Achse die x-Achse ist und der den Öffnungswinkel 2α hat. Entsprechendes gilt für die y-Achse. Diese beiden Kegel schneiden sich im allgemeinen gar nicht oder zweimal, im Falle der Berührung haben sie eine Gerade gemein. Gibt es keinen Schnitt, so gibt es keine Gerade, die mit den beiden Achsen die Winkel α bzw. β einschließt. Sonst geben die Schnittgeraden die Richtungen an, die mit der x-Achse den Winkel α, mit der y-Achse den Winkel β einschließen. Da es nur zwei (im Ausnahmefall eine) derartige Schnittgeraden gibt, liegt der Winkel (γ) mit der dritten (z-) Achse (bis auf zwei bestimmte Werte) fest.

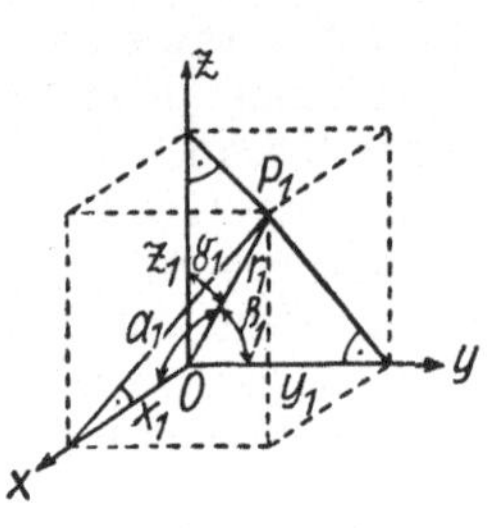

Abb. 112.

Diese Überlegung findet auch ihren rechnerischen Ausdruck. Man quadriert die drei Gleichungen von (2) und addiert sie,

$$\cos^2\alpha_1 + \cos^2\beta_1 + \cos^2\gamma_1 = \frac{x_1^2}{r_1^2} + \frac{y_1^2}{r_1^2} + \frac{z_1^2}{r_1^2} = \frac{x_1^2 + y_1^2 + z_1^2}{r_1^2}.$$

Nach (1) ist der Zähler des Bruches gleich r_1^2, der Bruch hat den Wert 1. Allgemein gilt also für die Richtungskosinus:

$$\boxed{\cos^2\alpha + \cos^2\beta + \cos^2\gamma = 1} \tag{3}$$

Man sieht hier, daß sich der dritte Winkel aus den beiden anderen berechnen läßt, z. B.

$$\cos\gamma = \pm\sqrt{1 - \cos^2\alpha - \cos^2\beta}.$$

Man erhält so im allgemeinen zwei Werte für $\cos\gamma$. — Was bedeutet es rechnerisch, wenn die Kegel einander berühren und man nur eine Schnittgerade erhält? Wie groß ist dann γ?

§ 117. Abstand zweier Punkte

Es seien zwei Punkte P_1 und P_2 im Raum durch ihre Koordinaten (x_1, y_1, z_1) und (x_2, y_2, z_2) gegeben. Um den Abstand d der beiden Punkte zu bestimmen, zeichnet man den Quader mit achsenparallelen Kanten, für den P_1P_2 eine Raumdiagonale ist. Die Kantenlängen $\overline{P_1Q_1}$, $\overline{Q_1Q_2}$, $\overline{Q_2P_2}$ sind dann $x_2 - x_1$, $y_2 - y_1$, $z_2 - z_1$. Betrachtet man die beiden rechtwinkligen Dreiecke $P_1Q_1Q_2$ und $P_1Q_2P_2$, so ergibt sich:

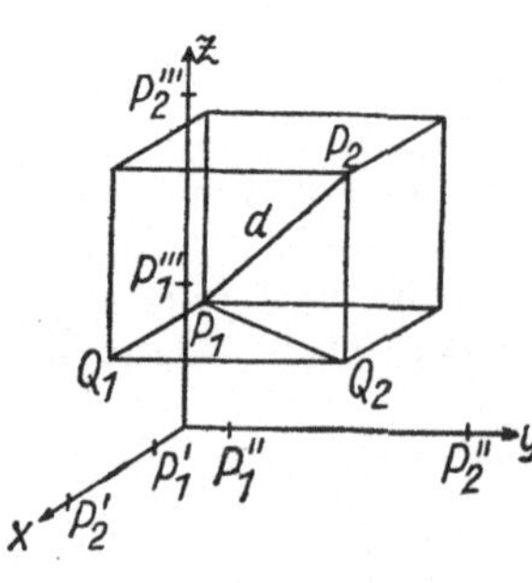

Abb. 113.

$$\boxed{d = \sqrt{(x_2 - x_1)^2 + (y_2 - y_1)^2 + (z_2 - z_1)^2}} \tag{4}$$

Der Leser führe diese Rechnung (s. § 115) selbst durch!

§ 118. Aufgaben

1. Ein Punkt habe im Rechtssystem die Koordination x, y, z. Wie lauten seine Koordinaten in dem Linkssystem, das daraus dadurch entsteht, daß die z-Achse in die entgegengesetzte Richtung weist?
2. Ein Punkt hat die Koordinaten x, y, z. Wie weit ist er von der x-y-Ebene, wie weit vom Nullpunkt entfernt?
3. Ist es möglich, daß ein Strahl mit den drei Koordinatenachsen je einen Winkel von 45^0 einschließt?
4. Ein Strahl, der vom Nullpunkt ausgeht, schließt mit der x-Achse den Winkel von 45^0, mit der y-Achse den Winkel von 120^0, mit der z-Achse einen spitzen Winkel ein. Wie groß ist dieser?
5. Ein Punkt P liegt in der Entfernung $\sqrt{2}$ vom Nullpunkt; die Strecke $\overline{OP}$ bildet mit den Achsen die Winkel 120^0, 135^0, 60^0. Wie lauten die kartesischen Koordinaten von P?
6. Die beiden Punkte $P_1(+1, -2, -2)$ und $P_2(+3, -6, +2)$ bilden mit dem Nullpunkt O ein Dreieck. Man berechne die Seitenlängen des Dreiecks und (nach der Heronischen Formel, s. § 76) dessen Flächeninhalt. Welche Winkel schließen die Strecken $\overrightarrow{OP_1}$, $\overrightarrow{OP_2}$ und $\overrightarrow{P_1P_2}$ mit den Koordinatenachsen ein?
7. Man berechne wie in Aufgabe 6 den Inhalt des Dreiecks, das als Ecken die Punkte $P_1(+7, +3, +13)$, $P_2(+3, -5, +5)$, $P_3(+4, -3, +7)$ hat. Was folgt daraus für die Lage der Punkte?

XXII. Der Vektor

§ 119. Der Begriff des Vektors

Die Anwendungen der Mathematik in Naturwissenschaft und Technik führen dazu, eine neue Rechengröße zu benutzen, den Vektor, mit dessen Hilfe man einen großen Teil der Formeln in einfacher Form wiedergeben kann. So wie sich eine reelle Zahl durch einen Punkt auf der Zahlengeraden darstellen läßt, läßt sich ein Vektor durch eine gerichtete Strecke darstellen. Aber genau so wenig wie die Zahl mit dem Punkt läßt sich der Vektor mit der gerichteten Strecke identifizieren. Um jedoch das Verständnis zu erleichtern und bei den Überlegungen die Anschauung zu Hilfe nehmen zu können, sollen sämtliche Operationen, die an Vektoren vorgenommen werden, am Bild der gerichteten Strecke klargemacht werden. An einer gerichteten Strecke, die irgendwo im Raum gedacht werden kann, kann man folgende Merkmale feststellen: Länge und Richtung (mit Durchlaufungssinn) (Abb. 114). Die spezielle Lage im Raum ist für den Vektor belanglos; man kann die gerichtete Strecke $\overrightarrow{AB}$ parallel mit sich selbst beliebig verschieben, ohne daß sich der Vektor ändert, der dadurch dargestellt wird. Vektoren werden in der deutschen Literatur mit Frakturbuchstaben bezeichnet, also $\overrightarrow{AB} = \mathfrak{A}$. Manchmal kennzeichnet man Vektoren auch dadurch, daß man einen Strich über den betreffenden Buchstaben setzt.

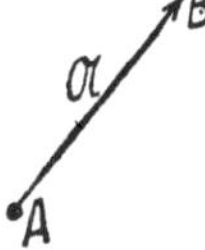

Abb. 114

Ein Vektor ist also eine Größe, die in sich mehrere Bestimmungsstücke vereinigt. Etwas Ähnliches trat bereits bei den komplexen Zahlen auf, zu deren Festlegung zwei reelle Zahlen (Real- und Imaginärteil) nötig sind. Im Gegensatz zum Vektor bezeichnet man eine

Rechengröße, zu deren Festlegung nur eine Zahl nötig ist, als Skalar (z. B. Länge, Winkel usf.), weil sie sich auf einer Zahlenleiter (lat. scala) darstellen läßt. Es wird später gezeigt, daß ein Vektor erst durch die Angabe dreier Zahlen bestimmt ist.

Zusammenfassend ist also zu sagen: Ein Vektor ist eine Rechengröße, die sich durch eine gerichtete Strecke darstellen läßt. Ein Vektor ist bestimmt durch Größe und Richtung (mit Durchlaufungssinn) dieser Strecke. Zwei Vektoren sind gleich, wenn sie in diesen Bestimmungsstücken übereinstimmen.

§ 120. Rechenregeln

1. Addition von Vektoren

Zwei Vektoren $\mathfrak{A}$ und $\mathfrak{B}$ werden addiert, indem man den Anfang des zweiten Vektors an das Ende des ersten legt. Dann ist der Summenvektor gegeben durch die Verbindung vom Anfang des ersten zum Ende des zweiten Vektors (s. Abb. 115). Die Addition von Vektoren erfolgt also genau so wie in der Mechanik die Addition von Kräften nach dem Parallelogrammgesetz. Wie man der Zeichnung sofort ansieht, ist es gleichgültig, in welcher Reihenfolge die Vektoren aneinandergelegt werden; es ist:

(1) $$\boxed{\mathfrak{A} + \mathfrak{B} = \mathfrak{B} + \mathfrak{A}}$$ (Kommutatives Gesetz).

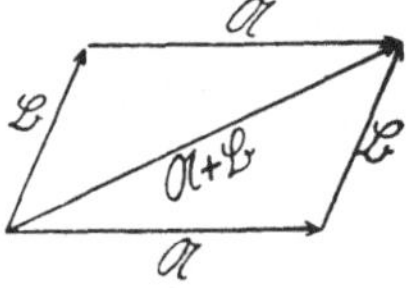

Abb. 115.

Die Gültigkeit des kommutativen Gesetzes ist eine wesentliche Eigenschaft des Vektors. Man kann sich verschiedene Größen der Physik durch gerichtete Strecken dargestellt denken, aber nur solche sind Vektoren, für die das kommutative Gesetz gilt. Es ist z. B. aus der Mechanik bekannt, daß für Verschiebungen, Geschwindigkeiten, Beschleunigungen usw. das kommutative Gesetz gilt, also kann man diese Größen durch Vektoren darstellen. Anders ist es z.B. mit endlichen Drehungen. Man kann eine Drehung

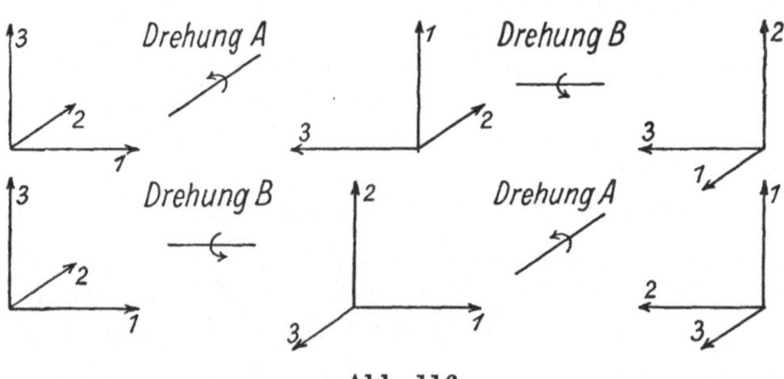

Abb. 116.

um eine feste Achse durch eine gerichtete Strecke darstellen, indem man die Strecke in die Richtung der Drehachse legt und ihre Länge gleich dem Drehwinkel wählt. Eine derartig gerichtete Strecke ist aber nicht Bild eines Vektors, weil für Drehungen das kommutative Gesetz nicht gilt. Das sieht man an folgendem Beispiel: Man betrachtet ein räumliches Koordinatensystem und führt daran die gleichen Drehungen, aber in verschiedener Reihenfolge aus. Man bemerkt dann, daß man nicht das gleiche Ergebnis erhält, wenn man die Reihenfolge der Drehungen vertauscht. Man kann also Drehungen (mit endlichen Drehwinkeln) nicht als Vektoren betrachten.

Für Vektoren gilt ferner das assoziative Gesetz, d. h. es ist:

$$(\mathfrak{A} + \mathfrak{B}) + \mathfrak{C} = \mathfrak{A} + (\mathfrak{B} + \mathfrak{C}) \tag{2}$$

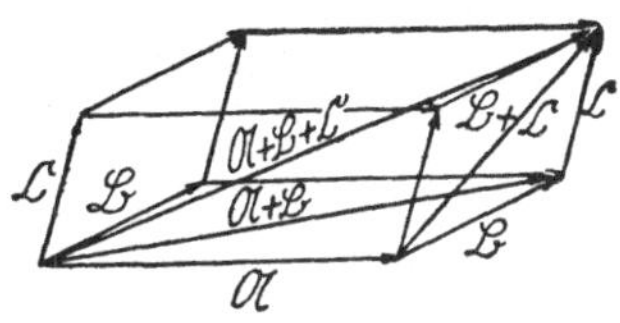

Abb. 117.

Die nebenstehende Abbildung (die räumlich zu denken ist) zeigt unmittelbar die Richtigkeit der Behauptung. Man kann in Formel (2) die Klammern fortlassen. In Verbindung mit dem kommutativen Gesetz kann man also die Regel aussprechen: Bei der Addition von mehreren Vektoren ist die Reihenfolge der Additionen und der Vektoren belanglos.

2. Subtraktion von Vektoren

Aus $\mathfrak{C} + \mathfrak{B} = \mathfrak{A}$ folgt $\mathfrak{C} = \mathfrak{A} - \mathfrak{B}$. Damit ist die Subtraktion von Vektoren eingeführt. Schreibt man die Gleichung in der Form:

$$\mathfrak{A} - \mathfrak{B} = \mathfrak{A} + (-\mathfrak{B}) = \mathfrak{C},$$

so wird die Subtraktion von $\mathfrak{B}$ auf die Addition des Vektors $-\mathfrak{B}$ zu $\mathfrak{A}$ zurückgeführt. Unter dem Vektor $-\mathfrak{B}$ versteht man einen Vektor, der die gleiche Länge und gleiche Richtung, aber den entgegengesetzten Durchlaufungssinn wie der Vektor $\mathfrak{B}$ hat. Es ist $\mathfrak{B} + (-\mathfrak{B}) = 0$ gleich dem sog. Nullvektor, einem Vektor, der die Länge Null besitzt. Am Nullvektor läßt sich keine Richtung feststellen, man kann ihm deshalb jede beliebige Richtung zuschreiben.

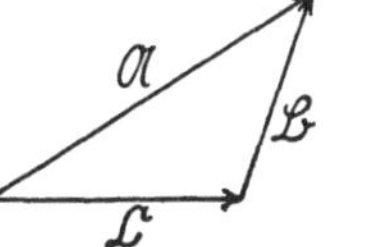

Abb. 118a.

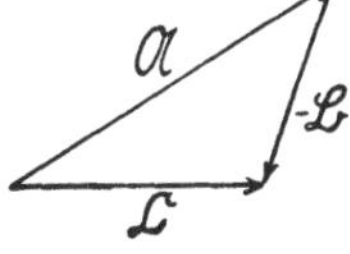

Abb. 118b.

Ähnlich wie die Summe kann man die Differenz am Parallelogramm darstellen, das von $\mathfrak{A}$ und $\mathfrak{B}$ aufgespannt wird. Während $\mathfrak{A} + \mathfrak{B}$ die eine Diagonale ist, ist $\mathfrak{A} - \mathfrak{B}$ die andere. Es ist aber durchaus nicht so, daß die Summe $\mathfrak{A} + \mathfrak{B}$ stets länger ist als die Differenz $\mathfrak{A} - \mathfrak{B}$; diese Anschauung darf man von den positiven Zahlen nicht auf Vektoren übertragen.

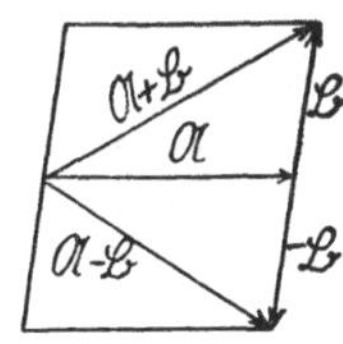

Abb. 119.

3. Multiplikation mit einem Skalar

Das Produkt $m\mathfrak{A}$ des Vektors $\mathfrak{A}$ mit einer positiven Zahl m ist der Vektor, der gleiche Richtung und Durchlaufungssinn und die m-fache Länge von $\mathfrak{A}$ hat. Der Vektor $2\mathfrak{A}$ hat also die doppelte Länge von $\mathfrak{A}$ usw. Ist m negativ, so hat $m\mathfrak{A}$ die $|m|$-fache Länge von $\mathfrak{A}$, aber die entgegengesetzte Richtung.

Für derartige Multiplikationen gilt das distributive Gesetz sowohl für den Skalar wie auch für den Vektor:

(3a)
$$\begin{aligned}(m+n)\,\mathfrak{A} &= m\,\mathfrak{A} + n\,\mathfrak{A}\\ m\,(\mathfrak{A}+\mathfrak{B}) &= m\,\mathfrak{A} + m\,\mathfrak{B}\end{aligned}$$

Man sieht die Richtigkeit der Gesetze unmittelbar an den nebenstehenden Bildern.

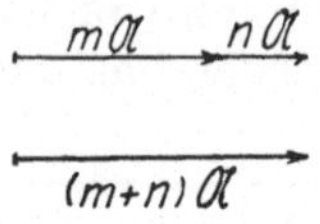

Abb. 120a. 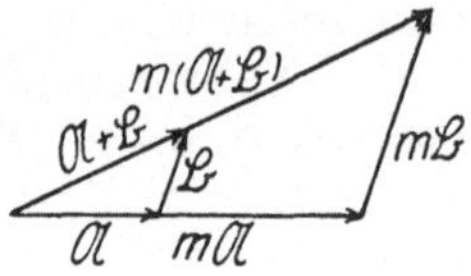 Abb. 120b.

Ebenso gilt das assoziative Gesetz:

(3b)
$$m\,(n\,\mathfrak{A}) = n\,(m\,\mathfrak{A}) = m\,n\,\mathfrak{A}$$

§ 121. Spezielle Vektoren

1. Einheitsvektoren sind Vektoren der Länge 1. Jeder Vektor läßt sich als Produkt aus einem Einheitsvektor und einem Skalar darstellen:

$$\mathfrak{A} = A\,\mathfrak{e}_{\mathfrak{A}}.$$

Dabei ist nach den Rechenregeln $\mathfrak{e}_{\mathfrak{A}}$ der Einheitsvektor, der in die Richtung von $\mathfrak{A}$ weist, und A ($\geqq 0$) die Länge des Vektors $\mathfrak{A}$. Man nennt A den absoluten Betrag oder die Maßzahl des Vektors $\mathfrak{A}$ und schreibt

$$A = |\mathfrak{A}|\,.$$

Umgekehrt kann man schreiben

$$\mathfrak{e}_{\mathfrak{A}} = \frac{\mathfrak{A}}{A} = \frac{\mathfrak{A}}{|\mathfrak{A}|}.$$

2. Die Lage eines Punktes in einem dreidimensionalen Koordinatensystem kann man mit Hilfe des Vektors bestimmen, der vom Ursprung zu dem betreffenden Punkt führt. Diesen Vektor nennt man Ortsvektor, weil er den Ort des Punktes P festlegt. Man bezeichnet ihn mit $\mathfrak{r}$, den entsprechenden Einheitsvektor mit $\mathfrak{r}_0$. Wie früher gezeigt worden ist, sind zur Angabe der Lage eines Punktes im Raum drei Zahlen, die Koordinaten, nötig. Diese drei Koordinaten werden durch den Vektor zu einer einheitlichen Größe zusammengefaßt.

§ 122. Vektoren in der Physik

Bei der Definition des Vektors war ausdrücklich betont worden, daß ein Vektor an keine bestimmte Stelle im Raum gebunden ist. In der Physik liegt es aber oft in der Natur der betreffenden Größe, die durch einen Vektor dargestellt werden soll, daß der Vektor nicht mehr frei beweglich ist, man spricht dann von gebundenen Vektoren. Die häufigste Art sind die sog. „Feldvektoren"; jedem Punkt eines Raumgebietes ist ein Vektor zugeordnet, alle Vektoren bilden zusammen ein (Vektor-) „Feld". Feldvektoren sind (ähnlich wie Ortsvektoren) an den betreffenden Raumpunkt gebunden, und man darf z. B. nur Rechnungen zwischen solchen Feldvektoren vornehmen, die zum gleichen Punkt gehören. Als Beispiele für physikalische Größen, die sich durch Feldvektoren darstellen lassen, seien die elektrische Feldstärke, die Schwerkraft und die Geschwindigkeit in einer Strömung genannt. Auch eine Einzelkraft ist ein gebundener Vektor, da ihr Angriffspunkt nicht verschoben werden darf. Hat man es aber mit einem starren Körper zu tun, so kann man den Angriffspunkt der Kraft längs ihrer Wirkungslinie beliebig verschieben; man hat dann einen liniengebundenen (oder auch linienflüchtigen) Vektor vor sich. Diese Beispiele zeigen, daß man dem Vektor unter Umständen mehr Bedingungen auferlegen muß, als es der mathematischen Definition entspricht, sobald der Vektor eine physikalische Größe darstellt.

§ 123. Komponenten

Die drei Strahlen x, y, z legen drei Richtungen im Raum fest. x-, y- und z-Richtung können zwar beliebige Winkel miteinander bilden, sie dürfen nur nicht in einer Ebene liegen. Dann kann jeder Vektor $\mathfrak{A}$ in eine Summe von drei Vektoren zerlegt werden, die den gegebenen Richtungen parallel sind:

$$\mathfrak{A} = \mathfrak{B}_x + \mathfrak{B}_y + \mathfrak{B}_z.$$

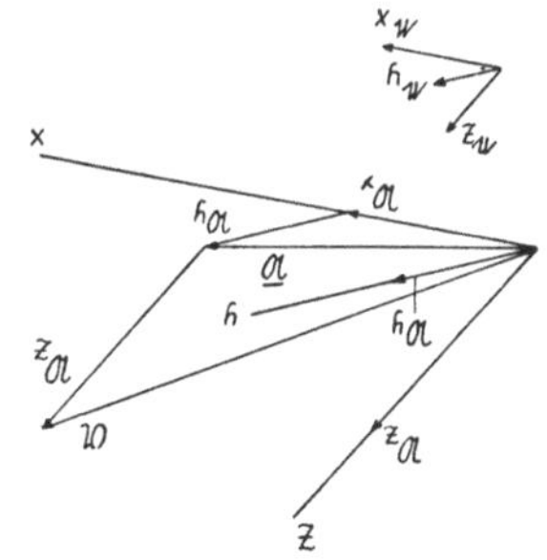

Man erhält diese Zerlegung z. B., wenn man durch den Endpunkt des Vektors $\mathfrak{A}$ eine Parallele zu der z-Richtung zieht und diese mit der x-y-Ebene zum Schnitt bringt. Damit hat man $\mathfrak{A}$ in die beiden Komponenten $\mathfrak{B}$ und $\mathfrak{B}_z$ zerlegt. $\mathfrak{B}$ wird dann in der Ebene nach den Richtungen x und y in $\mathfrak{B} = \mathfrak{B}_x + \mathfrak{B}_y$ zerlegt. Eine solche Zerlegung ist immer eindeutig möglich, sobald die drei Richtungen nicht in einer Ebene liegen. Liegt ein Vektor in einer bestimmten Ebene, so kann man in dieser Ebene zwei Richtungen vorgeben und den Vektor in Komponenten parallel zu den beiden Richtungen zerlegen.

Abb. 121.

Legt man in die Richtungen x, y, z die drei Einheitsvektoren $\mathfrak{e}_x$, $\mathfrak{e}_y$, $\mathfrak{e}_z$, so kann die obige Gleichung auch geschrieben werden als

$$\mathfrak{A} = x\mathfrak{e}_x + y\mathfrak{e}_y + z\mathfrak{e}_z.$$

Dabei sind $|x|$, $|y|$, $|z|$ die absoluten Beträge von $\mathfrak{B}_x$, $\mathfrak{B}_y$, $\mathfrak{B}_z$: $|x| = |\mathfrak{B}_x|$ usw. Die Vektoren $\mathfrak{B}_x$, $\mathfrak{B}_y$, $\mathfrak{B}_z$ bezeichnet man als die vektoriellen Komponenten von $\mathfrak{A}$; x, y, z sind die skalaren Komponenten (oder Koordinaten) von $\mathfrak{A}$. Solange kein Irrtum möglich ist, spricht man in beiden Fällen häufig einfach von Komponenten. Oft bezeichnet man auch die skalaren Komponenten von $\mathfrak{A}$ mit A_x, A_y, A_z. Ein Vektor ist durch Angabe seiner drei (skalaren Komponenten eindeutig gekennzeichnet, sobald das „Dreibein" der Einheitsvektoren $\mathfrak{e}_x$, $\mathfrak{e}_y$, $\mathfrak{e}_z$, die „Basis" oder das „Bezugssystem" fest gegeben ist. Damit wird die schon in § 119 vorweggenommene Tatsache bestätigt, daß ein Vektor durch die Angabe von drei Zahlen bestimmt ist. Dieses Zahlentripel (x, y, z) ist vom algebraischen Standpunkt aus betrachtet der eigentliche Vektor. Über die Komponentenschreibweise noch folgendes: Ein Vektor ist nur Null, wenn sämtliche drei Komponenten gleichzeitig Null sind; dabei ist die Wahl der Basis gleichgültig. Zwei Vektoren sind gleich, wenn ihre entsprechenden Komponenten bei gleicher Basis gleich sind. Man kann zwei Vektoren rechnerisch nur vergleichen und mit ihnen rechnen, wenn man sie durch ihre Komponenten in der gleichen Basis darstellt. Derartige Umrechnungen der Komponenten einer Basis auf die einer anderen heißen **Transformationen** und spielen eine wichtige Rolle in der Vektorrechnung.

Während die Schreibung der Vektoren durch ein Symbol allgemeine Betrachtungen gestattet und sich bei Ableitungen durch große Übersichtlichkeit und Kürze auszeichnet, muß man für praktische Rechnungen auf die Komponentenschreibweise zurückgehen.

Sind beispielsweise zwei Vektoren

$$\mathfrak{A}_1 = x_1 \mathfrak{e}_x + y_1 \mathfrak{e}_y + z_1 \mathfrak{e}_z \quad \text{und} \quad \mathfrak{A}_2 = x_2 \mathfrak{e}_x + y_2 \mathfrak{e}_y + z_2 \mathfrak{e}_z.$$

gegeben, so erhält man die Summe (ebenfalls in Komponenten)

$$\begin{aligned}\mathfrak{A} = \mathfrak{A}_1 + \mathfrak{A}_2 &= x_1 \mathfrak{e}_x + y_1 \mathfrak{e}_y + z_1 \mathfrak{e}_z + x_2 \mathfrak{e}_x + y_2 \mathfrak{e}_y + z_2 \mathfrak{e}_z \\ &= (x_1 + x_2)\mathfrak{e}_x + (y_1 + y_2)\mathfrak{e}_y + (z_1 + z_2)\mathfrak{e}_z.\end{aligned}$$

Die Komponenten der Summe zweier Vektoren sind gleich den Summen der entsprechenden Komponenten beider Vektoren. Diese Vorschrift ist gleichbedeutend mit der in § 120, 1 gegebenen, daß Vektoren nach dem Parallelogrammgesetz addiert werden.

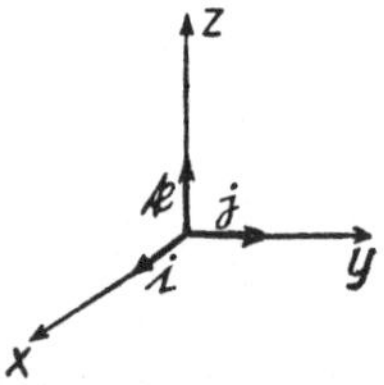

Abb. 122.

Es ist besonders günstig, die drei Einheitsvektoren in die Achsen eines räumlichen rechtwinkligen (kartesischen) Koordinatensystems zu legen, man bezeichnet sie dann mit $\mathfrak{i}$, $\mathfrak{j}$, $\mathfrak{k}$. Dann ist der Vektor

$$\mathfrak{r} = x\mathfrak{i} + y\mathfrak{j} + z\mathfrak{k}$$

der Ortsvektor des Punktes P mit den Koordinaten (x, y, z):

Die skalaren Komponenten eines Ortsvektors sind die Koordinaten des zugehörigen Punktes.

Man kann nun jeden Vektor durch einen Ortsvektor repräsentieren, da wegen der freien Beweglichkeit sein Anfangspunkt stets in den Nullpunkt verschoben werden kann. Also kann man den absoluten Betrag (die Länge) eines Vektors stets durch seine skalaren Komponenten ausdrücken. Aus

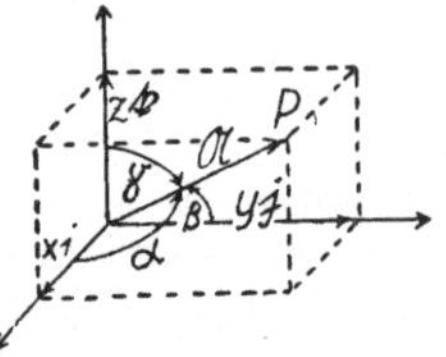

Abb. 123.

$$\mathfrak{A} = x\mathfrak{i} + y\mathfrak{j} + z\mathfrak{k}$$

folgt:

$$A = |\mathfrak{A}| = \sqrt{x^2 + y^2 + z^2} \tag{4}$$

(Diese und alle folgenden Formeln des Paragraphen gelten nur für ein rechtwinkliges Grundsystem von Einheitsvektoren.)

Um Richtung und Durchlaufungssinn des Vektors $\mathfrak{A}$ festzulegen, sind die drei Winkel (α, β, γ) zu bestimmen, die $\mathfrak{A}$ mit den Achsen einschließt. Im § 116 ist gezeigt, wie diese Winkel aus den Koordinaten des Punktes P bestimmt werden:

(5)

$$\cos\alpha = \frac{x}{\sqrt{x^2+y^2+z^2}}, \quad \cos\beta = \frac{y}{\sqrt{x^2+y^2+z^2}}, \quad \cos\gamma = \frac{z}{\sqrt{x^2+y^2+z^2}}$$

Es gibt zwei Möglichkeiten, den Vektor durch Zahlen festzulegen, entweder durch Komponenten (x, y, z) oder durch den absoluten Betrag (A) und die drei Richtungswinkel (α, β, γ). Beide Darstellungsweisen sind gleichwertig, meist wird man die Komponentenschreibweise wählen. (4) und (5) lehrt die Berechnung des absoluten Betrages und der Richtungswinkel aus den Komponenten, die Umkehrung wird durch folgende Formel geliefert:

(6) $$x = A\cos\alpha, \quad y = A\cos\beta, \quad z = A\cos\gamma$$

Nunmehr kann man den Vektor auch durch absoluten Betrag und Richtungswinkel ausdrücken:

$$\mathfrak{A} = x\mathfrak{i} + y\mathfrak{j} + z\mathfrak{k} = A\cos\alpha\,\mathfrak{i} + A\cos\beta\,\mathfrak{j} + A\cos\gamma\,\mathfrak{k},$$

(7) $$\mathfrak{A} = A\,(\cos\alpha\,\mathfrak{i} + \cos\beta\,\mathfrak{j} + \cos\gamma\,\mathfrak{k}) = A\,\mathfrak{e}_{\mathfrak{A}}$$

$\mathfrak{e}_{\mathfrak{A}}$ ist (s. § 121,1) der Einheitsvektor, der in die Richtung von $\mathfrak{A}$ zeigt:

$$\mathfrak{e}_{\mathfrak{A}} = \cos\alpha\,\mathfrak{i} + \cos\beta\,\mathfrak{j} + \cos\gamma\,\mathfrak{k}.$$

Die Komponenten eines Einheitsvektors sind also die Richtungskosinus des Vektors.

§ 124. Beispiele

1. Man beweise, daß sich die drei Mittellinien (Seitenhalbierenden) eines Dreiecks in einem Punkte schneiden und im Verhältnis 2:1 teilen.

Man denke sich die Dreiecksseiten als Vektoren $\mathfrak{A}$, $\mathfrak{B}$, $\mathfrak{C}$. Die Bedingung, daß die drei Vektoren ein Dreieck bilden, lautet

$$\mathfrak{A} + \mathfrak{B} + \mathfrak{C} = 0,$$

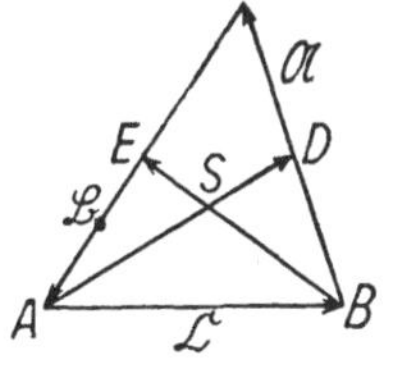

Abb. 124.

d. h. die drei Strecken müssen einen geschlossenen Streckenzug bilden. Die Mittellinien (als Vektoren) lassen sich durch die Seiten ausdrücken: $\overrightarrow{AD} = -\mathfrak{B} - \frac{1}{2}\mathfrak{A}$; $\overrightarrow{BE} = \mathfrak{A} + \frac{1}{2}\mathfrak{B}$. Der Punkt S teile AD im Verhältnis $\lambda : (1-\lambda)$ und BE im Verhältnis $\mu : (1-\mu)$. Es ist $\overrightarrow{AS} = \lambda\overrightarrow{AD}$ und $\overrightarrow{BS} = \mu\overrightarrow{BE}$. Weiter gilt:

$$\overrightarrow{AS} = \mathfrak{C} + \overrightarrow{BS}, \quad \mathfrak{C} = -\mathfrak{A} - \mathfrak{B},$$

$$\lambda(-\mathfrak{B} - \tfrac{1}{2}\mathfrak{A}) = -\mathfrak{A} - \mathfrak{B} + \mu(\mathfrak{A} + \tfrac{1}{2}\mathfrak{B}),$$

$$\mathfrak{A}(1 - \mu - \tfrac{1}{2}\lambda) = \mathfrak{B}(-1 + \lambda + \tfrac{1}{2}\mu).$$

Da $\mathfrak{A}$ und $\mathfrak{B}$ nicht in einer Richtung liegen, müssen beide Klammern verschwinden, damit die Gleichung erfüllt ist:

$$\lambda + \tfrac{1}{2}\mu = 1,$$
$$\tfrac{1}{2}\lambda + \mu \;= 1.$$

Das ergibt $\lambda = \frac{2}{3}$, $\mu = \frac{2}{3}$. Der Punkt S teilt also sowohl AD als auch BE im Verhältnis $\frac{2}{3} : \frac{1}{3} = 2:1$. Hätte man die Rechnung für zwei andere Mittellinien durchgeführt, so hätte man die gleichen Teilverhältnisse erhalten, d. h. also, daß jede Mittellinie von den beiden anderen im selben Verhältnis geteilt wird oder daß die beiden Mittellinien die dritte im gleichen Punkt schneiden.

Der durchgeführte Beweis zeigt zweierlei:

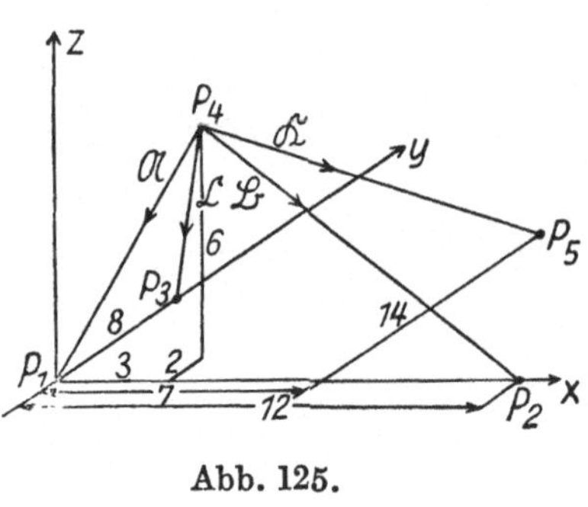

Abb. 125.

1. Zur Durchführung waren keinerlei schwierige geometrische Überlegungen nötig, nur Addition und Subtraktion von Vektoren. Diese Einfachheit der Operationen ist es, die solche und ähnliche Überlegungen so anschaulich und durchsichtig gestaltet.
2. Man muß sorgfältig auf die gewählte Richtung der Vektoren achten, kann aber dann ohne Schwierigkeiten weiterrechnen.

2. An der Spitze eines Dreibocks, dessen Maße aus obenstehender Abbildung zu entnehmen sind, ist ein Drahtseil P_4P_5 befestigt, an dessen Ende mit einer Kraft $\mathfrak{K}$ gezogen wird. Es ist die Beanspruchung der drei Stäbe zu berechnen.

Kraft in Richtung $\overrightarrow{P_4P_5} = \mathfrak{K}$,

,, ,, ,, $\overrightarrow{P_4P_1} = \mathfrak{A}$,

,, ,, ,, $\overrightarrow{P_4P_2} = \mathfrak{B}$,

,, ,, ,, $\overrightarrow{P_4P_3} = \mathfrak{C}$.

Nach den Gesetzen der Mechanik herrscht Gleichgewicht, wenn die Summe aller im Punkte P_4 angreifenden Kräfte Null ist:

$$\mathfrak{A} + \mathfrak{B} + \mathfrak{C} + \mathfrak{K} = 0.$$

Nun zerlegt man die Kräfte in ihre Komponenten. Die Richtungskosinus erhält man aus den Koordinaten der Punkte P_1, P_2, P_3, P_4, P_5.

Für $\mathfrak{A}$:	$\cos\alpha_1 = -\frac{3}{7}$,	$\cos\beta_1 = -\frac{2}{7}$,	$\cos\gamma_1 = -\frac{6}{7}$;
,, $\mathfrak{B}$:	$\cos\alpha_2 = \frac{9}{11}$,	$\cos\beta_2 = -\frac{2}{11}$,	$\cos\gamma_2 = -\frac{6}{11}$;
,, $\mathfrak{C}$:	$\cos\alpha_3 = -\frac{1}{3}$,	$\cos\beta_3 = \frac{2}{3}$,	$\cos\gamma_3 = -\frac{2}{3}$;
,, $\mathfrak{K}$:	$\cos\alpha = \frac{2}{7}$,	$\cos\beta = \frac{6}{7}$,	$\cos\gamma = -\frac{3}{7}$.

Also kann man nach (7) schreiben

$$A\left(-\tfrac{3}{7}\mathfrak{i} - \tfrac{2}{7}\mathfrak{j} - \tfrac{6}{7}\mathfrak{k}\right) + B\left(\tfrac{9}{11}\mathfrak{i} - \tfrac{2}{11}\mathfrak{j} - \tfrac{6}{11}\mathfrak{k}\right) + C\left(-\tfrac{1}{3}\mathfrak{i} + \tfrac{2}{3}\mathfrak{j} - \tfrac{2}{3}\mathfrak{k}\right)$$
$$+ K\left(\tfrac{2}{7}\mathfrak{i} + \tfrac{6}{7}\mathfrak{j} - \tfrac{3}{7}\mathfrak{k}\right) = 0.$$

Die Gleichung wird umgeordnet,

$$\mathfrak{i}\left(-\tfrac{3}{7}A+\tfrac{9}{11}B-\tfrac{1}{3}C+\tfrac{2}{7}K\right)+\mathfrak{j}\left(-\tfrac{2}{7}A-\tfrac{2}{11}B+\tfrac{2}{3}C+\tfrac{6}{7}K\right)$$
$$+\mathfrak{k}\left(-\tfrac{6}{7}A-\tfrac{6}{11}B-\tfrac{2}{3}C-\tfrac{3}{7}K\right)=0.$$

Nach § 123 sind dann aber die einzelnen Komponenten für sich gleich Null,

$$-\tfrac{3}{7}A+\tfrac{9}{11}B-\tfrac{1}{3}C+\tfrac{2}{7}K=0,$$
$$-\tfrac{2}{7}A-\tfrac{2}{11}B+\tfrac{2}{3}C+\tfrac{6}{7}K=0,$$
$$-\tfrac{6}{7}A-\tfrac{6}{11}B-\tfrac{2}{3}C-\tfrac{3}{7}K=0.$$

Damit hat man drei Gleichungen für die drei Unbekannten A, B, C gewonnen. Die weitere Durchführung erfolgt wie üblich und bleibt dem Leser überlassen. Ein negatives Vorzeichen im Ergebnis bedeutet, daß in dem betreffenden Stab Druck auftritt (der Vektor hat seine Richtung umgekehrt).

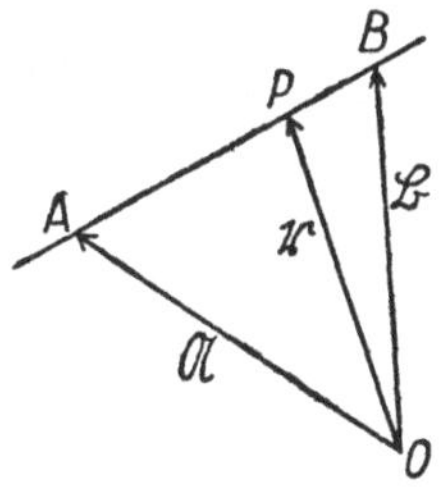

Abb. 126.

3. Gleichung der Geraden durch zwei Punkte. Die beiden Punkte A und B seien durch die Ortsvektoren

$$\mathfrak{A}=x_1\mathfrak{i}+y_1\mathfrak{j}+z_1\mathfrak{k} \quad \text{und} \quad \mathfrak{B}=x_2\mathfrak{i}+y_2\mathfrak{j}+z_2\mathfrak{k}$$

gegeben. Ein beliebiger Punkt P auf der Geraden besitze den Ortsvektor

$$\mathfrak{r}=x\mathfrak{i}+y\mathfrak{j}+z\mathfrak{k}.$$

Dann gilt

$$\mathfrak{A}+\overrightarrow{AP}=\mathfrak{r}, \qquad \mathfrak{r}+\overrightarrow{PB}=\mathfrak{B}.$$

Der Punkt P teile die Strecke AB im Verhältnis λ,

$$\overline{AP}:\overline{PB}=\lambda, \qquad \overrightarrow{AP}=\lambda\,\overrightarrow{PB}.$$

Das liefert

$$-\mathfrak{A}+\mathfrak{r}=\overrightarrow{AP}=\lambda\,\overrightarrow{PB}=\lambda(\mathfrak{B}-\mathfrak{r})$$

oder

$$\mathfrak{r}=\frac{\mathfrak{A}+\lambda\mathfrak{B}}{1+\lambda} \qquad (\lambda\neq-1).$$

Das ist die Vektorgleichung der Geraden durch die beiden Punkte A und B. Man erhält für jeden Wert von λ einen Punkt der gesuchten Geraden, λ ist der Parameter. In Komponenten lautet die Parameterdarstellung der Geraden (im Raum)

$$x=\frac{x_1+\lambda x_2}{1+\lambda}, \qquad y=\frac{y_1+\lambda y_2}{1+\lambda}, \qquad z=\frac{z_1+\lambda z_2}{1+\lambda} \quad (\lambda\neq-1).$$

4. Man leite die Bedingung dafür ab, daß drei Vektoren in einer Ebene liegen; die Vektoren seien in Komponentendarstellung gegeben.

$$\mathfrak{A}=x_1\mathfrak{i}+y_1\mathfrak{j}+z_1\mathfrak{k}, \qquad \mathfrak{B}=x_2\mathfrak{i}+y_2\mathfrak{j}+z_2\mathfrak{k},$$
$$\mathfrak{C}=x_3\mathfrak{i}+y_3\mathfrak{j}+z_3\mathfrak{k}.$$

Liegen drei Vektoren in einer Ebene, so kann einer von ihnen stets in Komponenten parallel zu den beiden anderen zerlegt werden. Es gibt, solange $\mathfrak{A}$ und $\mathfrak{B}$ nicht parallel sind, immer zwei Konstanten λ und μ, so daß gilt

$$\lambda\mathfrak{A} + \mu\mathfrak{B} + \mathfrak{C} = 0.$$

Diese Beziehung, in Komponenten geschrieben, liefert

$$\lambda x_1 + \mu x_2 + x_3 = 0,$$
$$\lambda y_1 + \mu y_2 + y_3 = 0,$$
$$\lambda z_1 + \mu z_2 + z_3 = 0.$$

Das sind drei Gleichungen mit den beiden Unbekannten λ und μ. (Diesmal sind nicht x_i, y_i, z_i die Unbekannten, sondern λ und μ.) Nach § 94 sind diese drei Gleichungen nur miteinander verträglich, d.h. ist die Zerlegung nur möglich, wenn die Determinante der Koeffizienten verschwindet. Die Bedingung dafür, daß $\mathfrak{A}$, $\mathfrak{B}$, $\mathfrak{C}$ in einer Ebene liegen, lautet demnach:

$$\triangle = \begin{vmatrix} x_1 & x_2 & x_3 \\ y_1 & y_2 & y_3 \\ z_1 & z_2 & z_3 \end{vmatrix} = 0.$$

§ 125. Aufgaben

1. Ein Vektor $\mathfrak{A}$ hat die Länge 9 und die skalaren Komponenten $A_x = 7$; $A_z = 4$. Wie groß ist A_y, und welche Winkel bildet $\mathfrak{A}$ mit den Vektoren $\mathfrak{i}$, $\mathfrak{j}$, $\mathfrak{k}$?
2. Die Richtungswinkel eines Vektors $\mathfrak{A}$ vom absoluten Betrag 4 sind $\alpha = 50^0$, $\beta = 60^0$, $\gamma =$ stumpfer Winkel. Welchen Winkel bildet $\mathfrak{A}$ mit der x-y-Ebene? Wie lauten die skalaren Komponenten von $\mathfrak{A}$?
3. Der Vektor $\mathfrak{A}$ hat die vektoriellen Komponenten $\mathfrak{A}_x = 5\mathfrak{i}$, $\mathfrak{A}_y = 12\mathfrak{j}$ und schließt mit der z-Achse den Winkel 30^0 ein. Wie lauten die Richtungswinkel gegen die x- und y-Achse? Wie groß ist der Rauminhalt des Quaders, der von den vektoriellen Komponenten aufgespannt wird?
4. Gegeben ist ein Vektor $\mathfrak{A}$ der Länge 3 mit den Richtungswinkeln $\sphericalangle(\mathfrak{A}, \mathfrak{i}) = 60^0$ $\sphericalangle(\mathfrak{A}, \mathfrak{j}) > 90^0$; $\sphericalangle(\mathfrak{A}, \mathfrak{k}) = 135^0$. Welches sind die Komponenten, der absolute Betrag und die Richtungswinkel des Vektors $\mathfrak{B}$, für den die Gleichung $\mathfrak{A} + \mathfrak{B} = -\mathfrak{k}$ gilt? Wie groß ist der absolute Betrag des Vektors $\mathfrak{C} = 3\mathfrak{A} - 5\mathfrak{B}$?
5. Gegeben drei Vektoren:

   $\mathfrak{A}$: Komponenten $A_x = 4$, $A_y = 5$, $A_z = -3$.

   $\mathfrak{B}$: Absoluter Betrag $B = 9$; Komponenten $B_x = -1$, $B_y = 8$, $B_z =$ negativ.

   $\mathfrak{C}$: Zu berechnen aus $\mathfrak{A} + \mathfrak{B} + \mathfrak{C} = 0$.

   Man berechne den absoluten Betrag und die Richtungswinkel von

   α. $\mathfrak{D} = -\mathfrak{A} + \mathfrak{B} + \mathfrak{C}$,

   β. $\mathfrak{E} = \mathfrak{A} + \mathfrak{B} - \mathfrak{C}$,

   γ. $\mathfrak{F} = \mathfrak{A} - \mathfrak{B} + \mathfrak{C}$.

   Kontrolle: Man berechne $\mathfrak{D} + \mathfrak{E} + \mathfrak{F}$; was erhält man?
6. Man leite in Vektorschreibweise die Gleichung der Geraden im Raum ab, von der ein Punkt (durch den Ortsvektor $\mathfrak{A} = x_0\mathfrak{i} + y_0\mathfrak{j} + z_0\mathfrak{k}$) und die Richtung (durch einen Vektor $\mathfrak{B} = x_1\mathfrak{i} + y_1\mathfrak{j} + z_1\mathfrak{k}$ in dieser Richtung) gegeben sind. Man leite daraus die Gleichung der Geraden in Parameterform ab.
7. Wie lautet in Vektorform die Gleichung der Ebene, die die beiden Vektoren $\mathfrak{A} = \mathfrak{i} + \mathfrak{j} - 2\mathfrak{k}$ und $\mathfrak{B} = 4\mathfrak{i} - \mathfrak{j} + \mathfrak{k}$ enthält, wenn die Vektoren im Nullpunkt beginnen? Man stelle daraus die allgemeine Ebenengleichung $ax + by + cz + d = 0$ her.

8. In welchem Punkt trifft die Gerade im Raum $\mathfrak{r} = (3t + 5)\mathfrak{i} - 2t\mathfrak{j} + (6t - 3)\mathfrak{k}$ die Ebene $2x + 3y - 4z + 2 = 0$?
9. Man zerlege den Vektor $\mathfrak{B} = 3\mathfrak{i} + 2\mathfrak{k}$ auf dem in § 123 beschriebenen Wege in Komponenten parallel zu den Vektoren $\mathfrak{B}_1 = 3\mathfrak{i} - 2\mathfrak{j} + 5\mathfrak{k}$, $\mathfrak{B}_2 = 2\mathfrak{i} + 7\mathfrak{j} - 3\mathfrak{k}$, $\mathfrak{B}_3 = -4\mathfrak{i} + \mathfrak{j} + 2\mathfrak{k}$.
10. Der Dreibock von § 124, Beispiel 2, sei in der Weise belastet, daß ein Seil bei P_5 befestigt ist, bei P_4 über eine feste Rolle läuft und senkrecht herabhängt, belastet von einem Gewicht G. Man berechne unter diesen Umständen die Beanspruchung der Stäbe des Dreibocks.
11. Man beweise: Verbindet man eine Ecke eines Parallelogramms mit der Mitte einer Gegenseite und zeichnet die nicht durch diese Ecke gehende Diagonale, so teilen sich diese Strecken im Verhältnis 1 : 2.
12. Man beweise, daß sich die inneren Winkelhalbierenden des Dreiecks in einem Punkt schneiden.

Anleitung: Legt man in Richtung der Schenkel eines Winkels zwei Einheitsvektoren $\mathfrak{e}_1$ und $\mathfrak{e}_2$, so ist der Vektor $\mathfrak{e}_w = \mathfrak{e}_1 + \mathfrak{e}_2$ der Winkelhalbierenden parallel.

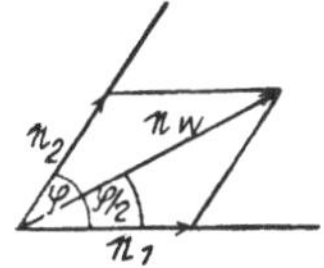

Abb. 127.

XXIII. Das skalare Produkt

§ 126. Definition

Während beim Produkt eines Vektors mit einem Skalar die Deutung auf der Hand lag, ist das nicht der Fall, wenn man nach dem Produkt zweier Vektoren fragt. Bei der Definition eines solchen Produktes ist man in keinerlei Hinsicht gebunden; man richtet sich deshalb nach den Anforderungen der Anwendungen. In der Physik gibt es die verschiedensten Größen, die durch zwei Vektorgrößen bestimmt sind. Eine solche ist z. B. die Arbeit, die bei der Verschiebung des Angriffspunktes einer Kraft geleistet wird. Arbeit ist das Produkt aus dem Weg und dem Kraftanteil, der in Richtung des Weges fällt,

$$A = K \cdot s \cdot \cos(K, s).$$

In Analogie zu der Form dieser Beziehung bezeichnet man den Ausdruck

$$A \cdot B \cdot \cos(\mathfrak{A}, \mathfrak{B})$$

als das skalare (oder innere) Produkt der Vektoren $\mathfrak{A}$ und $\mathfrak{B}$, geschrieben $\mathfrak{A} \cdot \mathfrak{B}$, gelesen A Punkt B:

$$\boxed{\mathfrak{A} \cdot \mathfrak{B} = |\mathfrak{A}| \cdot |\mathfrak{B}| \cos(\mathfrak{A}, \mathfrak{B})} \tag{1}$$

Die Gleichung läßt sich auf verschiedene Weise schreiben,

$$\mathfrak{A} \cdot \mathfrak{B} = A(B\cos\varphi) = B(A\cos\varphi).$$

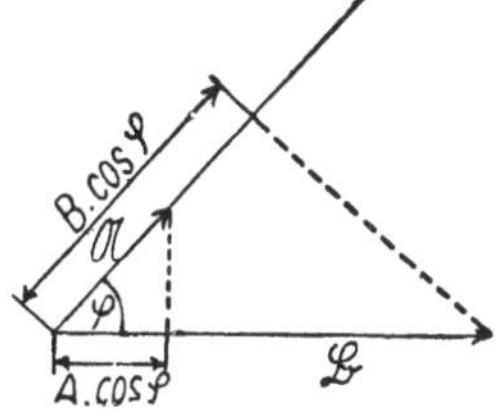

Abb. 128.

Daraus gewinnt man die allgemeine geometrische Deutung des skalaren Produktes:

Das skalare Produkt zweier Vektoren ist das Produkt des absoluten Betrages eines Vektors mit der Projektion des anderen auf die Richtung des ersten.

Die Schreibweise des skalaren Produktes ist in der Literatur nicht ganz einheitlich; man findet dafür auch die Bezeichnung $(\mathfrak{A}\mathfrak{B})$ oder $\mathfrak{A}\mathfrak{B}$ benutzt.

Eine Umkehrung der Bildung des skalaren Produktes, der Division bei den gewöhnlichen Zahlen entsprechend, existiert nicht, denn aus der Gleichung $\mathfrak{A} \cdot \mathfrak{B} = K$ läßt sich z. B. der Vektor $\mathfrak{B}$ nicht eindeutig bestimmen, wenn $\mathfrak{A}$ und K gegeben sind. Die Abb. 129 zeigt, daß sämtliche Vektoren $\mathfrak{B}_1$, $\mathfrak{B}_2$, $\mathfrak{B}_3$, . . ., die die gleiche Projektion auf $\mathfrak{A}$ besitzen, die Gleichung erfüllen.

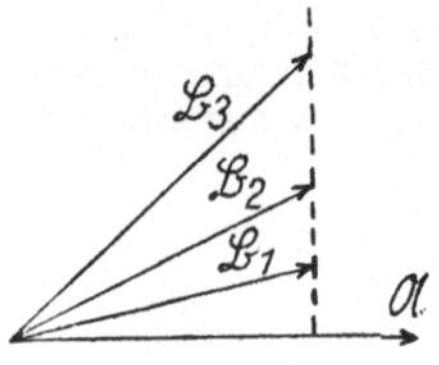

Abb. 129.

Nicht einmal die Tatsache ist richtig, daß aus

$$\mathfrak{A} \cdot \mathfrak{B} = 0$$

unbedingt das Verschwinden eines der beiden Faktoren folgt. In (1) kann außer A oder B auch $\cos\varphi = 0$ sein, also $\varphi = \pi/2$; d. h. die beiden Vektoren stehen dann aufeinander senkrecht. Von dieser Tatsache wird in der Vektorrechnung häufig Gebrauch gemacht (s. § 130).

§ 127. Rechenregeln

Unmittelbar aus der Definition (1) lassen sich einige Rechenregeln ablesen. Auf der rechten Seite ist keiner der beiden Vektoren irgendwie bevorzugt. Die Reihenfolge der beiden Vektoren auf der linken Seite ist also gleichgültig; es gilt für das skalare Produkt das kommutative Gesetz:

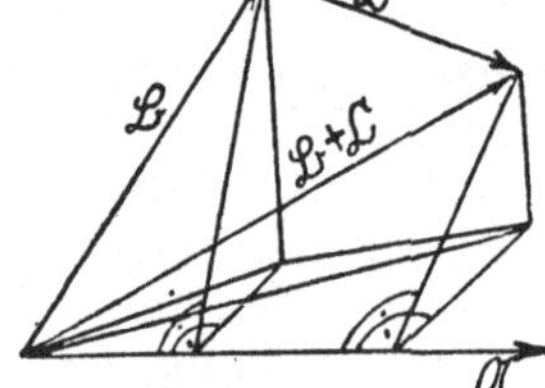

Abb. 130.

$$\text{(2a)} \qquad \boxed{\mathfrak{A} \cdot \mathfrak{B} = \mathfrak{B} \cdot \mathfrak{A}}$$

Ebenso gilt für die Multiplikation mit einem Skalar das assoziative Gesetz:

$$\text{(2b)} \qquad \boxed{(n\,\mathfrak{A}) \cdot \mathfrak{B} = \mathfrak{A} \cdot (n\,\mathfrak{B}) = n(\mathfrak{A} \cdot \mathfrak{B}) = n\,\mathfrak{A} \cdot \mathfrak{B}}$$

Ferner liest man aus vorstehender Abbildung die Gültigkeit des distributiven Gesetzes ab:

$$\text{(2c)} \qquad \boxed{\mathfrak{A} \cdot (\mathfrak{B} + \mathfrak{C}) = \mathfrak{A} \cdot \mathfrak{B} + \mathfrak{A} \cdot \mathfrak{C}}$$

Durch mehrmalige Anwendung von (2c) folgt:

$$\text{(2d)} \qquad \boxed{\begin{aligned}(\mathfrak{A}_1 + \mathfrak{A}_2 + \cdots) \cdot (\mathfrak{B}_1 + \mathfrak{B}_2 + \cdots) = \mathfrak{A}_1 \cdot \mathfrak{B}_1 + \mathfrak{A}_1 \cdot \mathfrak{B}_2 \\ + \mathfrak{A}_2 \cdot \mathfrak{B}_1 + \mathfrak{A}_2 \cdot \mathfrak{B}_2 + \cdots\end{aligned}}$$

§ 128. Das skalare Produkt in Komponentendarstellung

Es sei für diese Betrachtungen eine Basis von drei aufeinander senkrecht stehenden Einheitsvektoren $\mathfrak{i}$, $\mathfrak{j}$, $\mathfrak{k}$ zugrunde gelegt, die ein Rechtssystem bilden. Wenn in Zukunft diese Bezeichnung für Vektoren angewandt wird, ist stets eine derartige Basis gemeint.

Die skalaren Produkte dieser drei Vektoren $\mathfrak{i}$, $\mathfrak{j}$, $\mathfrak{k}$ haben besonders einfache Werte. Es ist

$$\mathfrak{i}\cdot\mathfrak{i}=\mathfrak{j}\cdot\mathfrak{j}=\mathfrak{k}\cdot\mathfrak{k}=1, \qquad \mathfrak{i}\cdot\mathfrak{j}=\mathfrak{j}\cdot\mathfrak{k}=\mathfrak{k}\cdot\mathfrak{i}=0,$$

wie man aus (1) sofort schließt.

Nun betrachtet man zwei Vektoren $\mathfrak{A}\,(x_1, y_1, z_1)$ und $\mathfrak{B}\,(x_2, y_2, z_2)$ und berechnet das skalare Produkt,

$$\mathfrak{A}\cdot\mathfrak{B}=(x_1\mathfrak{i}+y_1\mathfrak{j}+z_1\mathfrak{k})\cdot(x_2\mathfrak{i}+y_2\mathfrak{j}+z_2\mathfrak{k}).$$

Nach (2d) erhält man

$$\begin{aligned}\mathfrak{A}\cdot\mathfrak{B}&=x_1x_2\mathfrak{i}\cdot\mathfrak{i}+y_1x_2\mathfrak{j}\cdot\mathfrak{i}+z_1x_2\mathfrak{k}\cdot\mathfrak{i}\\&+x_1y_2\mathfrak{i}\cdot\mathfrak{j}+y_1y_2\mathfrak{j}\cdot\mathfrak{j}+z_1y_2\mathfrak{k}\cdot\mathfrak{j}\\&+x_1z_2\mathfrak{i}\cdot\mathfrak{k}+y_1z_2\mathfrak{j}\cdot\mathfrak{k}+z_1z_2\mathfrak{k}\cdot\mathfrak{k}.\end{aligned}$$

Mit den oben berechneten Werten für $\mathfrak{i}\cdot\mathfrak{i}\ldots$, $\mathfrak{i}\cdot\mathfrak{j}\ldots$ vereinfacht sich der Ausdruck zu:

(3) $$\boxed{\mathfrak{A}\cdot\mathfrak{B}=x_1x_2+y_1y_2+z_1z_2}$$

§ 129. Folgerungen

1. Multipliziert man einen Vektor skalar mit sich selbst, so erhält man das Quadrat seines absoluten Betrages, da der Winkel, den ein Vektor mit sich selbst bildet, gleich Null wird,

$$\mathfrak{A}\cdot\mathfrak{A}=A^2.$$

Man bezeichnet diesen Ausdruck als die „Norm" des Vektors. Die Form des skalaren Produktes erlaubt, den absoluten Betrag eines Vektors unabhängig von der Basis hinzuschreiben:

(4) $$\boxed{|\mathfrak{A}|=A=\sqrt{\mathfrak{A}\cdot\mathfrak{A}}}$$

Schreibt man die Formel in Komponenten hin, so erhält man wieder Gl. XXII (4).

2. Gl. (1) ergibt

(5a) $$\boxed{\cos(\mathfrak{A},\mathfrak{B})=\frac{\mathfrak{A}\cdot\mathfrak{B}}{|\mathfrak{A}|\cdot|\mathfrak{B}|}}$$

Sind $\mathfrak{A}$ und $\mathfrak{B}$ in Komponentenform gegeben, so erhält man:

(5b) $$\boxed{\cos(\mathfrak{A},\mathfrak{B})=\frac{x_1x_2+y_1y_2+z_1z_2}{\sqrt{x_1^2+y_1^2+z_1^2}\sqrt{x_2^2+y_2^2+z_2^2}}}.$$

Sind dagegen $\mathfrak{A}$ und $\mathfrak{B}$ in der Form

$$\mathfrak{A}=A\,(\cos\alpha_1\,\mathfrak{i}+\cos\beta_1\,\mathfrak{j}+\cos\gamma_1\,\mathfrak{k}),$$
$$\mathfrak{B}=B\,(\cos\alpha_2\,\mathfrak{i}+\cos\beta_2\,\mathfrak{j}+\cos\gamma_2\,\mathfrak{k})$$

gegeben, so errechnet man leicht:

(5c) $$\boxed{\cos(\mathfrak{A},\mathfrak{B})=\cos\alpha_1\cos\alpha_2+\cos\beta_1\cos\beta_2+\cos\gamma_1\cos\gamma_2}$$

Wie man auch anschaulich einsieht, ist der Winkel zwischen den beiden Vektoren nur von deren Richtung abhängig, aber unabhängig von ihrer Länge.

3. Will man die Projektion P eines Vektors $\mathfrak{A}$ auf eine bestimmte Richtung berechnen, so legt man in diese Richtung einen Einheitsvektor $\mathfrak{e}$ und multipliziert diesen skalar mit $\mathfrak{A}$,

$$P_{\mathfrak{e}} = \mathfrak{A} \cdot \mathfrak{e} = A \cdot 1 \cdot \cos(\mathfrak{A}, \mathfrak{e}).$$

Denn man erhält die Projektion einer Strecke auf eine Richtung, indem man ihre Länge mit dem Kosinus des Winkels zwischen beiden multipliziert. Damit lassen sich die drei Komponenten x, y, z eines Vektors in bezug auf die Basis $\mathfrak{i}$, $\mathfrak{j}$, $\mathfrak{k}$ einfach darstellen, da sie die Projektionen auf die betreffenden Achsen sind:

$$\text{(6a)} \qquad \boxed{x = \mathfrak{A} \cdot \mathfrak{i}, \quad y = \mathfrak{A} \cdot \mathfrak{j}, \quad z = \mathfrak{A} \cdot \mathfrak{k}}$$

und die Komponentendarstellung hat die Form:

$$\text{(6b)} \qquad \boxed{\mathfrak{A} = (\mathfrak{A} \cdot \mathfrak{i})\mathfrak{i} + (\mathfrak{A} \cdot \mathfrak{j})\mathfrak{j} + (\mathfrak{A} \cdot \mathfrak{k})\mathfrak{k}}$$

§ 130. Beispiele

1. Für das gezeichnete Dreieck (Abb. 131) gilt

$$\mathfrak{C} = \mathfrak{A} - \mathfrak{B}.$$

In dieser Gleichung multipliziert man jede Seite skalar mit sich selbst,

$$\mathfrak{C} \cdot \mathfrak{C} = (\mathfrak{A} - \mathfrak{B}) \cdot (\mathfrak{A} - \mathfrak{B}).$$

Nach (2c), $\qquad \mathfrak{C} \cdot \mathfrak{C} = \mathfrak{A} \cdot \mathfrak{A} + \mathfrak{B} \cdot \mathfrak{B} - 2\,\mathfrak{A} \cdot \mathfrak{B},$

$$c^2 = a^2 + b^2 - 2\,a\,b\cos\gamma,$$

das ist aber der Kosinussatz für ebene Dreiecke (§ 75), der damit auf einfache Weise abgeleitet ist.

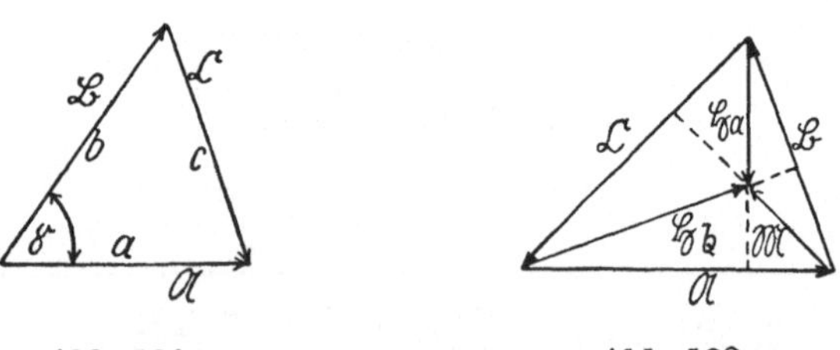

Abb. 131. Abb. 132.

2. Eine weitere Tatsache der Geometrie soll noch abgeleitet werden: Die Höhen im Dreieck schneiden sich in einem Punkt. Die gerichteten Höhenabschnitte von h_a und h_b von der Ecke bis zu ihrem Schnittpunkt sollen mit $\mathfrak{H}_a$ und $\mathfrak{H}_b$ bezeichnet werden. Diese Vektoren stehen senkrecht auf den entsprechenden Dreiecksseiten, d. h.

$$\text{(I)} \qquad \mathfrak{A} \cdot \mathfrak{H}_a = 0, \qquad \mathfrak{B} \cdot \mathfrak{H}_b = 0.$$

Die gerichtete Verbindung der dritten Ecke mit dem Schnittpunkt der beiden Höhen sei mit $\mathfrak{M}$ bezeichnet. Dann gelten die Gleichungen:

(II) $$\mathfrak{A} = \mathfrak{H}_b - \mathfrak{M}, \qquad \mathfrak{B} = \mathfrak{M} - \mathfrak{H}_a.$$

Man addiert nun die beiden Gleichungen (I) und führt für $\mathfrak{A}$ und $\mathfrak{B}$ die Werte aus (II) ein,

$$\mathfrak{A} \cdot \mathfrak{H}_a + \mathfrak{B} \cdot \mathfrak{H}_b = 0,$$

$$(\mathfrak{H}_b - \mathfrak{M}) \cdot \mathfrak{H}_a + (\mathfrak{M} - \mathfrak{H}_a) \cdot \mathfrak{H}_b = 0,$$

$$\mathfrak{H}_b \cdot \mathfrak{H}_a - \mathfrak{M} \cdot \mathfrak{H}_a + \mathfrak{M} \cdot \mathfrak{H}_b - \mathfrak{H}_a \cdot \mathfrak{H}_b = 0,$$

$$\mathfrak{M}\,(\mathfrak{H}_b - \mathfrak{H}_a) = 0,$$

(III) $$-\mathfrak{M} \cdot \mathfrak{C} = 0.$$

Da man nicht annehmen kann, daß im allgemeinen $\mathfrak{M}$ oder $\mathfrak{C}$ verschwinden, bedeutet (III), daß $\mathfrak{M}$ und $\mathfrak{C}$ aufeinander senkrecht stehen. $\mathfrak{M}$ geht durch die Ecke des Dreiecks und steht senkrecht auf der Gegenseite, liegt also auf der dritten Höhe des Dreiecks $\mathfrak{H}_c$. Damit ist die Behauptung bewiesen.

3. Gleichung der Ebene. Ist

$$\mathfrak{n} = \cos\alpha\, \mathfrak{i} + \cos\beta\, \mathfrak{j} + \cos\gamma\, \mathfrak{k}$$

der Einheitsvektor, der senkrecht zur Ebene steht, p die Länge des Lotes vom Nullpunkt auf die Ebene und $\mathfrak{r} = x\,\mathfrak{i} + y\,\mathfrak{j} + z\,\mathfrak{k}$ der Ortsvektor eines beliebigen Punktes der Ebene, so muß die Projektion von $\mathfrak{r}$ auf $\mathfrak{n}$ stets konstant sein:

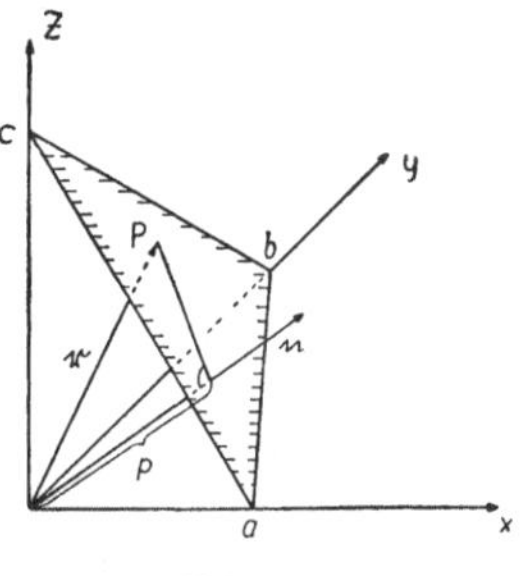

Abb. 133.

$$\mathfrak{r} \cdot \mathfrak{n} = x \cos\alpha + y \cos\beta + z \cos\gamma = p.$$

Das ist die Gleichung der Ebene in der sog. Hesseschen Normalform; kennzeichnend ist, daß nach XXI (3) die Quadratsumme der Koeffizienten der Variablen gleich 1 ist. Die allgemeine Ebenengleichung

$$A x + B y + C z + D = 0$$

wird in die Hessesche Normalform verwandelt, indem man sie durch $\sqrt{A^2 + B^2 + C^2}$ dividiert und das Vorzeichen der Wurzel derart wählt, daß das konstante Glied negativ wird.

Aus der Figur liest man ab (a, b, c sind die Abschnitte, die die Ebene auf den Achsen abschneidet):

$$\cos\alpha = \frac{p}{a}, \qquad \cos\beta = \frac{p}{b}, \qquad \cos\gamma = \frac{p}{c}.$$

Dies wird in die Hessesche Normalform eingesetzt und liefert die Abschnittsgleichung der Ebene ($p \neq 0$),

$$\frac{x}{a} + \frac{y}{b} + \frac{z}{c} = 1.$$

Der Abstand eines Punktes $P_1(x_1, y_1, z_1)$ von der Ebene E (Abb. 134) ist $l = \overline{P_1 Q_1} = \overline{R_1 S_1} = \overline{O R_1} - \overline{O S_1}$. $\overline{O R_1}$ ist die Projektion des Ortsvektors $\mathfrak{r}_1$ auf die Normale $\mathfrak{n}$, $\overline{OS_1}$ ist der Abstand p der Ebene vom Nullpunkt.

$$f = \mathfrak{r}_1 \cdot \mathfrak{n} - p,$$

$$f = x_1 \cos\alpha + y_1 \cos\beta + z_1 \cos\gamma - p.$$

Man erhält also den Abstand f eines Punktes von einer Ebene, indem man die Koordinaten des Punktes in die Hessesche Normalform der Ebene $x\cos\alpha + y\cos\beta + z\cos\gamma - p = 0$ einsetzt. Hat f einen positiven (negativen) Wert, so liegt der Punkt in dem dem Nullpunkt abgewendeten (zugekehrten) Halbraum, der durch die Ebene E abgeteilt wird.

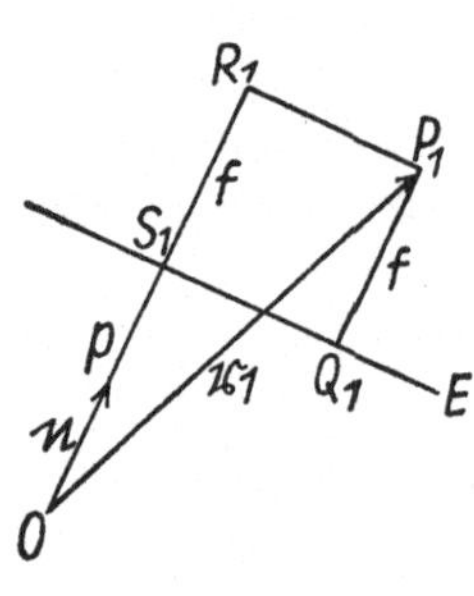

Abb. 134.

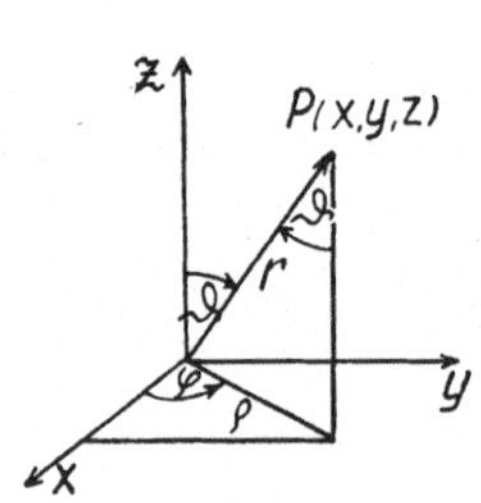

Abb. 135.

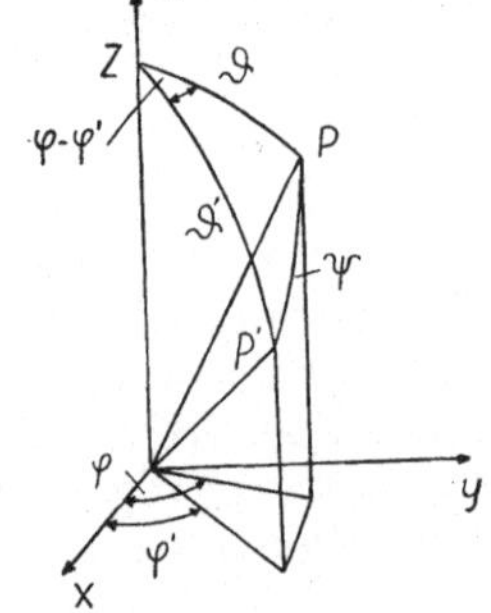

Abb. 136.

4. Der sphärische Kosinussatz. Die Lage eines Punktes P sei festgelegt durch Angabe des Abstandes r vom Nullpunkt und der Winkel φ und ϑ (räumliche Polarkoordinaten). Es ist (Abb. 135):

$$\varrho = r\sin\vartheta, \qquad z = r\cos\vartheta,$$

$$x = \varrho\cos\varphi = r\sin\vartheta\cos\varphi,$$

$$y = \varrho\sin\varphi = r\sin\vartheta\sin\varphi.$$

Andererseits gilt für die Richtungskosinus:

$$\cos\alpha = x/r = \sin\vartheta\cos\varphi,$$

$$\cos\beta = y/r = \sin\vartheta\sin\varphi,$$

$$\cos\gamma = z/r = \cos\vartheta.$$

Zwei Punkte P und P' auf der Kugel vom Radius 1 seien durch die Richtungskosinus ihrer Ortsvektoren gegeben, die hier gleich den Koordinaten sind. Dann erhält man nach (5c) den Winkel zwischen beiden Ortsvektoren durch

$$\cos\psi = \cos\alpha\cos\alpha' + \cos\beta\cos\beta' + \cos\gamma\cos\gamma'.$$

Dafür setzt man nun die entsprechenden Polarkoordinaten ein,

$$\cos\psi = \sin\vartheta\cos\varphi\sin\vartheta'\cos\varphi' + \sin\vartheta\sin\varphi\sin\vartheta'\sin\varphi' + \cos\vartheta\cos\vartheta',$$

$$\cos\psi = \sin\vartheta\sin\vartheta'(\cos\varphi\cos\varphi' + \sin\varphi\sin\varphi') + \cos\vartheta\cos\vartheta'.$$

Das liefert uns den ersten sphärischen Kosinussatz[1]):

$$\cos\psi = \cos\vartheta\cos\vartheta' + \sin\vartheta\sin\vartheta'\cos(\varphi - \varphi').$$

---

[1]) In der sphärischen Trigonometrie betrachtet man Dreiecke, deren Ecken auf einer Kugel liegen und deren Seiten die kürzesten Verbindungen der Ecken auf der Kugeloberfläche (also Teile des Großkreises durch die Ecken) sind. Die Seiten werden in diesem Fall nicht durch ihre Länge gemessen, sondern durch den Winkel, unter

§ 131. Aufgaben

1. Kann man aus drei Vektoren ein skalares Produkt bilden?

2. Wie lautet in Komponentendarstellung die Bedingung, daß zwei Vektoren $\mathfrak{A} = A_x\mathfrak{i} + A_y\mathfrak{j} + A_z\mathfrak{k}$ und $\mathfrak{B} = B_x\mathfrak{i} + B_y\mathfrak{j} + B_z\mathfrak{k}$ aufeinander senkrecht stehen?

3. Wie groß ist der Winkel φ zwischen den Vektoren $\mathfrak{a} = \sin\alpha\,\mathfrak{i} + \cos\alpha\,\mathfrak{j}$ und $\mathfrak{b} = \sin\beta\,\mathfrak{i} + \cos\beta\,\mathfrak{k}$? Anschauliche Deutung von α und β?

4. Der Angriffspunkt der Kraft $\mathfrak{K} = 4\mathfrak{i} - 3\mathfrak{j} + 6\mathfrak{k}$ (Komponenten in kg) wird vom Punkt P_1 (7, 8, 3) zum Punkt P_2 (4, 9, 5) (Koordinaten in m) geradlinig verschoben.
   a) Wie groß ist die Kraft K?
   b) Wie lautet der Vektor $\mathfrak{s}$ der Verschiebung?
   c) Welche Arbeit tritt bei der Verschiebung auf? Wird diese Arbeit gewonnen oder muß sie geleistet werden?

5. Unter welchen verschiedenen Bedingungen ist die Gleichung $\mathfrak{A}\cdot\mathfrak{B} = \mathfrak{A}\cdot\mathfrak{C}$ erfüllt?

6. Wie lang ist die Projektion des Vektors $\mathfrak{B} = -8\mathfrak{i} + \mathfrak{j} + \mathfrak{k}$ auf die Strecke (oder deren Verlängerung), die vom Nullpunkt O zum Punkt P (6, 2, —3) führt? Was bedeutet das negative Vorzeichen?

7. Gegeben drei Vektoren:

$$\mathfrak{v}_1 = -\tfrac{1}{8}\sqrt{2}\,\mathfrak{i} + \tfrac{5}{8}\sqrt{2}\,\mathfrak{j} + \tfrac{1}{4}\sqrt{3}\,\mathfrak{k},$$
$$\mathfrak{v}_2 = -\tfrac{3}{8}\sqrt{6}\,\mathfrak{i} - \tfrac{1}{8}\sqrt{6}\,\mathfrak{j} + \tfrac{1}{4}\mathfrak{k},$$
$$\mathfrak{v}_3 = \tfrac{1}{4}\sqrt{2}\,\mathfrak{i} - \tfrac{1}{4}\sqrt{2}\,\mathfrak{j} + \tfrac{1}{2}\sqrt{3}\,\mathfrak{k}.$$

   a) α. Man berechne $\mathfrak{v}_1\cdot\mathfrak{v}_1$, $\mathfrak{v}_2\cdot\mathfrak{v}_2$, $\mathfrak{v}_3\cdot\mathfrak{v}_3$. Was folgt daraus?
      β. Man berechne $\mathfrak{v}_1\cdot\mathfrak{v}_2$, $\mathfrak{v}_2\cdot\mathfrak{v}_3$, $\mathfrak{v}_3\cdot\mathfrak{v}_1$. Was folgt daraus?
   b) Man stelle fest, ob $\mathfrak{v}_1, \mathfrak{v}_2, \mathfrak{v}_3$ in der angegebenen Reihenfolge ein Rechts- oder Linkssystem bilden.
   c) Man berechne die Projektionen des Vektors $\mathfrak{A} = 2\mathfrak{i} - \mathfrak{j} + 2\mathfrak{k}$ auf die Vektoren $\mathfrak{v}_1, \mathfrak{v}_2, \mathfrak{v}_3$. Unter welchen Bedingungen sind die Projektionen gleich den Komponenten in der betreffenden Richtung?
   d) Man hat den Vektor $\mathfrak{A}$ einmal in Komponenten parallel $\mathfrak{i}$, $\mathfrak{j}$, $\mathfrak{k}$ und einmal in Komponenten parallel $\mathfrak{v}_1, \mathfrak{v}_2, \mathfrak{v}_3$ dargestellt. Man berechne nun aus beiden Darstellungen den absoluten Betrag von $\mathfrak{A}$. Warum müssen beide Ergebnisse übereinstimmen?

8. Man beweise mit Hilfe des skalaren Produkts (durch einfaches Ausrechnen): Im Parallelogramm ist die Summe der Quadrate über den Diagonalen gleich der Summe der Quadrate über den Seiten.

9. Wie lautet der Vektor $\mathfrak{A}$ der Länge 3, der auf den Vektoren $\mathfrak{B} = 3\mathfrak{i} - 4\mathfrak{j} + \mathfrak{k}$ und $\mathfrak{C} = 6\mathfrak{i} - 2\mathfrak{j} + 5\mathfrak{k}$ senkrecht steht?

10. Gesucht sind die Einheitsvektoren, die mit den beiden Vektoren

$$\mathfrak{A} = -3\mathfrak{i} + 2\mathfrak{j} - 6\mathfrak{k} \quad \text{und} \quad \mathfrak{B} = 2\mathfrak{i} + \mathfrak{j} - 2\mathfrak{k}$$

je einen Winkel von 60° einschließen.

11. Man weise nach, daß der Vektor $\frac{\mathfrak{A}\cdot\mathfrak{B}}{A^2}\mathfrak{A} - \mathfrak{B}$ auf dem Vektor $\mathfrak{A}$ senkrecht steht, gleichgültig welchen Vektor $\mathfrak{B}$ man benutzt.

12. Welchen Bedingungen müssen die Vektoren $\mathfrak{A}$ und $\mathfrak{B}$ genügen, damit gleichzeitig $2\mathfrak{A} - \mathfrak{B}$ senkrecht auf $\mathfrak{A} + \mathfrak{B}$ und $\mathfrak{A} - 2\mathfrak{B}$ senkrecht auf $2\mathfrak{A} + \mathfrak{B}$ stehen kann?

---

dem die Seiten vom Kugelmittelpunkt aus erscheinen. Infolgedessen kann man (Abb. 136) die Winkel ϑ, ϑ', ψ als die Seiten des sphärischen Dreiecks $ZP'P$ deuten. Der Winkel $\varphi - \varphi'$ taucht ebenfalls im sphärischen Dreieck $ZP'P$ auf, es ist der Winkel, der der Seite ψ gegenüberliegt.

13. Gegeben seien drei Ebenen durch die Gleichungen

$$\mathfrak{r} \cdot \mathfrak{n}_1 = p_1, \quad \mathfrak{r} \cdot \mathfrak{n}_2 = p_2, \quad \mathfrak{r} \cdot \mathfrak{n}_3 = p_3.$$

Gesucht ist der Schnittpunkt der drei Ebenen, also der Ortsvektor $\mathfrak{r}$, der die drei Gleichungen gleichzeitig erfüllt.

14. Man berechne die Höhe $\mathfrak{H}_a$ im Dreieck, ausgedrückt durch die Seiten $\mathfrak{A}$, $\mathfrak{B}$, $\mathfrak{C}$.

XXIV. Das Vektorprodukt

§ 132. Definition

Außer dem skalaren Produkt hat man im Anschluß an geometrische und physikalische Begriffe eine weitere Art der Produktbildung eingeführt, das Vektorprodukt oder äußere Produkt. Das Vektorprodukt stellt einen Vektor dar, geschrieben $\mathfrak{C} = \mathfrak{A} \times \mathfrak{B}$ (seltener $[\mathfrak{A}\mathfrak{B}]$), gelesen *A* Kreuz *B*. Der Produktvektor $\mathfrak{C}$ wird folgendermaßen definiert:

1. Der absolute Betrag $|\mathfrak{C}|$ ist gleich dem Flächeninhalt des Parallelogramms, das von $\mathfrak{A}$ und $\mathfrak{B}$ aufgespannt wird:

$$|\mathfrak{C}| = |\mathfrak{A}|\,|\mathfrak{B}| \sin(\mathfrak{A}, \mathfrak{B}) \tag{1}$$

2. $\mathfrak{C}$ steht senkrecht auf der Ebene dieses Parallelogramms.

3. $\mathfrak{A}$, $\mathfrak{B}$, $\mathfrak{C}$ bilden ein Rechtssystem.

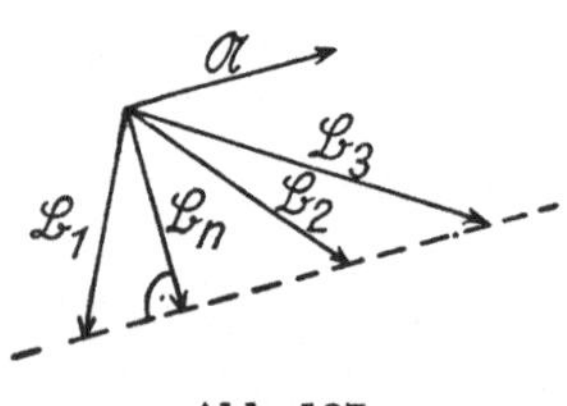

Abb. 137.

Ebenso wie das skalare läßt auch das Vektorprodukt keine Umkehrung zu. Es gilt, wie man aus der Abbildung sieht:

$$\mathfrak{A} \times \mathfrak{B}_1 = \mathfrak{A} \times \mathfrak{B}_2 = \mathfrak{A} \times \mathfrak{B}_3.$$

Sämtliche derartige Vektorprodukte haben den Wert $\mathfrak{A} \times \mathfrak{B}_n$, wobei $\mathfrak{B}_n$ die Komponente der Vektoren $\mathfrak{B}_1$, $\mathfrak{B}_2$, $\mathfrak{B}_3$ ist, die senkrecht auf $\mathfrak{A}$ steht. Man kann also sagen: Der absolute Betrag des Vektorprodukts ist gleich dem Produkt aus dem Betrage des einen Vektors und der Komponente des zweiten, die senkrecht auf dem ersten steht.

§ 133. Rechenregeln

Das kommutative Gesetz gilt nicht für das Vektorprodukt, $\mathfrak{A} \times \mathfrak{B} \neq \mathfrak{B} \times \mathfrak{A}$; zwar bleiben absoluter Betrag und Richtung bei Vertauschung der Vektoren die gleichen, aber die Vektoren $\mathfrak{B}$, $\mathfrak{A}$, $\mathfrak{C} = \mathfrak{A} \times \mathfrak{B}$ bilden ein Linkssystem. Der Vektor $\mathfrak{C}' = \mathfrak{B} \times \mathfrak{A}$ muß in die entgegengesetzte Richtung weisen, damit wieder ein Rechtssystem entsteht, also das entgegengesetzte Vorzeichen von $\mathfrak{A} \times \mathfrak{B}$ haben:

$$\mathfrak{B} \times \mathfrak{A} = -\mathfrak{A} \times \mathfrak{B} \tag{2}$$

Die Multiplikation eines vektoriellen Faktors mit einem skalaren Faktor ist assoziativ, wie aus der Definition unmittelbar hervorgeht. Wird ein Vektor auf das m-fache verlängert, so vermehrt sich der Inhalt des aufgespannten Parallelogramms ebenfalls auf das m-fache:

$$(m\mathfrak{A}) \times \mathfrak{B} = \mathfrak{A} \times (m\mathfrak{B}) = m(\mathfrak{A} \times \mathfrak{B}) \tag{3}$$

Zur Ableitung des distributiven Gesetzes benutzen wir den im Schluß des vorigen Paragraphen abgeleiteten Satz. Wir betrachten die drei Vektorprodukte $\mathfrak{A} \times \mathfrak{B}$, $\mathfrak{A} \times \mathfrak{C}$ und $\mathfrak{A} \times (\mathfrak{B} + \mathfrak{C})$, sie sind nach dem abgeleiteten Satz gleich $\mathfrak{A} \times \mathfrak{B}_n$, $\mathfrak{A} \times \mathfrak{C}_n$, $\mathfrak{A} \times (\mathfrak{B} + \mathfrak{C})_n$. $\mathfrak{B}_n$, $\mathfrak{C}_n$, $(\mathfrak{B} + \mathfrak{C})_n$, liegen in der Ebene senkrecht zu $\mathfrak{A}$, die in Abb. 138 gezeichnet ist. Es ist

$$\mathfrak{B}_n + \mathfrak{C}_n = (\mathfrak{B} + \mathfrak{C})_n.$$

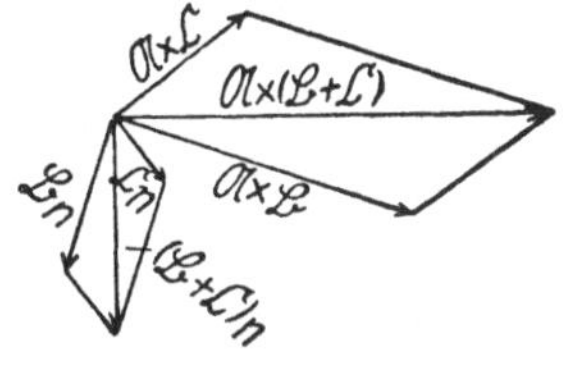

Abb. 138.

$(\mathfrak{B} + \mathfrak{C})_n$ ist also Diagonale in dem aus $\mathfrak{B}_n$ und $\mathfrak{C}_n$ gebildeten Parallelogramm. In der gleichen Ebene senkrecht zu $\mathfrak{A}$ liegen die Vektoren, die den drei Vektorprodukten entsprechen. Da $\mathfrak{B}_n \perp \mathfrak{A} \times \mathfrak{B}$ usw., bilden die Produktvektoren ein Parallelogramm, das dem aus $\mathfrak{B}_n$ und $\mathfrak{C}_n$ gebildeten ähnlich ist[1]). Es ist nur um den Faktor $|\mathfrak{A}|$ linear vergrößert. Also ist $\mathfrak{A} \times (\mathfrak{B} + \mathfrak{C})$ Diagonale des aus $\mathfrak{A} \times \mathfrak{B}$ und $\mathfrak{A} \times \mathfrak{C}$ gebildeten Parallelogramms, d. h.:

$$\boxed{\mathfrak{A} \times \mathfrak{B} + \mathfrak{A} \times \mathfrak{C} = \mathfrak{A} \times (\mathfrak{B} + \mathfrak{C})} \tag{4}$$

Wegen der Nichtgültigkeit des kommutativen Gesetzes hat man beim Auflösen der Klammer darauf zu achten, daß die Reihenfolge der Vektoren ungeändert bleibt. Das distributive Gesetz gilt natürlich auch bei der vektoriellen Multiplikation von zwei Summen von Vektoren.

Aus der Gleichung $\mathfrak{A} \times \mathfrak{B} = 0$ folgt, sofern $|\mathfrak{A}| \neq 0$ und $|\mathfrak{B}| \neq 0$, daß $\sin(\mathfrak{A}, \mathfrak{B}) = 0$ sein muß, also $\sphericalangle(\mathfrak{A}, \mathfrak{B}) = 0$ oder π. $\mathfrak{A}$ und $\mathfrak{B}$ sind also parallel oder antiparallel. Daraus folgt, daß das Vektorprodukt eines Vektors mit sich selbst stets verschwindet:

$$\mathfrak{A} \times \mathfrak{A} = 0.$$

Anschaulich sieht man das daran, daß das aufgespannte Parallelogramm einen verschwindenden Flächeninhalt besitzt, weil es in eine Strecke entartet ist.

§ 134. Komponentendarstellung

Zwischen den Einheitsvektoren $\mathfrak{i}$, $\mathfrak{j}$, $\mathfrak{k}$ der rechtwinkligen Basis bestehen die Beziehungen

$$\begin{array}{lll} \mathfrak{i} \times \mathfrak{i} = 0, & \mathfrak{i} \times \mathfrak{j} = \mathfrak{k}, & \mathfrak{i} \times \mathfrak{k} = -\mathfrak{j}, \\ \mathfrak{j} \times \mathfrak{i} = -\mathfrak{k}, & \mathfrak{j} \times \mathfrak{j} = 0, & \mathfrak{j} \times \mathfrak{k} = \mathfrak{i}, \\ \mathfrak{k} \times \mathfrak{i} = \mathfrak{j}, & \mathfrak{k} \times \mathfrak{j} = -\mathfrak{i}, & \mathfrak{k} \times \mathfrak{k} = 0, \end{array}$$

wie man sich auf Grund der Definition des § 132 leicht klar macht. Mit Hilfe dieser Gleichungen läßt sich das Vektorprodukt zweier beliebigen Vektoren berechnen, die in Komponentendarstellung gegeben sind,

$$(\mathfrak{A} \times \mathfrak{B}) = (A_x \mathfrak{i} + A_y \mathfrak{j} + A_z \mathfrak{k}) \times (B_x \mathfrak{i} + B_y \mathfrak{j} + B_z \mathfrak{k}).$$

---

[1]) Das Zeichen ⊥ bedeutet: „steht senkrecht auf“.

Nach den Rechenregeln kann man die Klammern gliedweise ausmultiplizieren und erhält mit Hilfe der obigen Gleichungen

$$\mathfrak{A} \times \mathfrak{B} = \mathfrak{i}\,(A_y B_z - A_z B_y) + \mathfrak{j}\,(A_z B_x - A_x B_z) + \mathfrak{k}\,(A_x B_y - A_y B_x)$$

$$= \mathfrak{i} \begin{vmatrix} A_y & A_z \\ B_y & B_z \end{vmatrix} - \mathfrak{j} \begin{vmatrix} A_x & A_z \\ B_x & B_z \end{vmatrix} + \mathfrak{k} \begin{vmatrix} A_x & A_y \\ B_x & B_y \end{vmatrix}.$$

Dies läßt sich als dreireihige Determinante schreiben:

$$\mathfrak{A} \times \mathfrak{B} = \begin{vmatrix} \mathfrak{i} & \mathfrak{j} & \mathfrak{k} \\ A_x & A_y & A_z \\ B_x & B_y & B_z \end{vmatrix} \tag{5}$$

§ 135. Beispiele

1. Das Moment einer Kraft

Man denke sich einen starren Körper in dem Punkt P festgehalten und in dem Punkt P' die Kraft $\mathfrak{K}$ angreifend. Dann berechnet man das Moment M der Kraft, indem man den Betrag der Kraft mit dem Abstand der Wirkungslinie der Kraft von P multipliziert:

$$M = |\mathfrak{K}| \cdot a.$$

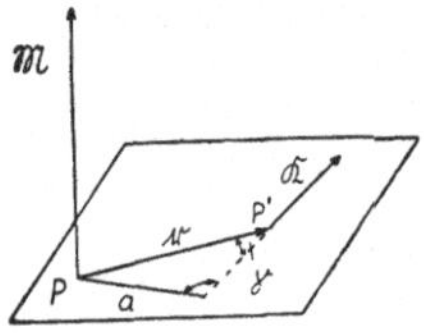

Man führt nun noch den Ortsvektor $\mathfrak{r}$ des Punktes P' ein; dann ist:

$$M = |\mathfrak{K}| \cdot |\mathfrak{r}| \cdot \sin\gamma = |\mathfrak{K}| \cdot |\mathfrak{r}| \cdot \sin(\mathfrak{r}, \mathfrak{K}).$$

Abb. 139.

Diese Gleichung deutet darauf hin, daß man das Moment durch ein Vektorprodukt darstellen kann,

$$\mathfrak{M} = \mathfrak{r} \times \mathfrak{K}.$$

Diese Gleichung sagt aber viel mehr aus als die vorige. Der Vektor $\mathfrak{M}$ ist seinem Betrag nach gleich dem Moment der Kraft $\mathfrak{K}$. Er steht senkrecht auf der von $\mathfrak{r}$ und $\mathfrak{K}$ gebildeten Ebene, in der die Drehung stattfindet, und ist so gerichtet, daß von seiner Spitze aus gesehen die Drehung im positiven Sinn erfolgt. Die Darstellung des Moments als Vektorprodukt ist also viel umfassender als eine skalare Gleichung, sie liefert uns außer dem Betrag des Moments noch die Drehebene und die Drehrichtung. Aus ihr liest man nach (5) sofort die Komponenten des Momentes ab.

Um die Darstellung des Moments als Vektor zu rechtfertigen, ist allerdings noch die Gültigkeit der für Vektoren aufgestellten Rechenregeln zu beweisen. Der Leser versuche den Beweis selbst zu führen.

2. Lineargeschwindigkeit bei Rotation

Ein starrer Körper rotiere mit der Winkelgeschwindigkeit ω um eine Achse, die durch den Punkt O geht. Der Winkelgeschwindigkeit ω läßt sich ein Vektor $\mathfrak{w}$ zuordnen, so daß $|\mathfrak{w}| = \omega$ ist, $\mathfrak{w}$ in die Richtung der Drehachse fällt und von der Spitze von $\mathfrak{w}$ aus betrachtet die Drehung im positiven Sinne erfolgt. Die Geschwindigkeit $\mathfrak{v}$ eines beliebigen Punktes P ist gegeben durch

$$|\mathfrak{v}| = \omega \cdot \varrho = |\mathfrak{w}| \cdot |\mathfrak{r}| \sin(\mathfrak{w}, \mathfrak{r});$$

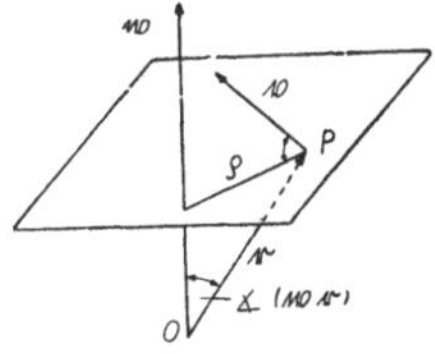

Abb. 140.

dabei ist $\mathfrak{r}$ der Ortsvektor, der von einem Punkt O der Achse nach P führt. Außerdem steht $\mathfrak{v}$ senkrecht auf $\mathfrak{w}$ und $\mathfrak{r}$ und bildet mit $\mathfrak{w}$ und $\mathfrak{r}$ ein Rechtssystem. Wir können also schreiben:

$$\mathfrak{v} = \mathfrak{w} \times \mathfrak{r}.$$

Die Lineargeschwindigkeit $\mathfrak{v}$ ist durch diese Gleichung hinsichtlich Größe und Richtung festgelegt.

§ 136. Aufgaben

1. Man berechne $(\mathfrak{A} - \mathfrak{B}) \times (\mathfrak{A} + \mathfrak{B})$.
2. Man gebe die Rechenregeln für die Determinanten an, die den Rechenregeln (2), (3) und (4) für das Vektorprodukt entsprechen, indem man die auftretenden Vektorprodukte in Determinantenform schreibt.
3. Man berechne $(4\mathfrak{i} - 9\mathfrak{k}) \times (-3\mathfrak{i} + 5\mathfrak{k})$.
4. Das Moment einer Kraft $\mathfrak{K}$ vom Betrag 6 kg, die im Punkte (3, 0, 1) angreift, ist bezüglich einer Achse durch den Punkt (2, 2, 0) $\mathfrak{M} = 3\mathfrak{i} + 5\mathfrak{j} + 7\mathfrak{k}$. Bestimme die Richtung von $\mathfrak{K}$. Die Koordinaten der Punkte sind in Metern, die Komponenten des Moments in Meterkilogramm gegeben.
5. Man berechne:

   a) $(\mathfrak{i} \times [-\mathfrak{j}]) \cdot (\mathfrak{k} \times [-\mathfrak{i}])$, b) $([-\mathfrak{j}] \times \mathfrak{i}) \times (\mathfrak{i} \times [-\mathfrak{k}])$.
6. Gegeben seien zwei Gerade $\mathfrak{r}_1 = \mathfrak{a} + \lambda \mathfrak{b}_1$, $\mathfrak{r}_2 = \mathfrak{a} + \lambda \mathfrak{b}_2$ und eine Ebene $\mathfrak{r} \cdot \mathfrak{n} = p$. Wie groß ist der Inhalt des Dreiecks, das den Schnittpunkt der Geraden und die Schnittpunkte der Geraden mit der Ebene zu Ecken hat?
7. Zwei Gerade seien gegeben durch $\mathfrak{r}_1 = \mathfrak{A}_1 + \lambda \mathfrak{B}_1$, $\mathfrak{r}_2 = \mathfrak{A}_2 + \lambda \mathfrak{B}_2$. Man bestimme den kürzesten Abstand zweier Punkte der Geraden.

   Anleitung: Die kürzeste Verbindung zweier Punkte der Geraden steht senkrecht auf beiden Geraden, läßt sich also in der Form $\mu\, \mathfrak{B}_1 \times \mathfrak{B}_2$ darstellen.

XXV. Mehrfache Vektorprodukte

§ 137. Gemischtes Produkt

Gegeben seien die Vektoren $\mathfrak{A}$, $\mathfrak{B}$, $\mathfrak{C}$, die nicht in einer Ebene liegen und ein Rechtssystem bilden. Diese drei Vektoren spannen ein Parallelepiped, auch kurz Spat genannt, auf. Der Rauminhalt V des Spats ergibt sich als Produkt aus Grundfläche F und Höhe h,

$$V = F \cdot h.$$

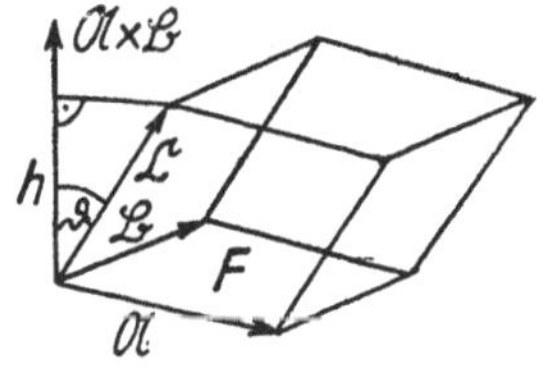

Abb. 141.

Die Fläche F ist gleich dem Betrag des Vektors $\mathfrak{A} \times \mathfrak{B}$, h ist die Projektion von $\mathfrak{C}$ auf $\mathfrak{A} \times \mathfrak{B}$, da $\mathfrak{A} \times \mathfrak{B}$ senkrecht auf der Fläche F steht,

$$V = |\mathfrak{A} \times \mathfrak{B}| \cdot |\mathfrak{C}| \cdot \cos(\mathfrak{A} \times \mathfrak{B}, \mathfrak{C}).$$

Man kann also für V ein skalares Produkt schreiben,

$$V = (\mathfrak{A} \times \mathfrak{B}) \cdot \mathfrak{C}.$$

Ein derartiges Produkt wird als **gemischtes Produkt** bezeichnet, weil darin sowohl skalare wie vektorielle Multiplikation auftreten. Die vektorielle und die skalare Multiplikation können bei einem gemischten Produkt vertauscht werden

$$V = (\mathfrak{A} \times \mathfrak{B}) \cdot \mathfrak{C} = \mathfrak{A} \cdot (\mathfrak{B} \times \mathfrak{C}).$$

Bei der zweiten Form betrachtet man zunächst die von $\mathfrak{B}$ und $\mathfrak{C}$ gebildete Fläche als Grundfläche und die Projektion von $\mathfrak{A}$ auf $\mathfrak{B} \times \mathfrak{C}$ als Höhe. Deshalb hat man für das gemischte Produkt ein besonderes Symbol eingeführt, das offen läßt, wohin der Punkt und das Kreuz gesetzt werden,

$$(\mathfrak{A} \times \mathfrak{B}) \cdot \mathfrak{C} = \mathfrak{A} \cdot (\mathfrak{B} \times \mathfrak{C}) = [\mathfrak{A}\mathfrak{B}\mathfrak{C}] \tag{1}$$

Eine weitere Eigentümlichkeit des gemischten Produktes ist, daß man die Faktoren zyklisch vertauschen kann, ohne daß sich der Wert des Produktes ändert.

$$[\mathfrak{A}\mathfrak{B}\mathfrak{C}] = [\mathfrak{B}\mathfrak{C}\mathfrak{A}] = [\mathfrak{C}\mathfrak{A}\mathfrak{B}] \tag{2}$$

Denn bei zyklischer Vertauschung bleibt die Tatsache erhalten, daß die drei Vektoren ein Rechtssystem bilden. Vertauscht man dagegen zwei benachbarte Vektoren im gemischten Produkt, so ändert sich dessen Vorzeichen, es ist also z. B.

$$[\mathfrak{A}\mathfrak{B}\mathfrak{C}] = -[\mathfrak{B}\mathfrak{A}\mathfrak{C}] \tag{3}$$

wegen

$$(\mathfrak{A} \times \mathfrak{B}) \cdot \mathfrak{C} = -(\mathfrak{B} \times \mathfrak{A}) \cdot \mathfrak{C}.$$

Der Vektor $\mathfrak{B} \times \mathfrak{A}$ fällt in die entgegengesetzte Richtung von $\mathfrak{A} \times \mathfrak{B}$ und bildet mit $\mathfrak{C}$ ein skalares Produkt, dessen Vorzeichen dem von $(\mathfrak{A} \times \mathfrak{B}) \cdot \mathfrak{C}$ entgegengesetzt ist. Das negative Vorzeichen im gemischten Produkt ist ein Zeichen dafür, daß die Vektoren ein Linkssystem bilden.

Sind die Komponenten der Vektoren $\mathfrak{A}$, $\mathfrak{B}$, $\mathfrak{C}$ bzw. x_1, y_1, z_1; x_2, y_2, z_2; x_3, y_3, z_3, so kann man einen einfachen Ausdruck für das gemischte Produkt herleiten.

$$[\mathfrak{A}\mathfrak{B}\mathfrak{C}] = \mathfrak{A} \cdot (\mathfrak{B} \times \mathfrak{C}) = (x_1\mathfrak{i} + y_1\mathfrak{j} + z_1\mathfrak{k}) \cdot \begin{vmatrix} \mathfrak{i} & \mathfrak{j} & \mathfrak{k} \\ x_2 & y_2 & z_2 \\ x_3 & y_3 & z_3 \end{vmatrix},$$

wenn man XXIV (5) beachtet. Weiter kann man schreiben, wenn man die Komponentendarstellung XXIII (3) des skalaren Produktes berücksichtigt:

$$[\mathfrak{A}\mathfrak{B}\mathfrak{C}] = \begin{vmatrix} x_1 & y_1 & z_1 \\ x_2 & y_2 & z_2 \\ x_3 & y_3 & z_3 \end{vmatrix} \tag{4}$$

Liegen drei Vektoren in einer Ebene, so verschwindet der Inhalt des von ihnen aufgespannten Spates. Die Bedingung dafür, daß drei Vektoren $\mathfrak{A}, \mathfrak{B}, \mathfrak{C}$ in einer Ebene liegen, komplanar sind, lautet also:

$$[\mathfrak{A}\mathfrak{B}\mathfrak{C}] = 0.$$

Tatsächlich war schon in § 124, 4 das Verschwinden der Determinante (4) als Bedingung dafür abgeleitet worden.

Sind insbesondere zwei Vektoren im gemischten Produkt gleich, so verschwindet das Produkt stets,

$$[\mathfrak{A}\mathfrak{A}\mathfrak{B}] = 0.$$

§ 138. Beispiele

1. Inhalt eines Tetraeders

Die Ecken eines Tetraeders seien die vier Punkte $P_1\,(x_1, y_1, z_1)$; $P_2\,(x_2, y_2, z_2)$; $P_3\,(x_3, y_3, z_3)$; $P_4\,(x_4, y_4, z_4)$. Wir führen drei Vektoren $\mathfrak{A}, \mathfrak{B}, \mathfrak{C}$ ein,

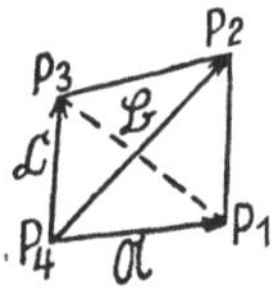

$$\mathfrak{A} = \overrightarrow{P_4P_1} = (x_1 - x_4)\mathfrak{i} + (y_1 - y_4)\mathfrak{j} + (z_1 - z_4)\mathfrak{k},$$

$$\mathfrak{B} = \overrightarrow{P_4P_2} = (x_2 - x_4)\mathfrak{i} + (y_2 - y_4)\mathfrak{j} + (z_2 - z_4)\mathfrak{k},$$

$$\mathfrak{C} = \overrightarrow{P_4P_3} = (x_3 - x_4)\mathfrak{i} + (y_3 - y_4)\mathfrak{j} + (z_3 - z_4)\mathfrak{k}.$$

Abb. 142.

Der Tetraederinhalt V_T ist bekanntlich ein Sechstel vom Inhalt des gesamten Spates V_S[1]),

$$V_T = \tfrac{1}{6}\begin{vmatrix} x_1 - x_4 & y_1 - y_4 & z_1 - z_4 \\ x_2 - x_4 & y_2 - y_4 & z_2 - z_4 \\ x_3 - x_4 & y_3 - y_4 & z_3 - z_4 \end{vmatrix}.$$

2. Gleichung einer Ebene durch drei Punkte

Von einer Ebene seien drei Punkte $P_1\,(x_1, y_1, z_1)$; $P_2\,(x_2, y_2, z_2)$; $P_3\,(x_3, y_3, z_3)$ gegeben. Jeder Punkt $P\,(x, y, z)$, der in dieser Ebene liegt, kann dadurch gekennzeichnet werden, daß das Tetraeder, das von $P P_1 P_2 P_3$ gebildet wird, den Inhalt 0 hat, weil es zu einer Fläche entartet. Die Gleichung $V_T = 0$ gibt also unmittelbar die Gleichung der Ebene durch die drei Punkte P_1, P_2, P_3,

$$\begin{vmatrix} x - x_3 & y - y_3 & z - z_3 \\ x_1 - x_3 & y_1 - y_3 & z_1 - z_3 \\ x_2 - x_3 & y_2 - y_3 & z_2 - z_3 \end{vmatrix} = 0.$$

3. Reziprokes System

Wie gezeigt wurde, kann man jedes Tripel $\mathfrak{a}, \mathfrak{b}, \mathfrak{c}$ von Vektoren, solange diese nicht in einer Ebene liegen, als Basis für die Darstellung sämtlicher Vektoren benutzen. Jedem Tripel kann man nun ein

---

[1]) Unter Benutzung vierreihiger Determinanten ließe sich eine noch einfachere Form h erstellen.

anderes Tripel $\mathfrak{a}^*$, $\mathfrak{b}^*$, $\mathfrak{c}^*$, das zum ersten reziproke Tripel, zuordnen, definiert durch folgende Gleichungen:

$$\begin{array}{lll} \mathfrak{a}^*\cdot\mathfrak{a}=1 & \mathfrak{a}^*\cdot\mathfrak{b}=0 & \mathfrak{a}^*\cdot\mathfrak{c}=0, \\ \mathfrak{b}^*\cdot\mathfrak{a}=0 & \mathfrak{b}^*\cdot\mathfrak{b}=1 & \mathfrak{b}^*\cdot\mathfrak{c}=0, \\ \mathfrak{c}^*\cdot\mathfrak{a}=0 & \mathfrak{c}^*\cdot\mathfrak{b}=0 & \mathfrak{c}^*\cdot\mathfrak{c}=1. \end{array}$$

Jeder Vektor des reziproken Systems steht also auf je zwei Vektoren des Ausgangssystems senkrecht und bildet mit dem dritten das skalare Produkt 1. Die Form der Gleichungen zeigt, daß die Reziprozität eine gegenseitige Eigenschaft ist; ist ein System S^* zu einem System S reziprok, so ist auch S zu S^* reziprok. Die Berechnung der Vektoren $\mathfrak{a}^*$, $\mathfrak{b}^*$, $\mathfrak{c}^*$ vollzieht sich einfach. Man weiß z. B. von $\mathfrak{a}^*$, daß es zu $\mathfrak{b}$ und $\mathfrak{c}$ senkrecht ist, $\mathfrak{a}^*$ hat also die Form

$$\mathfrak{a}^* = \mu\,\mathfrak{b}\times\mathfrak{c},$$

und μ ergibt sich aus $\mathfrak{a}^*\cdot\mathfrak{a}=1$,

$$\mathfrak{a}\cdot(\mu\,\mathfrak{b}\times\mathfrak{c}) = \mu[\mathfrak{a}\mathfrak{b}\mathfrak{c}] = 1$$

d. h.

$$\mu = \frac{1}{[\mathfrak{a}\mathfrak{b}\mathfrak{c}]}.$$

So findet man für $\mathfrak{a}^*$ und entsprechend für die übrigen Vektoren:

$$\mathfrak{a}^* = \frac{\mathfrak{b}\times\mathfrak{c}}{[\mathfrak{a}\mathfrak{b}\mathfrak{c}]}, \qquad \mathfrak{b}^* = \frac{\mathfrak{c}\times\mathfrak{a}}{[\mathfrak{a}\mathfrak{b}\mathfrak{c}]}, \qquad \mathfrak{c}^* = \frac{\mathfrak{a}\times\mathfrak{b}}{[\mathfrak{a}\mathfrak{b}\mathfrak{c}]}.$$

Man sieht, daß unsere rechtwinklige Basis $\mathfrak{i}$, $\mathfrak{j}$, $\mathfrak{k}$ von Einheitsvektoren zu sich selbst reziprok ist. Die reziproken Grundsysteme finden vielfach Anwendung, z. B. in der Kristallographie zur Darstellung der Netzebenen. Hier sei nur auf die Möglichkeit hingewiesen, die Komponentenzerlegung eines Vektors mit Hilfe der reziproken Grundvektoren vorzunehmen. Soll z. B. ein Vektor $\mathfrak{V}$ in Komponenten parallel zu $\mathfrak{a}$, $\mathfrak{b}$, $\mathfrak{c}$ zerlegt werden,

$$\mathfrak{V} = \lambda\mathfrak{a} + \mu\mathfrak{b} + \nu\mathfrak{c},$$

so multipliziert man die Gleichung nacheinander skalar mit $\mathfrak{a}^*$, $\mathfrak{b}^*$, $\mathfrak{c}^*$ und erhält unter Beachtung der Definitionsgleichung für die reziproken Grundvektoren,

$$\mathfrak{V}\cdot\mathfrak{a}^* = \lambda, \qquad \mathfrak{V}\cdot\mathfrak{b}^* = \mu, \qquad \mathfrak{V}\cdot\mathfrak{c}^* = \nu.$$

Damit wird

$$\mathfrak{V} = (\mathfrak{V}\cdot\mathfrak{a}^*)\mathfrak{a} + (\mathfrak{V}\cdot\mathfrak{b}^*)\mathfrak{b} + (\mathfrak{V}\cdot\mathfrak{c}^*)\mathfrak{c}.$$

§ 139. Das dreifache Vektorprodukt

Das dreifache Vektorprodukt $\mathfrak{A}\times(\mathfrak{B}\times\mathfrak{C})$ stellt einen Vektor dar, der in der Ebene liegt, die von $\mathfrak{B}$ und $\mathfrak{C}$ gebildet wird. Denn $\mathfrak{B}\times\mathfrak{C}$ ist ein Vektor senkrecht auf dieser Ebene, und $\mathfrak{A}\times(\mathfrak{B}\times\mathfrak{C})$ steht senkrecht auf $\mathfrak{B}\times\mathfrak{C}$, liegt daher gerade in der durch $\mathfrak{B}$ und $\mathfrak{C}$ bestimmten Ebene. Man kann also das dreifache Vektorprodukt in Komponenten nach $\mathfrak{B}$ und $\mathfrak{C}$ zerlegen,

$$\text{(a)} \qquad \mathfrak{A}\times(\mathfrak{B}\times\mathfrak{C}) = \lambda\,\mathfrak{B} + \mu\mathfrak{C}.$$

Zur Bestimmung von λ und μ werden zunächst drei Hilfsvektoren eingeführt:

$$\text{(b)}\ \mathfrak{D} = \mathfrak{B} \times \mathfrak{C}, \qquad \text{(c)}\ \mathfrak{E} = \mathfrak{C} \times \mathfrak{D}, \qquad \text{(d)}\ \mathfrak{F} = \mathfrak{D} \times \mathfrak{E}.$$

Mit Hilfe von Abb. 143 kann man sich, den Gleichungen (b)—(d) folgend, die gegenseitige Lage der Vektoren klarmachen. Man findet, daß $\mathfrak{F}$ mit $\mathfrak{C}$ in Richtung und Durchlaufungssinn übereinstimmt; es ist also $\mathfrak{F} = \varkappa\mathfrak{C}$ mit positivem Faktor $\varkappa$. Wegen (b) gilt $\mathfrak{C} \perp \mathfrak{D}$ und wegen (c) $\mathfrak{D} \perp \mathfrak{E}$; es gilt demnach für die absoluten Beträge $E = CD$ und $F = DE = D^2C$, andererseits ist $F = \varkappa C$, also $\varkappa = D^2$ so daß

$$\text{(e)} \qquad \mathfrak{F} = D^2\mathfrak{C}$$

ist. Mit (b) schreibt man nun (a) in der Form

$$\text{(f)} \qquad \mathfrak{A} \times \mathfrak{D} = \lambda\mathfrak{B} + \mu\mathfrak{C}.$$

Diese Gleichung wird jetzt skalar mit $\mathfrak{E}$ multipliziert,

$$\mathfrak{E} \cdot (\mathfrak{A} \times \mathfrak{D}) = \lambda\,\mathfrak{E} \cdot \mathfrak{B} = \lambda(\mathfrak{C} \times \mathfrak{D}) \cdot \mathfrak{B}.$$

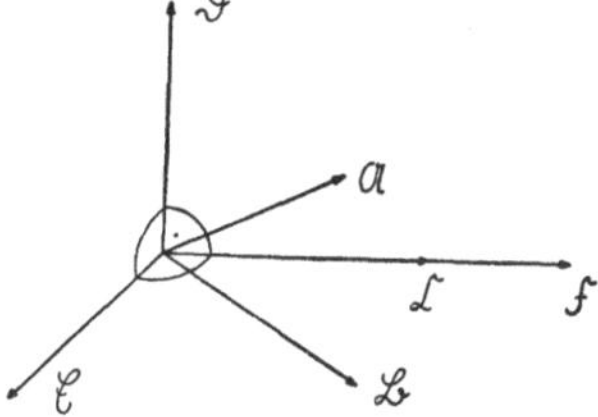

Abb. 143.

$\mathfrak{E} \cdot \mathfrak{C}$ verschwindet wegen $\mathfrak{E} \perp \mathfrak{C}$. Die gemischten Produkte werden nun nach Formel (2) des § 137 umgeformt,

$$\mathfrak{A} \cdot (\mathfrak{D} \times \mathfrak{E}) = \lambda\mathfrak{D} \cdot (\mathfrak{B} \times \mathfrak{C}).$$

Das ist wegen (d) und (b)

$$\mathfrak{A} \cdot \mathfrak{F} = \lambda\mathfrak{D} \cdot \mathfrak{D} = \lambda D^2$$

und wegen (e)

$$D^2\,\mathfrak{A} \cdot \mathfrak{C} = \lambda D^2,$$

also

$$\lambda = \mathfrak{A} \cdot \mathfrak{C}.$$

Dies setzt man in (f) ein und multipliziert die Gleichung skalar mit $\mathfrak{A}$,

$$\mathfrak{A} \cdot (\mathfrak{A} \times \mathfrak{D}) = (\mathfrak{A} \cdot \mathfrak{C})\,\mathfrak{A} \cdot \mathfrak{B} + \mu\,\mathfrak{A} \cdot \mathfrak{C} = (\mathfrak{A} \cdot \mathfrak{C})\,(\mathfrak{A} \cdot \mathfrak{B} + \mu).$$

Da die linke Seite verschwindet (s. Ende § 137), ist

$$\mu = -\,\mathfrak{A} \cdot \mathfrak{B},$$

und der Entwicklungssatz für das dreifache Vektorprodukt lautet

$$\text{(5)} \qquad \boxed{\mathfrak{A} \times (\mathfrak{B} \times \mathfrak{C}) = (\mathfrak{A} \cdot \mathfrak{C})\mathfrak{B} - (\mathfrak{A} \cdot \mathfrak{B})\mathfrak{C}}$$

Durch eine getrennte Rechnung kann man nachweisen, daß der Entwicklungssatz auch gilt, wenn $\mathfrak{A} \perp \mathfrak{C}$ (vgl. Aufg. 3, § 131).

Zwischen den dreifachen Vektorprodukten dreier Vektoren besteht die Beziehung,

$$\mathfrak{A} \times (\mathfrak{B} \times \mathfrak{C}) + \mathfrak{B} \times (\mathfrak{C} \times \mathfrak{A}) + \mathfrak{C} \times (\mathfrak{A} \times \mathfrak{B}) = 0,$$

wie man sofort durch Ausrechnen bestätigt. Die drei Vektoren, die man durch Bildung der dreifachen Vektorprodukte erhält, liegen also in einer Ebene und bilden ein Dreieck.

§ 140. Mehr als drei Faktoren

Produkte, bei denen mehr als drei Faktoren auftreten, lassen sich mit Hilfe der abgeleiteten Sätze zerlegen. Eine besondere Rolle nehmen zwei derartige Produkte ein.

1. $(\mathfrak{A}\times\mathfrak{B})\cdot(\mathfrak{C}\times\mathfrak{D})$ wird als gemischtes Produkt der drei Vektoren $\mathfrak{A}$, $\mathfrak{B}$ und $\mathfrak{C}\times\mathfrak{D}$ aufgefaßt und weiter nach dem Entwicklungssatz umgeformt. Man erhält

$$\begin{aligned}(\mathfrak{A}\times\mathfrak{B})\cdot(\mathfrak{C}\times\mathfrak{D}) &= \mathfrak{A}\cdot[\mathfrak{B}\times(\mathfrak{C}\times\mathfrak{D})] = \mathfrak{A}\cdot[(\mathfrak{B}\cdot\mathfrak{D})\mathfrak{C}-(\mathfrak{B}\cdot\mathfrak{C})\mathfrak{D}]\\ &= (\mathfrak{A}\cdot\mathfrak{C})(\mathfrak{B}\cdot\mathfrak{D})-(\mathfrak{A}\cdot\mathfrak{D})(\mathfrak{B}\cdot\mathfrak{C}),\end{aligned}$$

$$(\mathfrak{A}\times\mathfrak{B})\cdot(\mathfrak{C}\times\mathfrak{D}) = \begin{vmatrix}\mathfrak{A}\cdot\mathfrak{C} & \mathfrak{B}\cdot\mathfrak{C}\\ \mathfrak{A}\cdot\mathfrak{D} & \mathfrak{B}\cdot\mathfrak{D}\end{vmatrix} \tag{6}$$

Setzt man hierin $\mathfrak{A}=\mathfrak{C}$, $\mathfrak{B}=\mathfrak{D}$, so ergibt sich die Beziehung

$$|\mathfrak{A}\times\mathfrak{B}|^2 = \begin{vmatrix}\mathfrak{A}\cdot\mathfrak{A} & \mathfrak{A}\cdot\mathfrak{B}\\ \mathfrak{A}\cdot\mathfrak{B} & \mathfrak{B}\cdot\mathfrak{B}\end{vmatrix}.$$

2. Das Produkt

$$(\mathfrak{A}\times\mathfrak{B})\times(\mathfrak{C}\times\mathfrak{D})$$

wird nach dem Entwicklungssatz behandelt, wobei man $\mathfrak{A}\times\mathfrak{B}$ oder $\mathfrak{C}\times\mathfrak{D}$ als dritten Faktor betrachtet,

$$(\mathfrak{A}\times\mathfrak{B})\times(\mathfrak{C}\times\mathfrak{D}) = [(\mathfrak{A}\times\mathfrak{B})\cdot\mathfrak{D}]\mathfrak{C}-[(\mathfrak{A}\times\mathfrak{B})\cdot\mathfrak{C}]\mathfrak{D},$$

$$(\mathfrak{A}\times\mathfrak{B})\times(\mathfrak{C}\times\mathfrak{D}) = \mathfrak{C}[\mathfrak{A}\mathfrak{B}\mathfrak{D}]-\mathfrak{D}[\mathfrak{A}\mathfrak{B}\mathfrak{C}] \tag{7a}$$

oder

$$\begin{aligned}(\mathfrak{A}\times\mathfrak{B})\times(\mathfrak{C}\times\mathfrak{D}) &= -(\mathfrak{C}\times\mathfrak{D})\times(\mathfrak{A}\times\mathfrak{B})\\ &= -[(\mathfrak{C}\times\mathfrak{D})\cdot\mathfrak{B}]\mathfrak{A}+[(\mathfrak{C}\times\mathfrak{D})\cdot\mathfrak{A}]\mathfrak{B}.\end{aligned}$$

$$(\mathfrak{A}\times\mathfrak{B})\times(\mathfrak{C}\times\mathfrak{D}) = \mathfrak{B}[\mathfrak{A}\mathfrak{C}\mathfrak{D}]-\mathfrak{A}[\mathfrak{B}\mathfrak{C}\mathfrak{D}] \tag{7b}$$

Der Vektor liegt sowohl in der von $\mathfrak{C}$ und $\mathfrak{D}$ wie auch in der von $\mathfrak{A}$ und $\mathfrak{B}$ aufgespannten Ebene, also in der Schnittgeraden beider Ebenen.

Setzt man die rechten Seiten der beiden obigen Gleichungen gleich, so ergibt sich:

$$\mathfrak{A}[\mathfrak{B}\mathfrak{C}\mathfrak{D}]-\mathfrak{B}[\mathfrak{A}\mathfrak{C}\mathfrak{D}]+\mathfrak{C}[\mathfrak{A}\mathfrak{B}\mathfrak{D}]-\mathfrak{D}[\mathfrak{A}\mathfrak{B}\mathfrak{C}]=0 \tag{8}$$

Man erhält wieder die Tatsache bestätigt, daß sich zwischen vier Vektoren stets eine lineare Beziehung herstellen läßt, und überdies noch die Zahlenwerte der Koeffizienten. Für die Darstellung eines Vektors in Komponenten nach drei beliebigen anderen liest man ab:

$$\mathfrak{D} = \frac{[\mathfrak{D}\mathfrak{B}\mathfrak{C}]}{[\mathfrak{A}\mathfrak{B}\mathfrak{C}]}\mathfrak{A} + \frac{[\mathfrak{D}\mathfrak{C}\mathfrak{A}]}{[\mathfrak{A}\mathfrak{B}\mathfrak{C}]}\mathfrak{B} + \frac{[\mathfrak{D}\mathfrak{A}\mathfrak{B}]}{[\mathfrak{A}\mathfrak{B}\mathfrak{C}]}\mathfrak{C},$$

$$\mathfrak{D} = \frac{\mathfrak{D}\cdot(\mathfrak{B}\times\mathfrak{C})}{[\mathfrak{A}\mathfrak{B}\mathfrak{C}]}\mathfrak{A} + \frac{\mathfrak{D}\cdot(\mathfrak{C}\times\mathfrak{A})}{[\mathfrak{A}\mathfrak{B}\mathfrak{C}]}\mathfrak{B} + \frac{\mathfrak{D}\cdot(\mathfrak{A}\times\mathfrak{B})}{[\mathfrak{A}\mathfrak{B}\mathfrak{C}]}\mathfrak{C},$$

$$\mathfrak{D} = (\mathfrak{D}\cdot\mathfrak{A}^*)\mathfrak{A} + (\mathfrak{D}\cdot\mathfrak{B}^*)\mathfrak{B} + (\mathfrak{D}\cdot\mathfrak{C}^*)\mathfrak{C}.$$

Damit ist die Form hergestellt, die am Ende des § 138 mit Hilfe der reziproken Grundvektoren abgeleitet wurde.

Mit Hilfe dieses Produktes läßt sich der Sinussatz der sphärischen Trigonometrie leicht ableiten.

$\mathfrak{a}_0, \mathfrak{b}_0, \mathfrak{c}_0$ sind Einheitsvektoren, die ein sphärisches Dreieck ABC auf der Einheitskugel herausschneiden. Es sei gesetzt

$$\mathfrak{v} = (\mathfrak{a}_0 \times \mathfrak{b}_0) \times (\mathfrak{a}_0 \times \mathfrak{c}_0)$$
$$= [\mathfrak{a}_0\mathfrak{b}_0\mathfrak{c}_0]\,\mathfrak{a}_0 - [\mathfrak{a}_0\mathfrak{b}_0\mathfrak{a}_0]\,\mathfrak{c}_0.$$

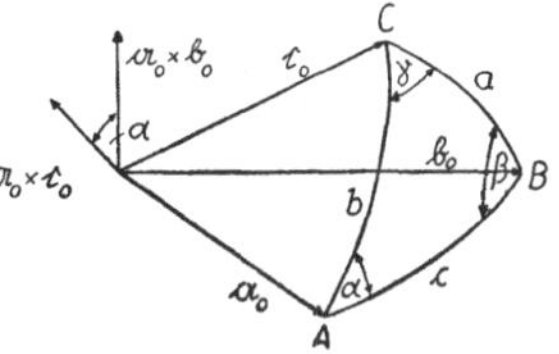

Abb. 144.

Das zweite Glied verschwindet, weil zwei gleiche Vektoren im gemischten Produkt stehen. Da $\mathfrak{a}_0$ ein Einheitsvektor ist, ist also die Länge von $\mathfrak{v}$ gleich $[\mathfrak{a}_0\mathfrak{b}_0\mathfrak{c}_0]$. Andererseits ist die Länge von $\mathfrak{a}_0\times\mathfrak{b}_0$ gleich $\sin(\mathfrak{a}_0, \mathfrak{b}_0) = \sin c$, die Länge von $\mathfrak{a}_0 \times \mathfrak{c}_0$ gleich $\sin(\mathfrak{a}_0, \mathfrak{c}_0) = \sin b$. Die Vektoren $\mathfrak{a}_0 \times \mathfrak{b}_0$ und $\mathfrak{a}_0 \times \mathfrak{c}_0$ bilden den Winkel α miteinander, also ist der Betrag von $\mathfrak{v}$ gleich $\sin\alpha \sin b \sin c$,

$$\sin\alpha \sin b \sin c = [\mathfrak{a}_0\mathfrak{b}_0\mathfrak{c}_0],$$
$$\frac{\sin\alpha}{\sin a} = \frac{[\mathfrak{a}_0\mathfrak{b}_0\mathfrak{c}_0]}{\sin a \sin b \sin c}.$$

Da auf der rechten Seite keine Seite und kein Vektor vor dem andern bevorzugt ist, gilt die gleiche Beziehung auch für b und c:

$$\frac{\sin\alpha}{\sin a} = \frac{\sin\beta}{\sin b} = \frac{\sin\gamma}{\sin c}.$$

§ 141. Aufgaben

1. Man leite den Entwicklungssatz durch Komponentenzerlegung ab.
2. Man bestimme Volumen und Oberfläche des von den Vektoren

$$\mathfrak{A} = 3\mathfrak{i} + 4\mathfrak{j} + 12\mathfrak{k}$$
$$\mathfrak{B} = 10\mathfrak{i} + 5\mathfrak{j} - 5\mathfrak{k}$$
$$\mathfrak{C} = -9\mathfrak{i} + 2\mathfrak{j} + 6\mathfrak{k}$$

aufgespannten Spates.

3. Drei Vektoren $\mathfrak{A}, \mathfrak{B}, \mathfrak{C}$ seien gleich lang. $\mathfrak{A}$ bildet mit $\mathfrak{B}$ den Winkel 60°, $\mathfrak{C}$ mit der von $\mathfrak{A}$ und $\mathfrak{B}$ aufgespannten Ebene den gleichen Winkel. Man berechne $[\mathfrak{A}\mathfrak{B}\mathfrak{C}]$.
4. Man berechne den Abstand der Ebene vom Nullpunkt, die die Punkte $P_1(+4, -6, +3)$, $P_2(-6, +8, +10)$, $P_3(+1, 0, -3)$ enthält. Wie groß sind Inhalt und Oberfläche des Tetraeders, das P_1, P_2, P_3 und der Nullpunkt bilden?

5. Eine Ebene sei durch drei Punkte P_1, P_2, P_3 bestimmt, die durch die Ortsvektoren $\mathfrak{r}_1$, $\mathfrak{r}_2$, $\mathfrak{r}_3$ gegeben sind. Ein Punkt P der Ebene mit dem Ortsvektor $\mathfrak{r}$ ist dadurch gekennzeichnet, daß die drei Vektoren $\mathfrak{r}-\mathfrak{r}_1$, $\mathfrak{r}-\mathfrak{r}_2$, $\mathfrak{r}-\mathfrak{r}_3$ in der Ebene liegen und einen Spat mit verschwindendem Flächeninhalt aufspannen, $[\mathfrak{r}-\mathfrak{r}_1, \mathfrak{r}-\mathfrak{r}_2, \mathfrak{r}-\mathfrak{r}_3] = 0$. Man zeige, daß diese Gleichung mit dem in § 138, 2 abgeleiteten Resultat übereinstimmt.
6. Von einer Geraden sei die Richtung durch den Einheitsvektor $\mathfrak{e}$ gegeben. Für jeden Punkt P der Geraden ist dann das Vektorprodukt aus $\mathfrak{e}$ und dem Ortsvektor $\mathfrak{r}$ von P konstant, $\mathfrak{e} \times \mathfrak{r} = \mathfrak{A}$. $\mathfrak{e}$ und $\mathfrak{A}$ können beliebig vorgegeben werden, müssen nur aufeinander senkrecht stehen, $\mathfrak{e} \cdot \mathfrak{A} = 0$. Man bestimme den Schnittpunkt einer Geraden $\mathfrak{e} \times \mathfrak{r} = \mathfrak{A}$ mit der Ebene $\mathfrak{r} \cdot \mathfrak{n} = p$.
7. Gegeben seien die Vektoren

$$\begin{aligned} \mathfrak{a} &= 9\mathfrak{i} + 2\mathfrak{j} + 6\mathfrak{k}, \\ \mathfrak{b} &= 6\mathfrak{i} - 2\mathfrak{j} + 3\mathfrak{k}, \\ \mathfrak{c} &= 2\mathfrak{i} + \mathfrak{j} - 2\mathfrak{k}. \end{aligned}$$

   a) Gesucht ist das reziproke Grundsystem $\mathfrak{a}^*$, $\mathfrak{b}^*$, $\mathfrak{c}^*$.
   b) Man bringe den Vektor $\mathfrak{V} = -7\mathfrak{i} + 5\mathfrak{j} + 3\mathfrak{k}$ auf die Form
   $$\mathfrak{V} = x\mathfrak{a} + y\mathfrak{b} + z\mathfrak{c} \quad \text{(s. § 125, Aufgabe 9).}$$
   c) Man berechne $[\mathfrak{a}\mathfrak{b}\mathfrak{c}]\,[\mathfrak{a}^*\,\mathfrak{b}^*\,\mathfrak{c}^*]$.
8. Man bestimme den Inhalt des Spates, der von den reziproken Grundvektoren $\mathfrak{a}^*$, $\mathfrak{b}^*$, $\mathfrak{c}^*$ aufgespannt wird, ausgedrückt durch $\mathfrak{a}$, $\mathfrak{b}$, $\mathfrak{c}$.
9. Man suche den Ausdruck $(\mathfrak{A} \times \mathfrak{B}) \times (\mathfrak{C} \times \mathfrak{D}) - \mathfrak{C} \times \{[\mathfrak{A} \times \mathfrak{B}] \times \mathfrak{D}\}$ möglichst zu vereinfachen.
10. Mit Hilfe des Ausdruckes $(\mathfrak{a} \times \mathfrak{b}) \cdot (\mathfrak{a} \times \mathfrak{c})$ beweise man den sphärischen Kosinussatz in Analogie zu § 140.

Anhang

XXVI. Unendliche Folgen und Reihen

§ 142. Die unendliche geometrische Reihe

Das allgemeine Glied einer geometrischen Folge ist nach § 52

$$a_m = a q^{m-1} \quad (m \text{ natürliche Zahl}).$$

Danach ist für jeden Wert von m das zugehörige Glied a_m festgelegt. Bildet man aus den Gliedern dieser Folge eine Reihe, so kann diese Reihe beliebig viele Glieder enthalten. Es soll nun untersucht werden, was eintritt, wenn man die Zahl der Glieder immer größer wählt. Bei festen a und q hängt die Summe der geometrischen Reihe nur von n ab; dies wird durch Anfügen von n als Index angedeutet:

$$(1) \qquad s_n = a + aq + aq^2 + aq^3 + \cdots + aq^{n-2} + aq^{n-1}.$$

Es ist (§ 52)

$$(2) \qquad s_n = a\frac{1-q^n}{1-q} = \frac{a}{1-q} - \frac{a}{1-q}\,q^n \qquad (q \neq 1).$$

Der erste Teil ist konstant, der zweite ändert sich mit n. Es muß daher das Verhalten von q^n untersucht werden; dabei genügt es, den Betrag dieser Größe zu betrachten, $|q^n| = |q|^n$.

Fall I: $|q| > 1$ (z.B. $q = -2$).

Wird n immer größer, so nimmt $|q|^n$ beliebig große Werte an; es überschreitet jede Grenze, sobald man nur n genügend groß wählt. Das soll durch indirekten Beweis (vgl. S. 30) gezeigt werden. Nehmen wir an, es sei $|q|^n$ für jedes n kleiner als eine bestimmte Zahl A:

$$|q|^n < A,$$

so wäre auch $$\lg|q|^n = n \cdot \lg|q| < \lg A.$$

Für $|q| > 1$ ist $\lg|q|$ positiv, und man kann die Ungleichung durch $\lg|q|$ dividieren (vgl. S. 51):

$$n < \frac{\lg A}{\lg|q|}.$$

Da diese Ungleichung nicht für jedes n gilt, ist die obige Annahme widerlegt.

Für Fall I stellt man also fest, daß $|q^n|$ und damit auch $|s_n|$ mit wachsendem n beliebig groß werden.

Fall II: $|q| < 1$ (z.B. $q = \frac{1}{2}$).

Hier ist für jeden Wert von n

$$0 < |q|^n < 1,$$

und zwar wird $|q|^n$ mit wachsendem n immer kleiner und **nähert sich dem Wert Null**. Man findet stets eine Zahl n so, daß $|q|^n$ kleiner ist als eine vorgegebene kleine positive Zahl ε. Dann muß sein:

$$|q|^n < \varepsilon \quad . \ (0 < \varepsilon < 1)$$

oder $$\lg|q|^n = n \cdot \lg|q| < \lg\varepsilon.$$

Jetzt ist $\lg|q|$ negativ, und bei der Division durch $\lg|q|$ kehrt sich die Richtung des Ungleichheitszeichens um (vgl. S. 51):

(3) $$n > \frac{\lg\varepsilon}{\lg|q|}.$$

Wie klein man auch ε wählt, es gibt stets eine Zahl n — wir bezeichnen sie mit n_0 —, für die die obige Ungleichung erfüllt ist, und — was entscheidend ist — die Ungleichung gilt auch für sämtliche n-Werte, die größer als n_0 sind:

(4) $$|q^n| < \varepsilon \text{ für alle } n \geqq n_0.$$

Man sagt dann, daß für über alle Grenzen wachsende n-Werte $|q^n|$ dem **Grenzwert Null** zustrebt, in Formeln

$$\lim_{n\to\infty} |q^n| = 0^{1)}$$

oder $$|q^n| \to 0 \text{ für } n \to \infty.$$

Das Zeichen ∞ — für unendlich — ist keine eigentliche Zahl (es gelten also dafür nicht die Rechenregeln der Arithmetik), sondern bedeutet soviel wie „wird beliebig groß".

[1]) Die Formel wird gelesen: „Limes von $|q^n|$ ist 0, wenn n gegen unendlich strebt" oder „geht", keinesfalls „wenn n unendlich ist". „lim" ist eine Abkürzung von limes (lat. = Grenze).

Mit $|q^n|$ strebt auch q^n selbst gegen Null. In Formel (2) strebt somit das zweite Glied gegen Null, da der konstante Faktor $a/(1-q)$ daran nichts ändert. Für $n \to \infty$ bleibt also nur das erste Glied übrig:

$$\lim_{n \to \infty} s_n = \frac{a}{1-q} \qquad (|q| < 1).$$

Da man n immer weiter wachsen läßt, kann man bei der Reihe (1) auch nicht mehr ein bestimmtes letztes Glied angeben. Man denkt sich die Reihe beliebig weit fortgesetzt und schreibt dafür unter Fortlassung der letzten Glieder von (1):

$$s = \frac{a}{1-q} = a + aq + aq^2 + aq^3 + \cdots \qquad (|q| < 1).$$

Rechts steht jetzt eine unendliche geometrische Reihe, von der wir die Summe s (als Grenzwert) soeben bestimmt haben. Im nächsten Paragraphen wird nochmals darauf näher eingegangen.

Sonderfälle:

a) $q = +1$. Hier ist $s_n = n \cdot a$; s_n wächst für $n \to \infty$ über alle Grenzen.

b) $q = -1$. Jetzt nimmt s_n abwechselnd die Werte a und 0 an, je nachdem n ungerade oder gerade ist. s_n strebt keinem bestimmten Wert zu.

Wir stellen also fest, daß wir bei einer unendlichen geometrischen Reihe nur im Fall $|q| < 1$ von einer Summe reden können.

Aufgaben

1. Man berechne s:

   a) $8 + \frac{4}{5} + \frac{2}{25} + \frac{1}{125} + \ldots$ b) $7 + 2{,}1 + 0{,}63 + \ldots$

   c) $\frac{5}{6} - \frac{1}{2} + \frac{3}{10} - \frac{9}{50} + \ldots$ d) $-4 - \frac{4}{5} - \frac{4}{25} - \ldots$

   e) $\sqrt{8} + 2 + \sqrt{2} + 1 + \sqrt{\frac{1}{2}} + \ldots$ f) $a - b + \frac{b^2}{a} - \frac{b^3}{a^2} + \ldots$

   Welche Bedingung muß für a und b erfüllt sein, damit die Summe existiert?

   g) $1 - x^2 + x^4 - x^6 + \ldots$ Bedingung für x?

2. Welcher gemeine Bruch tritt an Stelle des periodischen Dezimalbruches:

   a) $0{,}2727\ldots = 0{,}\overline{27}$ b) $0{,}3\overline{18}\ldots$? (Vgl. § 25.)

3. Einem Quadrat ist ein Kreis, diesem wieder ein Quadrat, diesem ein Kreis und so abwechselnd weiter einbeschrieben. Man berechne:

   a) die Summe aller Kreisumfänge, c) die Summe aller Kreisflächen,
   b) die Summe aller Quadratumfänge, d) die Summe aller Quadratflächen.

4. Man denke sich die Figur der vorigen Aufgabe um den senkrechten Kreisdurchmesser gedreht, dann werden aus den Quadraten Kreiszylinder, aus den Kreisen Kugeln. Dabei ist angenommen, daß die Seiten sämtlicher Quadrate denen des ersten parallel waren. Man berechne:

   a) die Summe aller Rauminhalte der Zylinder bzw. der Kugeln,
   b) die Summe aller Oberflächen der Zylinder bzw. der Kugeln.

   (Ein Zylinder vom Grundkreisradius r und der Höhe h hat das Volumen $V = r^2 \pi h$ und die Oberfläche $O = 2r^2\pi + 2r\pi h$. Eine Kugel vom Radius r: $V = \frac{4}{3} r^3 \pi$ und $O = 4r^2\pi$).

5 Achilles verfolgt eine Schildkröte, die in einer Entfernung von einem Stadion vor ihm herkriecht. Er läuft 12mal so schnell wie diese. Hat Achilles diese Entfernung zurückgelegt, so ist die Schildkröte um $\frac{1}{12}$ Stadion weitergekrochen,

hat Achill auch dieses Zwölftel hinter sich, ist die Schildkröte um $\frac{1}{144}$ Stadion weitergekommen usw. Daraus folgert nun Zenon[1]), von dem dieser Trugschluß stammt, daß Achill die Schildkröte niemals einholen könnte. Warum ist dieser Schluß falsch?

§ 143. Die unendliche Folge

Während man bei einer endlichen Zahlenfolge sämtliche Glieder aufschreiben kann, ist das bei einer unendlichen Folge nicht mehr möglich. Eine solche Folge kann trotzdem dadurch eindeutig festgelegt werden, daß man eine Vorschrift angibt, nach der ein beliebiges Glied der Folge gebildet werden soll (Angabe des allgemeinen Gliedes analog zu § 54).

Beispiele:

a) $u_n = \frac{1}{2^n}$. Folge: $\frac{1}{2}, \frac{1}{4}, \frac{1}{8}, \frac{1}{16}, \frac{1}{32}, \ldots,$

b) $u_n = 2^n$, Folge: $2, 4, 8, 16, 32, \ldots,$

c) $u_n = \frac{1}{n}$, Folge: $1, \frac{1}{2}, \frac{1}{3}, \frac{1}{4}, \frac{1}{5}, \ldots,$

d) $u_n = \sin n\frac{\pi}{2}$, Folge: $+1, 0, -1, 0, +1, 0, -1, 0, \ldots,$

e) $u_n = \frac{n}{n+2}$, Folge: $\frac{1}{3}, \frac{2}{4}, \frac{3}{5}, \frac{4}{6}, \frac{5}{7}, \ldots.$

Eine unendliche Folge wird allgemein symbolisch dargestellt durch

$$u_1, u_2, u_3, u_4, \ldots, u_n, \ldots,$$

wobei in jedem Einzelfall angegeben sein muß, wie man das Glied u_n das an der n-ten Stelle der Folge steht, zu bilden hat.

Von Bedeutung sind nun vor allem solche Folgen, deren Glieder sich beim Durchlaufen der Folge immer mehr einer bestimmten Zahl, u, nähern; man bezeichnet solche Folgen als konvergent und u als deren Grenzwert. Für die Frage, ob ein solcher Grenzwert existiert, sind offenbar die Glieder am Anfang der Folge belanglos. Man kann diese Frage also nicht z.B. dadurch entscheiden, daß man die ersten 100 oder 1000 Glieder der Folge betrachtet; für die Konvergenz ist vielmehr gerade der Teil der Folge entscheidend, der hierbei nicht berücksichtigt würde. Also alle Glieder, die auf ein bestimmtes Glied folgen, müssen in unmittelbarer Nachbarschaft des Grenzwertes liegen. Man schreibt (s. Abb. 145) einen Bereich (Intervall) von $u - \varepsilon$ bis $u + \varepsilon$ vor, indem man von dem Grenzwert u ein (beliebig kleines) Stück ε nach unten und oben geht, und verlangt, daß es stets ein Glied geben muß, so daß dieses Glied und alle folgenden in diesem Bereich (in der Abbildung schraffiert) liegen.

Zu jedem ε (positiv) muß man also eine ganze Zahl n_0 angeben können, so daß für alle $n \geqq n_0$ gilt:

$$u - \varepsilon < u_n < u + \varepsilon,$$
$$-\varepsilon < u_n - u < +\varepsilon.$$

Es muß demnach sein:

$$|u_n - u| < \varepsilon \text{ für alle } n \geqq n_0. \tag{5}$$

[1]) Griechischer Philosoph im 5. Jahrh. v. Chr. Er glaubte damit einen Widerspruch des Denkens nachweisen zu können.

Der Wert von n_0 hängt davon ab, wie groß man ε vorschreibt. Wird ε verkleinert, so wird im allgemeinen n_0 größer werden.

Man vergleiche dazu die Ausführungen des vorigen Paragraphen. Dort ist $u_n = |q^n|$; wir haben dort also schon den Spezialfall einer unendlichen Folge betrachtet. Im Fall $|q| < 1$ stellten wir fest, daß ein Grenzwert $u = 0$ existiert, und Gleichung (3) liefert uns die Bedingung dafür, wie groß man n_0 bei einem gegebenen ε wählen muß, damit (4) erfüllt ist.

(5) ist die Bedingung für die **Konvergenz** einer Folge, man schreibt dann:

$$\lim_{n \to \infty} u_n = u$$

oder

$$u_n \to u \text{ für } n \to \infty .$$

Folgen, die nicht konvergieren, bezeichnet man als **divergent**.

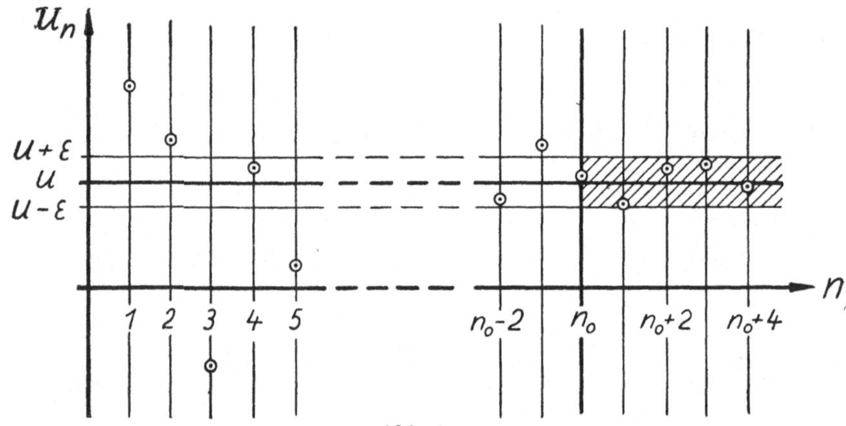

Abb. 145.

Betrachten wir nun die als Beispiel angegebenen Folgen im Hinblick auf ihre Konvergenz!

a) Die Folge gehört zu den schon in § 142 behandelten, $q = \frac{1}{2}$; sie konvergiert und hat den Grenzwert $u = 0$ (**Nullfolge**).

b) Nach § 142 hat diese Folge wegen $|q| = 2 > 1$ keinen Grenzwert; sie ist divergent.

c) Die Folge konvergiert gegen $u = 0$, ist also eine Nullfolge, denn es ist

$$|u_n - u| = \frac{1}{n} < \varepsilon \text{ für alle } n > \frac{1}{\varepsilon} .$$

d) Die Folge ist divergent, denn in jedem Teil der Folge treten die drei Werte 0, $+1$, -1 auf; keine Annäherung an einen bestimmten Wert.

e) Die Folge konvergiert gegen $u = 1$, denn es ist

$$|u_n - u| = \left|\frac{n}{n+2} - 1\right| = \frac{2}{n+2} < \varepsilon \text{ für alle } n > \frac{2(1-\varepsilon)}{\varepsilon}$$

(zum Rechnen mit Ungleichungen vgl. § 40).

Wie man an den Folgen a), c), e) sieht, braucht der Grenzwert u selbst in der Folge nicht aufzutreten. Bei den divergenten Folgen gibt es zwei Möglichkeiten. Entweder wachsen die Glieder (ihrem Betrag nach) über alle Grenzen, oder sie bleiben innerhalb endlicher Grenzen, nähern sich aber keiner bestimmten Zahl.

Die Bestimmung von Grenzwerten wird in der höheren Mathematik gelehrt. Dort werden auch einfach zu handhabende Kriterien für die Konvergenz von Folgen abgeleitet, so daß man später nicht mehr in jedem Falle auf die Definitionsgleichung (5) zurückzugehen braucht.

Aufgaben

1. Man stelle fest, ob die gegebenen Folgen konvergieren, und gebe für die konvergenten Folgen den Grenzwert an.

a) $u_n = \frac{(-1)^n}{n}$, b) $u_n = 1 - \frac{1}{n^2}$, c) $u_n = \sqrt[n]{3}$, d) $u_n = \frac{n+1}{n+3}$,

e) $u_n = \sqrt{n}$, f) $u_n = \frac{3n-1}{2n+1}$, g) $u_n = 3 - \frac{1}{2}(-1)^n$, h) $u_n = \frac{100(n-1)}{n^2}$.

§ 144. Die unendliche Reihe

Hat man eine unendliche Folge

$$a_1,\ a_2,\ a_3,\ a_4,\ \ldots,\ a_k,\ \ldots$$

und setzt zwischen die Glieder der Folge ein Pluszeichen,

$$(6)\qquad a_1 + a_2 + a_3 + a_4 + \cdots + a_k + \cdots,$$

so hat man damit eine unendliche Reihe aufgestellt. Da man eine unendliche Zahl von Summanden nicht addieren kann, muß man erst neu festsetzen, was man unter der Summe einer unendlichen Reihe versteht. Man bildet dazu Teilsummen s_n, indem man die Reihe (6) nach dem n-ten Glied abbricht,

$$s_n = a_1 + a_2 + a_3 + \cdots + a_{n-1} + a_n = \sum_{k=1}^{n} a_k.$$

Die Teilsummen sind also endliche Summen, die für jeden Wert von n gebildet werden können. Für $n = 1, 2, 3, \ldots$ erhält man so die Teilsummen $s_1, s_2, s_3, \ldots$, die eine unendliche Folge bilden.

Die Reihe (6) heißt konvergent, wenn die Folge der Teilsummen konvergiert, d.h. einen Grenzwert hat. Der Grenzwert s der Teilsummen heißt Summe der Reihe.

$$\lim_{n\to\infty} s_n = s = a_1 + a_2 + a_3 + \cdots + a_k + \cdots = \sum_{k=1}^{\infty} a_k.$$

Damit ist der Begriff der Konvergenz einer Reihe auf den Begriff der Konvergenz einer Folge zurückgeführt, wie das schon in § 142 für die unendliche geometrische Reihe geschehen ist. Zweckmäßig liest man sich diesen Paragraphen jetzt nochmals unter diesem Gesichtspunkt durch.

Reihen, die nicht konvergieren, heißen divergent.

Beispiel:

$$s = \sum_{k=1}^{\infty} (-1)^{k+1} \cdot \frac{2k+1}{k(k+1)} = \tfrac{3}{2} - \tfrac{5}{6} + \tfrac{7}{12} - \tfrac{9}{20} + \tfrac{11}{30} - \tfrac{13}{42} + - \cdots$$

Die ersten Teilsummen sind

$$\tfrac{3}{2},\ \tfrac{2}{3},\ \tfrac{5}{4},\ \tfrac{4}{5},\ \tfrac{7}{6},\ \tfrac{6}{7}\ \ldots$$

oder $\quad 1 + \frac{1}{2},\ 1 - \frac{1}{3},\ 1 + \frac{1}{4},\ 1 - \frac{1}{5},\ 1 + \frac{1}{6},\ 1 - \frac{1}{7}\ \ldots$

Diese ersten Glieder der Folge der Teilsummen deuten darauf hin, daß $s_n = 1 - \frac{(-1)^n}{n+1}$ ist (Bildung des allgemeinen Gliedes wie in § 54/55), doch muß dies erst allgemein nachgewiesen werden, z.B. durch Schluß von n auf $n+1$ (vgl. § 57). Nehmen wir an, es sei

(a) $$s_n = 1 - \frac{(-1)^n}{n+1}.$$

Dann ist

$$s_{n+1} = s_n + a_{n+1} = 1 - \frac{(-1)^n}{n+1} + (-1)^{n+2} \cdot \frac{2(n+1)+1}{(n+1)(n+2)}$$

$$= 1 - (-1)^n \left(\frac{1}{n+1} - \frac{2n+3}{(n+1)(n+2)} \right)$$

$$= 1 - \frac{(-1)^{n+1}}{n+2}.$$

Das ist aber genau die Form, die man erhält, wenn man in (a) n durch $n+1$ ersetzt. Da die Formel für $n = 1$ das richtige Ergebnis liefert, stimmt sie für sämtliche n-Werte.

Damit ist

$$s = \lim_{n \to \infty} s_n = \lim_{n \to \infty} \left(1 - \frac{(-1)^n}{n+1} \right) = 1,$$

wie man sich leicht überlegt (vgl. Aufg. 1a) des § 143). Die Reihe konvergiert also und hat den Wert 1 als Summe:

$$1 = \sum_{k=1}^{\infty} (-1)^{k+1} \cdot \frac{2k+1}{k(k+1)} = \tfrac{3}{2} - \tfrac{5}{6} + \tfrac{7}{12} - \tfrac{9}{20} + \tfrac{11}{30} - \tfrac{13}{42} + - \cdots$$

Wenn die Vorzeichen der Glieder abwechselnd positiv und negativ sind wie in diesem Beispiel, spricht man von einer alternierenden Reihe.

Es sei noch erwähnt, daß die Rechengesetze für endliche Summen nur mit Einschränkungen für unendliche Reihen gelten.

Aufgaben

1. Man zeige durch vollständige Induktion, daß die Reihen die angegebenen Teilsummen s_n haben, untersuche die Reihen auf Konvergenz und bestimme ihre Summe:

a) $\sum_{k=1}^{\infty} \frac{1}{4k^2 - 1}$, $\quad s_n = \frac{n}{2n+1}$;

b) $\sum_{k=1}^{\infty} \frac{1}{(k+1)(k+2)}$, $\quad s_n = \frac{1}{2} - \frac{1}{n+2}$.

2. Man bestimme die Teilsummen der gegebenen Reihen, untersuche sie auf Konvergenz und bestimme ihre Summe.

a) $\sum_{k=1}^{\infty} \frac{1}{k(k+1)}$ (vgl. dazu § 55, Aufg. 5f),

b) $\sum_{k=1}^{\infty} \frac{1}{(3n-2)(3n+1)}$.

Lösungen

Arithmetik und Algebra

§ 3. Multiplikation.

1. Man löse erst die inneren und dann die äußeren Klammern auf:
   a) $52x - 100y + 28z$, b) $31x - 59y + 74z$.
2. a) $2{,}24a^2 - 14{,}6a + 11$, b) $0{,}02a^2 - 0{,}27ab - 0{,}04b^2$.
3. a) $88a - 30$, b) $12a^2b + 16b^3$,
   c) $-25a^4 - 107a^3 - 730a^2 + 204a - 72$,
   d) $16x^4 + 98x^3 + 558x^2 + 396x + 271$.

§ 4. Division.

1. a) $5x^2 - 7ax + 5a^2$, b) $6b^2 + 4b$,
   c) $3a^2 - 7ab + 5b^2$, d) $3x^2 + 2xy - y^2$.

§ 5. Faktorenzerlegung.

1. a) $(4r - 5s)(4u + 5v)$, b) $(2a + 3b)(4x - 5y)$,
   c) $(x - y + 2z)(2a + 3b)$, d) $(0{,}5a + 0{,}3c)(0{,}3a - 0{,}7b)$,
   e) $(2r - 5s^2)(9r + 7s)$,
   f) $(3a - 4b)^2 - 36c^2 = (3a - 4b + 6c)(3a - 4b - 6c)$,
   g) $(6x + 5)^2 - 49y^2 = (6x + 5 + 7y)(6x + 5 - 7y)$.

§ 9. Bruchrechnung.

1. a) $\frac{9}{12} \cdot \frac{2}{15} = \frac{1}{10}$, b) $\frac{11}{36} \cdot \frac{8}{33} = \frac{2}{27}$. c) $\frac{22}{225} \cdot \frac{30}{11} = \frac{4}{15}$,
   d) $\frac{17}{60} : \frac{17}{60} = 1$, e) $4 + 6 = 10$, f) $3 \cdot 1\frac{1}{4} = 3\frac{3}{4}$.
   g) H.N. $2^2 \cdot 3^2 \cdot 5 \cdot 7 = 1260$, $9\frac{289}{1260}$.
2. a) H.N. $2ab(a - 3b)$, $\dfrac{12b^2 - 4ab}{2ab(a - 3b)} = \dfrac{-4b(a - 3b)}{2ab(a - 3b)} = \dfrac{-2}{a}$,
   b) H.N. $(a - b)^2(a + b)$, $\dfrac{a^2 + b^2}{(a - b)^2(a + b)}$,
   c) H.N. $a^2(a + b)^2(a - b)$, $\dfrac{1}{(a + b)^2}$,
   d) H.N. $a(a + 1)(a - 1)$, $\dfrac{a^2 - 1}{a(a^2 - 1)} = \dfrac{1}{a}$,
   e) H.N. $xy(x + y)$, $\dfrac{xy^2 + x^2y}{xy(x + y)} = 1$,
   f) H.N. $2ab(a + 2b)$, $\dfrac{ab}{2ab(a + 2b)} = \dfrac{1}{2(a + 2b)}$.
3. a) $\dfrac{a}{b}$, b) $\dfrac{2}{2a} = \dfrac{1}{a}$, c) $\dfrac{x(x - 1)(x - 2)}{2 - x^2}$,
   d) $\dfrac{(x + y)^2}{x^2 - y^2} = \dfrac{x + y}{x - y}$.

§ 12. Gleichungen ersten Grades mit einer Unbekannten.

1. a) $x(4a^2 - 4b + c) = a(4a^2 - 4b + c)$ $x = a$,
   b) $x = \dfrac{ab}{a - c}$,

c) $x(a-2b)=2(a^2-4ab+4b^2)$ $\quad x(a-2b)=2(a-2b)^2$ $\quad x=2(a-2b)$

d) $x=a$, $\quad$ e) $x=-\dfrac{2ab}{m(a+b)-n(a-b)}=\dfrac{2ab}{n(a-b)-m(a+b)}$,

f) $x=-\dfrac{ab}{a+b}$.

2. a) $4\frac{2}{3}$, $\quad$ b) $5\frac{12}{17}$, $\quad$ c) 5, $\quad$ d) 7, $\quad$ e) 5.

3. a) H.N. $5(3x+4)(3x-4)$ $\quad x=\frac{3}{4}$,
   b) H.N. $6x(6x+7)(6x-7)$ $\quad 28x=49;\quad x=\frac{7}{4}$,
   c) H.N. $2^2\cdot 3\cdot(x-6)$ $\quad x=10$,
   d) H.N. $2\cdot 3(2-x)$ $\quad 43x=43;\quad x=1$,
   e) H.N. $3\cdot 4(x+6)(x-6)$ $\quad 5x-15=0;\quad x=3$,
   f) H.N. $m\cdot n(x-1)$ $\quad amx-bmx=an+bn;\quad x=\dfrac{n(a+b)}{m(a-b)}$
   g) H.N. $2^2\cdot 3a^2bx$ $\quad 5ax-4bx=10a^2-8ab;\quad x=2a$,
   h) H.N. $b(a+b)(a-b)$ $\quad a^2x-b^2x=a^2+b^2-2ab$
   $x(a^2-b^2)=(a-b)^2;\quad x=\dfrac{a-b}{a+b}$.

§ 14. Gleichungen ersten Grades mit zwei Unbekannten.

1. a) $x=\frac{1}{18}$ $\quad y=\frac{1}{19}$, $\quad$ b) $x=\frac{1}{23}$ $\quad y=\frac{1}{17}$, $\quad$ c) $x=3$ $\quad x=4$.

2. a) $\frac{1}{2}x-\frac{1}{3}y=-\frac{3}{10}$ $\quad x=\frac{1}{3}$ $\quad$ b) $\frac{3}{5}x+\frac{1}{2}y=\frac{13}{20}$ $\quad x=\frac{2}{3}$
   $\frac{2}{5}x+\frac{1}{4}y=\frac{29}{60}$ $\quad y=\frac{7}{5}$, $\quad$ $\frac{4}{9}x+\frac{5}{8}y=\frac{61}{54}$ $\quad y=\frac{1}{2}$,
   c) $3x-4y=10$ $\quad x=6$ $\quad$ d) $3x-16y=5$ $\quad x=7$
   $x-7y=-8$ $\quad y=2$, $\quad$ $x+y=8$ $\quad y=1$,
   e) $x-y=1$ $\quad x=6$
   $13x-31y=-77$ $\quad y=5$,
   f) $ax+by=2a$ $\quad x=\dfrac{a+b}{a}$ $\quad y=\dfrac{a-b}{b}$,
   $ax-by=2b$
   g) $x=a+b$ $\quad$ h) $x=0$ $\quad$ i) $x=(a+b)a$
   $y=a-b$, $\quad y=\dfrac{1}{a^2-b^2}$, $\quad y=(a-b)b$.

§ 17. Systeme von Gleichungen ersten Grades mit drei Unbekannten.

1. a) $x=4$ $\quad y=-2$ $\quad z=1$, $\quad$ b) $x=\frac{1}{3}$ $\quad y=\frac{2}{3}$ $\quad z=\frac{1}{6}$,
   c) $x=15$ $\quad y=12$ $\quad z=8$, $\quad$ d) $x=4$ $\quad y=3$ $\quad z=5$,
   e) $x+3y+8z=2\frac{5}{6}$ $\quad$ f) $-18x+13y+2z=0$
   $3x+y+3z=2\frac{1}{3}$ $\quad$ $42x-10y+10z=96$
   $3x-3y+3z=1$ $\quad$ $-76x+10y+45z=-143$
   $x=\frac{1}{2}$ $\quad y=\frac{1}{3}$ $\quad z=\frac{1}{6}$, $\quad$ $x=3$ $\quad y=4$ $\quad z=1$.

§ 20. Potenzen mit positiven Exponenten.

1. a) $9^{12}-12^9-9^{12}+12^9=0$,
   b) $7(a-b)^3-5(a-b)^3+10(a-b)^3-11(a-b)^3=(a-b)^3$.

2. a) $2^{16}\cdot 5^{10}=2^6(2\cdot 5)^{10}=64\cdot 10^{10}$,
   b) $\dfrac{2^{15}\cdot 3^3\cdot 5^6}{2^{14}\cdot 3^4\cdot 5^5}=\dfrac{10}{3}$, $\quad$ c) $-\dfrac{2^{16}\cdot 3^{15}\cdot 5^8}{2^{12}\cdot 3^{15}\cdot 5^{12}}=-\dfrac{16}{625}$,
   d) $-\dfrac{2^{14}\cdot 3^6\cdot 5^{11}\cdot 7^2}{2^{14}\cdot 3^{10}\cdot 5^{12}}=-\dfrac{49}{405}$, $\quad$ e) $\dfrac{2^{15}\cdot 3^6\cdot x^{23}\cdot y^{14}}{2^{11}\cdot 3^7\cdot x^{23}\cdot y^{13}}=\dfrac{16y}{3}$,
   f) $\left(\dfrac{a\cdot b}{m\cdot n}\right)^7$, $\quad$ g) $\dfrac{5\cdot 2\cdot a^3}{7\cdot 3\cdot b^2x}=\dfrac{10a^3}{21b^2x}$.

3. a) $\dfrac{a^{3n-m}\cdot b^{2n}}{a^{3n}b^{n+m}}=\dfrac{b^{n-m}}{a^m}$, $\quad$ b) $\dfrac{a^{x+y}b^{2x+y}c^z}{a^{3x+z}b^{2x}c^{x+z}}=\dfrac{b^y}{a^{2x-y+z}c^x}$,

c) $\frac{(a+b)^{n-1}\,a^{n+1}\,b^{3n-6}}{(a+b)^{n-2}\,a^{n-1}\,b^{2n-4}} = a^2\,b^{n-2}\,(a+b)$.

4. a) $\frac{4b^8 - 12a^6b^4 + 9a^{12}}{a^{12}b^8} = \frac{(2b^4 - 3a^6)^2}{a^{12}b^8} = \left(\frac{3\,a^6 - 2\,b^4}{a^6\,b^4}\right)^2 = \left(\frac{3}{b^4} - \frac{2}{a^6}\right)^2$.

b) $\frac{a^6 + 2b^3 + b^9}{a^3\,b^6}$, c) $\frac{x^4 - x^4 + x^2 - x^2 + 1}{x^{n+1}} = \frac{1}{x^{n+1}}$.

5. a) $\left[\frac{(2x+3y)\,(2x-3y)\,(2a+3b)\,(2a-3b)}{a\,(2a-3b)\,y\,(2x+3y)}\right]^3 = \left[\frac{(2x-3y)\,(2a+3b)}{ay}\right]^3$,

b) $(a^4 - b^4)^3$.

6. a) $a^2 - b^3 + c$, b) $3a^2 + 5ab^2 + 4b^4$, c) $a^n - a^{n-1} + a^{n-2}$.

§ 22. Potenzen mit nicht positiven, ganzzahligen Exponenten.

1. a) 1; 5; c, b) $\frac{1}{3}$; 10; $\frac{1}{a^{2n}}$; $-\frac{1}{a^{2n+1}}$,

c) $-\frac{1}{x-y}$; $-\frac{11}{x^{2n}}$; $\frac{1}{(11\,x)^{2n}}$; $-\frac{1}{1000\,x^3} = -\frac{1}{(10\,x)^3}$,

d) a; ab^3; $\frac{a \cdot b^n}{9}$; $(a-b)\,(a+b) = a^2 - b^2$,

e) $\left(\frac{4\,y}{3\,x}\right)^3 = \frac{64\,y^3}{27\,x^3}$; $\frac{8^2}{3^2 \cdot 2^4} = \frac{2^6}{2^4 \cdot 3^2} = \frac{4}{9}$; $\frac{225}{7}$; $\frac{b^2}{a^3}$,

f) $\frac{7\,(x-y)^5}{a^3\,b^4\,c}$; $\frac{y^{m-2}}{x^{n+1}}$; $a^{m-4} \cdot b^{n+6}$.

2. a) $\frac{0{,}077}{a^9\,b^5}$, $(3a)^0 = 1$, $(-a\,x)^{-2n} = \frac{1}{(a\,x)^{2n}}$,

b) $3\,(a-b)^{-2} = \frac{3}{(a-b)^2}$, $2\,(y-x)^{-5} = \frac{2}{(y-x)^5}$,

c) $12a^2 + 2a - 30$, $x^{2n} - x^{-2n} = \frac{x^{4n} - 1}{x^{2n}}$,

d) $\frac{(a^2+b^2)\,(a^2-b^2)}{(a+b)^2\,(a-b)} = \frac{a^2+b^2}{a+b}$, $\frac{(a^2-b^2)^3}{(a^2-b^2)^2} = a^2 - b^2$.

3. a) $\frac{1}{a^{m-n}}$, $\frac{1}{a^{m+n}}$. b) $\frac{25}{32}$, $\left(\frac{5a}{6b} \cdot \frac{9\,bd}{10\,ac}\right)^{-3} = \frac{64\,c^3}{27\,d^3}$, c) $\frac{a \cdot b^3 \cdot c^2}{x^7}$.

4. a) a^{2xy}, $\frac{a^{3x}}{b^{3x}} = \left(\frac{a}{b}\right)^{3x}$, 1, b) $\frac{1}{a^{6n}}$, $-a^{14n+7}$,

c) $\frac{a^{12}b^6}{c^2\,x^4\,y^6}$, d) $\frac{x^2\,y^4}{b^2}$, e) $\frac{1}{a^2\,b\,x}$.

§ 27. Wurzelrechnung.

1. a) $\left(\sqrt[n]{a}\right)^n = a$, b) $-\frac{5}{2}$, c) $0{,}6$, d) $\sqrt{(3x-5y)^2} = |\,3x - 5y\,|$

e) Bleibt unverändert, f) $64 \cdot 15 + 81 \cdot 6 - 49 \cdot 21 = 417$,

g) $30 - 32 + 77 - 72 = 3$, h) $10 + 24 - 36 - 30 = -32$,

i) $12x - 20 - 36x - 63 + 32x - 144 - 8x + 252 = 25$.

2. a) $\sqrt{2^2 \cdot 7^2 \cdot 11^2} = 154$, b) $\sqrt{3^2 \cdot 10^2 \cdot 37^2} = 1110$, c) $\sqrt[3]{2^3 \cdot 3^3 \cdot 5^3} = 30$.

3. a) $10\sqrt{7} + 10\sqrt{7} - 12\sqrt{7} - 30\sqrt{7} + 72\sqrt{7} = 50\sqrt{7}$,

b) $4\sqrt{3} - 5\sqrt{2} + 7\sqrt{2} - 18 + 6\sqrt{3} = 2\sqrt{2} + 10\sqrt{3} - 18$,

c) $4\sqrt[3]{3} - 9\sqrt[3]{2} + 20\sqrt[3]{2} + 16\sqrt[3]{3} - 15\sqrt[3]{3} = 11\sqrt[3]{2} + 5\sqrt[3]{3}$,

d) $90\sqrt{2} - 189\sqrt{2} + 192\sqrt{3} - 54\sqrt{7} = -99\sqrt{2} + 192\sqrt{3} - 54\sqrt{7}$,

e) $10 + 5\sqrt{6} = 5(2 + \sqrt{6})$, f) $\sqrt{3} - 5\sqrt{10}$, g) $60 + 3\sqrt{15}$,

h) $159 - 36\sqrt{10}$, i) $9\sqrt[3]{3} + \sqrt[3]{9} - 12$, k) $16 - 6\sqrt[5]{2} - 4\sqrt[5]{16}$,

l) $\sqrt{7^2 - (2\sqrt{10})^2} = \sqrt{49 - 40} = 3$, m) $\sqrt{x^2 - (x^2 - y^2)} = |y|$,

4. a) $\sqrt{9 \cdot \frac{17}{3}} = \sqrt{51}$, b) $7\sqrt{\frac{6}{5}}$, c) $\sqrt{3 \cdot 4} = 2\sqrt{3}$, d) $\sqrt{x^2 - x}$,

e) $\sqrt{(a + b)(a - b)} = \sqrt{a^2 - b^2}$.

5. a) $\sqrt{\frac{a^5 x^4}{a^5 x^4}} = 1$, b) $\sqrt[n]{\frac{a^{2n+4}}{a^4}} = a^2$, c) $\sqrt{(x - y)^2} = |x - y|$,

d) $\frac{1}{\sqrt{a - x}}$, e) $\sqrt{\frac{50}{9}} = \frac{5}{3}\sqrt{2}$, f) $-\frac{1}{2}\sqrt[3]{63}$,

g) $\frac{\sqrt{a^2 + b^2}}{\sqrt{(a - b)^2}} = \frac{\sqrt{a^2 + b^2}}{|a - b|}$.

6. a) $9\sqrt{2} - \frac{45}{2}\sqrt{2} + 3\sqrt{2} - 15\sqrt{2} + \frac{77}{2}\sqrt{2} = 13\sqrt{2}$,

b) $\sqrt[3]{\frac{1}{7}} + 2\sqrt[3]{\frac{1}{7}} - \sqrt[3]{\frac{1}{7}} + 2\sqrt[3]{\frac{1}{7}} = 4\sqrt[3]{\frac{1}{7}} = \frac{4}{7}\sqrt[3]{49}$,

c) $\frac{2}{3}\sqrt{30} - \sqrt{30} + \frac{1}{3}\sqrt{30} + \frac{2}{5}\sqrt{30} - \frac{1}{3}\sqrt{30} = \frac{2}{5}\sqrt{30} - \frac{1}{3}\sqrt{30} = \frac{1}{15}\sqrt{30}$.

7. a) $\sqrt[20]{a^{15}} \cdot \sqrt[20]{a^4} = \sqrt[20]{a^{19}}$, b) $\sqrt[30]{a^{25} \cdot b^{52}}$, c) $|a| \cdot |b^3| \sqrt[12]{a^8 b^9}$.

8. a) $\sqrt[3]{a}$, b) $2\sqrt{2}$, c) $x^2 y^3$, d) $|a + b|$.

9. a) $\sqrt[4]{3^4} = 3$, b) $\sqrt[3]{3}$, c) $\sqrt{5}$, d) $\frac{|c|}{2}\sqrt[3]{7ab^2c}$.

e) $\sqrt[3]{-2} = -\sqrt[3]{2}$.

10. a) $\sqrt[4]{27}$, b) $\sqrt{a}$, c) $\sqrt[3]{a}$, d) $\sqrt[6]{a^2 b}$, e) $\sqrt[8]{2^7}$, f) $\sqrt[27]{3^{13}}$,

g) $\sqrt{\frac{2\sqrt{2}}{2}} = \sqrt[4]{2}$, h) $\sqrt[6]{a}$, i) $\frac{1}{|b|}\sqrt[6]{a^2 b^5}$.

§ 29. Rationalmachen des Nenners.

1. a) $\frac{11(7 + 3\sqrt{3})}{49 - 27} = \frac{7 + 3\sqrt{3}}{2}$, b) $\frac{3\sqrt{5} - 2\sqrt{7}}{17}$,

c) $\frac{12\sqrt{15}(3\sqrt{5} - 4\sqrt{3})}{45 - 48} = -4(3\sqrt{75} - 4\sqrt{45}) = 12(4\sqrt{5} - 5\sqrt{3})$.

2. a) $5 + 2\sqrt{6}$, b) $\sqrt{a} - \sqrt{b}$, c) $\frac{5\sqrt{15} + 1}{22}$, d) $\frac{13\sqrt{10} - 9\sqrt{15}}{19}$.

3. a) $\frac{(2 - \sqrt{2}) - \sqrt{3}}{(2 - \sqrt{2})^2 - 3} = \frac{2 - \sqrt{2} - \sqrt{3}}{3 - 4\sqrt{2}} = \frac{2 - 5\sqrt{2} + 3\sqrt{3} + 4\sqrt{6}}{23}$,

b) $\frac{12 + 7\sqrt{2} + 5\sqrt{3} + \sqrt{6}}{23}$, c) $\sqrt{2} - \sqrt{3} + \sqrt{5}$, d) $2 - \sqrt{3}$.

§ 31. Gebrochene Exponenten.

1. a) $a^{\frac{7}{5}}$, b) $a^{-\frac{4}{3}}$, c) $a^{-\frac{3}{4}}$, d) $a^{-\frac{3}{4}}$.

2. a) $\sqrt[5]{3^3}$, b) $\frac{1}{\sqrt[5]{a^3}}$, c) $\sqrt[7]{(-a)^3} = -\sqrt[7]{a^3}$, d) $\sqrt[4]{-a^3}$,

e) $\dfrac{1}{\sqrt[5]{(-3)^4}} = \dfrac{1}{\sqrt[5]{81}} = \frac{1}{3}\sqrt[5]{3}$, f) $-\sqrt[3]{a^2}$,

g) $\sqrt[3]{(-a)^2} = \sqrt[3]{a^2}$, h) $\dfrac{1}{\sqrt[6]{-a^5}} = \dfrac{1}{a}\sqrt[6]{-a}$.

3. a) $(2\cdot 27)^{\frac{2}{3}} = (2\cdot 3^3)^{\frac{2}{3}} = 2^{\frac{2}{3}}\cdot 3^2 = 9\sqrt[3]{4}$, b) -32, c) 9, d) -9,
e) $\frac{1}{9}$, f) $-\frac{1}{9}$, g) $\frac{1}{2}\sqrt{3}$, h) $-\frac{1}{2}\sqrt{3}$, i) $\frac{9}{4}\sqrt[3]{9}$.

4. a) a, b) $a^{\frac{17}{12}} = a\sqrt[12]{a^5}$, c) $\sqrt[15]{a^{14}}$, d) $a^{\frac{19}{15}} = a\sqrt[15]{a^4}$,
e) $\sqrt[24]{b}$.

5. a) $a^{-\frac{3}{2}} = \dfrac{1}{a\sqrt{a}}$, b) $\sqrt[5]{a^2}$, c) $\sqrt[3]{(a-b)^2}$.

§ 37. Quadratische Gleichungen.

1. a) $x(3x-8)=0$, $x_1 = 0$, $x_2 = \frac{8}{3}$.
b) $36x(x+3) = 0$, $x_1 = 0$, $x_2 = -3$.
c) $5x - 2 = 0$, $x_1 = \frac{2}{5}$, $2x + 1 = 0$, $x_2 = -\frac{1}{2}$.
d) $x_1 = -\dfrac{b}{a}$, $x_2 = \dfrac{d}{c}$.

2. a) 2, -8, b) -3, -9, c) 6, $\frac{2}{3}$, d) $\frac{5}{3}$, $-\frac{6}{5}$.

3. a) $\frac{1}{2}$, $-\frac{1}{5}$, b) $\frac{3}{20}$, $-\frac{2}{5}$, c) $-\frac{3}{5}$, $-\frac{2}{3}$, d) 8, $\frac{1}{2}$,
e) $\frac{3}{2} \pm \frac{1}{2}\sqrt{5}$, f) $-\frac{7}{2} \pm \frac{1}{2}\sqrt{5}$, g) $2 \pm i$, h) $6 \pm i\sqrt{2}$,
i) $\frac{2}{3}(6 \pm \sqrt{3})$.

4. a) H.N. $x^2 - 16$, $x^2 + 8x = 0$; $x_1 = 0$, $x_2 = -8$.
b) H.N. $x^2 - 1$, $x^2 - 2x - 8 = 0$; 4, -2.
c) H.N. $8x(x+3)$, $2x^2 - 19x - 33 = 0$; 11, $-\frac{3}{2}$.
d) H.N. $6x(3x-2)$, $15x^2 - 26x + 8 = 0$; $\frac{4}{3}$, $\frac{2}{5}$.
e) H.N. $x(x+a)$, $x^2 - 3ax + 2a^2 = 0$; $2a$, a.
f) H.N. $24(x+6a)(x-6a)$, $6x^2 - 60ax - 336a^2 = 0$; $14a$, $-4a$.
g) H.N. $x(x+3)(x-1)$, $-5x^2 + 14x + 3 = 0$; 3, $-\frac{1}{5}$.
h) H.N. $(x+2)(x+4)(x+10)$, $-5x^2 + 4x + 12 = 0$; 2, $-\frac{6}{5}$.
i) H.N. $5x(2x+1)(2x-1)$, $138x^2 - 5x - 17 = 0$; $\frac{17}{46}$, $-\frac{1}{3}$.
k) H.N. $6(2x+3)\cdot(2x-3)$, $2x^2 - 15x + 25 = 0$; 5, $\frac{5}{2}$.

5. b) ± 10, $\pm 10\sqrt{2}\cdot i$, c) $\pm\frac{1}{2}\sqrt{31}$, $\pm\frac{1}{2}$, d) $z = x^2 - 9x$,
$z_1 = -14$, $z_2 = -20$, $x_1 = 7$, $x_2 = 2$, $x_3 = 5$, $x_4 = 4$.

6. $v_m : v_1 = v_2 : v_m$, $v_m{}^2 = v_1\cdot v_2$, $v_m = 62{,}05$ km/h.

7. Man führe $10^{-4}t = x$ als neue Unbekannte ein; dann wird

$$(10^{-4}t)^2 + \frac{2}{3}(10^{-4}t) = \frac{1}{3}10^{-3};$$

$$x^2 + \frac{2}{3}x = \frac{1}{3}10^{-3};$$

$$x_1 = -\frac{1}{3} + \frac{1}{3}\sqrt{1{,}003} \approx \frac{1}{3}(-1 + 1{,}0015) = 0{,}0005; \quad t \approx 5^0.$$

8. $\frac{1}{g} + \frac{1}{b} = \frac{1}{30}, \quad g - b = 25.$

Durch Elimination von g aus beiden Gleichungen erhält man nach Vereinfachung:

$$b^2 - 35b = 750, \quad b_1 = 50 \text{ cm}, \quad g_1 = 75 \text{ cm}.$$

9. $t^2_{1,2} = 1875 \pm 1625, \quad t_1^2 = 3500, \quad t_1 = 59{,}2$ (sec),
$t_2^2 = 250, \quad t_2 = 15{,}8$ (sec).

(1625 ist ein angenäherter Wert für die Wurzel.)
Nur der kleinere Wert ist brauchbar. Warum der andere nicht?

10. a) $B^2 - 4AC = 16$, 2 reelle Wurzeln,

b) $B^2 - 4AC = -131$, 2 konjugiert komplexe Wurzeln,

c) $B^2 - 4AC = 0$, 1 Doppelwurzel.

11. a) $x^2 - 2x - 15 = 0$, b) $x^2 + 3x + 2 = 0$, c) $x^2 - 4x + 13 = 0$

d) $x^2 + 38x + 298 = 0$, e) $x^2 - x - \frac{1}{2} = 0$, f) $x^2 + 4x + 40 = 0$.

12. $3x^2 + 6x - 45 = 0$.

13. a) Da das Absolutglied positiv ist, müssen beide Wurzeln entweder positiv oder negativ sein. Der Koeffizient des linearen Gliedes ist negativ, demnach müssen die Wurzeln positiv sein.

b) 2 negative Wurzeln.

c) Das Absolutglied ist negativ, daher müssen die Wurzeln entgegengesetzte Vorzeichen haben; wegen des negativen Koeffizienten des linearen Gliedes muß die absolut größere Wurzel positiv sein.

d) Die absolut größere Wurzel ist negativ, die andere positiv.

14. a) $(x-2)(x-7) = 0$, b) $(x+3)(x+5) = 0$,

c) $(x+12)(x-3) = 0$, d) $(x-7)(x+2) = 0$.

15. a) Nach Viëta muß sein $x_2 = \frac{q}{x_1}$,

folglich ist $x_2 = (-2{,}3336) : 0{,}5 = -4{,}6672$, b) $x_2 = -\frac{11}{15}$,

c) $x_2 = -\frac{3}{34}$.

Bei b) und c) bringt man die Gleichungen erst auf die Form:

$$x^2 + \frac{B}{A}x + \frac{C}{A} = 0.$$

16. a) $\frac{(x-7)(x-2)}{(x-7)(x+2)} = \frac{x-2}{x+2}$, b) $\frac{(x+4)(x-3)}{(x+4)(x+5)} = \frac{x-3}{x+5}$,

c) $\frac{(x-5)(x+3)}{(x-5)(x-2)} = \frac{x+3}{x-2}$, d) $\frac{(x+6)(x-1)}{(x+6)(x+3)} = \frac{x-1}{x+3}$.

Vorausgesetzt, daß im Falle a) $x \neq 7$, b) $x \neq -4$, c) $x \neq 5$, d) $x \neq -6$ ist; denn durch Null darf nicht dividiert werden!

§ 38. Näherungslösungen.

1. a) $\bar{x}_2 = -0{,}2$; Fehler: $+\frac{0{,}2^2}{10000} = 4 \cdot 10^{-6}$; relativer Fehler: $0{,}02\,‰$.

$\bar{x}_1 = -9999{,}8$; Fehler: $-4 \cdot 10^{-6}$; relativer Fehler: $4 \cdot 10^{-7}\,‰$.

b) $\bar{x}_2 = +0{,}2$; Fehler: $+\frac{0{,}04}{65} = 0{,}6 \cdot 10^{-3}$; relativer Fehler: $\frac{1}{3}\,\%$.

$\bar{x}_1 = -65{,}2$; Fehler: $-0{,}6 \cdot 10^{-3}$, also ist der rel. Fehler etwa $\frac{1}{100}\,‰$.

§ 39. Wurzelgleichungen.

1. a) $104x - 428$, $x = -4\frac{3}{26}$, Probe: $18\sqrt{-\frac{1}{13}} = 18\sqrt{-\frac{1}{13}}$;

b) $49x = 539$, $x = 11$, Probe: $7 = 7$.

Durch das erste Quadrieren erhält man:

$$\sqrt{x^2 + 3x - 10} - 2 = \sqrt{x^2 + 7x - 98}\,.$$

Bei zwei Wurzeln läßt man auf jeder Seite eine Wurzel und quadriert. Die übrigbleibende Wurzel wird isoliert und die Gleichung zum drittenmal quadriert.

c) Bringt man alles auf den Hauptnenner, so bleibt links nur eine Wurzel übrig, da man für $\sqrt{3x + 12}$ schreiben kann $\sqrt{3} \cdot \sqrt{x + 4}$,

$$-3x = 16, \quad x = -\tfrac{16}{3}.$$

Probe: linke Seite: $8\sqrt{-1}$; rechte Seite: $\dfrac{-16}{2\sqrt{-1}} = \dfrac{-8\sqrt{-1}}{-1} = 8\sqrt{-1}$.

d) $25x = 150$, $x = 6$, Probe: $10 = 10$.

2. a) $13x^2 - 174x + 581 = 0$; $x_1 = 7$, $[x_2 = 6\frac{5}{13}]$.

Probe für x_1: $0 = 0$; für x_2: $2\sqrt{\frac{2}{13}} \,\|\, 4\sqrt{\frac{2}{13}}$.

b) $13x^2 - 144x + 396 = 0$; $x_1 = 6$, $x_2 = 5\frac{1}{13}$.

Probe für x_1: $3 = 3$; für x_2: $15\sqrt{\frac{1}{13}} = 15\sqrt{\frac{1}{13}}$.

c) $15x^2 - 82x - 161 = 0$; $x_1 = 7$, $[x_2 = -1\frac{8}{15}]$.

Probe für x_1: $16 = 16$; für x_2: $-18\sqrt{-\frac{1}{15}} \,\|\, +48\sqrt{-\frac{1}{15}}$.

d) $11x^2 + 5x - 1150 = 0$; $x_1 = 10$, $[x_2 = -10\frac{5}{11}]$.

Probe für x_1: $2 = 2$; für x_2: $-\sqrt{-\frac{1}{11}} \,\|\, +\sqrt{-\frac{1}{11}}$.

§ 41. Ungleichungen.

1. a) $x > \frac{1}{3}\sqrt{6}$, b) $-6x > 4$, folglich $6x < -4$, $x < -\frac{2}{3}$, c) $x < -63$,

d) $\dfrac{5}{x} - \dfrac{4}{x} > 10$, $\dfrac{1}{x} > 10$, $x < \frac{1}{10}$, e) $x > -\frac{35}{48}$.

2. a) $x + 6 < +5$, $x_1 < -1$; $x + 6 > -5$, $x_2 > -11$.

Also $-11 < x < -1$.

b) $-4 < x < +10$.

c) $x^2 + 3x < 4$, $(x + \frac{3}{2})^2 < 4 + \frac{9}{4}$, $(x + \frac{3}{2})^2 < \frac{25}{4}$, $x + \frac{3}{2} < +\frac{5}{2}$, $x_1 < 1$; $x + \frac{3}{2} > -\frac{5}{2}$, $x_2 > -4$. Also $-4 < x < 1$.

d) $-1\frac{1}{2} < x < 10\frac{1}{2}$,. e) $-2 < x < +3$.

§ 42. Begriff des Logarithmus.

1. a) $2^x = 32 = 2^5$, $x = 5$, b) 3, c) 4, d) $\frac{1}{3}$, e) 1, f) 0, g) $\frac{1}{4}$

2. a) -3, b) -4, c) 3, d) 3, e) -2, f) -4, g) $(-1) + (-1) = -2$.

3. a) 8, b) 49, c) 4096.

4. a) $x^3 = 2197$, $x = 13$, b) 73, c) 9.

§ 43. Die logarithmische Funktion.

1. Man schreibe dafür die Potenzgleichung $2{,}5^y = x$ und berechne für ganzzahlige y die Werte von x.

y	0	1	2	3 ...	−1	−2	−3 ...
x	1	2,5	6,25	15,625 ...	0,4	0,16	0,064 ...

§ 44. Logarithmengesetze.

1. a) $\log u + \log v + \log w$, b) $\log 8 + \log (p + q)$,
   c) $\log u - \log v - \log w$,
   d) $\log a + \log (x + y) - \log 6 - \log c$.
2. a) $\log a + 5 \log c$, b) $5 (\log a + \log c)$, c) unverändert,
   d) $-2 \log u - 3 \log v$.
3. a) $\frac{1}{3} (2 \log u + 5 \log v)$, b) $\frac{1}{2} \log (x - y) - \log (x + y)$,
   c) $-\frac{1}{4} (\log a + \log c)$, d) $\log x + \frac{1}{2} \log (y + z)$.
4. a) $\log \frac{u w}{v}$, b) $\log \frac{u v^2}{w^5}$, c) $\log \sqrt[3]{u} \cdot \sqrt{v} \cdot \sqrt[5]{w}$,

   d) $\log \frac{\sqrt{u - v}}{\sqrt[3]{u + v}}$, e) $\log \frac{\sqrt[3]{u^2 + v^2}}{\sqrt{u^2 - v^2}}$.
5. a) $x = 2$, b) 4, c) $\left(\frac{3}{4}\right)^{5x-7} = \left(\frac{4}{3}\right)^{2x-28} = \left(\frac{3}{4}\right)^{-2x+28}$, $x = 5$.

§ 46. Der Zehnerlogarithmus.

1. 2,4362 0,4362 — 1 4,9410 0,8774 — 2 0,8116.
2. Man gebe stets jeden Numerus vierstellig an, unter Anfügung der entsprechenden Zahl von Nullen, um anzudeuten, daß es nicht ein auf zwei oder drei Stellen abgerundeter Wert ist.

   0,004020 1660₀₀ [1]) 79,00 5,070 0,01970.
3. a) $\ln 100 = \lg 100 \cdot 2{,}3026 = 2 \cdot 2{,}3026 = 4{,}6052$, b) 6,9077.
4. $\lg \frac{1}{2}$ ist eine negative Zahl. Multipliziert man aber $3 > 2$ mit einer negativen Zahl p, so gilt $3p < 2p$, daher $3 \lg \frac{1}{2} < 2 \lg \frac{1}{2}$.

§ 47. Interpolation.

1. a) 0,3702 1,5268 0,6620 — 1 2,8097.
   b) 4,8689 0,9698 — 2 0,5713 — 3 0,8950 — 5.
2. a) 0,1020 362,8 10,23 0,2191.
   b) 7647_0 0,01965 0,0007768 0,004641.

§ 49. Anwendungen.

1. a) 1475, b) 0,002712.
2. a) 603,1, b) 0,9460, c) 4,871.
3. a) 1089_{000}, b) $\left(\frac{1726}{767}\right)^3 = 11{,}39$.
4. a) 0,5567, b) 5,786, c) 1,646.
5. a) 3,441, b) 125,8.
6. a) 6,551, b) 3,378.
7. a) Die Differenz im Zähler wird negativ und somit auch der Wert des Bruches. Logarithmisch wird der absolute Wert berechnet und das negative Vorzeichen erst im Endergebnis berücksichtigt.

   $x = -0{,}04302$, b) $\frac{4{,}92}{-1{,}96} = -2{,}51$.

---

[1]) Die kleingeschriebenen Nullen geben nur noch den Stellenwert an, sind aber nicht durch die Tafel gefunden. Es empfiehlt sich daher, $1{,}660 \cdot 10^5$ zu schreiben. Die Null hinter der 6 darf nicht fortgelassen werden. Sie bedeutet, daß diese Stelle noch bekannt ist. Rechnet man mit ungenauen, z. B. abgerundeten Zahlen, so ist 1,660 eine Zahl, deren Fehler eine Zehnerpotenz kleiner ist als der von 1,66.

8. $99^9 < (9^9)^9 < 9^{99} < 9^{(9^9)}$,

$99^9 = 9{,}128 \cdot 10^{17}$, $9^{81} \approx 1{,}95 \cdot 10^{77}$, $9^{99} \approx 2{,}9 \cdot 10^{94}$, $9^{(9^9)} = 9^{387100000}$.

Die letzte Zahl hat etwa 369 370 000 Ziffern. 9^{81} und 9^{99} kann man bei Benutzung vierstelliger Logarithmen nur auf etwa 2 Stellen genau angeben. Denn bei Multiplikation eines vierstelligen Logarithmus z. B. mit 100 kennt man im Resultat nur zwei Stellen der Mantisse, und zu einer zweistelligen Mantisse kann man den Numerus auch nur auf etwa zwei Stellen angeben.

9. a) $x = \frac{\lg 0{,}005736}{\lg 100} = \frac{0{,}7586 - 3}{2} = 0{,}8793 - 2 = -1{,}1207$,

b) 20,72, c) —0,4644.

10. a) $x = \frac{\lg 120}{\lg 4{,}95} = 2{,}993$, b) 6,550, c) 1,697.

11. a) $4^x = 5^{1,41}$, $x \cdot \lg 4 = 1{,}41 \cdot \lg 5$, $x = \frac{1{,}41 \cdot \lg 5}{\lg 4} = 1{,}637$.

b) 0,3043, c) 3,001, d) 2,832 (auf fünf Stellen genauer Wert 2,8332).

§ 51. Arithmetische Reihe.

1. Die Endpunkte liegen auf einer Geraden.

2. a) $\frac{n(n+1)}{2}$, b) $n(n+1)$, c) n^2.

3. $a_n = a + (n-1)d$, $a_{n+1} = a + nd$, $a_{n+2} = a + (n+1)d$.

Arithmetisches Mittel $\frac{a_n + a_{n+2}}{2} = a + nd \equiv a_{n+1}$.

4. a) $a = 5$, $a_9 = 17$, $n = 9$, daher $d = \frac{3}{2}$.

b) m neue Glieder erfordern $(m+1)$ Differenzen. Folglich gilt:

$$(m+1) \cdot x = d. \quad x = \frac{d}{m+1}.$$

Beispiel: $d = 12$, $m = 7$, also $x = \frac{12}{8} = \frac{3}{2}$.

5. $n = 24$, $a_n = 34$.

6. $a = 110$, $a_n = 990$, $d = 11$. Folglich $n = 81$, $s_n = 44550$.

7. a) Länge der Halbkreisbogen: $l_1 = \pi r$, $l_2 = \pi(r + e)$, $l_3 = \pi(r + 2e)$; ... $l_n = \pi[r + (n-1)e]$.

Es liegt eine arithmetische Folge vor.

b) $L = \frac{\pi n}{2}[2r + (n-1)e]$, c) $l_{22} = 12\pi$, $L = 148{,}5\pi$.

8. $T = 2\pi\left(r + \frac{d}{2}\right) + 2\pi\left(r + \frac{3d}{2}\right) + 2\pi\left(r + \frac{5d}{2}\right) + \ldots + 2\pi\left(r + \frac{2n-1}{2}d\right)$

Arithmetische Reihe mit der Differenz $2\pi d$; folglich:

$T = 2\pi(2r + nd)\frac{n}{2} = \pi n(2r + nd)$, $n = \frac{1}{d}\left(-r + \sqrt{\frac{Td}{\pi} + r^2}\right)$,

$R = r + nd = \sqrt{\frac{T \cdot d}{\pi} + r^2}$. Beispiel: $n = 17$; $R = 2{,}04$ m.

9. 1. Gruppe: Arbeitszeitverlust:

je Mann pro Gruppe $(t_1 + t_2) + t_1 \qquad = 2\,t_1 + t_2\,.$

2. „ „ $(t_1 + t_2) + (t_1 + t_2) + t_1$

$= 2\,(t_1 + t_2) + t_1 \qquad = 3\,t_1 + 2\,t_2.$

3. „ „ $2\,(t_1 + t_2) + (t_1 + t_2) + t_1$

$= 3\,(t_1 + t_2) + t_1 \qquad = 4\,t_1 + 3\,t_2.$

.
.
.

$q.$ „ „ $= (q + 1)\,t_1 + q \cdot t_2$

Gesamtverlust, falls jede Gruppe nur einen Mann stark ist:

$$V_1 = \frac{q}{2}\,[t_1\,(q + 3) + t_2\,(q + 1)]\,.$$

Gesamtverlust für n Mann starke Gruppe:

$$V = \frac{N}{2}\,[t_1\,(q + 3) + t_2\,(q + 1] \qquad (N = nq).$$

Durchschnittsverlust je Mann: $\frac{1}{2}\,[t_1\,(q + 3) + t_2\,(q + 1)]$.

Beispiel: $V = 1350$ Min. $= 22\frac{1}{2}$ Std.; Durchschnitt: 15 Min.

10. q. Gruppe. Verlust je Mann: $t_1 + t_2$

$(q - 1)$. „ $2t_1 + t_2$

$(q - 2)$. „ $3t_1 + t_2$

.
.
.

1. „ $qt_1 + t_2$.

Gesamtverlust je n Mann aller Gruppen: $V = \frac{n \cdot q}{2}\,[(q + 1)\,t_1 + 2t_2]\,.$

Durchschnittsverlust: $\frac{1}{2}\,[(q + 1)\,t_1 + 2t_2]\,.$

Beispiel: $V = 1845$ Min. $= 30\frac{3}{4}$ Std. Durchschnitt: $20\frac{1}{2}$ Min.

§ 53. Endliche geometrische Reihe.

1. $q = \frac{1}{3}, \qquad s = \frac{19682}{2 \cdot 729} = 13\,\frac{364}{729}$ (Formel IIa).

2. a) Da das letzte Glied der Reihe negativ ist, muß n eine gerade Zahl sein.

$$s = \frac{a^n - b^n}{a + b}\,.$$

b) a_n ist positiv, daher n ungerade.

$$s = \frac{a^n + b^n}{a + b}\,.$$

Ergebnis: $a^n - b^n$ ist durch $(a + b)$ teilbar, wenn n gerade ist,

$a^n + b^n$ „ „ $(a + b)$ „ , „ n ungerade ist.

c) $1 - x + x^2 - \ldots - x^{n-1} = \dfrac{1 - x^n}{1 + x}, \qquad n$ gerade,

$1 - x + x^2 - \ldots + x^{n-1} = \dfrac{1 + x^n}{1 + x}, \qquad n$ ungerade.

3. 2 Tage $= 72 \cdot 40$ Min. $\quad a^n = 2^{72} \qquad 4{,}70 \cdot 10^{21}$ Bakterien.

4. $\left(\frac{11}{12}\right)^n = \frac{1}{2}$, $\qquad n = \frac{\lg 0{,}5}{\lg 11 - \lg 12} = \frac{0{,}3010}{0{,}0378} \approx 8$.

5. $q = \sqrt[n-1]{\frac{a_n}{a}} = \sqrt[7]{\frac{16}{243 \cdot 144}} = \sqrt[7]{\frac{1}{3^5 \cdot 3^2}} = +\frac{1}{3}$.

6. Aus Formel IIa: $q = \frac{s - a}{s - a_n} = \frac{5320}{7980} = \frac{2}{3}$,

$q^n = \frac{a_n \cdot q}{a}$, $\qquad q^n = \frac{256}{2916} \cdot \frac{2}{3} = \frac{128}{2187}$,

$n = \frac{\lg 128 - \lg 2187}{\lg 2 - \lg 3} = \frac{1{,}2326}{0{,}1761} = 7$.

7. Die Logarithmen lauten:

$\lg a$, $\quad \lg a + \lg q$, $\quad \lg a + 2 \lg q; \ldots$, $\quad \lg a + n \lg q$.

Sie bilden eine arithmetische Folge mit der Differenz $\lg q$.

8. a) Ist das gesuchte Intervall x, dann sind die Intervalle der Halbtöne bezogen auf den Grundton: x, x^2, x^3, ... x^{11}. Die Oktave hat demnach das Intervall: $\quad x^{12} = 2$.

Da $\lg \sqrt[12]{2} = 0{,}02508$, $\quad$ ergibt sich $\quad x = \sqrt[12]{2} = 1{,}0595$.

b) Intervalle Quinte-Grundton: $x^7 = \sqrt[12]{2^7} = 1{,}498$ bei temperierter, 1,500 bei reiner Stimmung.

Um den Fehler möglichst klein zu halten, multipliziert man lg 2 erst mit 7 und dividiert dann durch 12; dividiert man zuerst durch 12, muß man den Quotienten mindestens auf 5 Stellen ausrechnen.

9. $n_0 = 13$, $\qquad n_9 = 264$ Umdrehungen/Min. $\quad$ Dann ist:

$n_1 = n_0 q$, $\quad n_2 = n_0 q^2$, $\quad \ldots$, $\quad n_8 = n_0 q^8$, $\quad n_9 = n_0 q^9$,

$q^9 = \frac{n_9}{n_0} = \frac{264}{13}$, $\qquad q = \sqrt[9]{\frac{264}{13}} = 1{,}397$.

Die Umdrehungszahlen n_1, n_2 ... n_8 sind:

18,2, $\quad$ 25,4, $\quad$ 35,5, $\quad$ 49,6, $\quad$ 69,3, $\quad$ 96,8, $\quad$ 135,2, $\quad$ 188,9.

10.

Verbleibender Widerstand	Ausgeschalteter Widerstand (Stufe)
$R = 100000$	$R \cdot q$
$R_1 = R - Rq = R(1-q)$	$R(1-q) \cdot q$
$R_2 = R(1-q)^2$	$R(1-q)^2 \cdot q$
.	.
.	.
.	.
.	.
$R_{11} = R(1-q)^{11}$	$R(1-q)^{11} \cdot q$
$R_{12} = R(1-q)^{12} = 2.$	

Die verbleibenden Widerstände wie die Stufen bilden geometrische Folgen mit dem Quotienten $(1 - q)$.

Aus $R(1-q)^{12} = 2$ folgt: $1 - q = \sqrt[12]{2 \cdot 10^{-5}}$, $\qquad q = 0{,}5941$.

1. Widerstandsstufe: 59410 Ohm, 12. Stufe: $59410 \cdot 0{,}4059^{11} = 2{,}93$ Ohm.

11. Aus ähnlichen Dreiecken folgt:

(1) $$l_0 : l_1 = s_1 : s_2 = 1 : q$$

ferner

(2) $$l_1 : l_2 = l_2 : l_3 = l_3 : l_4 = \ldots = l_{n-1} : l_n$$
$$= s_1 : s_2 = s_2 : s_3 = \ldots = s_{n-1} : s_n$$
$$= h_1 : h_2 = h_2 : h_3 = \ldots = h_{n-1} : h_n = 1 : q.$$

Somit ergibt sich:

$$\begin{array}{lll} l_1 = l_0 \cdot q & s_2 = s_1 \cdot q & h_2 = h_1 \cdot q \\ l_2 = l_1 \cdot q = l_0 \cdot q^2 & s_3 = s_1 \cdot q^2 & h_3 = h_1 \cdot q^2 \\ \cdot & \cdot & \cdot \\ \cdot & \cdot & \cdot \\ \cdot & \cdot & \cdot \end{array}$$

(3) $l_n = l_0 \cdot q^n$ (4) $s_n = s_1 q^{n-1}$ (5) $h_n = h_1 \cdot q^{n-1}$.

Aus Gleichung (3):

(6) $$q_0 = \sqrt[n]{\frac{l_n}{l_0}}.$$

1. **Ergebnis**: Die Größen $l_0 \ldots l_n$, $s_1 \ldots s_n$, $h_1 \ldots h_n$ bilden geometrische Zahlenfolgen mit dem Quotienten q.

a) Da l_0 und l_n gegeben sind, lassen sich alle Waagerechten berechnen.

b) Berechnung der Höhen:

$$H = h_1 + h_2 + \ldots + h_n = h_1 \frac{q^n - 1}{q - 1},$$

somit:

(7) $$h_1 = H \frac{q-1}{q^n - 1}$$

und allgemein:

(8) $$h_i = H \frac{q-1}{q^n - 1} q^{i-1} \qquad (i = 1, 2, \ldots n).$$

c) Berechnung der Schrägen:

$$s_1 = \sqrt{h_1^2 + \left(l_0 + \frac{l_1 - l_0}{2}\right)^2} = \sqrt{h_1^2 + \left(\frac{l_0 + l_1}{2}\right)^2}$$

$$s_i = q^{i-1} \cdot s_1 \qquad (i = 1, 2, \ldots n).$$

d) Zahlenbeispiel: $q = \sqrt[5]{1,8} = 1,125.$

(lg 1,8 = 0,2553; $\frac{1}{5}$ lg 1,8 = 0,05106. Mit diesem fünfstelligen Wert rechne man q^2 usw. aus.)

i	lg q^i	q^i	l_i [m]	h_i [m]	s_i [m]
1	$0{,}0510_6$	1,125	5,625	2,34	$5{,}80_5$
2	$0{,}1021_2$	1,265	6,325	2,63	6,53
3	$0{,}1531_8$	1,423	7,115	2,96	7,34
4	$0{,}2042_4$	1,600	8,000	3,33	8,26
5	$0{,}2553_0$	1,800	9,000	3,74	9,29

12. Lösung für $n = 4$ Wagen.

Es bedeutet: + beladen, (+) bereits beladene Wagen, — abfahren, entladen, zurückfahren, (—) wartet leer.

1	2	3	4	beladen	abgefahren
+				1	/
— +	+ (+)			2	1
— + — +	— (—) + (+)	+ (+) (+) (+)		4	3
— + — + — + — +	— (—) + (+) — (—) + (+)	— (—) (—) (—) + (+) (+) (+)	+ (+) (+) (+) (+) (+) (+) (+)	8	7
—	—	—	—		4
			Summe	15	15

Es können also, ehe der Ladevorgang unterbrochen werden muß, da alle 4 Wagen gleichzeitig weggefahren und entladen werden, $1 + 2 + 2^2 + 2^3 = 15$ Wagen beladen werden. Bei $n = 5$ Wagen würden es $1 + 2 + 2^2 + 2^3 + 2^4 = 31$ Wagen sein.

Nach der Summenformel berechnet:

$$s = 1\,\frac{2^5 - 1}{2 - 1} = 31,$$

somit allgemein bei n Wagen $s_n = 2^n - 1$ Wagen.

Beweis durch Schluß von n auf $n + 1$, vgl. § 57. Die Formel sei für n richtig; hat man nun $n + 1$ Wagen, so werden zunächst in obiger Weise die ersten n Wagen beladen. Das gibt $2^n - 1$ Ladungen. Eine weitere Ladung erhält man dann durch Beladung des $(n + 1)$-ten Wagens. Anschließend werden wieder die zurückgeschobenen n ersten Wagen beladen. Also ist:

$$s_{n+1} = (2^n - 1) + 1 + (2^n - 1) = 2^{n+1} - 1.$$

§ 55. 1. a) $3 + 5 + 7 + 9$, b) wie a), vgl. Fußnote auf S. 68,

c) $0 + 1 + 8 + 27$, d) $0 + \frac{1}{3} + \frac{2}{5}$,

e) $a^6 + a^5 b + a^4 b^2 + a^3 b^3 + a^2 b^4 + a b^5 + b^6$,

f) $\frac{1}{2} + \frac{1}{6} + \frac{1}{12} + \frac{1}{20} + \frac{1}{30}$.

2. a) $1 + 4 + 9 + \cdots + (n - 2)^2 + (n - 1)^2 + n^2$,

b) $1 + \frac{1}{2} + \frac{1}{3} + \cdots + \frac{1}{m - 3} + \frac{1}{m - 2} + \frac{1}{m - 1}$,

c) $-2 + \frac{1}{2} + \frac{4}{3} + \cdots + \frac{3s - 8}{s - 1} + \frac{3s - 5}{s} + \frac{3s - 2}{s + 1}$.

3. a) $\sum_{k=1}^{5} k x$, b) $\sum_{k=0}^{3} (x - k y)$, c) $\sum_{k=0}^{4} \frac{a + c k}{b + 2 d k}$.

d) $\sum_{k=1}^{6} \frac{(-1)^{k+1} k}{2k+1}$, e) $\sum_{k=1}^{20} \frac{1}{5k-2}$, f) $\sum_{k=1}^{4} \frac{1}{(2k-1)\,2k}$,

g) $\sum_{k=1}^{8} \frac{1}{(2k-1)(2k+1)} = \sum_{k=1}^{8} \frac{1}{4k^2-1}$.

4. $n_2 - n_1 + 1$.

5. a) $\sum_{m=1}^{10} \frac{1}{2m}$, b) $\sum_{k=6}^{10} k^2$,

c) In den Nennern der ersten Summe treten alle geraden Zahlen zwischen 2 und 10 auf, in den Nennern der zweiten Summe alle ungeraden Zahlen zwischen 1 und 9. Man kann also zusammenfassend schreiben: $\sum_{k=1}^{10} \frac{1}{k}$.

d) $k \cdot n$ (alle Glieder der Summe sind gleich!),

e) $\sum_{k=1}^{n} (k+2)^2 = \sum_{k=3}^{n+2} k^2$,

f) $\sum_{k=1}^{n} \frac{1}{k} - \sum_{k=1}^{n} \frac{1}{k+1} = \sum_{k=1}^{n} \frac{1}{k} - \sum_{k=2}^{n+1} \frac{1}{k} = 1 - \frac{1}{n+1}$.

g) $\sum_{k=1}^{n-1} \frac{1}{k^2} - \sum_{k=2}^{n} \frac{1}{k^2} = 1 - \frac{1}{n^2}$.

6. $s = \sum_{k=0}^{n-1} (a + k\,d) = \sum_{k=0}^{n-1} a + \sum_{k=0}^{n-1} k d = n a + d \sum_{k=1}^{n-1} k$.

§ 60. Binomischer Satz.

1. a) $x^7 + 7x^6y + 21x^5y^2 + 35x^4y^3 + 35x^3y^4 + 21x^2y^5 + 7xy^6 + y^7$,

b) $32x^5 - 240x^4y + 720x^3y^2 - 1080x^2y^3 + 810xy^4 - 243y^5$,

c) $1 - 8x + 28x^2 - 56x^3 + 70x^4 - 56x^5 + 28x^6 - 8x^7 + x^8$.

d) $\frac{a^4}{16} + \frac{a^3b}{6} + \frac{a^2b^2}{6} + \frac{2ab^3}{27} + \frac{b^4}{81}$.

2. a) $2\left[1 + \binom{6}{2} a^2 + \binom{6}{4} a^4 + a^6\right] = 2(1 + 15a^2 + 15a^4 + a^6) = 2 \sum_{k=0}^{3} \binom{6}{2k} a^{2k}$,

b) $2\sqrt{x}\,(7 + 35x + 21x^2 + x^3) = 2\sqrt{x} \sum_{k=0}^{3} \binom{7}{2k+1} x^k$.

3. a) $2^n = \binom{n}{0} + \binom{n}{1} + \binom{n}{2} + \dots + \binom{n}{n} = \sum_{k=0}^{n} \binom{n}{k}$,

b) $0 = \binom{n}{0} - \binom{n}{1} + \binom{n}{2} - \dots + (-1)^n \binom{n}{n} = \sum_{k=0}^{n} (-1)^k \binom{n}{k}$.

4. a) $\left(1 + \frac{1}{10}\right)^7 = 1 + 0{,}7 + 0{,}21 + 0{,}035 + 0{,}0035 + 0{,}00021 + 0{,}000007 + \dots$
$= 1{,}9487$,

b) $0{,}98^5 = (1 - 0{,}02)^5 = 1 - 5 \cdot 0{,}020 + 10 \cdot 0{,}0004 - 10 \cdot 0{,}000008 + \dots$
$= 1 + 0{,}004 - 0{,}1 - 0{,}00008 = 0{,}9039$,

c) $1{,}03^6 = (1 + 0{,}03)^6 = 1 + 0{,}18 + 15 \cdot 0{,}0009 + 20 \cdot 0{,}000027$
$+ 15 \cdot 0{,}00000081 + \dots = 1{,}18 + 0{,}0135 + 0{,}000540 + 0{,}00001215 + \dots$
$= 1{,}19405$.

d) $\left(\frac{49}{50}\right)^8 = \left(1 - \frac{1}{50}\right)^8 = \left(1 - \frac{2}{100}\right)^8$

$= 1 + 28 \cdot \left(\frac{2}{10^2}\right)^2 + 70 \cdot \left(\frac{2}{10^2}\right)^4 + 28 \cdot \left(\frac{2}{10^2}\right)^6 + \left(\frac{2}{10^2}\right)^8$

$- 8\left(\frac{2}{10^2}\right) - 56\left(\frac{2}{10^2}\right)^3 - 56 \cdot \left(\frac{2}{10^2}\right)^5 - 8 \cdot \left(\frac{2}{10^2}\right)^7$

$= 1 + 0{,}0112 + 0{,}00001120 - 0{,}16 - 0{,}000448 - 0{,}0000001792$

$\left(\frac{49}{50}\right)^8 = 0{,}850763.$

Goniometrie und Trigonometrie

§ 61. Gradmaß und Bogenmaß.

1. a) 0,6980, 2,269, 4,363, 6,980, 19,37.
   b) 0,3036, 0,4298, 3,982, 7,195, 5,517.

(Zur Umrechnung sind vierstellige Logarithmen benutzt. Bei Benutzung verschiedener Tafeln können Differenzen in den letzten Stellen auftreten.)

2. $\alpha^0 = \frac{180^0}{12} = 15^0$, $\frac{1800^0}{9} = 200^0$, $337{,}5^0$, $28{,}648^0$, $68{,}76^0$, $0{,}573^0$.

3. a) $b = r \cdot \bar{\alpha}$, b) $S = \frac{1}{2} r^2 \bar{\alpha}$.

§ 62. Winkelfunktionen im rechtwinkligen Dreieck.

1. a) 32^0, b) 37^0, c) $52\frac{1}{2}^0$, d) $57\frac{1}{2}^0$.

§ 65. Beziehungen zwischen den Funktionen desselben Winkels.

1.

	Ausgedrückt durch			
	sinus	cosinus	tangens	cotangens
$\sin\alpha =$	$\sin\alpha$	$\sqrt{1 - \cos^2\alpha}$	$\frac{\operatorname{tg}\alpha}{\sqrt{1 + \operatorname{tg}^2\alpha}}$	$\frac{1}{\sqrt{1 + \operatorname{ctg}^2\alpha}}$
$\cos\alpha =$	$\sqrt{1 - \sin^2\alpha}$	$\cos\alpha$	$\frac{1}{\sqrt{1 + \operatorname{tg}^2\alpha}}$	$\frac{\operatorname{ctg}\alpha}{\sqrt{1 + \operatorname{ctg}^2\alpha}}$
$\operatorname{tg}\alpha =$	$\frac{\sin\alpha}{\sqrt{1 - \sin^2\alpha}}$	$\frac{\sqrt{1 - \cos^2\alpha}}{\cos\alpha}$	$\operatorname{tg}\alpha$	$\frac{1}{\operatorname{ctg}\alpha}$
$\operatorname{ctg}\alpha =$	$\frac{\sqrt{1 - \sin^2\alpha}}{\sin\alpha}$	$\frac{\cos\alpha}{\sqrt{1 - \cos^2\alpha}}$	$\frac{1}{\operatorname{tg}\alpha}$	$\operatorname{ctg}\alpha$

Die Tabelle gilt nur für den I. Quadranten; für die übrigen Quadranten entnimmt man die Vorzeichen der Übersicht auf S. 83.

2. a) $\cos\alpha = \frac{3}{5}$, $\operatorname{tg}\alpha = \frac{4}{3}$, $\operatorname{ctg}\alpha = \frac{3}{4}$.
   b) $\sin\alpha = \frac{5}{13}$, $\operatorname{tg}\alpha = \frac{5}{12}$, $\operatorname{ctg}\alpha = \frac{12}{5}$.
   c) $\sin\alpha = \frac{3}{\sqrt{34}} = \frac{3}{34}\sqrt{34}$,. $\cos\alpha = \frac{5}{34}\sqrt{34}$, $\operatorname{ctg}\alpha = \frac{5}{3}$.
   d) $\sin\alpha = \frac{1}{\sqrt{17}} = \frac{1}{17}\sqrt{17}$, $\cos\alpha = \frac{4}{17}\sqrt{17}$, $\operatorname{tg}\alpha = \frac{1}{4}$.

3. a) $\sin\alpha \cdot \frac{\cos\alpha}{\sin\alpha} = \cos\alpha$, b) $\sin\alpha$, c) $\sin\alpha\sqrt{\frac{\sin^2\alpha + \cos^2\alpha}{\sin^2\alpha}} = 1.$

4. $\operatorname{ctg}\alpha = \frac{1-u^2}{2u}, \quad \sin\alpha = \frac{2u}{1+u^2}, \quad \cos\alpha = \frac{1-u^2}{1+u^2}.$

§ 66. Benutzung der Funktionstafeln.

1.

	0^0	30^0	45^0	60^0	90^0
sin	0	$\frac{1}{2}$	$\frac{1}{2}\sqrt{2}$	$\frac{1}{2}\sqrt{3}$	1
cos	1	$\frac{1}{2}\sqrt{3}$	$\frac{1}{2}\sqrt{2}$	$\frac{1}{2}$	0
tg	0	$\frac{1}{3}\sqrt{3}$	1	$\sqrt{3}$	—
ctg	—	$\sqrt{3}$	1	$\frac{1}{3}\sqrt{3}$	0

Man merke: $\sin 0^0 = \frac{1}{2}\sqrt{0}$, $\sin 30^0 = \frac{1}{2}\sqrt{1}$, $\sin 45^0 = \frac{1}{2}\sqrt{2}$,
$\sin 60^0 = \frac{1}{2}\sqrt{3}$, $\sin 90^0 = \frac{1}{2}\sqrt{4}$.

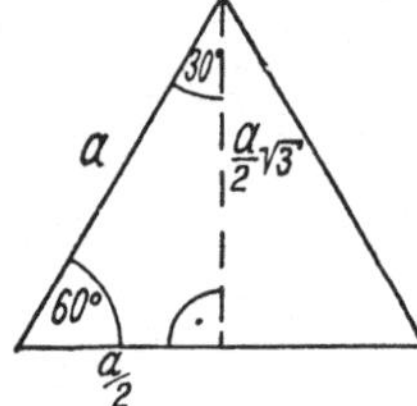

Abb. 146a.

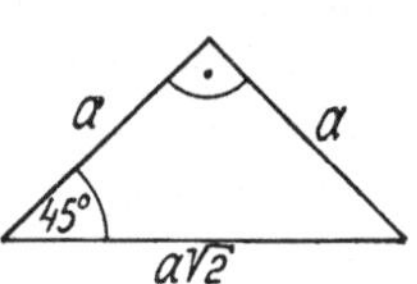

Abb. 146b.

2.

	a)	b)	c)	d)
A.				
sin	0,3057	0,9004	0,4248	0,9547
cos	0,9521	0,4349	0,9053	0,2977
tg	0,3211	2,071	0,4693	3,207
ctg	3,119	0,4830	2,131	0,3118
B.				
lg sin	0,4853 — 1	0,9545 — 1	0,6282 — 1	0,9799 — 1
lg cos	0,9787 — 1	0,6384 — 1	0,9568 — 1	0,4738 — 1
lg tg	0,5066 — 1	0,3160	0,6714 — 1	0,5061
lg ctg	0,4934	0,6840 — 1	0,3286	0,4939 — 1

3. a) $\alpha = 22{,}25^0$, $46{,}21^0$. b) $40{,}73^0$, $75{,}49^0$.
c) $32{,}46^0$, $66{,}84^0$. d) $5{,}46^0$, $55{,}66^0$.

§ 67. Trigonometrische Funktionen von nicht im ersten Quadranten liegenden Winkeln.

1. a) $\sin 118^0 = \sin(180^0 - 62^0) = \sin 62^0 = \sin(90^0 - 28^0) = \cos 28^0$
$= 0{,}8829$, $-\sin 53^0 = -\cos 37^0 = -0{,}7986$.

b) $-\cos 13^0 = -\sin 77^0 = -0{,}9744$,
$\cos 80^0 = \sin 10^0 = 0{,}1736$.

c) $-\operatorname{tg} 43^0 = -\operatorname{ctg} 47^0 = -0{,}9325$,
$\operatorname{tg} 66^0 = \operatorname{ctg} 24^0 = 2{,}246$.

d) $\operatorname{ctg} 77^0 = \operatorname{tg} 13^0 = 0{,}2309$,
$-\operatorname{ctg} 55^0 = -\operatorname{tg} 35^0 = -0{,}7002$.

2. a) $\alpha_1^0 = 57^0$, $\alpha_2^0 = 180^0 - \alpha_1^0 = 123^0$, $\alpha_3^0 = 180^0 + \alpha_1^0 = 237^0$, $\alpha_4^0 = 360^0 - 57^0 = 303^0$.

b) $\alpha_1^0 = 63{,}4^0$, $\alpha_2^0 = 180^0 - \alpha_1^0 = 116{,}6^0$, $\alpha_3^0 = 180^0 + \alpha_1^0 = 243{,}4^0$, $\alpha_4^0 = 360^0 - \alpha_1^0 = 296{,}6^0$.

c) $\alpha_1^0 = 67{,}8^0$, $\alpha_2^0 = 247{,}8^0$, $\alpha_3^0 = 112{,}2^0$, $\alpha_4^0 = 292{,}2^0$.

d) $\alpha_1^0 = 58^0$, $\alpha_2^0 = 238^0$, $\alpha_3^0 = 122^0$, $\alpha_4^0 = 302^0$.

3. a) $\cos 200^0 = -\cos 20^0 = -\sin 70^0$,

b) $-\sin 310^0 = \sin 50^0 = \cos 40^0$,

c) $\operatorname{tg} 70^0 = \operatorname{ctg} 20^0$, d) $-\operatorname{ctg} 920^0 = -\operatorname{ctg} 200^0 = -\operatorname{tg} 70^0$.

4. a) $y = -\sin x$, b) $y = \sin[-(\pi - x)] = -\sin(\pi - x) = -\sin x$,
c) $y = -\cos x$.

§ 69. Die Additionstheoreme.

1. $\operatorname{ctg}(\alpha + \beta) = \dfrac{\operatorname{ctg}\alpha \cdot \operatorname{ctg}\beta - 1}{\operatorname{ctg}\beta + \operatorname{ctg}\alpha}$, $\operatorname{ctg}(\alpha - \beta) = \dfrac{\operatorname{ctg}\alpha \cdot \operatorname{ctg}\beta + 1}{\operatorname{ctg}\beta - \operatorname{ctg}\alpha}$.

2. a) $\operatorname{tg}(45^0 + \alpha^0) = \dfrac{1 + \operatorname{tg}\alpha}{1 - \operatorname{tg}\alpha}$, b) $\operatorname{tg}(45^0 - \alpha^0) = \dfrac{1 - \operatorname{tg}\alpha}{1 + \operatorname{tg}\alpha}$, c) $\sin\alpha$,

d) $\dfrac{\cos\alpha - \sin\alpha}{\sqrt{2}} + \dfrac{\cos\alpha + \sin\alpha}{\sqrt{2}} = \dfrac{2\cos\alpha}{\sqrt{2}} = \sqrt{2}\cos\alpha$.

3. a) $\sin 22\tfrac{1}{2}^0 = \sqrt{\dfrac{1 - \cos 45^0}{2}} = \sqrt{\dfrac{1 - \frac{1}{2}\sqrt{2}}{2}} = \tfrac{1}{2}\sqrt{2 - \sqrt{2}} = \tfrac{1}{2}\sqrt{0{,}5858}$
$= 0{,}3827$,

$\cos 22\tfrac{1}{2}^0 = \tfrac{1}{2}\sqrt{2 + \sqrt{2}} = \tfrac{1}{2}\sqrt{3{,}4142} = 0{,}9239$,

$\operatorname{tg} 22\tfrac{1}{2}^0 = \dfrac{1 - \cos 45^0}{\sin 45^0} = \sqrt{2} - 1 = 0{,}4142$,

$\operatorname{ctg} 22\tfrac{1}{2}^0 = \dfrac{1 + \cos 45^0}{\sin 45^0} = \sqrt{2} + 1 = 2{,}4142$.

b) Geg. $\alpha^0 = 135^0$, $\cos 135^0 = -\cos 45^0 = -\tfrac{1}{2}\sqrt{2}$,
$\sin 135^0 = \sin 45^0 = \tfrac{1}{2}\sqrt{2}$.

$\sin 67\tfrac{1}{2}^0 = \sqrt{\dfrac{1 - \cos 135^0}{2}} = \sqrt{\dfrac{1 + \cos 45^0}{2}} = 0{,}9239$,

$\cos 67\tfrac{1}{2}^0 = \sqrt{\dfrac{1 - \cos 45^0}{2}} = 0{,}3827$,

$\operatorname{tg} 67\tfrac{1}{2}^0 = \dfrac{1 + \cos 45^0}{\sin 45^0} = 2{,}4142$,

$\operatorname{ctg} 67\tfrac{1}{2}^0 = \dfrac{1 - \cos 45^0}{\sin 45^0} = 0{,}4142$.

c) $\sin(45^0 - 30^0) = \sin 45^0 \cdot \cos 30^0 - \cos 45^0 \cdot \sin 30^0$
$= \tfrac{1}{4}(\sqrt{6} - \sqrt{2}) = \tfrac{1}{4} \cdot 1{,}0353 = 0{,}2588$,

$\cos 15^0 = \tfrac{1}{4}(\sqrt{6} + \sqrt{2}) = 0{,}9659$,

$\operatorname{tg} 15^0 = \dfrac{1 - \frac{1}{3}\sqrt{3}}{1 + \frac{1}{3}\sqrt{3}} = \dfrac{(3 - \sqrt{3})(3 - \sqrt{3})}{(3 + \sqrt{3})(3 - \sqrt{3})} = 2 - \sqrt{3} = 0{,}2679$,

$\operatorname{ctg} 15^0 = 2 + \sqrt{3} = 3{,}7321$.

d) $\sin 75^0 = \sin(45^0 + 30^0) = \tfrac{1}{4}(\sqrt{6} + \sqrt{2}) = 0{,}9659$,

$\cos 75^0 = \tfrac{1}{4}(\sqrt{6} - \sqrt{2}) = 0{,}2588$,

$\operatorname{tg} 75^0 = 2 + \sqrt{3} = 3{,}7321$,

$\operatorname{ctg} 75^0 = 2 - \sqrt{3} = 0{,}2679$.

4. $\sin(\alpha + 2\alpha) = 3\sin\alpha - 4\sin^3\alpha$.

5. (1) $\operatorname{tg}\alpha = \frac{h}{x}$, (2) $\operatorname{tg}2\alpha = \frac{h+l}{x}$ oder $\frac{2\operatorname{tg}\alpha}{1-\operatorname{tg}^2\alpha} = \frac{h+l}{x}$.

Eliminiert man aus beiden Gleichungen $\operatorname{tg}\alpha$, so erhält man:

$$x = h\sqrt{\frac{l+h}{l-h}},\quad \operatorname{ctg}\alpha = \sqrt{\frac{l+h}{l-h}}.$$

Für $h \gtreqless l$ gibt es keine reelle Lösung.

Zahlenbeispiel: $x = 3\sqrt{3}$ m $\approx 5{,}20$ m, $\alpha = 30^0$.

6. $$\alpha^0 = \frac{180^0 - \varphi^0}{2} = 90^0 - \frac{\varphi^0}{2},$$

$$\sin\alpha = \cos\frac{\varphi}{2} = \sqrt{\frac{1+\cos\varphi}{2}} = \sqrt{\frac{m}{m+n}},\qquad \cos\alpha = \sin\frac{\varphi}{2} = \sqrt{\frac{n}{m+n}},$$

$$\operatorname{tg}\alpha = \frac{\sin\alpha}{\cos\alpha} = \sqrt{\frac{m}{n}},\qquad \operatorname{ctg}\alpha = \sqrt{\frac{n}{m}}.$$

7. $$f = r - r\cos\frac{\alpha}{2} = r\left(1 - \cos\frac{\alpha}{2}\right) = 2r\sin^2\frac{\alpha}{4}.$$

8. $\sin\alpha^0 + \sin\alpha^0\cdot\cos 120^0 + \cos\alpha^0\cdot\sin 120^0 + \sin\alpha^0\cdot\cos 240^0 + \cos\alpha^0\cdot\sin 240$

$= \sin\alpha^0 - \sin\alpha^0\cdot\cos 60^0 + \cos\alpha^0\cdot\sin 60^0 - \sin\alpha^0\cdot\cos 60^0 - \cos\alpha^0\cdot\sin 60^0$

$= \sin\alpha^0 - 2\sin\alpha^0\cdot\cos 60^0 = \sin\alpha^0 - 2\sin\alpha^0\cdot\frac{1}{2} = 0.$

§ 70. Summe und Differenz der sin- und cos-Werte zweier Winkel.

1. a) $2\sin(180^0 + \alpha^0)\cdot\cos 60^0 = -\sin\alpha^0$,

b) $\sin\alpha^0 - \sin\alpha^0 = 0$.

2. a) $$\frac{2\sin\frac{\alpha+\beta}{2}\cdot\cos\frac{\alpha-\beta}{2}}{2\cos\frac{\alpha+\beta}{2}\cdot\sin\frac{\alpha-\beta}{2}} = \operatorname{tg}\frac{\alpha+\beta}{2}\cdot\operatorname{ctg}\frac{\alpha-\beta}{2}.$$

b) $\operatorname{tg}\frac{\alpha+\beta}{2}$,

c) $$\frac{\sin(90^0-\alpha^0) - \sin\alpha^0}{\sin(90^0-\alpha^0) + \sin\alpha^0} = \operatorname{ctg}45^0\cdot\operatorname{tg}(45^0-\alpha^0) = \operatorname{tg}(45^0-\alpha^0),$$

d) $(\sin\alpha + \sin\beta)(\sin\alpha - \sin\beta) = \sin(\alpha+\beta)\cdot\sin(\alpha-\beta)$.

§ 71[1]). Goniometrische Gleichungen mit einer Unbekannten.

1. $2\sin x\cos x = \frac{\sin x}{\cos x}$, $\sin x\,(2\cos^2 x - 1) = 0$.

I. $\sin x = 0$, $x_1 = 0^0 + n\cdot 180^0$.

II. $\cos x = \pm\frac{1}{2}\sqrt{2}$, $x_2 = 45^0, 315^0, 135^0, 225^0$ oder $x_2 = 45^0 + n\cdot 90^0$.

2. $\cos^2 x + \frac{3}{2}\cos x = 1$, I. $\cos x = \frac{1}{2}$, $x = 60^0$, 300^0.

II. $\cos x = -2$. Reelle Winkel unmöglich.

3. $2\sin^2\frac{x}{2} = \frac{\sin\frac{x}{2}}{\cos\frac{x}{2}}$, I. $\sin\frac{x}{2} = 0$, $x = 0^0$.

II. $\sin x = 1$, $x = 90^0$.

4. $\sin x = 1 + \cos x$, $2\sin\frac{x}{2}\cos\frac{x}{2} = 2\cos^2\frac{x}{2}$.

I. $\cos\frac{x}{2} = 0$, $x = 180^0$.

II. $\operatorname{tg}\frac{x}{2} = 1$, $x = 90^0$.

[1]) In den Lösungen der Aufgaben 1—7 sind die Perioden weggelassen, wenn diese 360^0 betragen.

5. $\sqrt{1-\cos^2 x}+\cos x=0{,}2,\quad \cos^2 x-0{,}2\cos x-0{,}48=0.$

I. $\cos x=0{,}8000,\quad [36^0\,52'],\quad x_2=323^0\,8'.$

II. $\cos x=-0{,}6000,\quad x_1=126^0\,52',\quad [233^0\,8'].$

Die in den eckigen Klammern stehenden Winkel befriedigen die Ausgangsgleichungen nicht.

6. $\cos(2x+x)+2\cos x=0,$

$\cos 2x\cdot\cos x-\sin 2x\cdot\sin x+2\cos x=0,$

$(1-2\sin^2 x)\cos x-2\sin^2 x\cdot\cos x+2\cos x=0.$

I. $\cos x=0,\quad x_1=90^0+n\cdot 180^0.$

II. $\sin x=\pm\frac{1}{2}\sqrt{3},\quad x_2=60^0+n\cdot 180^0,\quad x_3=120^0+n\cdot 180^0.$

7. I. $\sin x=0,\quad x=0^0+n\cdot 180^0.$

II. $\operatorname{tg} x=1,\quad x=45^0+n\cdot 180^0.$

§ 72. Goniometrische Gleichungen mit zwei Unbekannten.

1. $\frac{x+y}{2}=30^0,\quad 210^0.$

I. $\frac{x+y}{2}=30^0+m'\cdot 360^0$ liefert $\frac{x-y}{2}=30^0+n_1'\cdot 360^0$

und $\frac{x-y}{2}=330^0+n_2'\cdot 360^0.$

Also: $x_1=60^0+m\cdot 360^0,\quad y_1=0^0+n\cdot 360^0,$

$x_2=360^0+m\cdot 360^0,\quad y_2=-300^0+n\cdot 360^0.$

II. $\frac{x+y}{2}=210^0+m'\cdot 360^0$ liefert $\frac{x-y}{2}=150^0+n_1'\cdot 360^0,$

und $\frac{x-y}{2}=210^0+n_2'\cdot 360^0.$

Also: $x_3=360^0+m\cdot 360^0,\quad y_3=60^0+n\cdot 360^0,$

$x_4=60^0+m\cdot 360^0,\quad y_4=0^0+n\cdot 360^0.$

Die Gesamtheit der Lösungen kann man in der Form schreiben:

$x_1=0^0+m\cdot 360^0,\quad y_1=60^0+n\cdot 360^0,$

$x_2=y_1,\quad y_2=x_1,$

wo die Laufzahlen m und n keiner Beschränkung unterworfen sind.

2. $\operatorname{tg}\frac{x-y}{2}=\sqrt{3},\quad \frac{x-y}{2}=60^0,\quad 240^0.$

I. $\frac{x-y}{2}=60^0+m'\cdot 360^0$ gibt $\frac{x+y}{2}=90^0+n'\cdot 360^0.$

$x_1=150^0+m\cdot 360^0,\quad y_1=30^0+n\cdot 360^0.$

II. $\frac{x-y}{2}=240^0+m'\cdot 360^0$ gibt $\frac{x+y}{2}=270^0+n'\cdot 360^0.$

$x_2=510^0+m\cdot 360^0,\quad y_2=30^0+n\cdot 360^0,$

wo m und n gleichzeitig gerade oder ungerade sind.

Allgemein schreibt sich mit beliebigem ganzzahligen m und n die Lösung:

$$x=150^0+m\cdot 360^0,\quad y=30^0+n\cdot 360^0.$$

3. $\operatorname{tg} x=\frac{\sin\beta}{1-\cos\beta}.$

a) $\frac{\pi}{6}\mathrel{\hat=}30^0,\quad \frac{7\pi}{6}\mathrel{\hat=}210^0.\qquad$ b) $\frac{5\pi}{6}\mathrel{\hat=}150^0,\quad \frac{11\pi}{6}\mathrel{\hat=}330^0.$

§ 74. Anwendung des Sinussatzes auf die Dreiecksberechnung.

1. a) $\gamma = 84^0\,35'$, $a = 38{,}98$, $b = 32{,}80$, $F = 636{,}7$, $2r = 48{,}74$.
b) $\beta = 32^0\,56'$, $\gamma = 79^0\,46'$, $c = 49{,}60$, $F = 627$, $2r = 50{,}41$.
c) $\lg \sin\beta = 0{,}0910$, ein positiver Logarithmus! Keine Lösung. Man überzeuge sich durch die Konstruktion.
d) $\beta = 50^0\,26'$, $\alpha = 32^0\,54'$, $a = 57{,}10$, $F = 2298$, $2r = 105{,}1$.
e) $\gamma_1 = 24^0\,58'$, $\beta_1 = 133^0\,48'$, $b_1 = 30{,}79$, $F_1 = 100{,}4$; $\gamma_2 = 155^0\,2'$, $\beta_2 = 3^0\,44'$, $b_2 = 2{,}778$, $F_2 = 9{,}055$; $2r = 42{,}66$.

§ 75. Der Cosinussatz.

1. a) $c = 5{,}298$, $\alpha = 78^0\,30'$, $\beta = 26^0\,37'$.
(Vor allem α ist infolge Abrundung ungenau.)
b) $b = 104{,}6$, $\alpha = 79^0\,54'$, $\gamma = 73^0\,57'$.
c) $\alpha = 33^0\,22'$, $\beta = 15^0\,9'$, $\gamma = 131^0\,28'$.
d) $\alpha = 81^0\,13'$, $\beta = 34^0\,54'$, $\gamma = 63^0\,52'$.

§ 77. Weitere Dreiecksformeln.

1. a) $\alpha = 33^0\,24'$, $\beta = 15^0\,12'$, $\gamma = 131^0\,24'$, $F = 9360$.
b) $\alpha = 81^0\,14'$, $\beta = 34^0\,56'$, $\gamma = 63^0\,50'$ $F = 0{,}1474$.

2. $\sphericalangle BAP = \alpha$, $\sphericalangle PMA = \beta$, $\sphericalangle BMA = \gamma$.
$AB = a$, $AP = s$, $MA = r$.
Zeichnet man die Mittelsenkrechte zu AB durch M, so ist

(1) $$\sin\frac{\gamma}{2} = \frac{a}{2r}.$$

Weiter ist

(2) $$\alpha = \tfrac{1}{2}(\gamma - \beta)$$

(Winkel über dem Bogen BP),
folglich

(3) $$\beta = \gamma - 2\alpha.$$

Aus dem gleichschenkligen Dreieck AMP folgt:

(4) $$AP = s = 2r\cdot\sin\frac{\beta}{2} = 2r\cdot\sin\left(\frac{\gamma}{2} - \alpha\right).$$

Damit ist die Konstruktion ausführbar.

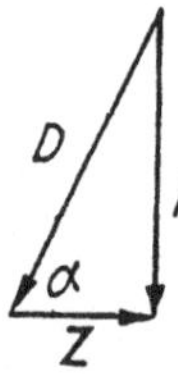

Abb. 147a.

3. (Abb. 147a) Druck $D = \dfrac{P}{\sin\alpha} \approx 1626$ kg,
Zug $Z = P\cdot\operatorname{ctg}\alpha \approx 629$ kg.

4. (Abb. 147b) Druck $D = P\cdot\operatorname{ctg}\alpha \approx 1122$ kg,
Zug $Z = \dfrac{P}{\sin\alpha} \approx 1378$ kg.

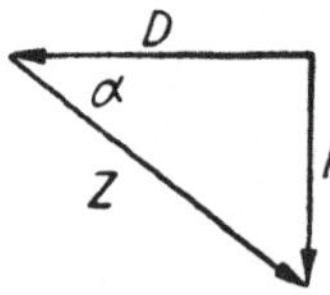

Abb. 147 b.

5. $AF = x = \dfrac{c}{\sin(\alpha+\beta)}\cdot\sin\beta$, $BF = y = \dfrac{c}{\sin(\alpha+\beta)}\cdot\sin\alpha$,

$$h = x\cdot\operatorname{tg}\eta_1 = \frac{c}{\sin(\alpha+\beta)}\cdot\sin\beta\cdot\operatorname{tg}\eta_1$$

oder (Kontrollrechnung)

$$h = y\cdot\operatorname{tg}\eta_2 = \frac{c}{\sin(\alpha+\beta)}\cdot\sin\alpha\cdot\operatorname{tg}\eta_2,$$

$h \approx 685$ m.

6. Länge der Tangenten $t^2 = (2R)^2 - \left(\dfrac{R}{2}\right)^2$, $t = \dfrac{R}{2}\sqrt{15}$,

$$\cos\alpha = \frac{R}{2} : 2R = 0{,}2500, \qquad \alpha = 75^0\,31'.$$

Länge des Riemens: $$l = 2\frac{R}{2}\sqrt{15} + R\cdot\operatorname{arc}(360^0 - 2\alpha) + \frac{R}{2}\cdot\operatorname{arc}2\alpha,$$
$$= R\left[\sqrt{15} + \operatorname{arc}(360^0 - \alpha)\right] = 8{,}838\,R$$

7. $l^2 = r^2 + x^2 - 2rx \cdot \cos(\pi - \varphi) = r^2 + x^2 + 2rx \cdot \cos\varphi$,
folglich:
$x = -r \cdot \cos\varphi + \sqrt{r^2\cos^2\varphi + l^2 - r^2} = -r \cdot \cos\varphi + \sqrt{l^2 - r^2 \cdot \sin^2\varphi}$.
Zahlenbeispiel:

$$x = -4\cos\varphi + 2\sqrt{9 - 4\sin^2\varphi}\,.$$

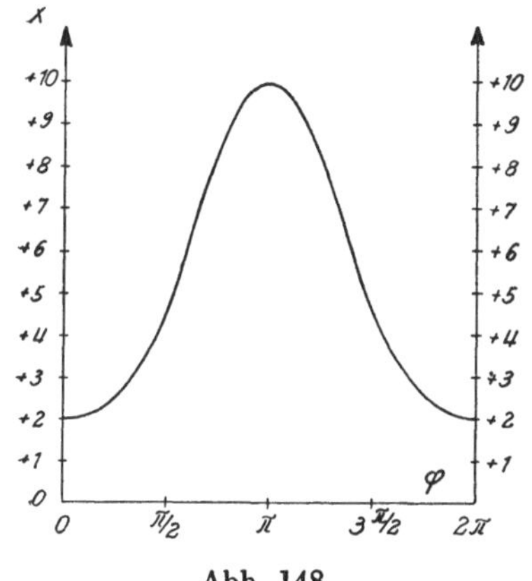

Abb. 148.

φ	x	φ	x
0	2,00	$\frac{2\pi}{3}$	6,90
$\frac{\pi}{6}$	2,19	$\frac{3\pi}{4}$	8,12
$\frac{\pi}{4}$	2,46	$\frac{5\pi}{6}$	9,12
$\frac{\pi}{3}$	2,90	π	10,00
$\frac{\pi}{2}$	4,47		

Von π bis 2π nehmen die Werte für x in gleicher Weise wieder ab bis zu 2.

Kurbel und Geradführung dürfen sich nicht in einer Ebene befinden.

8. (1) $K = \sqrt{K_1^2 + K_2^2 - 2K_1K_2\cos(180^0 - \alpha)} = \sqrt{K_1^2 + K_2^2 + 2K_1K_2\cos\alpha}$

(2) $\sin\alpha_1 = \frac{K_1}{K} \cdot \sin(180^0 - \alpha) = \frac{K_1}{K} \cdot \sin\alpha$.

(3) $\sphericalangle(KK_2) = 180^0 - \alpha_1$.

Zahlenbeispiel: $K = 55{,}89$ kg, $\alpha_1 = 25^0\,8'$, $\sphericalangle(KK_2) = 154^0\,52'$.

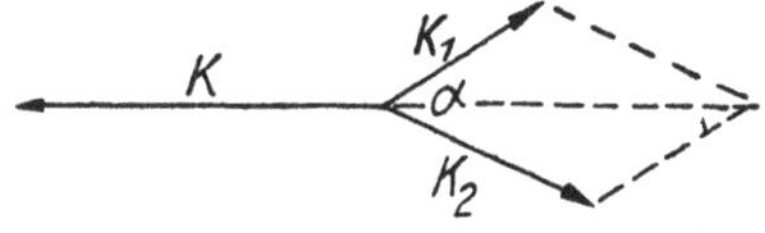

Abb. 149.

9. $K_1 = 8x$, $K_2 = 11x$, $K_3 = 13x$, wobei x der unbekannte Verhältnisfaktor ist.

Dann gilt:

$$\cos\alpha = \frac{K_2^2 + K_3^2 - K_1^2}{2K_2K_3} = \frac{11^2x^2 + 13^2x^2 - 8^2x^2}{2 \cdot 11x \cdot 13x} = \frac{121 + 169 - 64}{2 \cdot 11 \cdot 13},$$

$$\cos\alpha = \frac{113}{143}, \qquad \alpha = 37^0\,48', \quad \sphericalangle(K_2K_3) = 180^0 - \alpha = 142^0\,12'.$$

Ebenso folgt:

$$\cos\gamma = \frac{1}{11}, \qquad \gamma = 84^0\,47', \quad \sphericalangle(K_1K_2) = 180^0 - \gamma = 95^0\,13'.$$

Verwendet man den Halbwinkelsatz, so wird die Rechnung noch einfacher:

$$s = 16, \quad s - K_1 = 8,$$
$$s - K_2 = 5,$$
$$s - K_3 = 3.$$

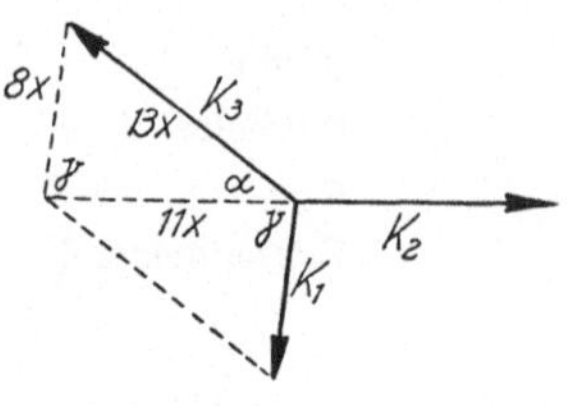

Abb. 150.

$$\operatorname{tg}\frac{\alpha}{2} = \sqrt{\frac{5\cdot 3}{16\cdot 8}} = \frac{1}{16}\sqrt{30} = 0{,}3423,$$

$$\frac{\alpha}{2} = 18^0\,54', \quad \alpha = 37^0\,48'.$$

$$\operatorname{tg}\frac{\gamma}{2} = \sqrt{\frac{8\cdot 5}{16\cdot 3}} = \frac{1}{6}\sqrt{30} = 0{,}9129,$$

$$\frac{\gamma}{2} = 42^0\,23{,}6', \qquad \gamma = 84^0\,47'.$$

§ 78. Imaginäre Zahlen.

1. $x^2 y\sqrt{y}\,i$, $25\sqrt{2}\,i$. 2. -1, $-i$, $+1$.
3. $-xy$, $a\cdot i$, $6\sqrt{2}\,i$. 4. $-i+i=0$, $\frac{1}{\sqrt{a}}$, $\frac{1}{i} = -i$.

§ 79. Komplexe Zahlen.

1. $7+i$, 17. 2. $7+6\sqrt{2}\,i$, $-2-2i$, -4.
3. $1+2i$, $\frac{75+50i}{25} = 3+2i$, $\frac{1}{5}(1+2\sqrt{6}\,i)$.
4. $\pm(1+i)$, $\pm(2-i)$, $\pm(2+3i)$.

§ 80. Gaußsche Zahlenebene.

1. a) $2(\cos 300^0 + i\sin 300^0)$, b) $\sqrt{2}(\cos 225^0 + i\sin 225^0)$,
c) $2\sqrt{3}(\cos 150^0 + i\sin 150^0)$, d) $17(\cos 61^0\,56' + i\sin 61^0\,56')$.
2. a) $\cos 90^0 + i\sin 90^0$, b) $\cos 180^0 + i\sin 180^0$, c) $\cos 270^0 + i\sin 270^0$.
3. a) $\frac{3}{2}(\sqrt{3}+i)$, b) $2\sqrt{2}(-1+i)$, c) $\frac{1}{4}(-1-\sqrt{3}\,i)$,
d) $\frac{9}{2}(\sqrt{3}-i)$, e) $3(\sqrt{3}+i)$, f) $4\sqrt{2}(1+i)$.

§ 81. Die vier Grundrechenarten in der Gaußschen Zahlenebene.

1. a) $\cos 45^0 + i\sin 45^0 = \frac{1}{2}\sqrt{2}(1+i)$, b) $\cos 60^0 + i\sin 60^0 = \frac{1}{2} + \frac{1}{2}\sqrt{3}\,i$.
2. a) $\cos 30^0 + i\sin 30^0 = \frac{1}{2}\sqrt{3} + \frac{1}{2}i$, b) $\cos 45^0 + i\sin 45^0 = \frac{1}{2}\sqrt{2}(1+i)$,
c) $\frac{\cos\alpha - i\sin\alpha}{\cos^2\alpha + \sin^2\alpha} = \cos\alpha - i\sin\alpha$.
d) $z = 3+4i = 5(\cos 53{,}1^0 + i\sin 53{,}1^0)$.
α. $z = 10(\cos 98{,}1^0 + i\sin 98{,}1^0) = -1{,}41 + 9{,}9i$,
β. $z = 15(\cos 203{,}1^0 + i\sin 203{,}1^0) = -13{,}8 - 5{,}88i$,
γ. $z = \frac{5}{2}(\cos 278{,}1^0 + i\sin 278{,}1^0) = 0{,}352 - 2{,}48i$.

§ 83. Der Satz von Moivre.

1. a) $(\sqrt{2})^8(\cos 45^0 + i\sin 45^0)^8 = 16(\cos 360^0 + i\sin 360^0) = 16$,
b) $2^9(\cos 30^0 + i\sin 30^0)^9 = -512i$.
c) $(\cos 120^0 + i\sin 120^0)^6 = \cos(720^0 + i\sin 720^0) = 1$.
2. a) Der gegebene Ausdruck ist auf die Form $(+\cos\varphi + i\sin\varphi)^n$ zu bringen, also:
$$[-1(\cos 50^0 - i\sin 50^0)]^6 = (-1)^6[\cos(-50^0) + i\sin(-50^0)]^6$$
$$= +[\cos(-300^0) + i\sin(-300^0)] = +(\cos 300^0 - i\sin 300^0)$$
$$= +\tfrac{1}{2} + \tfrac{1}{2}\sqrt{3}\,i.$$
b) Ja, denn allgemein gilt:
$$(\cos\alpha - i\sin\alpha)^n = [\cos(-\alpha) + i\sin(-\alpha)]^n = \cos(-n\alpha) + i\sin(-n\alpha)$$
$$= \cos n\alpha - i\sin n\alpha.$$
c) $(-1)^6(\cos 50^0 + i\sin 50^0)^6 = \frac{1}{2} - \frac{1}{2}\sqrt{3}\,i$.

Zusammenfassung: Man kann auf $(\cos\alpha \pm \sin\alpha)^n$ den Moivreschen Satz anwenden (s. Beispiel b), nicht aber ohne weiteres auf $(-\cos\alpha \pm \sin\alpha)^n$. Der reelle Teil $\cos\alpha$ muß stets das positive Vorzeichen besitzen, da sich wohl $-\sin\alpha = \sin(-\alpha)$ schreiben läßt, nicht aber eine entsprechende Formel für $-\cos\alpha$ gilt. Man hat vielmehr umzuformen in

$$[-1(\cos\alpha \mp i\sin\alpha)]^n = (-1)^n(\cos\alpha \mp i\sin\alpha)^n.$$

§ 84. Das Radizieren einer komplexen Zahl.

1. a) $\cos(45^0 + k\,120^0) + i\sin(45^0 + k\,120^0)$, $k = 0$, $\frac{1}{2}\sqrt{2}(1+i)$, $k = 1$, $-0{,}9659 + i\,0{,}2588$, $k = 2$, $0{,}2588 - i\,0{,}9659$.

   b) $\cos(6^0 + k\cdot 72^0) - i\sin(6^0 + k\cdot 72^0)$.
   $k = 0$, $0{,}9945 - i\,0{,}1045$, $k = 3$, $-0{,}7431 + i\,0{,}6691$,
   $k = 1$, $0{,}2079 - i\,0{,}9781$, $k = 4$, $0{,}4067 + i\,0{,}9135$.
   $k = 2$, $-0{,}8660 - i\,0{,}5000$,

2. a) $\cos(45^0 + k\cdot 180^0) + i\sin(45^0 + k\cdot 180^0)$,
   $k = 0$, $\frac{1}{2}\sqrt{2}(1+i)$; $k = 1$, $-\frac{1}{2}\sqrt{2} - \frac{1}{2}\sqrt{2}\,i = -\frac{1}{2}\sqrt{2}(1+i)$.

   b) $\sqrt{2}\,[\cos(60^0 + k\cdot 180^0) + i\sin(60^0 + k\cdot 180^0)]$,
   $k = 0$, $\frac{1}{2}\sqrt{2}\left(1 + i\sqrt{3}\right)$; $k = 1$, $-\frac{1}{2}\sqrt{2}\left(1 + i\sqrt{3}\right)$.

   c) $\sqrt[6]{2}\,[\cos(75^0 + k\cdot 120^0) + i\sin(75^0 + k\cdot 120^0)]$,
   $k = 0$, $\sqrt[6]{2}(0{,}2588 + i\cdot 0{,}9659)$; $k = 1$, $\sqrt[6]{2}(-0{,}9659 - i\cdot 0{,}2588)$;
   $k = 2$, $\sqrt[6]{2}(0{,}7071 - i\cdot 0{,}7071)$.

   d) $2\,[\cos(20^0 + k\cdot 240^0) + i\sin(20^0 + k\cdot 240^0)]$,
   $k = 0$, $2(0{,}9397 + i\cdot 0{,}3420)$;
   $k = 1$, $-2(0{,}1736 + i\cdot 0{,}9848)$;
   $k = 2$, $-2(0{,}7660 - i\cdot 0{,}6428)$.

3. $$\sqrt[n]{a+bi} + \sqrt[n]{a-bi} = \sqrt[n]{r}\cos\left(\frac{\varphi}{n} + k\cdot\frac{2\pi}{n}\right) + i\sqrt[n]{r}\sin\left(\frac{\varphi}{n} + k\cdot\frac{2\pi}{n}\right)$$
$$+ \sqrt[n]{r}\cos\left(\frac{\varphi}{n} + k\cdot\frac{2\pi}{n}\right) - i\sqrt[n]{r}\sin\left(\frac{\varphi}{n} + k\cdot\frac{2\pi}{n}\right)$$
$$= 2\sqrt[n]{r}\cos\left(\frac{\varphi}{n} + k\cdot\frac{2\pi}{n}\right).$$

§ 85. Die binomische Gleichung.

1. a) $x = \cos(k\cdot 120^0) + i\sin(k\cdot 120^0)$, 1, $-\frac{1}{2} + \frac{1}{2}\sqrt{3}\,i$, $-\frac{1}{2} - \frac{1}{2}\sqrt{3}$.

   b) Man beachte zur schnelleren Berechnung das dritte Ergebnis dieses Paragraphen.
   $x = \cos(k\cdot 90^0) + i\sin(k\cdot 90^0)$; 1, i, -1, $-i$.

   c) $x = \cos(k\cdot 72^0) + i\sin(k\cdot 72^0)$;
   1, $0{,}3090 + i\cdot 0{,}9511$, $-0{,}8090 + i\cdot 0{,}5878$, $-0{,}8090 - i\cdot 0{,}5878$, $+0{,}3090 - i\cdot 0{,}9511$.

2. a) $x = 2\,[\cos(k\cdot 120^0) + i\sin(k\cdot 120^0)]$ (s. Beispiel 1a);
   2, $-1 + \sqrt{3}\,i$, $-1 - \sqrt{3}\,i$.

   b) $x = \cos(60^0 + k\cdot 120^0) + i\sin(60^0 + k\cdot 120^0)$;
   $\frac{1}{2} + \frac{1}{2}\sqrt{3}i$, -1, $\frac{1}{2} - \frac{1}{2}\sqrt{3}i$.

   c) $x = \cos(45^0 + k\cdot 90^0) + i\sin(45^0 + k\cdot 90^0)$;
   $\frac{1}{2}\sqrt{2}(1+i)$, $\frac{1}{2}\sqrt{2}(-1+i)$, $\frac{1}{2}\sqrt{2}(-1-i)$, $\frac{1}{2}\sqrt{2}(1-i)$.

   d) $x = 3\,[\cos(36^0 + k\cdot 72^0) + i\sin(36^0 + k\cdot 72^0)]$;
   $3(0{,}8090 + i\cdot 0{,}5878)$, $3(-0{,}3090 + i\cdot 0{,}9511)$, -3,
   $3(-0{,}3090 - i\cdot 0{,}9511)$, $3(0{,}8090 - i\cdot 0{,}5878)$.

   e) $x = \cos(30^0 + k\cdot 90^0) + i\sin(30^0 + k\cdot 90^0)$;
   $\frac{1}{2}\sqrt{3} + \frac{1}{2}i$, $-\frac{1}{2} + \frac{1}{2}\sqrt{3}i$, $-\frac{1}{2}\sqrt{3} - \frac{1}{2}i$, $+\frac{1}{2} - \frac{1}{2}\sqrt{3}i$.

Analytische Geometrie der Ebene

§ 88. Innere und äußere Teilung einer Strecke.

1. $\sqrt{2049^2 + 3286^2} = \sqrt{14996197} = 3872{,}2$ (m).
2. Halbierungspunkte: $D\,(2, -3)$, $E\,(1, 3)$, $F\,(-3, 1)$.
   Seitenlängen: $AB = 2\sqrt{37}$, $BC = 4\sqrt{5}$, $CA = 2\sqrt{41}$.
   Mittelparallelen: $DE = \sqrt{37}$, $EF = 2\sqrt{5}$, $FD = \sqrt{41}$.
3. P_2 ist dann Mittelpunkt der Strecke P_1P_3, folglich
   $$x_2 = \frac{x_1 + x_3}{2}, \quad x_3 = 2x_2 - x_1, \quad y_3 = 2y_2 - y_1.$$
4. Halbierungspunkt E der Diagonale AC hat die Koordinaten (1, 1). Nach Aufgabe 3 ist dann $x_D = 2x_E - x_B = 0$, $y_D = 4$.
5. a) $\xi_i = 1$, $\eta_i = 0$; $\xi_a = -14$, $\eta_a = -15$.
   b) $(-\frac{1}{14}, \frac{11}{42})$, $(20\frac{1}{2}, -31\frac{1}{6})$.
6. $$x_s = \frac{\frac{2(x_1 + x_2)}{2} + x_3}{2 + 1} = \frac{x_1 + x_2 + x_3}{3}, \quad y_s = \frac{y_1 + y_2 + y_3}{3}, \quad S(\tfrac{1}{3}, -\tfrac{1}{3}).$$
7. a) $$x_s = \frac{m_1x_1 + m_2x_2}{m_1 + m_2} = \frac{x_1 + \lambda x_2}{1 + \lambda}, \quad y_s = \frac{m_1y_1 + m_2y_2}{m_1 + m_2} = \frac{y_1 + \lambda y_2}{1 + \lambda}.$$
   b) Die Koordinaten von S_1 wie in a, Schwerpunkt S liegt auf P_3S_1 und teilt die Strecke im Verhältnis $\frac{m_1 + m_2}{m_3}$, daher:
   $$x_s = \frac{m_1x_1 + m_2x_2 + m_3x_3}{m_1 + m_2 + m_3}, \quad y_s = \frac{m_1y_1 + m_2y_2 + m_3y_3}{m_1 + m_2 + m_3}.$$
   c) Ergibt Wert von Aufgabe 6.
   d) $$x_s = \frac{m_1x_1 + m_2x_2 + \cdots + m_nx_n}{m_1 + m_2 + \cdots + m_n} = \frac{\sum_{i=1}^{n} m_i x_i}{\sum_{i=1}^{n} m_i}, \quad y_s \text{ entsprechend.}$$
   e) $S\,(\frac{8}{3}, \frac{25}{6})$.

§ 89. Dreiecks- und Vielecksinhalt.

1. a) 21,93, b) —1,375. 2. a) $-19\frac{1}{2}$, b) $25\frac{1}{3}$. 3. $27\frac{1}{2}$.
4. Verfährt man nach § 86 Formel 4, so erhält man für die Strecke AB $\operatorname{tg}\alpha = \frac{3}{4}$
   a) für AP gleichfalls für den Anstieg $\frac{3}{4}$; die Punkte liegen auf einer Geraden.
   b) $\operatorname{tg}\beta = \frac{7}{4}$ für BP. Nein.

§ 90. Verschiedene Formen der Geradengleichung.

1. a) Parallele zur y-Achse im Abstand a,
   b) Parallele zur x-Achse im Abstand b,
   c) y-Achse, d) x-Achse, e) Gerade durch den Ursprung.
2. a) $$y = -\frac{2}{3}x + \frac{4}{3}, \quad \frac{x}{2} + \frac{y}{4/3} = 1.$$
   b) $$y = \frac{4}{3}x + \frac{5}{3}, \quad \frac{x}{-5/4} + \frac{y}{5/3} = 1.$$
   c) $$y = 2x - \frac{5}{2}, \quad \frac{x}{5/4} + \frac{y}{-5/2} = 1.$$
3. Man setze die Koordinaten jedes Punktes in die Gleichung an Stelle von x und y ein und stelle fest, ob sie die Gleichung „erfüllen".
   P_1) $5 \cdot 3 - 3 \cdot 3 - 7 \neq 0$, P_2) $-1 \neq 0$, P_3) $10 - 3 - 7 = 0$.
   Nur P_3 liegt auf der Geraden.

4. Koordinaten von $A\left(-\frac{a}{2},\ 0\right)$, $B\left(+\frac{a}{2},\ 0\right)$, $C\left(0,\ \frac{a}{2}\sqrt{3}\right)$, Richtungsfaktor von AC: $m_1 = \operatorname{tg} 60^0 = \sqrt{3}$, von BC: $m_2 = \operatorname{tg} 120^0 = -\sqrt{3}$

Abschnittsgleichung: $AC: \dfrac{x}{-\frac{a}{2}} + \dfrac{y}{\frac{a}{2}\sqrt{3}} = 1,$

$$BC: \frac{x}{+\frac{a}{2}} + \frac{y}{\frac{a}{2}\sqrt{3}} = 1, \qquad AB: y = 0.$$

Normalform: $y = \sqrt{3}\,x + \frac{a}{2}\sqrt{3}$, $\quad y = -\sqrt{3}\,x + \frac{a}{2}\sqrt{3}$, $\qquad y = 0$.

5. Schnitt mit der x-Achse: Die Ordinate muß Null sein, man erhält die Bestimmungsgleichung für das unbekannte x_1:

$$15 x_1 + 21 = 0, \quad x_1 = -\tfrac{7}{5}, \quad P_1\left(-\tfrac{7}{5},\ 0\right).$$

Schnitt mit der y-Achse, Abszisse ist Null:

$$56 y_2 + 21 = 0, \quad y_2 = -\tfrac{3}{8}, \quad P_2\left(0,\ -\tfrac{3}{8}\right).$$

§ 91. Punktrichtungs- und Zweipunktgleichung.

1. a) Punktrichtungsgleichung $y - 5 = \operatorname{tg} 30^0 (x + 3) = \frac{1}{3}\sqrt{3}\,(x + 3)$,
$y = \frac{1}{3}\sqrt{3}\,x + \left(\sqrt{3} + 5\right)$.

b) Punktrichtungsgleichung $y + 1 = \operatorname{tg} 120^0 (x + 4) = -\sqrt{3}\,(x + 4)$,
$y = -\sqrt{3}\,x - \left(4\sqrt{3} + 1\right)$.

2. a) Zweipunktgleichung $\dfrac{y-3}{x+2} = \dfrac{-7-3}{-4+2} = 5$, $\quad y = 5x + 13$.

b) $\dfrac{y-2}{x-5} = \dfrac{-4-2}{3-5} = 3$, $\quad y = 3x - 13$.

3. a) Der Richtungsfaktor der gegebenen Geraden ist 4.
Punktrichtungsgleichung: $y - 3 = 4(x + 6)$ oder $y = 4x + 27$.

b) Richtungsfaktor der gegebenen Geraden: $\frac{3}{8}$.
$y + 6 = \frac{3}{8}\left(x - \frac{4}{3}\right)$ oder $y = \frac{3}{8}x - 6\frac{1}{2}$.

§ 92. Die Hessesche Normalform.

1. $R = -13$, $\qquad p = \frac{39}{13} = 3$.

2. a) $R = +17$, $p = \frac{34}{17} = 2$, $\operatorname{tg}\varphi = -\frac{15}{8}$ und $\cos\varphi = +\frac{8}{17}$, wegen der Vorzeichen in beiden Funktionen muß φ im 4. Quadranten liegen. $\varphi = 360^0 - 61^0\,55' = 298^0\,5'$.

b) $R = -\sqrt{10}$, $\quad p = \dfrac{5}{\sqrt{10}} = \dfrac{1}{2}\sqrt{10} = 1{,}581$; $\quad \cos\varphi = -\dfrac{1}{\sqrt{10}} = -0{,}3162$,

$\sin\varphi = +\dfrac{3}{\sqrt{10}}$, $\quad \varphi$ liegt demnach im 2. Quadranten.
$\varphi = 180^0 - 71^0\,34' = 108^0\,26'$.

§ 93. Die Gleichungen der Winkelhalbierenden.

1. a) $3x - 2y + 47 = 0$, $\qquad R = -\sqrt{13}$,
$9x - 46y - 299 = 0$, $\qquad R = \sqrt{2197} = 13\sqrt{13}$.
w_1: $30x + 20y + 910 = 0$ oder $y = -\frac{3}{2}x - \frac{91}{2}$,
w_2: $48x - 72y + 312 = 0$ „ $y = \frac{2}{3}x + \frac{13}{3}$.

b) $-\dfrac{3}{5}x - \dfrac{4}{5}y - \dfrac{13}{5} = 0$, $\qquad -\dfrac{4}{5}x + \dfrac{3}{5}y - \dfrac{43}{10} = 0$,
w_1: $2x - 2y - 69 = 0$ oder $y = x - \frac{69}{2}$,
w_2: $14x + 14y - 17 = 0$ „ $y = -x + \frac{17}{14}$.

§ 94. Schnittpunkt und Schnittwinkel zweier Geraden.

1. a) $S(-9, +4)$, b) $(11, -8)$.

2. a) Ja. b) Nein.

§ 95. Schnittpunkt und Schnittwinkel zweier Geraden — Aufgaben.

1. a) Seitenlängen: $AB = c = 7\sqrt{2}$, $BC = a = 3\sqrt{10}$, $CA = b = 2\sqrt{5}$.

b) Gleichungen der Seiten: $AB: y = x + 5$, $BC: y = \frac{1}{3}x + 1$,

$$CA: y = -2x + 8.$$

c) Halbierungspunkt von BC ist $S_1(-\frac{3}{2}, +\frac{1}{2})$, von CA ist $S_2(2, 4)$, von AB ist $S_3(-\frac{5}{2}, +\frac{5}{2})$.

Längen der Seitenhalbierenden: $AS_1 = s_a = \frac{1}{2}\sqrt{146} = 6{,}04$,

$$BS_2 = s_b = \sqrt{89} = 9{,}43,$$

$$CS_3 = s_c = \frac{1}{2}\sqrt{122} = 5{,}52.$$

d) Gleichungen der Seitenhalbierenden:

$$s_a: y = \tfrac{11}{5}x + 3\tfrac{4}{5}, \quad s_b: y = \tfrac{5}{8}x + 2\tfrac{3}{4}, \quad s_c: y = -\tfrac{1}{11}x + 2\tfrac{3}{11}.$$

e) Gleichungen der Mittellote: Mittellot auf BC: $\dfrac{y - \frac{1}{2}}{x + \frac{3}{2}} = -3$

(s. Gleichung von BC).

Mittellot auf BC: $y = -3x - 4$, auf $CA: y = \frac{1}{2}x + 3$,

auf $AB: y = -x$.

f) Radius des Umkreises: Schnitt der Mittellote von BC und AB gibt Mittelpunkt $M(-2, +2)$. $r = MC = 5$.

g) Höhe h_a = Abstand des Punktes A von der Geraden BC.

Allgemeine Gleichung: $x - 3y + 3 = 0$.

Hessesche Normalform von BC: $-\dfrac{x}{\sqrt{10}} + \dfrac{3y}{\sqrt{10}} - \dfrac{3}{\sqrt{10}} = 0$.

Abstand $h_a = \dfrac{-1 + 18 - 3}{\sqrt{10}} = \dfrac{14}{\sqrt{10}} = 1{,}4\sqrt{10} = 4{,}43$.

A und O liegen auf verschiedenen Seiten von BC.

$h_b = -\dfrac{21}{\sqrt{5}} = -4{,}2\sqrt{5} = -9{,}39$, B und O auf derselben Seite von AC,

$h_c = -\dfrac{6}{\sqrt{2}} = -3\sqrt{2} = -4{,}24$; C und O auf derselben Seite von AB.

2. a) Halbierungspunkte der Seiten: $S_1(1, 0)$, $S_2(3, 4)$, $S_3(-1, 0)$.

Gleichungen der Mittellote:

auf BC: $y = -x + 1$, auf CA: $x = 3$, auf AB: $y = -\frac{1}{2}x - \frac{1}{2}$.

b) Mittelpunkt des Umkreises: $M(3, -2)$, $r = 2\sqrt{10}$.

c) Gleichungen der Seiten:

BC: $x - y - 1 = 0$, CA: $y - 4 = 0$, AB: $2x - y + 2 = 0$.

Länge der Höhen: $h_a = -\dfrac{4}{\sqrt{2}} = -2\sqrt{2} = -2{,}83$, $h_b = -8$,

$$h_c = -\frac{8}{\sqrt{5}} = -1{,}6 \cdot \sqrt{5} = -3{,}58.$$

d) $\operatorname{tg}\alpha = -2$, $\alpha = 116^\circ\, 34'$ (nach Zeichnung muß es der stumpfe Winkel sein).

e) Nach Zeichnung liegen Winkelhalbierende w_a und Nullpunkt im gleichen Winkel.

$$(y-4)-\frac{2x-y+2}{-\sqrt{5}}=0, \qquad 2x+y(\sqrt{5}-1)-(4\sqrt{5}-2)=0,$$

$$y=-1{,}618\,x+5{,}618.$$

3. a) $A(1,\ 4)$, $\quad B(-8,\ -8)$, $\quad C(6,\ -8)$.

b) $BC=a=14$, $\quad CA=b=13$, $\quad AB=c=15$.

c) $S_1(-1,\ -8)$, $\quad S_2(\tfrac{7}{2},\ -2)$, $\quad S_3(-\tfrac{7}{2},\ -2)$.

$AS_1=2\sqrt{37}=12{,}166$, $\quad BS_2=\tfrac{1}{2}\sqrt{673}=12{,}971$,

$CS_3=\tfrac{1}{2}\sqrt{505}=11{,}235$.

$y=6x-2$, $\quad y=\tfrac{12}{28}x-3\tfrac{19}{28}$, $\quad y=-\tfrac{12}{19}x-4\tfrac{4}{19}$

d) $h_a=-12$, $\quad h_b=-\tfrac{168}{13}=-12\tfrac{12}{13}=-12{,}92$,

$h_c=-\tfrac{56}{5}=-11{,}20$.

4. a) $A(-2\tfrac{1}{13},\ -1\tfrac{8}{13})$, $\quad B(3\tfrac{12}{25},\ \tfrac{39}{100})$, $\quad C(-12,\ +12)$,

$h_a=4\tfrac{41}{65}=4{,}631$, $\quad h_b=5\tfrac{209}{500}=5{,}418$, $\quad h_c=15\tfrac{12}{25}=15{,}48$.

b) w_a: $-3x+y-5=0$ oder $y=3x+5$,

w_γ: $x+y=0$ oder $y=-x$,

w_β: $-8x-44y+45=0$ oder $y=-\tfrac{2}{21}x+\tfrac{45}{44}$.

c), d) Die Koordinaten x_m, y_m des Inkreismittelpunktes und den Inkreisradius ϱ berechnet man am einfachsten, indem man die Gleichungen der Seiten auf die **Hessesche** Normalform bringt und in diese x_m, y_m einsetzt. Dann hat man drei Gleichungen mit drei Unbekannten:

$-\varrho=\tfrac{3}{5}x_m+\tfrac{4}{5}y_m-\tfrac{12}{5}$, $\quad -\varrho=-\tfrac{4}{5}x_m-\tfrac{3}{5}y_m-\tfrac{12}{5}$,

$-\varrho=+\tfrac{7}{25}x_m-\tfrac{24}{25}y_m-\tfrac{3}{5}$.

Allerdings muß man sich an einer Skizze klarmachen, auf welcher Seite der Geraden der Inkreismittelpunkt jeweils liegt.

$$x_m=-\tfrac{5}{4}, \quad y_m=+\tfrac{5}{4}, \quad \varrho=2\tfrac{3}{20}.$$

§ 96. **Koordinatentransformation.**

1. Transformationsgleichung: $x=\xi-2$, $\quad y=\eta+3$,
folglich: $\eta=-3\xi+8$.

2. Schwerpunkt $S\left(\dfrac{x_1+x_2+x_3}{3}=-3,\ \dfrac{y_1+y_2+y_3}{3}=1\right)$.

Transformationsgleichung: $\xi=x+3$, $\quad \eta=y-1$.

$A(-5,\ +2)$, $\quad B(+5,\ +3)$, $\quad C(0,\ -5)$.

3. a) $\tfrac{1}{2}\sqrt{3}\,\xi+\tfrac{1}{2}\eta=\sqrt{3}\,(\tfrac{1}{2}\xi-\tfrac{1}{2}\sqrt{3}\,\eta)+2$, $\quad \eta=1$.

Die Gerade liegt parallel zur ξ-Achse im Abstand $+1$.

b) $\tfrac{1}{2}\sqrt{3}\,\xi+\tfrac{1}{2}\eta+\tfrac{1}{3}\sqrt{3}\,(\tfrac{1}{2}\xi-\tfrac{1}{2}\sqrt{3}\,\eta)=2$, $\quad \xi=\sqrt{3}$.

Parallele zur η-Achse im Abstand $\sqrt{3}$.

4. $\xi^2+\eta^2=r^2$. Die Gleichung dieser Kurve (Kreis) bleibt bei Drehung unverändert.

5. a) $\xi\eta=-\dfrac{a^2}{2}$, $\quad$ b) $\xi\eta=\dfrac{a^2}{2}$.

6. Schnittpunkt der beiden Geraden $A(-3,\ +2\tfrac{2}{5})$.

a) Parallelverschiebung: I. $\eta=\tfrac{8}{15}\xi$, $\quad$ II. $\eta=-\tfrac{3}{5}\xi$,
III. $\eta=-\tfrac{5}{8}\xi+10$.

b) Drehung: $\sin\varphi=\tfrac{8}{17}$, $\quad \cos\varphi=\tfrac{15}{17}$, $\quad$ I. $\bar{\eta}=0$, $\quad$ II. $\bar{\eta}=-\tfrac{5}{8}\bar{\xi}$,
III. $\bar{\eta}=-\tfrac{99}{5}\bar{\xi}+102$.

§ 97. Die Kreisgleichung.

1. a) $(x+7)^2+(y-2)^2=100$, $M(-7, +2)$, $r=10$.
   b) Man dividiere durch 2 und forme dann um:
   $(x-\frac{5}{4})^2+(y+\frac{7}{4})^2=\frac{237}{8}$, $M(+\frac{5}{4}, -\frac{7}{4})$, $r=\frac{1}{4}\sqrt{474}$.
   c) $(x-4)^2+y^2=25$, $M(4, 0)$, $r=5$.

2. Schnitt mit x-Achse: $y=0$, $(x+1)^2=12$, $x_{1,2}=-1\pm 2\sqrt{3}$,
   $x_1=2{,}46$, $x_2=-4{,}46$.
   Schnitt mit y-Achse: $x=0$, $(y-2)^2=15$, $y_{1,2}=2\pm\sqrt{15}$,
   $y_1=5{,}87$, $y_2=-1{,}87$

3. a) $P_1(-4, +7)$, $P_2(-1, 10)$. b) Berührung in $(-1, 5)$.
   c) $x_{1,2}=2\pm i\sqrt{2}$, $y_{1,2}=-3\pm\frac{3}{2}i\sqrt{2}$. Also kein reeller Schnitt.

4. a) $P_1(+3, +1)$, $P_2(+1{,}2, -2{,}6)$.
   b) $x_{1,2}=\frac{1}{2}(9\pm i)$, $y_{1,2}=\frac{1}{2}(9\mp i)$.

5. a) $r_1+r_2=\sqrt{(c_1-c_2)^2+(d_1-d_2)^2}$.
   b) $r_1-r_2=\sqrt{(c_1-c_2)^2+(d_1-d_2)^2}$.

6. $(x-r)^2+y^2=r^2$ oder $x^2-2rx+y^2=0$.

7. Bedingungsgleichung: $r^2=(6+4)^2+(-1-9)^2=200$,
   $(x+4)^2+(y-9)^2=200$.

8. Zwei Bedingungsgleichungen:
   I. $(11-c)^2+(8-d)^2=100$. II. $(-5-c)^2+(-4-d)^2=100$
   $c=3$, $d=2$. $(x-3)^2+(y-2)^2=100$. Warum nur eine Lösung?

9. Drei Bedingungsgleichungen:
   I. $(11-c)^2+(-5-d)^2=r^2$. II. $(9-c)^2+(-1-d)^2=r^2$.
   III. $r=d$.
   Ergebnis: $(x-11)^2+(y+\frac{5}{2})^2=\frac{25}{4}$, $(x-6)^2+(y+5)^2=25$.

10. Drei Bedingungsgleichungen:
    I. $(6-c)^2+(21-d)^2=r^2$. II. $(13-c)^2+(14-d)^2=r^2$.
    III. $6c+5d-18=0$.
    Ergebnis: $(x+2)^2+(y-6)^2=289$.

11. $(x+6)^2+(y-8)^2=1$.

12. a) Die Hessesche Normalform liefert r als Abstand des Mittelpunktes M von den gegebenen Geraden:
    $$r=\frac{42+10-11}{5\sqrt{2}}=\frac{41}{5\sqrt{2}}.$$
    (M und O liegen auf verschiedenen Seiten der Geraden.)
    Kreisgleichung: $(x-6)^2+(y-10)^2=\frac{1681}{50}$.
    b) Gleichung des Lotes von M auf die Gerade: $x=7y-64$. Schnitt von Lot mit Geraden liefert den gesuchten Berührungspunkt:
    $$P_1(\tfrac{13}{50}, \tfrac{459}{50}).$$

13. M und O liegen auf der gleichen Seite der gegebenen Geraden (Nachweis!). Dann hat man für die drei Unbekannten c, d, r die drei Bestimmungsgleichungen:
    (1) $c=r$, (2) $(10-c)^2+(1-d)^2=r^2$, (3) $r=-\frac{3c+4d-44}{5}$.
    Man erhält die beiden Kreise:
    $(x-10)^2+(y+9)^2=100$ und $(x-5)^2+(y-1)^2=25$.

14. Winkelhalbierende von I und II:

$$\frac{-3x+4y-12}{5}+y=0 \quad \text{oder} \quad y=\tfrac{1}{3}x+\tfrac{4}{3}.$$

Winkelhalbierende von I und III:

$$\frac{5x+12y-100}{13}+y=0 \quad \text{oder} \quad y=-\tfrac{1}{5}x+4.$$

Inkreis: $(x-5)^2+(y-3)^2=9$.

15. A_1A_2 wird x-Achse, HS y-Achse. Aus dem Sehnensatz: „Das Produkt der Abschnitte sich schneidender Sehnen eines Kreises ist konstant", folgt: $BH \cdot HS = A_1H \cdot A_2H$ oder $(2r-f)f=40^2$ und daraus $r=50$ m, $M\,(0, -30)$. Kreisgleichung: $x^2+(y+30)^2=50^2$. $C_1D_1 = C_6D_6 = 10$ m, $C_2D_2 = C_5D_5 = 15{,}83$ m, $C_3D_3 = C_4D_4 = 18{,}99$ m.

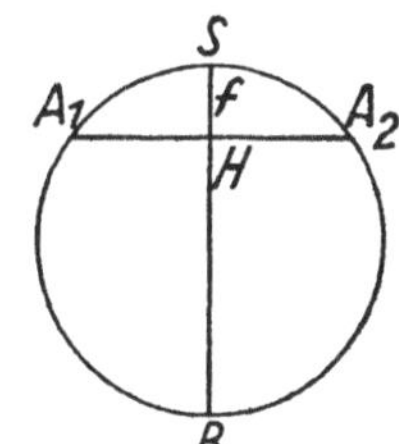

Abb. 151.

§ 98. Die Gleichung der Kreistangente.

1. $y=0$, Schnittpunkte $P_1\,(8, 0)$, $P_2\,(0, 0)$.
Tangentengleichung: I. $y=\tfrac{4}{3}x-\tfrac{32}{3}$, II. $y=-\tfrac{4}{3}x$.
$x=0$, $P_1\,(0, 6)$, $P_2\,(0, 0)$, I. $y=\tfrac{4}{3}x+6$, II. $y=-\tfrac{4}{3}x$.

2. a) Der Berührungsradius ist senkrecht zur gegebenen Geraden. Die Punktrichtungsgleichung ergibt für den Berührungsradius:

$$y-4=-\tfrac{4}{3}(x-3) \quad \text{oder} \quad y=-\tfrac{4}{3}x+8.$$

Schnitt mit dem Kreis gibt die Berührungspunkte: $P_1\,(12, -8)$, $P_2\,(-6, +16)$. Tangenten: $y=\tfrac{3}{4}x-17$ und $y=\tfrac{3}{4}x+\tfrac{41}{2}$.

b) Gleichung des Berührungsradius: $y=-2x$, Berührungspunkte: $P_1\,(11, -22)$, $P_2\,(1, -2)$.
Tangentengleichung: $y=\tfrac{1}{2}x-\tfrac{55}{2}$, $y=\tfrac{1}{2}x-\tfrac{5}{2}$.

3. $y=2x+25$ und $y=-\tfrac{1}{2}x+25$.

4. Kreise: $(x-3)^2+(y-9)^2=10$ $(x+5)+(y-1)^2=170$.
Aus Symmetriegründen müssen die Schnittwinkel in beiden Punkten gleich sein. Wir wählen den Schnittpunkt $P_1\,(6, 8)$. Richtungsfaktoren sind $m_{t_1}=3$, $m_{t_2}=-\tfrac{11}{7}$, also $\operatorname{tg}\varphi=-\tfrac{16}{13}$, $\varphi=129{,}1^0$.

§ 99. Erste Definition der Kegelschnitte.

1. Die Seitenflächen verlaufen parallel zur Achse des geraden Kreiskegels, müssen demnach Hyperbeln als Schnittkurven ergeben.
2. $h>2r$ Ellipse, $h=2r$ Parabel, $h<2r$ Hyperbel.

§ 102. Die Parabel.

1. Gleichungen der vier Parabeln: $y^2=20x$, $y^2=-20x$, $x^2=20y$, $x^2=-20y$. Schnittpunkt der 1. und 3. Parabel: $P_1\,(20, 20)$. Kreisgleichung: $x^2+y^2=800$.

2. $P_1\,(-\tfrac{5}{8}, -\tfrac{5}{8})$, $P_2\,(-\tfrac{8}{5}, -2)$. $y=\tfrac{5}{39}(11x+2)$.

3. a) Abszisse des Schnittpunktes: $x=\dfrac{1}{m^2}\,(p-m\cdot n \pm \sqrt{p(p-2mn)}$.

Für die Tangente muß der Radikand Null sein, daher die Bedingung: $p=2mn$.

b) $p<2mn$.

Zahlenbeispiele:
1. Kein Schnittpunkt, $2mn=20>p$.
2. Tangente, $2mn=\ \,4=p$.
3. 2 Schnittpunkte, $2mn=-8<p$.

4. Schnittpunkte: $P_1\,(0, 0)$, $P_2\left(a\sqrt[3]{4},\ a\sqrt[3]{2}\right)$.
Die Ordinate des Schnittpunktes P_2 ist die gesuchte Würfelkante, wenn a die Kante des gegebenen Würfels war.

§ 103. Die Ellipse.

1. $e = a \cdot \varepsilon = 1{,}87, \quad b = 1{,}16.$

2. $a = \frac{p}{1 - \varepsilon^2}$ (s. Gl. 8). $\quad a = 11{,}25, \quad e = a \cdot \varepsilon = 6{,}75, \quad b = 9.$

3. a) Für den Nebenscheitel B gilt als Ellipsenpunkt:

$$\overline{BF} = \varepsilon \cdot \overline{BQ}$$

oder $\quad a = \varepsilon \cdot l = \frac{e}{a} l, \quad l = \frac{a^2}{e}.$

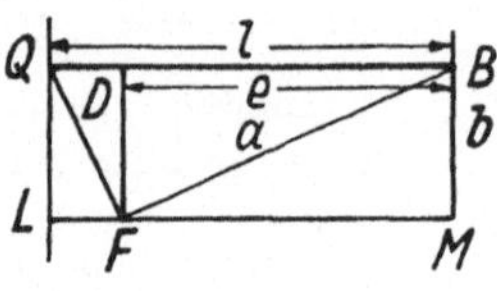

Abb. 152.

Konstruktion: Man errichte in F auf FB und in B auf der Nebenachse die Senkrechten. Ihr Schnittpunkt ist ein Punkt der Leitlinie.

Beweis: Fällt man von F auf BQ das Lot FD, so ist nach dem Satz: „Das Quadrat über der Kathete eines rechtwinkligen Dreiecks ist gleich dem Rechteck aus der Hypotenuse und dem anliegenden Hypotenusenabschnitt."

$$\overline{BD} \cdot \overline{BQ} = \overline{BF}^2 \quad \text{oder} \quad e \cdot l = a^2, \quad l = \frac{a^2}{e}.$$

b) Abstand d der Leitlinie vom Brennpunkt:

$$\frac{p}{d} = \varepsilon, \quad \text{folglich:} \quad d = \frac{p}{\varepsilon} = \frac{b^2}{a} : \frac{e}{a}, \qquad d = \frac{b^2}{e}.$$

Konstruktion wie oben.

Beweis: Verwendung des Höhensatzes $\overline{FD}^2 = \overline{QD} \cdot \overline{DB}$ oder $b^2 = d \cdot e$

4. $l_1 + l_2 = 2a, \quad \sqrt{(e - x)^2 + y^2} + \sqrt{(e + x)^2 + y^2} = 2a$ (s. Abb. 153)

$$(e - x)^2 + y^2 = 4a^2 + (e + x)^2 + y^2 - 4a\sqrt{(e + x)^2 + y^2}.$$

Nach Zusammenfassung und erneuter Quadrierung:

$$x^2 (a^2 - e^2) + a^2 y^2 = a^2 (a^2 - e^2)$$
$$b^2 x^2 + a^2 y^2 = a^2 b^2$$
$$\frac{x^2}{a^2} + \frac{y^2}{b^2} = 1.$$

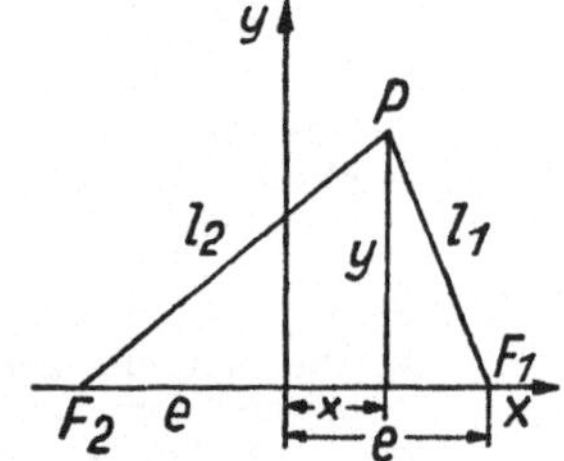

Abb. 153.

5. Bestimmungsgleichungen für a und b:

$$16b^2 + 36a^2 = a^2 b^2, \quad b^2 = a^2 - 16.$$

I. $a^2 = 64, \quad b^2 = 48, \quad \frac{x^2}{64} + \frac{y^2}{48} = 1.$

II. ($a^2 = 4, \quad b^2 = -12, \quad \frac{x^2}{4} - \frac{y^2}{12} = 1$ Hyperbel).

6. Ellipsengleichung: $\frac{x^2}{a^2} + \frac{y^2}{b^2} = 1, \quad$ Parabelgleichung: $y^2 = 4ex$ oder ($y^2 = -4ex$).

Schnittpunkte: $x_1 = \frac{a(a - e)^2}{b^2}, \quad y_{1,2} = \pm \frac{2(a - e)}{b} \sqrt{a \cdot e}.$

Zahlenbeispiel: $x_1 = \frac{5}{9}, \quad y_{1,2} = \pm \frac{4}{3} \sqrt{5} = \pm 2{,}98.$

Für die zweite Parabel ergeben sich entsprechende zur y-Achse symmetrische Schnittpunkte.

7. Vgl. Aufgabe 3.

$$l_2^2 = y^2 + (e + x)^2$$
$$l_1^2 = y^2 + (e - x)^2$$
$$l_2^2 - l_1^2 = (l_2 + l_1)(l_2 - l_1) = 4ex$$
$$l_2 + l_1 = 2a.$$

Daraus folgt nach einfachen Umformungen:

$$l_1 = a - \frac{e}{a}\,x = a - \varepsilon\,x, \qquad l_2 = a + \frac{e}{a}\,x = a + \varepsilon\,x.$$

§ 104. Die Hyperbel.

1. $a > 0$ Ellipse, $a < 0$ Hyperbel.

2. a) $\frac{AF}{AL} = \frac{OF - OA}{OA - OL} = \frac{e - a}{a - d} = \varepsilon = \frac{e}{a}$,

$$OL = d = \frac{a^2}{e}.$$

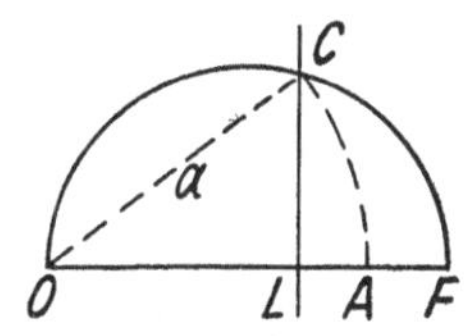

Abb. 154.

Konstruktion: Kreis über OF und Kreis um O mit a. Die Schnittpunkte beider Kreise sind Punkte der Leitlinie. Beweis?

b) $FL = \frac{b^2}{e}$.

3. Schnitt der Hyperbel mit den Diagonalen $y = \pm x$ des Quadrates ergibt 4 zu den Achsen symmetrische Punkte:

$x = \pm \frac{ab}{\sqrt{b^2 - a^2}}$, $\quad y = \pm \frac{ab}{\sqrt{b^2 - a^2}}$. Reelle Lösung nur für $a^2 < b^2$.

4. $l_1 = \frac{e}{a}\,x - a$, $\quad l_2 = \frac{e}{a}\,x + a$ (vgl. § 103, Aufgabe 7).

Beispiel: $a = 8$, $b = 6$, $e = 10$. $l_1 = 12$, $l_2 = 28$,
$l_1 = -23$, $l_2 = -7$.

5. $\sqrt{y^2 + (x + e)^2} - \sqrt{y^2 + (x - e)^2} = 2a$, $\quad \frac{x^2}{a^2} - \frac{y^2}{b^2} = 1$.

Man erhält also in der Tat die Mittelpunktsgleichung der Hyperbel.

6. Kreisgleichung: $(x - 5)^2 + y^2 = \frac{625}{9}$.
Schnittpunkte: $P_1(+10, +6\frac{2}{3})$, $P_2(+10, -6\frac{2}{3})$.
Zwei Schnittpunkte sind imaginär.

7. a) Ellipse: $y^2 = 2px - \frac{p}{a}\,x^2$. Unbekannte ist a.

Ordinate im Brennpunkt der Parabel ist für die Parabel p, für die Ellipse $0{,}9p$, für die Hyperbel $2p$. Koordinaten des Ellipsenpunktes $\left(\frac{p}{2},\ 0{,}9p\right)$ in die Ellipsengleichung eingesetzt

$$\left(\frac{9p}{10}\right)^2 = 2p\cdot\frac{p}{2} - \frac{p}{a}\cdot\left(\frac{p}{2}\right)^2 \quad \text{liefert} \quad \frac{p}{a} = \frac{19}{25}.$$

Ellipsengleichung: $y^2 = 2px - \frac{19}{25}\,x^2$.

b) Hyperbelgleichung: $y^2 = 2px + 12x^2$.

8. Hyperbel: Scheitel $A_1(+e, 0)$, $A_2(-e, 0)$.
Brennpunkte $F_1(+a, 0)$, $F_2(-a, 0)$.

$a_1 = e$, $e_1 = a$, $b_1^2 = a^2 - e^2 = b^2$.

Hyperbelgleichung: $\frac{x^2}{e^2} - \frac{y^2}{b^2} = 1$. Ellipsengleichung: $\frac{x^2}{a^2} + \frac{y^2}{b^2} = 1$.

Schnittpunkte: $x_{1,2} = \pm a\cdot e\,\frac{\sqrt{2}}{\sqrt{a^2 + e^2}}$, $\quad y_{1,2} = \pm\frac{b^2}{\sqrt{a^2 + e^2}}$.

9. Hyperbel: $e^2 = a^2 - b^2 = a_1^2 + b_1^2$, Halbachse $a_1 = \frac{a}{2}$.

Gleichung: $\frac{4x^2}{a^2} - \frac{4y^2}{4e^2 - a^2} = 1$.

Schnittpunkte: $x_{1,2} = \pm\frac{a^2}{2e}$, $\quad y_{1,2} = \pm\frac{b}{2e}\sqrt{3a^2 - 4b^2}$.

§ 105. Die Asymptoten der Hyperbel.

1. Man ziehe durch P beliebige Sekanten PA_1, PA_2, PA_3 ... und trage von der anderen Asymptote aus $B_1P_1 = A_1P$, $B_2P_2 = A_2P$ usw. ab. Die Punkte P_1, P_2 ... sind Hyperbelpunkte (Abb. 155).

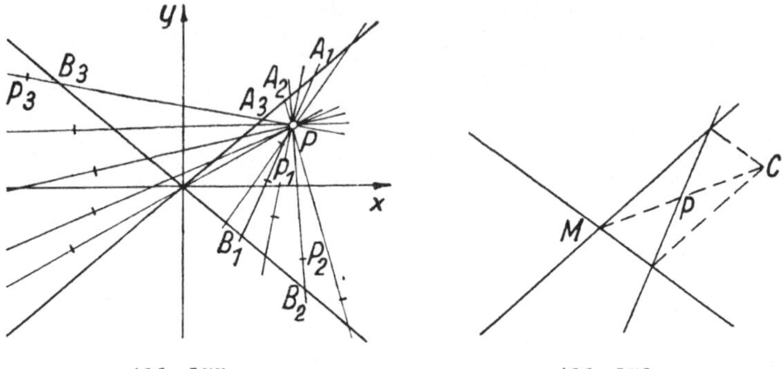

Abb. 155. Abb. 156.

2. Man verbinde P mit M und verlängere MP um sich selbst bis C. Die Parallelen zu den Asymptoten durch C schneiden diese in zwei Punkten der gesuchten Tangente.

3. Gleichung der Asymptote $y = \frac{b}{a} x$, also $y_1^2 = \frac{b^2}{a^2} x_1^2$ im Punkte P_1.

   Hyperbelordinate bei gleicher Abszisse: $y_2^2 = \frac{b^2}{a^2} x_1^2 - b^2$.

   Differenz: $y_1^2 - y_2^2 = b^2$.

4. Abszisse des Schnittpunktes: $x = \pm \frac{ab}{\sqrt{b^2 - a^2 m^2}}$.

   $m \lessgtr \frac{b}{a}$ 2 reelle Schnittpunkte / 2 imaginäre Schnittpunkte.

   Bei $m = \frac{b}{a}$ wird der Durchmesser Asymptote.

5. Bestimmungsgleichungen: $m = \frac{b}{a}$, $e^2 = a^2 + b^2$.

   a) $\frac{x^2(1+m^2)}{e^2} - \frac{y^2(1+m^2)}{m^2 e^2} = 1$, b) $\frac{x^2}{24^2} - \frac{y^2}{10^2} = 1$.

6. Bestimmungsgleichungen: $\frac{b}{a} = 2\sqrt{3}$, $16\,b^2 - 64a^2 = a^2 b^2$.

   Hyperbelgleichung: $\frac{3x^2}{32} - \frac{y^2}{128} = 1$.

§ 106. Geometrische Eigenschaften der Mittelpunktskegelschnitte.

1. Man zeichne den Leitkreis um F_2 und verbinde einen beliebigen Punkt dieses Kreises mit den Brennpunkten. Die Mittelsenkrechte zu CF_1 schneidet CF_2 in einem Ellipsen-(Hyperbel-)Punkt.

2. Man zeichne den Hauptscheitelkreis und bewege einen rechten Winkel (Zeichendreieck) so, daß der Scheitel des rechten Winkels auf ihm gleitet, während der eine Schenkel durch einen Brennpunkt geht. Der andere Schenkel ist dann Tangente.

3. Man verbinde P mit einem Brennpunkt, z. B. F_2, zeichne über PF_2 als Durchmesser den Thaleskreis und schlage um den Mittelpunkt M den Hauptscheitelkreis. Die Schnittpunkte P_1 und P_2 beider Kreise sind Tangentenpunkte. PP_1 und PP_2 sind die gesuchten Tangenten.

4. Das Gewicht bewegt sich auf einer Ellipse mit den beiden Nägeln als Brennpunkten und der Fadenlänge als Hauptachse $2a$. Im gesuchten Ruhepunkt als tiefstem Punkt muß die Tangente waagerecht sein, somit ist ihre Richtung bekannt. Konstruktion: Man schlage um die Mitte von F_1F_2 den Kreis mit dem Radius a und fälle von F_1 und F_2 Lote zur gegebenen Tangentenrichtung. Sie treffen den Kreis in C_1 und C_2. C_1C_2 ist die gesuchte Tangente (Lehrsatz 5). Verdoppelt man F_1C_1 über C_1 bis G_1, so schneidet die Gerade G_1F_2 die Tangente im gesuchten Punkt P.
5. Man erhält ein rechtwinkliges Dreieck mit der Hypotenuse e und dem Neigungswinkel φ der Asymptote gegen die Hauptachse. Folglich muß das Dreieck kongruent mit dem rechtwinkligen Dreieck mit den Seiten a, b, e sein, das zur Konstruktion der Asymptoten verwendet wird. Der Abstand ist demnach gleich der halben Nebenachse b.

§ 107. Geometrische Eigenschaften der Parabel.

1. Wie § 105, Aufgabe 1. Der Scheitel des rechten Winkels bewegt sich auf der Scheiteltangente.
2. Wie § 105, Aufgabe 2. Thaleskreis über PF und Scheiteltangente ergeben zwei Tangentenpunkte.
3. Durch AF ist die Achse der Parabel bestimmt. Man fälle auf sie von P aus das Lot PQ und verlängere QA über A hinaus um sich selbst bis T. TP ist Tangente.
4. a) Schnitt von Gerade und Parabel gibt die Gleichung:
$$x^2 - 2\frac{p-mn}{m^2}x + \frac{n^2}{m^2} = 0.$$
Nach Viëta ist $x_1 + x_2 = 2\frac{p-mn}{m^2}$, $y_1 + y_2 = \frac{2p}{m}$. $H\left(\frac{p-mn}{m^2}, \frac{p}{m}\right)$.

   b) Da die Ordinate von H unabhängig von der veränderlichen Größe n ist, müssen die Halbierungspunkte der parallelen Sehnen auf einer Parallelen zur Achse liegen (p und m sind für parallele Sehnen konstant). Satz: Die Halbierungspunkte paralleler Sehnen liegen auf einem Durchmesser.

   c) Satz: Die zu den Sehnen parallele Tangente hat den Schnittpunkt des Durchmessers mit der Parabel als Berührungspunkt.
5. Bezeichnet man den Schnittpunkt der Tangenten t_1 und t_2 mit T, die Gegenpunkte mit G_1 und G_2, so muß $TG_1 = TF = TG_2$ sein, da die Tangenten die Symmetrieachsen für den Brennpunkt und seine Gegenpunkte sind.
6. Um die Brennpunkte F_a, F_b, F_c zu finden, sind in A, B, C auf den zugehörigen Seiten als Tangenten die Senkrechten zu errichten. Ihr Schnitt ergibt dann je einen Brennpunkt. Von F_a, F_b, F_c sind die Lote auf BC bzw. AC und AB zu fällen. Diese sind die Achsen der Parabeln.

§ 108. Transformation der Kegelschnittgleichungen durch Parallelverschiebung und Drehung des Koordinatensystems.

1. a) $(y+3)^2 = 4\left(x+\frac{3}{2}\right)$. Scheitel $A\left(-\frac{3}{2}, -3\right)$,
   Halbparameter $p = +2$ (nach rechts geöffnet).

   b) $\dfrac{\left(x-\frac{5}{2}\right)^2}{36} + \dfrac{\left(y-\frac{7}{3}\right)^2}{16} = 1$, $M\left(\frac{5}{2}, \frac{7}{3}\right)$, $a = 6$, $b = 4$.

   c) $\dfrac{(x-4)^2}{7} - \dfrac{(y+1)^2}{5} = 1$, $M(4, -1)$, $a = \sqrt{7}$, $b = \sqrt{5}$.

   d) $(y-1)^2 = -(x-4)$, $A(4, 1)$, $p = -\frac{1}{2}$ (nach links geöffnet).

   e) $\dfrac{(x+5)^2}{49} - \dfrac{(y-4)^2}{36} = 1$, $M(-5, 4)$, $a = 7$, $b = 6$.

   f) $\dfrac{(x-3)^2}{25} + \dfrac{(y+2)^2}{16} = 1$, $M(3, -2)$, $a = 5$, $b = 4$.

g) $\left(x - \frac{5}{2}\right)^2 = 4\left(y - \frac{23}{16}\right)$ $\quad A\left(\frac{5}{2}, \frac{23}{16}\right)$, $p = +2$ (nach oben geöffnet).

h) $\frac{(y-1)^2}{4} - \frac{(x+2)^2}{6} = 1$, $\quad M(-2, 1)$, $\quad a = 2$, $\quad b = \sqrt{6}$.

Hauptachse parallel der y-Achse.

i) $(x + y)(x - y + 1) = 0$, Kegelschnitt zerfällt in die beiden Geraden $x + y = 0$ und $y = x + 1$.

2. a) $(y-3)^2 = 4(x-7)$, b) $(x-3)^2 = -4(y-8)$.

3. $y = -\frac{1}{25}x^2 + 4$, Länge der Vertikalstäbe: $y_1 = 3{,}75$ m, $y_2 = 3{,}00$ m
$y_3 = 1{,}75$ m.

4. Man mache den tieferen Aufhängepunkt P_1 zum Nullpunkt, die y-Achse liege parallel zur Symmetrieachse der Parabel. Koordinaten der drei gegebenen Punkte: $P_1(0, 0)$, $P_2(10, -1{,}5)$, $P_3(60, 6)$.

Ausgangsgleichung: $y = ax^2 + bx + c$ oder $(x - c)^2 = 2p(y - d)$.

Ergebnis: $y = \frac{1}{200}x^2 - \frac{1}{5}x$ oder $(x - 20)^2 = 200(y + 2)$.

Scheitel (als tiefster Punkt) $(20, -2)$.

5. Ellipse: $\frac{x^2}{a^2} + \frac{y^2}{b^2} = 1$. 2 Parabeln: Brennpunkt $F(0, 0)$, $p = b$,

folglich die Scheitel: $A_1\left(-\frac{b}{2}, 0\right)$ bzw. $A_2\left(+\frac{b}{2}, 0\right)$.

Gleichungen: $y^2 = \pm 2b\left(x \pm \frac{b}{2}\right)$

oder $y^2 = +2bx + b^2$, $y^2 = -2bx + b^2$.

6. Hyperbel: $\frac{x^2}{a^2} - \frac{y^2}{b^2} = 1$. Parabel: $A(-a, 0)$, $F(+a, 0)$. $\frac{p}{2} = 2a$.

Gleichung: $y^2 = 8a(x + a)$.

Schnittpunkte: $P_1(-a, 0)$, $P_2\left(\frac{8a^2 + b^2}{b^2}a, \pm\frac{4a}{b}\sqrt{4a^2 + b^2}\right)$.

Eine zweite Parabel: $y^2 = -8a(x - a)$ liefert entsprechende Schnittpunkte.

7. Parabel: $y_p^2 = 2px$, Kreis: $y_k^2 = 2px - x^2$.

Man setze $x = \frac{2p}{n}$ (n beliebige positive Zahl).

Dann wird

$$y_p^2 = \frac{4p^2}{n}, \qquad y_k^2 = \frac{4p^2}{n}\left(1 - \frac{1}{n}\right),$$

$$y_p = \frac{2p}{\sqrt{n}}, \qquad y_k = \frac{2p}{\sqrt{n}}\sqrt{\frac{n-1}{n}}.$$

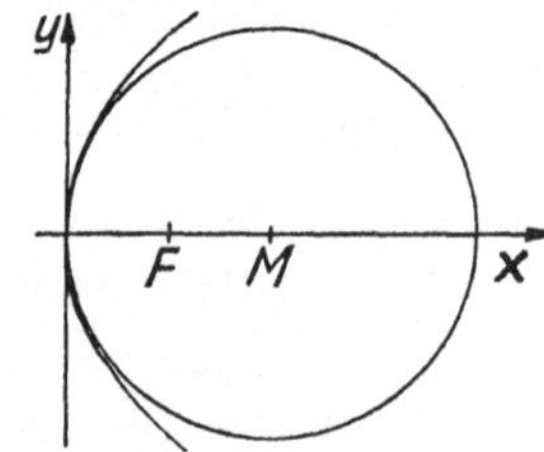

Abb. 157.

Bei gleichem x unterscheiden sich die Ordinaten demnach um:

$$\triangle y = \frac{2p}{\sqrt{n}}\left(1 - \sqrt{\frac{n-1}{n}}\right) = y_p\left(1 - \sqrt{\frac{n-1}{n}}\right).$$

Beispiel: a) $n = 9$, dann ist $\triangle y = y_p \cdot 0{,}06$, d. h. 6% von y_p.

Ist $2p = 4$ cm, so ist $\triangle y = \frac{4}{3} \cdot 0{,}06$ cm $= 0{,}08$ cm.

b) $n = 4$, $\triangle y = y_p \cdot 0{,}134 = 0{,}27$ cm.

§ 109. Das Hauptachsenproblem.

1. a) $A_{33} = 0$, $\quad \triangle = -81$ (Parabel).

$$\sin\varphi = -\sqrt{\frac{1}{5}}, \qquad \cos\varphi = -2\sqrt{\frac{1}{5}}.$$

$$\left(\eta + \frac{12}{25}\sqrt{5}\right)^2 = \frac{18}{25}\sqrt{5}\left(\xi + \frac{272\sqrt{5}}{225}\right).$$

Scheitel: $A\left(u = -\frac{272}{225}\sqrt{5},\ v = -\frac{12}{25}\sqrt{5}\right)$, $\ p = \frac{9}{25}\sqrt{5}$.

b) $A_{33} = 144$, $\quad \triangle = -10368$: Ellipse.

$\varphi = 135^0 \quad \frac{\bar{x}^2}{4} + \frac{\bar{y}^2}{9} = 1;$

c) $A_{33} = -64$, $\quad \triangle = -1024$.

$\varphi = 30^0$, $\quad \bar{y}^2 - 4\bar{x}^2 = 4$.

Hyperbel, reelle Achse fällt mit $\bar{y}$-Achse zusammen.

d) $A_{33} = -3$, $\quad \triangle = 0$.

Zerfallender Kegelschnitt: zwei sich schneidende reelle Geraden.

Mittelpunkt: $\quad x_0 = +\frac{7}{3}, \quad y_0 = +\frac{5}{3}$.

Kegelschnittgleichung zerfällt in:

$$\left[x - y(2+\sqrt{3}) + 1 + \frac{5}{3}\sqrt{3}\right]\left[x - y(2-\sqrt{3}) + 1 - \frac{5}{3}\sqrt{3}\right] = 0.$$

2. Drehung um $\varphi = -45^0$. $\quad x = \frac{1}{2}\sqrt{2}\,(\xi + \eta), \qquad y = -\frac{1}{2}\sqrt{2}\,(\xi - \eta)$,

eingesetzt: $\frac{1}{2}(\xi + \eta)^2 - \frac{1}{2}(\xi - \eta)^2 = a^2, \qquad \xi\eta = \frac{a^2}{2}$.

Bei Drehung um $\varphi = +45^0$ erhält man $\xi\eta = -\frac{a^2}{2}$, d. h. die beiden Kurvenzweige liegen im 2. und 4. Quadranten.

3. a) $x = \frac{1}{12}(13y \pm 29y), \quad 3x + 4y = 0, \quad 2x - 7y = 0$,

folglich $\quad (3x + 4y)(2x - 7y) = 0;$

b) $x = \frac{1}{18}[-20y + 7 \pm (34y - 11)], \quad (9x - 7y + 2)(x + 3y - 1) = 0.$

4. a) $F = 0, \quad Ax^2 + By^2 + 2Cxy + 2Dx + 2Ey = 0.$

b) Setzt man $y = 0$, so erhält man $Ax^2 + 2Dx + F = 0$,

$x = \frac{1}{A}\left(-D \pm \sqrt{D^2 - AF}\right)$. Bei Berührung muß die Wurzel verschwinden. Also besteht die Bedingung für die Koeffizienten:

$$D^2 - AF = 0.$$

c) $E^2 - BF = 0;$

d) $F = 0, \quad D = 0, \quad Ax^2 + By^2 + 2Cxy + 2Ey = 0;$

e) $F = 0, \quad E = 0, \quad Ax^2 + By^2 + 2Cxy + 2Dx = 0;$

f) $C = 0, \quad E = 0, \quad Ax^2 + By^2 + 2Dx + F = 0;$

g) $C = 0, \quad D = 0, \quad Ax^2 + By^2 + 2Ey + F = 0;$

h) $C = D = E = 0, \quad Ax^2 + By^2 + F = 0.$

5. Nach der Formel auf Zeile 10, S. 166, ist

$$2a_{12}\,a_{13}\,a_{23} = a_{11}\,a_{23}{}^2 + a_{22}\,a_{13}{}^2,$$

$$4a_{12}{}^2\,a_{13}{}^2\,a_{23}{}^2 = a_{11}{}^2\,a_{23}{}^4 + 2a_{11}\,a_{22}\,a_{13}{}^2\,a_{23}{}^2 + a_{22}{}^2\,a_{13}{}^4.$$

Wegen $A_{11} = 0$ und $A_{33} = 0$ kann man a_{23}^2 durch $a_{22} a_{33}$ und a_{12}^2 durch $a_{11} a_{22}$ ersetzen,

$$4a_{11} a_{22}^2 a_{33} a_{13}^2 = a_{11}^2 a_{22}^2 a_{33}^2 + 2a_{11} a_{22}^2 a_{33} a_{13}^2 + a_{22}^2 a_{13}^4,$$
$$0 = (a_{11} a_{22} a_{33} - a_{22} a_{13}^2)^2,$$
$$0 = a_{22}^2 A_{22}^2.$$

Einer der beiden Faktoren muß also gleich Null sein. Man überlege sich, daß für $\Delta = A_{11} = A_{22} = A_{33} = 0$ auch die übrigen zweireihigen Minoren verschwinden.

§ 110. Polarkoordinaten.

1. $A\left(\frac{3}{2},\ \frac{3}{2}\sqrt{3}\right)$, $B(0,\ 2)$, $C\left(-2\sqrt{3},\ 2\right)$, $D\left(-\frac{1}{2}\sqrt{2},\ -\frac{1}{2}\sqrt{2}\right)$, $E\left(3, -3\sqrt{3}\right)$.

2. a) $\operatorname{tg}\varphi = \frac{+3}{+4} = 0{,}75$, $(5,\ 36{,}9^0)$,

   b) $\operatorname{tg}\varphi = \frac{+3}{-1} = -3$, $(\sqrt{10},\ 108{,}4^0)$;

   c) $\operatorname{tg}\varphi = \frac{-2}{+3} = -0{,}6667$, $(\sqrt{13},\ 326{,}3^0)$;

   d) $\operatorname{tg}\varphi = \frac{-4}{-5} = 0{,}8$, $(\sqrt{41},\ 218{,}7^0)$.

3. Ist der Kreisdurchmesser 2ϱ, so läßt sich aus zugehörigen Zeichnungen sofort ablesen:

   a) $r = 2\varrho \cdot \cos\varphi$, b) $r = 2\varrho \cdot \sin\varphi$, c) $r = \varrho$.

§ 111. Die Polargleichung der Kegelschnitte.

1. a) $p = \frac{9}{4}$, $e = 5$, $\varepsilon = \frac{5}{4}$, $r = \frac{9}{4 - 5\cos\varphi}$.

   b) $p = 12{,}5$, $\varepsilon = 1$, $r = \frac{12{,}5}{1 - \cos\varphi}$.

2. a) $\varphi = 0^0$, $r = -5$, Scheitel A_1.

   $\varphi = 180^0$, $r = \frac{5}{3}$, Scheitel A_2.

   Das negative Vorzeichen bedeutet, daß die Strecke $r = 5$ entgegengesetzt zur Strahlrichtung abzutragen ist!

   c) Die Punkte des den Pol umschließenden Hyperbelzweiges erhält man für $\cos\varphi < \frac{1}{2}$, für diese ist $r > 0$. Der andere Hyperbelzweig ergibt sich aus $\cos\varphi > \frac{1}{2}$ und $r < 0$.

3. a) $y^2 = 16x + 64$, b) $\varepsilon = \frac{1{,}5}{0{,}5} = 3$. Es liegt also eine Hyperbel vor.

   $p = \frac{1{,}6}{0{,}5} = 3{,}2$. Aus den drei Gleichungen $p = \frac{b^2}{a}$, $\varepsilon = \frac{e}{a}$, $e^2 = a^2 + b^2$

   folgt: $a = \frac{p}{\varepsilon^2 - 1}$, $b = \frac{p}{\sqrt{\varepsilon^2 - 1}}$.

   Hyperbelgleichung: $\frac{25x^2}{4} - \frac{25y^2}{32} = 1$.

   c) $a = \frac{p}{1 - \varepsilon^2}$, $b = \frac{p}{\sqrt{1 - \varepsilon^2}}$, $\varepsilon = \frac{4}{5}$. Man hat also eine Ellipse.

   $p = \frac{9}{5}$, daher $a = 5$, $b = 3$.

   Ellipsengleichung: $\frac{x^2}{25} + \frac{y^2}{9} = 1$.

4. a) $r_1 = \sqrt{4^2 + (-2)^2} = 2\sqrt{5}$, $\quad r_2 = \sqrt{4+4} = 2\sqrt{2}$.

Schreibt man die Gleichung $\quad r = \dfrac{p}{1 - \varepsilon\cos\varphi} \quad$ in der Form

$$r - r\cdot\varepsilon\cdot\cos\varphi - p = r - \varepsilon x - p = 0$$

und setzt die Werte von r_1, r_2 und x_1, x_2 ein, so erhält man ein Gleichungssystem mit den beiden Unbekannten ε und p. Es ergibt sich:

$\varepsilon = \sqrt{5} - \sqrt{2} = 0{,}822$ (Ellipse),

$p = 2(2\sqrt{2} - \sqrt{5}) = 1{,}185$, $\quad r = \dfrac{1{,}185}{1 - 0{,}822\cos\varphi}$,

$a = 3{,}65$, $\quad b = 2{,}08$.

b) $\varepsilon = \dfrac{3\sqrt{2} - 2}{2} = 1{,}12$, $\quad \varepsilon > 1$ (Hyperbel).

$p = 6 - 3\sqrt{2} = 1{,}76$, $\quad r = \dfrac{1{,}76}{1 - 1{,}12\cos\varphi}$,

$a = (2 + \sqrt{2})\,2$, $\quad b = 2\sqrt{3}$.

c) $\varepsilon = 1$, (Parabel). $p = 5$, $\quad r = \dfrac{5}{1 - \cos\varphi}$.

5. $\varepsilon = \dfrac{e}{a}$, $\quad d = e - a = a(\varepsilon - 1)$, $\quad a = \dfrac{d}{\varepsilon - 1}$, $\quad b = d\sqrt{\dfrac{\varepsilon+1}{\varepsilon-1}}$,

$p = d(\varepsilon + 1)$, $\quad r = \dfrac{d(1+\varepsilon)}{1 - \varepsilon\cos\varphi} = \dfrac{0{,}34557}{1 - 1{,}00123\cos\varphi}$.

§ 112. Die Parameterdarstellung.

1. $y = \operatorname{tg}\vartheta_0 \cdot x - \dfrac{g}{2c^2} \cdot \dfrac{x^2}{\cos^2\vartheta_0}$.

2. Man lege ein rechtwinkliges Achsenkreuz fest und zeichne um den Nullpunkt den Kreis mit Radius a. Durch Lote von P auf x- und y-Achse findet man auf dem Kreis den Punkt Q und auf OQ den Punkt R. Damit ist die kleine Halbachse $OR = b$ bestimmt.

3. Die Gleichung der Epizykloide wird

$$\begin{aligned} x &= 2a\cos\varphi - a\cos 2\varphi & y &= 2a\sin\varphi - a\sin 2\varphi \\ &= 2a\cos\varphi - 2a\cos^2\varphi + a & &= 2a\sin\varphi - 2a\sin\varphi\cos\varphi \\ &= 2a\cos\varphi\,(1 - \cos\varphi) + a & &= 2a\sin\varphi\,(1 - \cos\varphi). \end{aligned}$$

Quadriert man die beiden ersten Gleichungen und addiert, erhält man:

$$x^2 + y^2 = a^2(5 - 4\cos\varphi)$$

oder

$$x^2 + y^2 - a^2 = 4a^2(1 - \cos\varphi).$$

Quadriert man die beiden letzten Gleichungen und addiert, ergibt sich:

$$(x - a)^2 + y^2 = 4a^2(1 - \cos\varphi)^2.$$

Durch Elimination von $1 - \cos\varphi$ ergibt sich die Gleichung der Kardioide:

$$(x^2 + y^2 - a^2)^2 - 4a^2[(x - a)^2 + y^2] = 0.$$

4. a) Die Gleichungen lauten:

$$x = \frac{r}{2}\cos\frac{\varphi}{2} + b\cos\frac{\varphi}{2}, \qquad y = \frac{r}{2}\sin\frac{\varphi}{2} - b\sin\frac{\varphi}{2}.$$

Daraus folgt:

$$\frac{x^2}{\left(\frac{r}{2} + b\right)^2} + \frac{y^2}{\left(\frac{r}{2} - b\right)^2} = 1.$$

Die Hypozykloiden werden also Ellipsen.

b) $x = \frac{r}{2}\cos\frac{\varphi}{2} + \frac{r}{2}\cos\frac{\varphi}{2} = r\cos\frac{\varphi}{2}$,

$y = \frac{r}{2}\sin\frac{\varphi}{2} - \frac{r}{2}\sin\frac{\varphi}{2} = 0$.

Der Punkt beschreibt also eine hin- und hergehende geradlinige Bewegung auf der x-Achse. Da man durch jede Lage des Berührungspunktes der beiden Kreise diese Achse legen kann, beschreibt also jeder Punkt des Kreisumfanges des beweglichen Kreises einen Durchmesser des festen. Man benutzt das in Maschinen zur Geradführung beweglicher Teile.

5. In Parameterform lautet die Gleichung:

$$x = \frac{3r}{4}\cos\frac{\varphi}{4} + \frac{r}{4}\cos\frac{3\varphi}{4}, \qquad y = \frac{3r}{4}\sin\frac{\varphi}{4} - \frac{r}{4}\sin\frac{3\varphi}{4}.$$

Nun ist:

$$\cos 3\alpha = \cos\alpha\cos 2\alpha - \sin\alpha\sin 2\alpha$$
$$= \cos^3\alpha - \cos\alpha\sin^2\alpha - 2\sin^2\alpha\cos\alpha = 4\cos^3\alpha - 3\cos\alpha,$$
$$\sin 3\alpha = \sin\alpha\cos 2\alpha + \cos\alpha\sin 2\alpha,$$
$$= \sin\alpha\cos^2\alpha - \sin^3\alpha + 2\sin\alpha\cos^2\alpha = 3\sin\alpha - 4\sin^3\alpha.$$

Also ist:

$$x = r\cos^3\alpha, \qquad y = r\sin^3\alpha.$$

Die Gleichung der Astroide lautet also:

$$x^{\frac{2}{3}} + y^{\frac{2}{3}} = r^{\frac{2}{3}}.$$

§ 113. Geometrische Örter.

1. Der Mittelpunkt des Halbkreises wird Koordinatennullpunkt, der Durchmesser die x-Achse. $P(x, y)$ ist einer der gesuchten Kurvenpunkte (Abb. 158). Man erhält: $x^2 + y^2 = (r - y)^2$. Umgeformt: $x^2 = -2r\left(y - \frac{r}{2}\right)$ (Parabel). Scheitel $S\left(0, \frac{r}{2}\right)$, Brennpunkt $O(0, 0)$. A und B sind Parabelpunkte. Von der Parabel kommt nur der im Halbkreis gelegene Bogen in Frage.

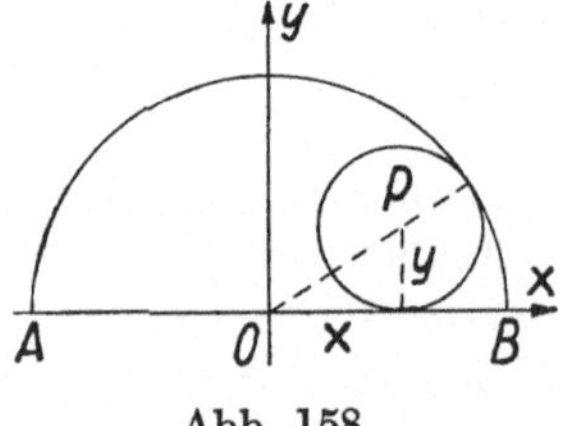

Abb. 158.

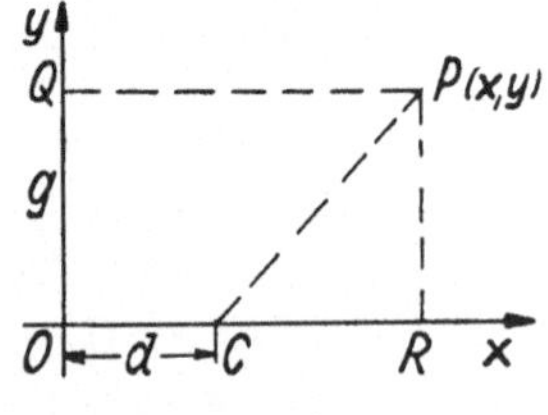

Abb. 159.

2. Gerade g wird y-Achse, Lot von C auf g wird x-Achse. $C(d, 0)$, $P(x, y)$ $\overline{PC}^2 + \overline{PQ}^2 = s^2$, $[(x - d)^2 + y^2] + x^2 = s^2$. (Abb. 159).

$$\frac{4\left(x - \frac{d}{2}\right)^2}{2s^2 - d^2} + \frac{2y^2}{2s^2 - d^2} = 1.$$

Ellipse. $M\left(\frac{d}{2}, 0\right)$; große Halbachse $\sqrt{s^2 - \frac{1}{2}d^2}$, kleine Halbachse $\frac{1}{2}\sqrt{2s^2 - d^2}$, e = kleine Halbachse.

3. AB ist x-Achse, Nullpunkt: Halbierungspunkt von AB. Gegeben: $AB = c$.

$$A\left(-\frac{c}{2}, 0\right), \qquad B\left(+\frac{c}{2}, 0\right), \qquad C(x, y).$$

$$a = \sqrt{\left(x - \frac{c}{2}\right)^2 + y^2}, \qquad b = \sqrt{\left(x + \frac{c}{2}\right)^2 + y^2}, \quad s_c = \sqrt{x^2 + y^2}.$$

Daraus folgt für die Bedingung $s_c^2 = a \cdot b$:

$$x^2 + y^2 = \sqrt{\left[\left(x - \frac{c}{2}\right)^2 + y^2\right]\left[\left(x + \frac{c}{2}\right)^2 + y^2\right]}.$$

Ergebnis: $x^2 - y^2 = \frac{c^2}{8}$.

Gleichseitige Hyperbel mit der Halbachse $\frac{c}{4}\sqrt{2}$. A und B sind Brennpunkte.

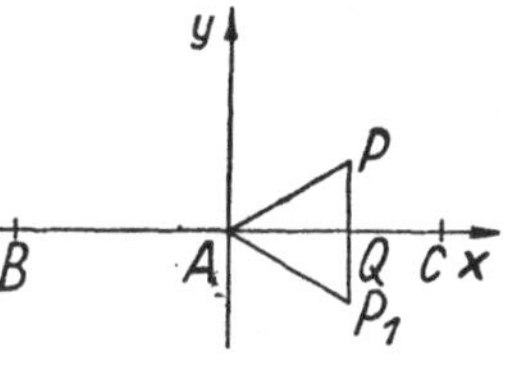

Abb. 160.

4. Hier würde man zunächst auf eine geschlossene Kurve mit zwei Symmetrieachsen schließen. Tatsächlich sind es zwei zur x-Achse symmetrische Kurvenstücke.
Gerade g: x-Achse, A: Nullpunkt (Abb. 160).
Umfang $APP_1A = 2a$. $AP = a - y$, $AP_1 = a + y$ (da für P_1 y negativ)

I. Aus $\triangle APQ$: $x^2 + y^2 = (a - y)^2$

oder $x^2 = -2a\left(y - \frac{a}{2}\right)$.

II. Aus $\triangle AP_1Q$: $x^2 + y^2 = (a + y)^2$

oder $x^2 = +2a\left(y + \frac{a}{2}\right)$.

Ergebnis: Man erhält zwei Parabeln mit A als Brennpunkt. Die Scheitel sind $\left(0, +\frac{a}{2}\right)$ und $\left(0, -\frac{a}{2}\right)$. B und C sind die Schnittpunkte mit der x-Achse. $AB = AC = a$. Nur die zwischen $x = -a$ und $x = +a$ liegenden Parabelstücke kommen in Frage.

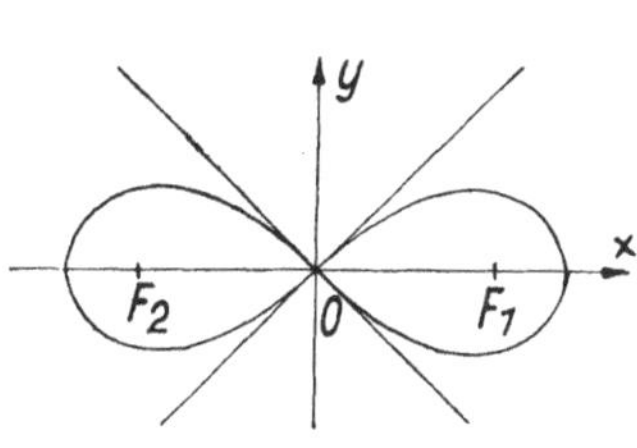

Abb. 161.

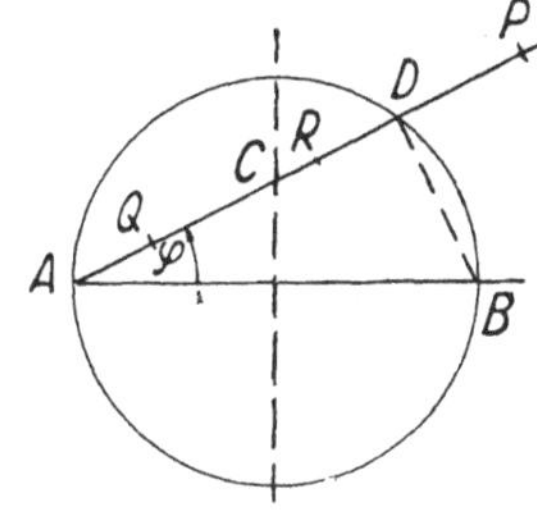

Abb. 162.

5. a) x-Achse: F_1F_2, Nullpunkt: Halbierungspunkt von F_1F_2. $P(x, y)$ (Abb. 161).

$$\overline{F_1P} = \sqrt{(a - x)^2 + y^2},$$
$$\overline{F_2P} = \sqrt{(a + x)^2 + y^2},$$
$$\overline{F_1P}^2 \cdot \overline{F_2P}^2 = a^4.$$

Ergebnis: $(x^2 + y^2)^2 = 2a^2(x^2 - y^2)$.

b) $x = (\xi + \eta)\frac{1}{\sqrt{2}}$, $y = (-\xi + \eta)\cdot\frac{1}{\sqrt{2}}$.

Ergebnis: $(\xi^2 + \eta^2)^2 - 4a^2\xi\eta = 0$.

c) $r^2 = 2a^2(\cos^2\varphi - \sin^2\varphi) = 2a^2 \cdot \cos 2\varphi$ (Nullpunkt ist Pol; x-Achse ist Polarachse).
Die Kurve 4. Ordnung heißt Lemniskate ($\lambda\eta\mu\nu\acute{\iota}\sigma\varkappa o\varsigma$ = Schleife).
Pol A, AB Polarachse: x-Achse. Senkrechte in A: y-Achse.

6. a) (Abb. 162). $AD = 2a\cos\varphi$, $AC = \frac{a}{\cos\varphi}$, $CD = DP = AD - AC$,

$$r = AP = AD + DP = 2AD - AC = 4a\cos\varphi - \frac{a}{\cos\varphi},$$

$$r = a\,\frac{4\cos^2\varphi - 1}{\cos\varphi}.$$

Aus $r^2 = x^2 + y^2$ und $\cos\varphi = \frac{x}{r}$ folgt: $y^2 = \frac{x^2(3a - x)}{a + x}$
Trisektrix (s. Abb. 163).

b) $r = AQ = AC - CD = 2AC - AD = \frac{2a}{\cos\varphi} - 2a\cos\varphi$

$$= \frac{2a}{\cos\varphi}(1 - \cos^2\varphi),$$

$$r = 2a\,\frac{\sin^2\varphi}{\cos\varphi} = 2a\sin\varphi\,\mathrm{tg}\,\varphi,$$

$y^2 = \frac{x^3}{2a - x}$ Kissoide ($\varkappa\iota\sigma\sigma\acute{o}\varsigma$ = Efeu) = Efeulinie (s. Abb. 164).

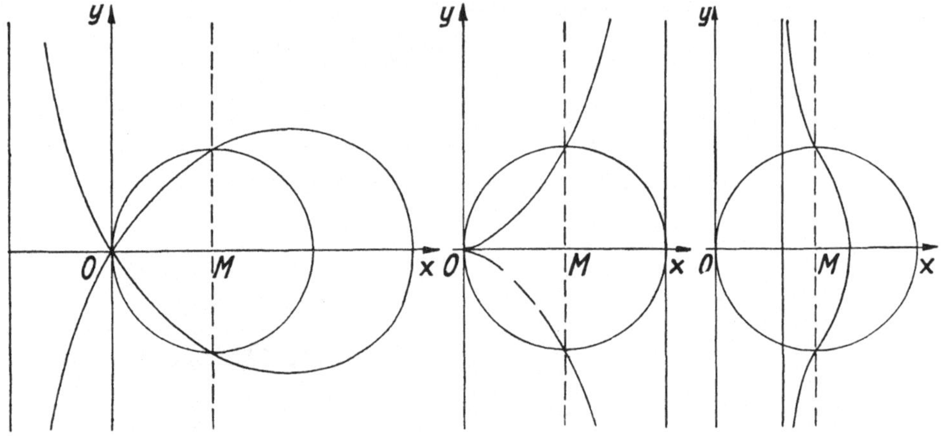

Abb. 163. Abb. 164. Abb. 165.

c) $CR = \frac{1}{3}CD$, $r = AR = AC + CR = \frac{a}{\cos\varphi} + \frac{2a}{3}\cos\varphi - \frac{a}{3\cos\varphi}$,

$$r = \frac{2a(1 + \cos^2\varphi)}{3\cos\varphi},$$

$y^2 = \frac{x^2(4a - 3x)}{3x - 2a}$ Visiera (s. Abb. 165).

7. $P(u, v)$, $R(u, -v)$, Gerade PT: $y = v$,

Gerade RT: $y + v = x - u$, Parabel: $v^2 = 2pu$.

Nach Elimination von u und v erhält man die Kurvengleichung:

$$(y + 2p)^2 = 2p(x + 2p).$$

Eine Parabel mit dem Scheitel $(-2p, -2p)$ und gleichem Parameter wie die gegebene Parabel, d. h. es ist nur eine Parallelverschiebung eingetreten.

8. a) $A_1(+a, 0)$, $A_2(-a, 0)$, $P(u, v)$.

Ellipsengleichung für P: $b^2u^2 + a^2v^2 = a^2b^2$, Koordinaten des Schwerpunktes: $x = \frac{u}{3}$, $y = \frac{v}{3}$.

Ergebnis: $\frac{x^2}{\left(\frac{a}{3}\right)^2} + \frac{y^2}{\left(\frac{b}{3}\right)^2} = 1$.

b) $u = 3x - a$, $v = 3y$, folglich: $\frac{\left(x - \frac{a}{3}\right)^2}{\left(\frac{a}{3}\right)^2} + \frac{y^2}{\left(\frac{b}{3}\right)^2} = 1$.

Ergebnis: Dieselbe Ellipse wie in a), nur parallel verschoben.

9. Man mache A zum Nullpunkt des Achsenkreuzes und AB zur x-Achse.

$A(0, 0)$, $B(c, 0)$. Parameter: $\sphericalangle ABC = \beta$.

Gerade AC: $y = \operatorname{tg} 2\beta \cdot x = \frac{2 \operatorname{tg}\beta}{1 - \operatorname{tg}^2\beta} \cdot x$,

$y = (x - c) \operatorname{tg}(180^0 - \beta) = \operatorname{tg}\beta\,(c - x)$.

Ergebnis: $3x^2 - 4cx - y^2 + c^2 = 0$

oder $\frac{(x - \frac{2}{3}c)^2}{(c/3)^2} - \frac{y^2}{c^2/3} = 1$.

Hyperbelmittelpunkt $M(\frac{2}{3}c, 0)$, $e = \frac{2}{3}c$, folglich ist A der linke Brennpunkt der Hyperbel, während B der rechte Scheitelpunkt ist. Im Sinn der Aufgabe ist $\beta < 60^0$; die zugehörigen Punkte liegen auf der oberen Hälfte des linken Astes.

10. x-Achse: AB, y-Achse: AD. $D(0, u)$, $C(a, u)$.

Gerade AC: $y = \frac{u}{a}x$, Lot DP: $y - u = -\frac{a}{u}x$.

Nach Elimination von u: $x^3 - y^2(a - x) = 0$, Gleichung der Kissoide (s. Aufgabe 6b).

11. Die Verbindungslinie der Punkte A sei y-Achse; die Senkrechte durch A_0 sei x-Achse. Parameter: Winkel α von P_1A_0 mit x-Achse.

Gegeben ist $A_1P_1 = A_2P_2 = \cdots = a$.

Koordinaten von P_1: $x = a\cos\alpha$, $y = a\sin\alpha$, Kurve von P_1: $x^2 + y^2 = a^2$,

„ „ P_2: $x = a\cos\alpha$, $y = 3a\sin\alpha$, Kurve von P_2: $\frac{x^2}{a^2} + \frac{y^2}{9a^2} = 1$,

„ „ P_3: $x = a\cos\alpha$, $y = 5a\sin\alpha$, Kurve von P_3: $\frac{x^2}{a^2} + \frac{y^2}{(5a)^2} = 1$.

Allgemein: $\frac{x^2}{a^2} + \frac{y^2}{(2n-1)^2a^2} = 1$, $n = 1, 2 \ldots$

Außer für $n = 1$ erhalten wir Ellipsenbogen als Bahnkurven; die große Achse fällt mit der y-Achse zusammen.

Vektoralgebra

§ 118. Das räumliche Koordinatensystem.

1. Koordinaten im Linkssytem: x, y, $-z$.
2. Entfernung von der x-y-Ebene: $|z|$,
   „ vom Nullpunkt: $\sqrt{x^2+y^2+z^2}$.
3. Nein, denn die Bedingung (3) ist dann nicht erfüllt.
4. $\gamma = 60^0$.
5. $P\left(-\frac{1}{2}\sqrt{2},\ -1,\ \frac{1}{2}\sqrt{2}\right)$.
6. $\overline{OP_1} = 3$, $\overline{OP_2} = 7$, $\overline{P_1P_2} = 6$. Fläche $F = 4\sqrt{5} = 8{,}94$.
   Richtungswinkel von $\overrightarrow{OP_1}$: $\alpha_1 = 70{,}53^0$, $\beta_1 = 131{,}82^0$, $\gamma_1 = 131{,}82^0$.
   „ „ $\overrightarrow{OP_2}$: $\alpha_2 = 64{,}62^0$, $\beta_2 = 148{,}99^0$, $\gamma_2 = 73{,}40^0$.
   „ „ $\overrightarrow{P_1P_2}$: $\alpha_3 = 70{,}53^0$, $\beta_3 = 131{,}82^0$, $\gamma_3 = 48{,}18^0$.
7. Der Flächeninhalt wird gleich Null. Die Punkte liegen also auf einer Geraden.

§ 125. Der Vektor.

1. $A_y = \pm 4$.
   $\sphericalangle(\mathfrak{A}, \mathfrak{i}) = 38{,}94^0$, $\sphericalangle(\mathfrak{A}, \mathfrak{j}) = 63{,}61^0$, $\sphericalangle(\mathfrak{A}, \mathfrak{k}) = 63{,}61^0$,
   oder $\sphericalangle(\mathfrak{A}, \mathfrak{j}) = 116{,}39^0$.
2. Winkel mit x, y-Ebene: $35{,}47^0$.
   $A_x = 2{,}571$, $A_y = 2{,}000$, $A_z = -2{,}321$.
3. $\alpha = 78{,}91^0$, $\beta = 62{,}51^0$.
   Rauminhalt $V = 1351$.
4. $B_x = -\frac{3}{2}$, $B_y = \frac{3}{2}$, $B_z = \frac{3}{2}\sqrt{2} - 1 = 1{,}121$,
   $B = \sqrt{10 - 3\sqrt{2}} = 2{,}399$.
   $\alpha = 128{,}70^0$, $\beta = 51{,}30^0$, $\gamma = 62{,}14^0$. $|\mathfrak{C}|^2 = 601 - 120\sqrt{2} = 431{,}3$.
5. $|\mathfrak{D}| = 10\sqrt{2}$, $\alpha = 124{,}45^0$, $\beta = 135^0$, $\gamma = 64{,}89^0$.
   $|\mathfrak{E}| = 2\sqrt{227}$, $\alpha = 78{,}5\,.^0$, $\beta = 30{,}37^0$, $\gamma = 117{,}69^0$.
   $|\mathfrak{F}| = 18$, $\alpha = 83{,}62^0$, $\beta = 152{,}74^0$, $\gamma = 63{,}61^0$.
   Es ist $\mathfrak{D} + \mathfrak{E} + \mathfrak{F} = \mathfrak{A} + \mathfrak{B} + \mathfrak{C} = 0$.
6. $\mathfrak{r} = \mathfrak{A} + \lambda\mathfrak{B}$, $x = x_0 + \lambda x_1$, $y = y_0 + \lambda y_1$, $z = z_0 + \lambda z_1$.
   λ = Parameter (s. Abb. 166).
7. $\mathfrak{r} = m\,\mathfrak{A} + n\,\mathfrak{B}$.
   In Komponenten: $x = m + 4n$, $y = m - n$,
   $z = -2m + n$. m, n sind Parameter.
   Daraus werden m und n eliminiert; man erhält die Normalform:
   $x + 9y + 5z = 0$.
8. $t = 1$:
   $x = 8$, $y = -2$, $z = 3$.

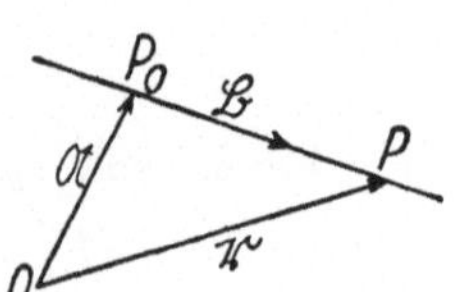

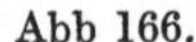
Abb 166.

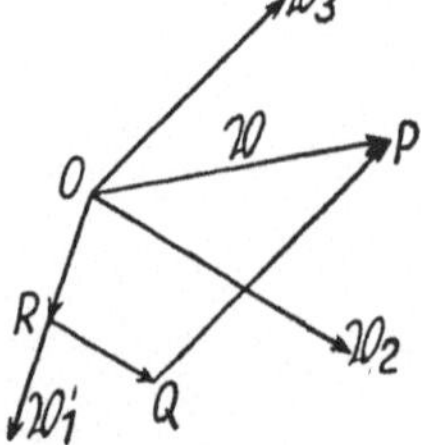

Abb. 167.

9. Gerade durch P parallel $\mathfrak{V}_3$: $x = 3 - 4t$,
   $y = t$, $z = 2 + 2t$.
   Ebene durch $\mathfrak{V}_1$ und $\mathfrak{V}_2$: $29x - 19y - 25z = 0$.
   Schnittpunkt Q: $x = \frac{11}{5}$, $y = \frac{1}{5}$, $z = \frac{12}{5}$ (Abb. 167).

Gerade durch Q parallel $\mathfrak{B}_2$: $x = \frac{11}{5} + 2t$, $y = \frac{1}{5} + 7t$, $z = \frac{12}{5} - 3t$.
Gerade durch O parallel $\mathfrak{B}_1$: $x = 3t'$, $y = -2t'$, $z = 5t'$.
Schnittpunkt R: $x = 9/5$, $y = -6/5$, $z = 3$.

$$\mathfrak{B} = a\,\mathfrak{B}_1 + b\,\mathfrak{B}_2 + c\,\mathfrak{B}_3 = \overrightarrow{OR} + \overrightarrow{RQ} + \overrightarrow{QP};$$

$$|a| = \frac{\overline{OR}}{|\mathfrak{B}_1|} = \frac{3}{5}, \qquad |b| = \frac{\overline{RQ}}{|\mathfrak{B}_2|} = \frac{1}{5} \qquad |c| = \frac{\overline{QP}}{|\mathfrak{B}_3|} = \frac{1}{5};$$

$$\mathfrak{B} = \frac{3}{5}\mathfrak{B}_1 + \frac{1}{5}\mathfrak{B}_2 - \frac{1}{5}\mathfrak{B}_3.$$

Bei $\mathfrak{B}_3$ negatives Vorzeichen, weil $\overrightarrow{QP}$ und $\mathfrak{B}_3$ entgegengesetzte Richtung haben.

10. Für das Gleichgewicht im Punkt P_4 tritt noch die nach unten wirkende Seilkraft $\mathfrak{G} = -G\,\mathfrak{k}$ hinzu. Außerdem weiß man, daß $K = G$ ist.

Damit gilt: $\mathfrak{A} + \mathfrak{B} + \mathfrak{C} + \mathfrak{G} + \mathfrak{K} = 0$

oder
$$A\left(-\tfrac{3}{7}\mathfrak{i} - \tfrac{2}{7}\mathfrak{j} - \tfrac{6}{7}\mathfrak{k}\right) + B\left(\tfrac{9}{11}\mathfrak{i} - \tfrac{2}{11}\mathfrak{j} - \tfrac{6}{11}\mathfrak{k}\right)$$
$$+ C\left(-\tfrac{1}{3}\mathfrak{i} + \tfrac{2}{3}\mathfrak{j} - \tfrac{2}{3}\mathfrak{k}\right) + G\left(\tfrac{2}{7}\mathfrak{i} + \tfrac{6}{7}\mathfrak{j} - \tfrac{3}{7}\mathfrak{k}\right) + G(-\mathfrak{k}) = 0.$$

Die gleiche Rechnung wie im Beispiel liefert

$$A = \tfrac{1}{12}G, \qquad B = -\tfrac{11}{12}G, \qquad C = -\tfrac{3}{2}G.$$

In den Stäben P_2P_4 und P_3P_4 tritt Druck auf, der im letzteren Fall sogar größer ist als das Gewicht G.

11. $\overrightarrow{AF} = \mathfrak{A} + \frac{1}{2}\mathfrak{B}$, $\overrightarrow{BD} = \mathfrak{B} - \mathfrak{A}$ (Abb. 168).

Man setzt $\overrightarrow{AE} = p \cdot \overrightarrow{AF}$, $\overrightarrow{BE} = q \cdot \overrightarrow{BD}$.

$$\overrightarrow{AE} = \mathfrak{A} + \overrightarrow{BE},$$
$$p(\mathfrak{A} + \tfrac{1}{2}\mathfrak{B}) = \mathfrak{A} + q(\mathfrak{B} - \mathfrak{A}),$$
$$\mathfrak{B}(\tfrac{1}{2}p - q) = \mathfrak{A}(1 - q - p).$$

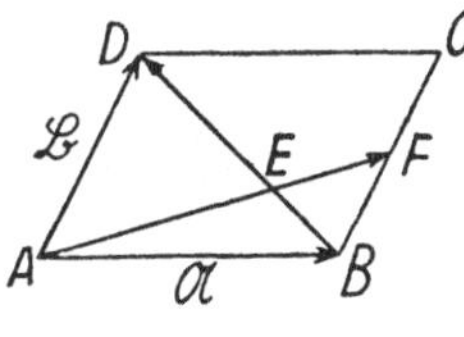

Abb. 168.

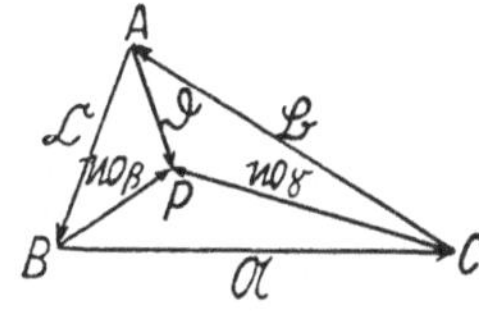

Abb. 169.

Da $\mathfrak{A}$ und $\mathfrak{B}$ nicht die gleiche Richtung haben, müssen die Koeffizienten verschwinden. Das ergibt $p = 2/3$, $q = 1/3$. Damit wird

$$\overline{AE} : \overline{EF} = \tfrac{2}{3} : \tfrac{1}{3} = 2:1,$$
$$\overline{BE} : \overline{ED} = \tfrac{1}{3} : \tfrac{2}{3} = 1:2.$$

12. P ist der Schnittpunkt von $\mathfrak{W}_\beta$ und $\mathfrak{W}_\gamma$, $\mathfrak{D} = \overrightarrow{AP}$. (Abb. 169).

Nach Anleitung ist $\mathfrak{W}_\beta = n\left(\frac{\mathfrak{A}}{A} - \frac{\mathfrak{C}}{C}\right)$, $\mathfrak{W}_\gamma = p\left(\frac{\mathfrak{B}}{B} - \frac{\mathfrak{A}}{A}\right)$.

Es ist $\mathfrak{D} = \mathfrak{C} + \mathfrak{W}_\beta = -\mathfrak{B} + \mathfrak{W}_\gamma$, $\mathfrak{C} + n\left(\frac{\mathfrak{A}}{A} - \frac{\mathfrak{C}}{C}\right) = -\mathfrak{B} + p\left(\frac{\mathfrak{B}}{B} - \frac{\mathfrak{A}}{A}\right)$.

Man setzt $\mathfrak{C} = -\mathfrak{A} - \mathfrak{B}$ ein und erhält

$$\mathfrak{A}\left(-1 + \frac{n}{A} + \frac{n}{C} + \frac{p}{A}\right) = \mathfrak{B}\left(\frac{p}{B} - \frac{n}{C}\right).$$

Nullsetzen der Koeffizienten wie in Aufgabe 11 liefert

$$n = \frac{AC}{A+B+C}, \qquad p = \frac{AB}{A+B+C}.$$

Damit wird

$$\mathfrak{W}_\beta = \frac{C\mathfrak{A} - A\mathfrak{C}}{A+B+C}, \qquad \mathfrak{W}_\gamma = \frac{A\mathfrak{B} - B\mathfrak{A}}{A+B+C}, \qquad \mathfrak{D} = \frac{B\mathfrak{C} - C\mathfrak{B}}{A+B+C}.$$

Wenn man die gleiche Rechnung mit den Winkelhalbierenden $\mathfrak{W}_\gamma$ und $\mathfrak{W}_\alpha$ durchführt — die Gleichungen ergeben sich durch zyklische Vertauschung der angeschriebenen —, erhält man für $\mathfrak{W}_\alpha$ den Wert $\mathfrak{W}_\alpha = \frac{B\mathfrak{C} - C\mathfrak{B}}{A+B+C}$, d. h. der Vektor $\mathfrak{D}$ ist identisch mit $\mathfrak{W}_\alpha$, und damit ist bewiesen, daß sich die drei Winkelhalbierenden in einem Punkte schneiden.

§ 131. Das skalare Produkt.

1. Nein. Im skalaren Produkt können nur zwei Vektoren auftreten, weil das skalare Produkt zweier Vektoren einen Skalar liefert, der nicht zur Bildung eines skalaren Produktes verwendet werden kann.
2. $A_x B_x + A_y B_y + A_z B_z = 0$.
3. $\cos\varphi = \sin\alpha \cdot \sin\beta$. α ist der Winkel zwischen $\mathfrak{a}$ und der y-Achse, β ist der Winkel zwischen $\mathfrak{b}$ und der z-Achse.
4. a) $|\mathfrak{K}| = \sqrt{61}\,\text{kg} = 7{,}8\,\text{kg}$. b) $\mathfrak{s} = -3\mathfrak{i} + \mathfrak{j} + 2\mathfrak{k}$.
   c) $A = \mathfrak{K} \cdot \mathfrak{s} = -3\,\text{mkg}$.
   Negatives Zeichen: Es ist Arbeit zu leisten.
5. Man kann die drei Fälle unterscheiden:
   α. $\mathfrak{A} = 0$, β. $\mathfrak{B} = \mathfrak{C}$, γ. $\mathfrak{A} \perp \mathfrak{B} - \mathfrak{C}$.
6. Die Projektion hat die Länge 7. Das negative Vorzeichen, das man bei Bildung des skalaren Produktes erhält, bedeutet, daß der projizierte Vektor die entgegengesetzte Richtung von $\overrightarrow{OP}$ hat.
7. a) α. $\mathfrak{v}_1 \cdot \mathfrak{v}_1 = \mathfrak{v}_2 \cdot \mathfrak{v}_2 = \mathfrak{v}_3 \cdot \mathfrak{v}_3 = 1$.
   $\mathfrak{v}_1, \mathfrak{v}_2, \mathfrak{v}_3$ sind Einheitsvektoren.
   β. $\mathfrak{v}_1 \cdot \mathfrak{v}_2 = \mathfrak{v}_2 \cdot \mathfrak{v}_3 = \mathfrak{v}_3 \cdot \mathfrak{v}_1 = 0$.
   Die Vektoren stehen paarweise aufeinander senkrecht und bilden also ein rechtwinkliges Dreibein von Einheitsvektoren.
   b) Die Vektoren $\mathfrak{v}_1, \mathfrak{v}_2, \mathfrak{v}_3$ bilden ein Rechtssystem.
   c)
   $$A_1 = -\tfrac{7}{8}\sqrt{2} + \tfrac{1}{2}\sqrt{3}.$$
   $$A_2 = -\tfrac{5}{8}\sqrt{6} + \tfrac{1}{2},$$
   $$A_3 = \tfrac{3}{4}\sqrt{2} + \sqrt{3}.$$
   Die Projektionen sind nur gleich den Komponenten, wenn man als Basis ein Dreibein von Einheitsvektoren benutzt, die sämtlich aufeinander senkrecht stehen.
   d) Man erhält das gleiche Ergebnis, weil dem absoluten Betrag als Bild die Länge der gerichteten Strecke entspricht, und diese ist von der Wahl der Basis unabhängig.
8. Die Diagonalen haben die Form $\mathfrak{A} + \mathfrak{B}$ bzw. $\mathfrak{A} - \mathfrak{B}$, damit wird
   $$\begin{aligned}&(\mathfrak{A} + \mathfrak{B}) \cdot (\mathfrak{A} + \mathfrak{B}) + (\mathfrak{A} - \mathfrak{B}) \cdot (\mathfrak{A} - \mathfrak{B})\\ &= A^2 + 2\mathfrak{A} \cdot \mathfrak{B} + B^2 + A^2 - 2\mathfrak{A} \cdot \mathfrak{B} + B^2\\ &= 2(A^2 + B^2).\end{aligned}$$
9. Aus $\mathfrak{A} \cdot \mathfrak{B} = 0$, $\mathfrak{A} \cdot \mathfrak{C} = 0$ und $|\mathfrak{A}| = 3$ erhält man:
   $$\mathfrak{A} = \pm(2\mathfrak{i} + \mathfrak{j} - 2\mathfrak{k}).$$
10. Aus $\mathfrak{e} \cdot \mathfrak{e}_{\mathfrak{A}} = \tfrac{1}{2}$, $\mathfrak{e} \cdot \mathfrak{e}_{\mathfrak{B}} = \tfrac{1}{2}$, $\mathfrak{e} \cdot \mathfrak{e} = 1$ erhält man:
    $$\mathfrak{e}_1 = \mathfrak{i} \cdot 0{,}1685 - \mathfrak{j} \cdot 0{,}5163 - \mathfrak{k} \cdot 0{,}8397,$$
    $$\mathfrak{e}_2 = \mathfrak{i} \cdot 0{,}0039 + \mathfrak{j} \cdot 0{,}9646 - \mathfrak{k} \cdot 0{,}2638.$$

11. $\left(\frac{\mathfrak{A}\cdot\mathfrak{B}}{A^2}\mathfrak{A}-\mathfrak{B}\right)\cdot\mathfrak{A}=\frac{\mathfrak{A}\cdot\mathfrak{B}}{A^2}A^2-\mathfrak{B}\cdot\mathfrak{A}=0.$

Verschwinden des skalaren Produktes bedeutet aber Senkrechtstehen der Vektoren.

12. Aus $(2\mathfrak{A}-\mathfrak{B})\cdot(\mathfrak{A}+\mathfrak{B})=0,$
$(\mathfrak{A}-2\mathfrak{B})\cdot(2\mathfrak{A}+\mathfrak{B})=0$
folgt zunächst $2A^2+\mathfrak{A}\cdot\mathfrak{B}-B^2=0,$
$2A^2-3\mathfrak{A}\cdot\mathfrak{B}-2B^2=0$
oder durch Subtraktion $4\mathfrak{A}\cdot\mathfrak{B}+B^2=0.$

Das liefert die erste Bedingung:

(I) $$\cos(\mathfrak{A},\mathfrak{B})=-\frac{B}{4A}.$$

Dies wird in eine der Gleichungen eingesetzt und liefert die zweite Bedingung:

(II) $$B=\tfrac{2}{5}\sqrt{10}\,A.$$

Damit wird die erste Bedingung:

(Ia) $$\cos(\mathfrak{A},\mathfrak{B})=-\tfrac{1}{10}\sqrt{10}=-0{,}316$$

oder $$\sphericalangle(\mathfrak{A},\mathfrak{B})\approx 108{,}4^0.$$

13. Man zerlegt den gesuchten Vektor in Komponenten parallel zu $\mathfrak{n}_1$, $\mathfrak{n}_2$, $\mathfrak{n}_3$,
$$\mathfrak{r}=x\mathfrak{n}_1+y\mathfrak{n}_2+z\mathfrak{n}_3.$$
Mit diesem Ansatz lauten die drei Ebenengleichungen:
$$p_1=x\mathfrak{n}_1\cdot\mathfrak{n}_1+y\mathfrak{n}_1\cdot\mathfrak{n}_2+z\mathfrak{n}_1\cdot\mathfrak{n}_3,$$
$$p_2=x\mathfrak{n}_2\cdot\mathfrak{n}_1+y\mathfrak{n}_2\cdot\mathfrak{n}_2+z\mathfrak{n}_2\cdot\mathfrak{n}_3,$$
$$p_3=x\mathfrak{n}_3\cdot\mathfrak{n}_1+y\mathfrak{n}_3\cdot\mathfrak{n}_2+z\mathfrak{n}_3\cdot\mathfrak{n}_3.$$
Aus diesen drei Gleichungen kann man x, y, z berechnen, und damit erhält man den Ortsevktor $\mathfrak{r}$ des Schnittpunktes.

14. $\mathfrak{H}_{\mathfrak{A}}=\mathfrak{C}+\lambda\mathfrak{A}$ (Abb. 170).

Da $\mathfrak{H}_{\mathfrak{A}}$ senkrecht auf $\mathfrak{A}$ steht, verschwindet das skalare Produkt,
$$0=\mathfrak{H}_{\mathfrak{A}}\cdot\mathfrak{A}=\mathfrak{A}\cdot\mathfrak{C}+\lambda\,\mathfrak{A}\cdot\mathfrak{A},$$
$$\lambda=-\frac{\mathfrak{A}\cdot\mathfrak{C}}{\mathfrak{A}\cdot\mathfrak{A}}.$$
Damit wird $\mathfrak{H}_{\mathfrak{A}}=\mathfrak{C}-\frac{\mathfrak{A}\cdot\mathfrak{C}}{\mathfrak{A}\cdot\mathfrak{A}}\mathfrak{A}$ (s. Aufg. 11).

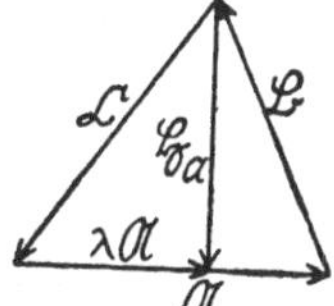

Abb. 170.

§ 136. Das Vektorprodukt.

1. $(\mathfrak{A}-\mathfrak{B})\times(\mathfrak{A}+\mathfrak{B})=2\mathfrak{A}\times\mathfrak{B}.$
2. a) Eine Determinante ändert ihr Vorzeichen, wenn man zwei benachbarte Zeilen vertauscht (S. 19).
   b) Ein Faktor, der sämtlichen Elementen einer Zeile gemeinsam ist, darf ausgehoben und vor die Determinante geschrieben werden (S. 20).
   c) Die Summe zweier Determinanten, die sich nur in den Elementen einer Zeile unterscheiden, ist gleich der Determinante, in der wieder die gemeinsamen Elemente erscheinen und bei der in der fraglichen Zeile jeweils die Summe der entsprechenden Elemente in den Summanden steht (S. 21).
3. $+7\mathfrak{j}$.
4. Die Gleichung $\mathfrak{M}=\mathfrak{r}\times\mathfrak{K}$ liefert:
$$-K_y-2K_z=3,$$
$$K_x-K_z=5,$$
$$2K_x+K_y=7.$$
Die drei Gleichungen sind nicht unabhängig voneinander!

Außerdem soll sein: $|\mathfrak{K}| = \sqrt{K_x^2 + K_y^2 + K_z^2} = 6$.

Man erhält zwei Lösungen:

$$K_x = 5{,}09, \quad K_y = -3{,}18, \quad K_z = 0{,}09 \text{ [kg]},$$
$$K_x = 1{,}245, \quad K_y = 4{,}51, \quad K_z = -3{,}755 \text{ [kg]}.$$

5. a) 0, b) $-\mathfrak{i}$.

6. Für die Schnittpunkte der Geraden mit der Ebene erhält man:

$$\mathfrak{r}_1 \cdot \mathfrak{n} = \mathfrak{a} \cdot \mathfrak{n} + \lambda_1 \mathfrak{b}_1 \cdot \mathfrak{n} = p,$$
$$\mathfrak{r}_2 \cdot \mathfrak{n} = \mathfrak{a} \cdot \mathfrak{n} + \lambda_2 \mathfrak{b}_2 \cdot \mathfrak{n} = p.$$
$$\lambda_1 = \frac{p - \mathfrak{a} \cdot \mathfrak{n}}{\mathfrak{b}_1 \cdot \mathfrak{n}}, \qquad \lambda_2 = \frac{p - \mathfrak{a} \cdot \mathfrak{n}}{\mathfrak{b}_2 \cdot \mathfrak{n}}.$$

Inhalt des Dreiecks:

$$F = \tfrac{1}{2} \, | \lambda_1 \mathfrak{b}_1 \times \lambda_2 \mathfrak{b}_2 |, \qquad F = \frac{(p - \mathfrak{a} \cdot \mathfrak{n})^2}{2(\mathfrak{b}_1 \cdot \mathfrak{n})(\mathfrak{b}_2 \cdot \mathfrak{n})} \, | \mathfrak{b}_1 \times \mathfrak{b}_2 | .$$

7. Da die beiden Geraden auf der kürzesten Verbindung $\mathfrak{d}$ senkrecht stehen, erscheinen sie in einer Ebene, die zu $\mathfrak{d}$ parallel ist, als zwei Parallele. Damit ergibt sich $|\mathfrak{d}|$ als die Projektion von $\mathfrak{A}_1 - \mathfrak{A}_2$ auf die Richtung von $\mathfrak{d}$, die durch $\mathfrak{B}_1 \times \mathfrak{B}_2$ gegeben ist (Abb. 171):

$$|\mathfrak{d}| = d = \frac{(\mathfrak{A}_1 - \mathfrak{A}_2) \cdot \mathfrak{B}_1 \times \mathfrak{B}_2}{|\mathfrak{B}_1 \times \mathfrak{B}_2|}.$$

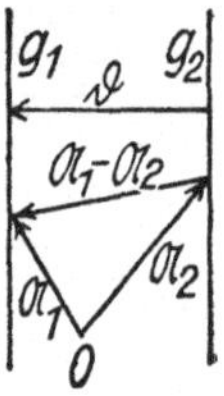

Abb. 171.

§ 141. Mehrfache Vektorprodukte.

1. $$\mathfrak{A} \times (\mathfrak{B} \times \mathfrak{C}) = (A_x \mathfrak{i} + A_y \mathfrak{j} + A_z \mathfrak{k}) \times \begin{vmatrix} \mathfrak{i} & \mathfrak{j} & \mathfrak{k} \\ B_x & B_y & B_z \\ C_x & C_y & C_z \end{vmatrix}.$$

Es werde nur die x-Komponente hingeschrieben, die anderen lauten unter Berücksichtigung der zyklischen Vertauschung genau so.

$$\begin{aligned}
[\mathfrak{A} \times (\mathfrak{B} \times \mathfrak{C})]_x &= A_y (B_x C_y - B_y C_x) - A_z (B_z C_x - B_x C_z) \\
&\quad + A_x B_x C_x \qquad\qquad - A_x B_x C_x \\
&= (A_x C_x + A_y C_y + A_z C_z)\, B_x \\
&\quad - (A_x B_x + A_y B_y + A_z B_z)\, C_x
\end{aligned}$$
$$[\mathfrak{A} \times (\mathfrak{B} \times \mathfrak{C})]_x = (\mathfrak{A} \cdot \mathfrak{C})\, B_x - (\mathfrak{A} \cdot \mathfrak{B})\, C_x .$$

2. Volumen $V = 840$, Oberfläche $F = 739$.

3. $[\mathfrak{A}\mathfrak{B}\mathfrak{C}] = \frac{3}{4} A^3$, wobei $|\mathfrak{A}| = |\mathfrak{B}| = |\mathfrak{C}| = A$.

4. Gleichung der Ebene: $14x + 9y + 2z = 8$.

Abstand vom Nullpunkt: $\frac{8}{\sqrt{281}} = 0{,}477$

Volumen des Tetraeders: 12.

Oberfläche des Tetraeders: 151,9.

5. $$(\mathfrak{r} - \mathfrak{r}_1,\; \mathfrak{r} - \mathfrak{r}_2,\; \mathfrak{r} - \mathfrak{r}_3) = \begin{vmatrix} x - x_1 & y - y_1 & z - z_1 \\ x - x_2 & y - y_2 & z - z_2 \\ x - x_3 & y - y_3 & z - z_3 \end{vmatrix} = 0 .$$

Man subtrahiert z. B. die dritte Zeile von der ersten und zweiten, vertauscht die zweite Zeile mit der dritten und dann die erste mit der zweiten und multipliziert die zweite und dritte Zeile mit -1.

6. $\mathfrak{n} \times (\mathfrak{e} \times \mathfrak{r}) = \mathfrak{n} \times \mathfrak{A}$, $(\mathfrak{n} \cdot \mathfrak{r})\mathfrak{e} - (\mathfrak{n} \cdot \mathfrak{e})\mathfrak{r} = -\mathfrak{A} \times \mathfrak{n}$,

$$\mathfrak{r} = \frac{p\mathfrak{e} + \mathfrak{A} \times \mathfrak{n}}{\mathfrak{n} \cdot \mathfrak{e}}.$$

7. a) $\mathfrak{a}^* = \frac{1}{105}(\mathfrak{i} + 18\mathfrak{j} + 10\mathfrak{k})$,
$\mathfrak{b}^* = \frac{1}{105}(10\mathfrak{i} - 30\mathfrak{j} - 5\mathfrak{k})$,
$\mathfrak{c}^* = \frac{1}{105}(18\mathfrak{i} + 9\mathfrak{j} - 30\mathfrak{k})$.

b) $\mathfrak{V} = \mathfrak{V}\cdot\mathfrak{a}^*\mathfrak{a} + \mathfrak{V}\cdot\mathfrak{b}^*\mathfrak{b} + \mathfrak{V}\cdot\mathfrak{c}^*\mathfrak{c} = \frac{113}{105}\mathfrak{a} - \frac{47}{21}\mathfrak{b} - \frac{57}{35}\mathfrak{c}$.

c) $[\mathfrak{a}\mathfrak{b}\mathfrak{c}]\,[\mathfrak{a}^*\,\mathfrak{b}^*\,\mathfrak{c}^*] = 1$.

8. $$[\mathfrak{a}^*\,\mathfrak{b}^*\,\mathfrak{c}^*] = \frac{(\mathfrak{b}\times\mathfrak{c})\times(\mathfrak{c}\times\mathfrak{a})\cdot(\mathfrak{a}\times\mathfrak{b})}{[\mathfrak{a}\mathfrak{b}\mathfrak{c}]^3}$$
$$= \frac{(\mathfrak{a}\cdot(\mathfrak{b}\times\mathfrak{c}))\;\mathfrak{c}\cdot(\mathfrak{a}\times\mathfrak{b})}{[\mathfrak{a}\mathfrak{b}\mathfrak{c}]^3} = \frac{[\mathfrak{a}\mathfrak{b}\mathfrak{c}]\,[\mathfrak{a}\mathfrak{b}\mathfrak{c}]}{[\mathfrak{a}\mathfrak{b}\mathfrak{c}]^3} = \frac{1}{[\mathfrak{a}\mathfrak{b}\mathfrak{c}]}.$$

9. $$(\mathfrak{A}\times\mathfrak{B})\times(\mathfrak{C}\times\mathfrak{D}) - \mathfrak{C}\times\left\{(\mathfrak{A}\times\mathfrak{B})\times\mathfrak{D})\right\}$$
$$= \left\{(\mathfrak{A}\times\mathfrak{B})\cdot\mathfrak{D}\right\}\mathfrak{C} - \left\{(\mathfrak{A}\times\mathfrak{B})\cdot\mathfrak{C}\right\}\mathfrak{D} - (\mathfrak{C}\cdot\mathfrak{D})\,\mathfrak{A}\times\mathfrak{B} + \left\{(\mathfrak{A}\times\mathfrak{B})\cdot\mathfrak{C}\right\}\mathfrak{D}$$
$$= \mathfrak{D}\times\left\{\mathfrak{C}\times(\mathfrak{A}\times\mathfrak{B})\right\}.$$

10. $(\mathfrak{a}\times\mathfrak{b})\cdot(\mathfrak{a}\times\mathfrak{c}) = |\mathfrak{a}\times\mathfrak{b}|\,|\mathfrak{a}\times\mathfrak{c}|\cdot\cos\alpha = \sin c\sin b\cos\alpha$. (Abb. 172).

Andererseits ist

$$(\mathfrak{a}\times\mathfrak{b})\cdot(\mathfrak{a}\times\mathfrak{c}) = [\mathfrak{a}, \mathfrak{b}, \mathfrak{a}\times\mathfrak{c}] = \mathfrak{a}\cdot\mathfrak{b}\times(\mathfrak{a}\times\mathfrak{c})$$
$$= (\mathfrak{a}\cdot\mathfrak{a})(\mathfrak{b}\cdot\mathfrak{c}) - (\mathfrak{a}\cdot\mathfrak{c})(\mathfrak{a}\cdot\mathfrak{b})$$
$$= \cos a - \cos b\cos c.$$

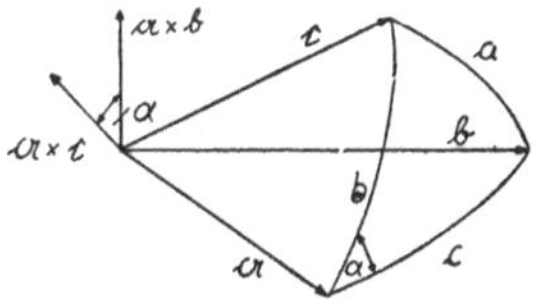

Die Gleichsetzung beider Ausdrücke ergibt den sphärischen Kosinussatz:

$$\cos a = \cos b\cos c + \cos\alpha\sin b\sin c.$$

Abb. 172.

Anhang

§ 142. Unendliche geometrische Reihe.

1. a) $q = \frac{1}{10}$, $s = 8\frac{8}{9}$, b) $q = 0{,}3$, $s = 10$, c) $q = -\frac{3}{5}$, $s = \frac{25}{48}$,

d) $q = \frac{1}{5}$, $s = -5$, e) $q = \frac{1}{\sqrt{2}}$, $s = 4(1+\sqrt{2})$,

f) $q = -\frac{b}{a}$, $s = \frac{a^2}{a+b}$ falls $\left|\frac{b}{a}\right| < 1$,

g) $q = -x^2$, $s = \frac{1}{1+x^2}$ falls $|x| < 1$.

2. a) $$0{,}\overline{27} = \frac{27}{10^2} + \frac{27}{10^4} + \dots = \frac{27}{10^2}\cdot\frac{1}{1-\frac{1}{100}} = \frac{27}{99} = \frac{3}{11},$$

b) $$0{,}3\overline{18} = \frac{3}{10} + \frac{18}{10^3} + \frac{18}{10^5} + \dots = \frac{3}{10} + \frac{18}{10^3}\cdot\frac{1}{1-\frac{1}{100}} = \frac{3}{10} + \frac{18}{990} = \frac{7}{22}.$$

3. Die Folge der Quadratseiten ist: a, $a\cdot\frac{1}{2}\sqrt{2}$, $a\left(\frac{1}{2}\sqrt{2}\right)^2$, ...

Die Folge der Kreisradien ist: $\frac{a}{2}$, $\frac{a}{2}\cdot\frac{1}{2}\sqrt{2}$, $\frac{a}{2}\cdot\left(\frac{1}{2}\sqrt{2}\right)^2$, ...

a) $$U_k = 2\pi\left(\frac{a}{2} + \frac{a}{2}\cdot\frac{1}{2}\sqrt{2} + \dots\right) = 2\pi\cdot\frac{a}{2}\cdot\left[1 + \frac{1}{2}\sqrt{2} + \left(\frac{1}{2}\sqrt{2}\right)^2 + \dots\right]$$
$$= a\pi\frac{1}{1-\frac{1}{2}\sqrt{2}},$$
$$U = a\cdot\pi(2+\sqrt{2}) = 10{,}73\,a,$$

b) $U_q = 4\left(a + \frac{a}{2}\sqrt{2} + \ldots\right) = 4a\,(2 + \sqrt{2}) = 13{,}66\,a,$

c) $F_k = \pi\left[\left(\frac{a}{2}\right)^2 + \left(\frac{a}{2}\right)^2 \cdot \left(\frac{1}{2}\sqrt{2}\right)^2 + \left(\frac{a}{2}\right)^2 \cdot \left(\frac{1}{2}\sqrt{2}\right)^4 + \ldots\right]$

$= \pi \cdot \frac{a^2}{4}\left[1 + \left(\frac{1}{2}\sqrt{2}\right)^2 + \left(\frac{1}{2}\sqrt{2}\right)^4 + \ldots\right],$

$F_k = \frac{\pi a^2}{4}\left(1 + \frac{1}{2} + \frac{1}{4} + \ldots\right) = \frac{\pi}{2}a^2.$

Ergebnis: Schreibt man $F_k = \left(\frac{a}{2}\sqrt{2}\right)^2 \pi$, so ergibt sich, daß die Gesamtfläche aller Kreise dem Flächeninhalt des Umkreises um das erste Quadrat mit dem Radius $\frac{a}{2}\sqrt{2}$ entspricht oder auch gleich dem Doppelten der ersten Kreisfläche ist.

d) $F_q = a^2 + \frac{a^2}{2} + \frac{a^2}{4} + \ldots = 2a^2 = (a\sqrt{2})^2.$

Ergebnis: Der Flächeninhalt aller Quadrate ist gleich dem Doppelten des ersten Quadrates.

4. Folge der Grundkreisradien der Zylinder = Folge der Kugelradien:

$$r, \quad r \cdot \frac{1}{2}\sqrt{2}, \quad r \cdot \left(\frac{1}{2}\sqrt{2}\right)^2, \ldots$$

Folge der Höhen der Zylinder:

$$2r, \quad 2r \cdot \frac{1}{2}\sqrt{2}, \quad 2r \cdot \left(\frac{1}{2}\sqrt{2}\right)^2, \ldots$$

a) $V_z = \pi\left[r^2 \cdot 2r + \left(r^2 \cdot \frac{1}{2}\right) \cdot \left(2r \cdot \frac{1}{2}\sqrt{2}\right) + \left(r^2 \cdot \frac{1}{4}\right) \cdot \left(2r \cdot \left(\frac{1}{2}\sqrt{2}\right)^2\right) + \ldots\right]$

$= 2\pi r^3 \cdot \left[1 + \frac{1}{4}\sqrt{2} + \left(\frac{1}{4}\sqrt{2}\right)^2 + \ldots\right] = 2\pi r^3 \frac{1}{1 - \frac{1}{4}\sqrt{2}},$

$$V_z = \frac{4(4 + \sqrt{2})\pi}{7} r^3,$$

b) $V_k = \frac{4}{3}\pi\left[[r^3 + r^3 \cdot \left(\frac{1}{2}\sqrt{2}\right)^3 + r^3\left(\frac{1}{2}\sqrt{2}\right)^6 + \ldots\right]$

$= \frac{4}{3}\pi r^3\left[1 + \frac{1}{4}\sqrt{2} + \left(\frac{1}{4}\sqrt{2}\right)^2 + \ldots\right] = \frac{4}{3}\pi r^3 \cdot \frac{1}{1 - \frac{1}{4}\sqrt{2}},$

$$V_k = \frac{8(4 + \sqrt{2})\pi}{21} r^3 = \frac{2}{3} \cdot V_z,$$

c) $O_z = (2\pi r^2 + 2\pi r \cdot 2r) + \left(2\pi r^2 \frac{1}{2} + 4\pi \cdot \frac{1}{2} r^2\right) + \left(2\pi r^2 \cdot \frac{1}{4} + 4\pi r^2 \cdot \frac{1}{4}\right) + \ldots$

$= 6\pi r^2\left(1 + \frac{1}{2} + \frac{1}{4} + \ldots\right) = 12\pi r^2,$

d) $O_k = 4\pi\left(r^2 + r^2 \cdot \frac{1}{2} + r^2 \cdot \frac{1}{4} + \ldots\right) = 8\pi r^2.$

Ergebnis: Die Gesamtoberflächen der Zylinder betragen das Doppelte der Oberfläche des ersten Zylinders. Das gleiche gilt für die Kugeloberflächen.

5. Die von Achilles zurückgelegten Wegstrecken sind (nach Zenon):

$$s = 1 + \frac{1}{12} + \frac{1}{12^2} + \ldots = \frac{12}{11}.$$

Diese endliche Strecke erfordert auch nur eine endliche Zeit.

§ 143. 1. a) Konvergent; $u = 0$, denn

$$|u_n - u| = \frac{1}{n} < \varepsilon \text{ für alle } n > \frac{1}{\varepsilon}.$$

Es handelt sich dabei um eine alternierende Folge, d.h. um eine Folge, deren Glieder abwechselnd positives und negatives Vorzeichen haben.

b) Konvergent; $u = 1$, denn

$$|u_n - u| = \frac{1}{n^2} < \varepsilon \text{ für alle } n > \frac{1}{\sqrt{\varepsilon}}.$$

c) Konvergent; $u = 1$, denn

$$|u_n - u| = \sqrt[n]{3} - 1 < \varepsilon \text{ für alle } n > \frac{\lg 3}{\lg(1 + \varepsilon)}.$$

d) Konvergent; $u = 1$, denn

$$|u_n - u| = \frac{2}{n + 3} < \varepsilon \text{ für alle } n > \frac{2 - 3\varepsilon}{\varepsilon}.$$

e) Divergent; Folge strebt über alle Grenzen, denn

$$u_n = \sqrt{n} > A \text{ für alle } n > A^2.$$

f) Konvergent; $u = \frac{3}{2}$; denn

$$|u_n - u| = \frac{5}{2(2n + 1)} < \varepsilon \text{ für alle } n > \frac{5 - 2\varepsilon}{4\varepsilon}.$$

g) Divergent; Folge nähert sich keinem Grenzwert.

h) Konvergent; $u = 0$; denn es ist

$$0 \leqq u_n < \frac{100n}{n^2} = \frac{100}{n} = \bar{u}_n.$$

Für jedes n liegt u_n zwischen 0 und $\bar{u}_n$. Da $\bar{u}_n \longrightarrow 0$ für $n \longrightarrow \infty$ muß auch u_n gegen 0 konvergieren.

§ 144. 1. Zur Durchführung der vollständigen Induktion ist in beiden Fällen nötig:

α. Die Feststellung, daß für $n = 1$ die angegebene Formel für s_n den richtigen Wert liefert.

β. Die Berechnung von $s_{n+1} = s_n + a_{n+1}$ (s_n nach angegebener Formel, a_{n+1} als allgemeines Glied der Reihe).

γ. Die Feststellung, daß man beim Ersetzen von n durch $n + 1$ in der angegebenen Formel für s_n dasselbe erhält wie unter β.

Beide Reihen sind konvergent und haben die Summe $\frac{1}{2}$.

2. a) $s_n = 1 - \frac{1}{n + 1}$; die Reihe konvergiert; Summe $s = 1$.

b) Die ersten Teilsummen lauten

$$\tfrac{1}{4},\ \tfrac{2}{7},\ \tfrac{3}{10},\ \tfrac{4}{13}.\ \tfrac{5}{16},\ \tfrac{6}{19},\ \ldots$$

Der Ansatz $s_n = \frac{n}{3n + 1}$ wird durch vollständige Induktion als richtig nachgewiesen. Die Reihe konvergiert; Summe $s = \frac{1}{3}$.

Namen- und Sachverzeichnis

M.

N.

O.

P.

Q.

R.

S.

Lehrbuch der organischen Chemie

Von

Professor Dr. Wolfgang Langenbeck

Direktor des Chemischen Instituts der Martin-Luther-Universität Halle/Saale

15., verbesserte und ergänzte Auflage

XVI, 553 Seiten, mit 5 Abbildungen. 1955. Gebunden DM 16,—

Das beliebte und weitverbreitete Lehrbuch gibt einen vorzüglichen Einblick in Wesen und Zusammenhänge der organischen Chemie. In pädagogisch vorbildlicher, prägnanter und flüssiger Darstellungsweise wird hier namentlich dem Studenten ein gediegenes und festes Wissen vermittelt.

Remsen-Reihlen-Rienäcker

Einleitung in das Studium der Chemie

Von

Professor Dr. Günther Rienäcker

Direktor des I. Chemischen Instituts der Humboldt-Universität Berlin

und

Dr. Heinrich Bremer

Oberassistent am I. Chemischen Institut der Humboldt-Universität Berlin

18., durchgesehene und ergänzte Auflage

XV, 406 Seiten, mit 63 Abbildungen und 5 Tafeln, 1955.

Gebunden DM 13.—

Das im In- und Ausland bekannte Standardwerk ist in seiner denkbar einfachen Schreibweise für den Studierenden als Einführung in die chemische Wissenschaft bestens geeignet.

Das Buch enthält nicht nur die grundlegenden Gedanken und Tatsachen, sondern macht auch mit den besonders aktuellen Themen der technischen und wissenschaftlichen Chemie bekannt.

VERLAG VON THEODOR STEINKOPFF

DRESDEN UND LEIPZIG